ZHUANGPEISHI BIANDIANZHAN
JIANGOUZHUWU JIANSHE JISHU

装配式变电站建构筑物建设技术

李　政　主　编

黄振喜　柳　印　史雨春　祁　利　副主编

内 容 提 要

为创新变电站工程建设模式，提高变电站建设质量、效率，实现绿色变电站的建设理念。作者总结35～500kV变电站装配式建设经验，吸收最新技术和研究成果，编写了《装配式变电站建构筑物建设技术》一书。

本书共9章，包括概述，装配式建筑常用材料，装配式变电站建构筑物设计的一般要求，装配式钢结构建筑，装配式混凝土结构建筑，装配式围墙和防火墙，装配式电缆沟和槽盒，构、支架及附属构筑物，其他预制混凝土小件等内容。

本书可作为变电站建设、施工、设计专业人员参考工具书，也可供高校及生产厂商学习使用。

图书在版编目（CIP）数据

装配式变电站建构筑物建设技术 / 李政主编 . —北京： 中国电力出版社，2019.4
ISBN 978-7-5198-2990-2

Ⅰ . ①装…　Ⅱ . ①李…　Ⅲ . ①变电所—装配式构件—建筑设计—研究　Ⅳ . ① TU271.1

中国版本图书馆 CIP 数据核字（2019）第 051622 号

出版发行：中国电力出版社
地　　址：北京市东城区北京站西街 19 号（邮政编码 100005）
网　　址：http：//www.cepp.sgcc.com.cn
责任编辑：肖　敏（010-63412363）
责任校对：黄　蓓　闫秀英
装帧设计：左　铭
责任印制：石　雷

印　　刷：北京博图彩色印刷有限公司
版　　次：2019 年 4 月第一版
印　　次：2019 年 4 月北京第一次印刷
开　　本：787 毫米 ×1092 毫米　16 开本
印　　张：16.5
字　　数：397 千字
印　　数：0001—3000 册
定　　价：100.00 元

编　委　会

主　　编　李　政

副 主 编　黄振喜　柳　印　史雨春　祁　利

编写人员　徐光彬　徐主锋　周方成　李　俊
　　　　　余宏桥　张晓熹　刘兴超　周　倩
　　　　　严祥武　周林涛　孙利平　毕巧莹
　　　　　张晓燕　张　思　付　磊　张雪霏
　　　　　张小强　杨金虎

前言

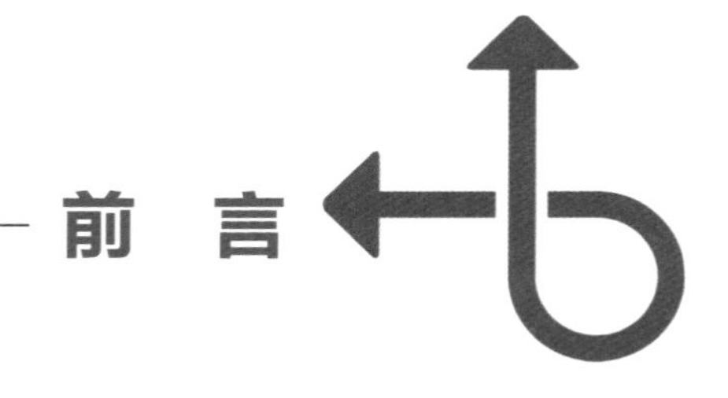

随着技术和经济发展，装配式建筑与传统建筑相比，在工期、环保、安全等方面的优势更加明显了，大力推行装配式建筑已逐步成为建筑行业的共识，建筑行业装配式建设相关技术逐步成熟、配套产业也逐步形成。国家层面已出台一些政策要求，国务院办公厅发布了《关于大力发展装配式建筑的指导意见》（国办发〔2016〕71号），提出装配式建筑比例在2020年要达到15%，2025年达到30%。

变电站建构筑物有其自身特点，直接应用建筑行业现有装配式成果难度较大。国家电网有限公司（简称国家电网）秉持“标准化设计、工厂化加工、模块化建设、机械化施工”的变电站建设理念，持续开展变电站装配式建设的探索和研究。近几年，变电站通用设计、通用设备逐步被完善、推广并深化应用，变电站建构筑物实行装配式建设的条件逐步成熟。国家电网2016年开始发布了不同电压等级的变电站模块化建设通用设计技术导则，要求建筑物采用装配式结构，工厂预制、现场机械化装配，变电站装配式建设进入推广阶段。

国网湖北省电力有限公司（简称国网湖北电力）在变电站装配式建设探索方面一直属于先行者。国网湖北电力按循序渐进的原则，从简单到复杂，从构筑物到建筑物，从局部到整站，从工程试点到全面推广，于2008年开始承担装配式围墙、装配式主变压器防火墙、装配式电缆沟、装配式房屋建筑等研究课题，对装配式设计技术、施工工艺进行了系统研究。2016、2017年分别在荆州仙东220kV变电站和襄阳卧龙500kV变电站整站进行装配式建设试点成功。从2016年～2018年，国网湖北电力新建了150多座全装配式变电站，覆盖35、110、220、500kV电压等级，取得了大量变电站装配式建设的工程实践经验。

为全面总结变电站建构筑物装配式建设的研究和实践成果，帮助相关人员更好地了解和掌握变电站装配式建设技术及施工工艺，编写了《装配式变电站建构筑物建设技术》和《装配式变电站建构筑物建设施工工艺》，两书可配套使用。

《装配式变电站建构筑物建设技术》全书共9章，包括概述（介绍了装配式建筑、装配式变电站的发展历程及优点），装配式建筑常用材料，装配式变电站建构筑物设计一般要求，装配式钢结构建筑，装配式混凝土结构建筑，装配式围墙、防火墙，装配式电缆沟、槽盒，构、支架及附属构筑物，其他预制混凝土小件方面的内容。

本书内容力求全面、系统、通俗，图文并茂，以国网湖北电力研究成果为主，兼顾其他区域和建筑行业研究实践成果，可以作为广大装配式变电站建设者的参考用书，尤其对装配式变电站建设的设计、施工、业主、监理单位现场管理人员具有重要参考价值。

本书在编写过程中收集了大量资料，参考了当前国家、行业及国家电网现行的设计、生产、施工和检验标准，同时汲取了一些变电站装配式建设项目施工过程的优秀管理经验。

由于编写人员的知识、经验有限，书中难免存在不足之处，敬请广大读者多提宝贵意见。

编者

2019年4月

目 录

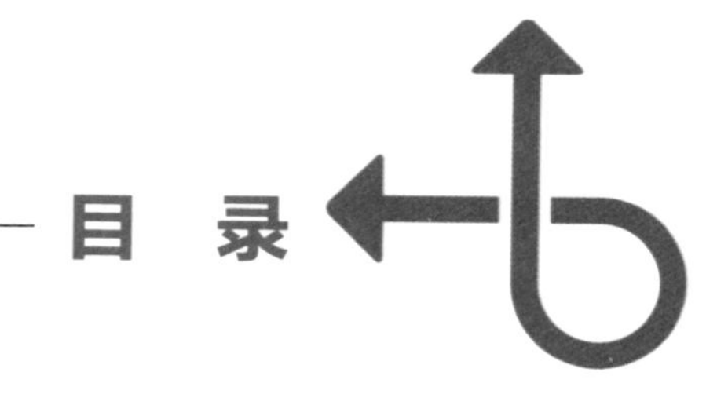

前 言

1 概述 …… 1

1.1 装配式建筑发展历程 …… 1
1.2 装配式建筑发展现状 …… 2
1.3 电力行业装配式技术发展现状 …… 2
1.4 装配式变电站的优点 …… 3
1.5 装配式变电站建设内容 …… 4

2 装配式建筑常用材料 …… 8

2.1 常用基础材料 …… 8
2.2 常用连接附件 …… 15
2.3 常用焊接材料 …… 16
2.4 常用喷涂及装饰材料 …… 21

3 装配式变电站建构筑物设计的一般要求 …… 25

3.1 装配式变电站相关规范 …… 25
3.2 建筑设计一般要求 …… 25
3.3 抗震设计一般要求 …… 30
3.4 地基基础设计一般要求 …… 33
3.5 防火设计一般要求 …… 37
3.6 采暖、通风设计一般要求 …… 41
3.7 降噪、节能与环保一般要求 …… 42

4 装配式钢结构建筑 …… 46
4.1 钢结构建筑构成、特点及设计要求 …… 46
4.2 围护结构 …… 53
4.3 结构设计 …… 73
4.4 装配式冷弯薄壁型钢结构 …… 99
4.5 装配式钢结构建筑防火与防腐 …… 121
4.6 建筑构造设计 …… 122
4.7 集成设计 …… 135

5 装配式混凝土结构建筑 …… 138
5.1 装配式混凝土结构建筑概述 …… 138
5.2 外墙围护系统 …… 142
5.3 内墙围护系统 …… 149
5.4 楼屋面设计 …… 152
5.5 结构设计 …… 156
5.6 装配式混凝土建筑连接节点构造 …… 176
5.7 集成设计 …… 181

6 装配式围墙和防火墙 …… 184
6.1 装配式混凝土围墙 …… 185
6.2 金属围墙 …… 189
6.3 装配式防火墙 …… 193

7 装配式电缆沟和槽盒 …… 210
7.1 预制式电缆沟 …… 210
7.2 装配式地面金属电缆槽盒 …… 216

8 构、支架及附属构筑物 …… 218
8.1 装配式变电站构、支架型式及特点 …… 218
8.2 装配式变电站钢结构构架 …… 224
8.3 环形截面钢筋混凝土及预应力混凝土构、支架 …… 234

8.4 钢管混凝土构架 …… 235
8.5 避雷针 …… 240
8.6 构、支架防腐 …… 241
8.7 构、支架基础 …… 242
9 其他预制混凝土小件 …… 244
9.1 预制式电缆沟压顶及盖板 …… 244
9.2 预制式雨水口及集水井 …… 245
9.3 预制式排水沟 …… 247
9.4 预制式操作地坪及巡视小道 …… 247
9.5 预制式空调基础 …… 248
9.6 预制式场地灯、视频监控基础 …… 249
9.7 预制式端子箱及电源检修箱基础 …… 249
9.8 预制式主变压器油池压顶 …… 250
9.9 预制式散水 …… 251
9.10 生态挡土墙、装配式挡土墙 …… 252

1 概述

1.1 装配式建筑发展历程

装配式建筑的发展要源于住宅产业，我国住宅产业化发展历程可分为三个阶段。

（1）第一阶段：20 世纪 50 ~ 80 年代的创建期和起步期。20 世纪 50 年代，我国提出向苏联学习工业化建设经验，学习设计标准化、工业化、模数化的方针，在建筑业发展预制构件和预制装配件方面进行了很多关于工业化和标准化的讨论与实践。20 世纪 50 ~ 60 年代开始研究装配式混凝土建筑的设计施工技术，形成了一系列装配式混凝土建筑体系，较为典型的建筑体系有装配式单层工业厂房建筑体系、装配式多层框架建筑体系、装配式大板建筑体系等。20 世纪 60、70 年代，借鉴国外经验和结合我国国情，引进了南斯拉夫的预应力板柱体系，即后张预应力装配式结构体系，进一步改进了标准化方法，在施工工艺、施工速度等方面都有一定的提高。20 世纪 80 年代提出了“三化一改”方针（设计标准化、构配件生产预制工厂化、施工机械化和墙体改造），出现了用大型砌块装配式大板、大模板现浇等住宅建造形式，但由于当时产品单调、造价偏高和一些关键技术问题未解决，建筑工业化综合效益不高。这一时期可以说是在计划经济形式下政府推动，以住宅结构建造为中心的时期。

（2）第二阶段：20 世纪 80 年代至 2000 年的探索期。20 世纪 80 年代，住房开始实行市场化的供给形式，住房建设规模空前迅猛增长。在这个阶段，我国在工业化方向上做了许多积极意义的探索。1987 年，我国制定了《建筑模数协调统一标准》（GBJ 2—1986），主要用于模数的统一和协调。部品与集成化也开始在 20 世纪 90 年代的住宅领域中出现，这个时期相对主体的工业化，主体结构外的局部工业化较突出，同时伴随住房体制改革，对住宅产业理论进行了相关研究，主要以小康住宅体系研究为代表。

（3）第三阶段：2000 年至今的快速发展期。这个时期关于住宅产业化和工业化的政策和措施相继出台。在政策方面，2006 年原建设部颁布了《国家住宅产业化基地实施大纲》，2008 年开始探索 SI 住宅技术和“中日技术集成示范工程”。在装修方面，进一步倡导了全装修的推进。特别是进入 2010 年以来，国务院、发改委、各省市相继出台了发展装配式建筑的相关规定，建筑工业化进入了新一轮的高速发展期，这个时期是我国住宅产业真正全面推进的时期。

长期以来，在电力行业建设方面，变电站建构筑物的建造一直沿用现场建设的传统模式。施工单位就地采购砂石、砖块、钢筋、水泥等建筑材料，现场绑扎钢筋、立模、拌制混凝土、浇筑、养护、砌筑、粉刷等。建筑的主要结构形式为砖混结构、钢筋混凝土结构和少量钢结构。围墙、防火墙、电缆沟、GIS 基础、主变压器基础等构筑物的结构形式、建筑材料、施工形式的选择与建筑物一样，都离不开现场冗长的“湿作业”过程。随着技术的发展与进步，装配式变电站建筑被提出并发展应用。

1.2 装配式建筑发展现状

截至 2018 年 1 月，我国已经有 30 多个省市地区就装配式建筑的发展给出了相关的指导意见以及配套的措施，其中 22 个省份均已制定装配式建筑规模阶段性目标，并陆续出台具体的、细化的地方性装配式建筑政策以扶持行业发展。

制造业转型升级大背景下，中央层面持续出台相关政策推进装配式建筑，2016 年 9 月 14 日，李克强总理主持召开国务院常务会议，决定大力发展钢结构等装配式建筑，推动产业结构调整升级。此后，《关于大力发展装配式建筑的指导意见》（国办发〔2016〕71 号）、《国务院办公厅关于促进建筑业持续健康发展的意见》（国办发〔2017〕19 号）等多个政策中明确提出“力争用 10 年左右时间使装配式建筑占新建建筑的比例达到 30%”的具体目标。

2016 年 9 月 27 日，国务院办公厅发布《关于大力发展装配式建筑的指导意见》，提出要以京津冀、长三角、珠三角三大城市群为重点推进地区，常住人口超过 300 万的其他城市为积极推进地区，其余城市为鼓励推进地区，因地制宜发展装配式钢结构等装配式建筑，明确了大力发展装配式建筑和钢结构重点区域、未来装配式建筑占比新建筑目标、重点发展城市，正式标志着装配式建筑上升到国家战略层面。

2017 年 3 月 23 日，住房城乡建设部印发《“十三五”装配式建筑行动方案》（简称《行动方案》）、《装配式建筑示范城市管理办法》、《装配式建筑产业基地管理办法》，《行动方案》明确提出：到 2020 年，全国装配式建筑占新建建筑的比例 15% 以上，其中重点推进地区 20% 以上，积极推进地区 15% 以上，鼓励推进地区 10% 以上。

在顶层框架的要求指引下，住建部和国务院政策协同推进加快：一方面，不断完善装配式建筑配套技术标准；另一方面，对落实装配式建筑发展提出了具体要求。我国装配式建筑进入全面发展期，呈现出欣欣向荣的发展态势。

1.3 电力行业装配式技术发展现状

近年来，为建设“一流电网”，国家电网通过大力推广全寿命管理、“两型三新一化”、智能变电站模块化等建设理念，滚动颁布标准化建设成果（输变电工程通用设计、通用设备、通用造价），持续深化了标准化建设的实践，取得了显著的综合效益。

2012 年以来，国网经济技术研究院有限公司（简称国网经研院）组织开展了新一代智能变电站的顶层设计工作，开展变电站建筑物创新工作，在武汉未来城 110kV 变电站等工程中研究并建设实施了集装箱式建筑物，国网基建部开展了变电站模块化建设试点工作，这些工作都为开展装配式建构筑物标准化设计和装配技术研究奠定了扎实基础。

2014 年，国家电网研究创新变电站工程建设模式，组织开展装配式智能变电站建设，大力推行“标准化设计、工厂化加工、模块化建设”，实现绿色变电站的建设理念，提高变电站建设质量、效率，全面提升电网建设能力。智能变电站模块化建设发展进程：

（1）2012 年全面推广智能变电站建设；

（2）2013 年展开装配式变电站的研究并建设 5 座 110 ~ 220kV 变电站；

（3）2014 年展开 110kV 智能变电站模块化建设研究；

（4）2015 年编制了 66 ~ 110kV 智能变电站模块化初步设计；

（5）2016 年编制了 35 ~ 110kV 智能变电站模块化施工图设计；并开展 100 项智能变电站模块化变电站试点；

（6）2017 年编制了 220kV 智能变电站模块化建设施工图设计技术导则及通用设计。各省公司编制了实施方案，编制达到施工图深度的标准化设计施工详图。

智能变电站模块化建设核心技术之一是采用装配式建构筑物建设技术。

国家电网层面也开展了《110kV 变电站钢结构建筑设计技术》《高寒地区 500kV 变电站装配式建筑物技术》《变电站工程组合大钢模板应用标准化设计》等新技术推广应用的相关研究。

国网湖北省电力有限公司在荆州仙东 220kV 变电站、襄阳卧龙 500kV 变电站等工程中开展装配式建设试点，涵盖了装配式厂房、围墙、防火墙、电缆沟等各种类型的建构筑物，并在 2016 年“6.30”集中投产一批 110kV 装配式变电站的基础上，湖北省境内所有 35、110、220、500kV 变电站全部实现了装配式建设。

1.4 装配式变电站的优点

大量的建筑装配式产品由车间生产加工完成，现场可实现机械化组装，现浇作业大大减少，采用建筑、装修一体化设计、施工，降低现场安全风险，符合绿色建筑的要求。

装配式变电站建筑具有以下优点：

（1）改变了施工模式：建筑结构从传统人工砌筑、模板、钢筋、混凝土工程的复杂工序改为工厂化生产的定制钢结构组件现场拼装方式，彻底改变了施工模式。

（2）缩短了建设周期：装配式建筑物采用工厂化生产、现场拼装的施工模式。与传统的框架砌体建筑模式相比，现场施工工期缩短达 40%。主变压器防火墙同比缩短施工工期 60%。

（3）降低了安全风险：传统的施工模式工序多、专业工种多、高空作业时间长、安全隐患多，风险管控难度大。装配式施工采用机械吊装作业方式，人员配置少、高空作业时间短、安全隐患小、劳动强度低，安全风险相对可控。

（4）减少了作业人员：装配式建筑物及防火墙施工由传统施工的几十人作业减少至十几人作业，同比减少用工 40%，有效缓解了用工难的问题。

（5）降低了现场污染：传统框架砌体作业方式有建筑垃圾多、现场污染重的特点；采用装配式组件拼装，现场建筑垃圾大幅减少，符合建筑业绿色施工发展的方向。

（6）预防了质量通病：传统的施工模式工序多、人员作业水平参差不齐、原材料质量及作业环境可控难度大，质量通病易发、多发现象普遍，质量通病防治难度大。相对传统建筑模式而言，装配式建构筑物的质量通病减少，质量工艺相对易控。

1.5 装配式变电站建设内容

国内建设的变电站，通常按照电压等级可划分为 35、110、220、330、500、750kV 变电站等不同类型。不同电压等级的变电站，按照配电装置型式又可划分为不同类型，如户外变电站、半户内变电站、全户内变电站等。

变电站建构筑物主要有主控制室、继电器室、变电构架等。主控制室设置有变电站所需的监视和控制设备的专用房间，是变电站的控制中心。继电器室是用于布置变电站继电器设备的房间。变电构架是在变电站屋外配电装置中用于悬挂导线、支撑导体或开关设备及其他电器的刚性构架组合。

装配式建筑是指结构系统、外围护系统、设备与管线系统、内装系统的主要部分采用预制部品部件集成的建筑。装配式建筑中主体结构装配的主要目标：①要充分发挥预制部品部件的高质量，实现建筑标准的提高；②要充分发挥现场装配的高效率，实现建造综合效益的提高；③要通过预制部品部件装配的方式，促进建造方式的转变。

从 2007 年开始，国家电网的各省公司开始探索变电站建构筑物的结构技术形式和变电站施工方式，如超轻钢结构配电室、整体式配电房、预制电缆沟、装配式围墙、装配式防火墙等。2012 ~ 2013 年，国家电网开展了变电站模块化建设试点工作，成效显著；在以“系统高度集成、结构布局合理、装备先进适用、经济节能环保、支撑调控一体”为目标的新一代智能变电站示范工程中尝试使用了集装箱式建筑物，推行“标准化设计、工厂化加工、装配式建设”，大胆突破了常规的建设理念，引领了设计技术的发展方向。建构筑物采用装配式结构，实现现场机械化组装。降低现场安全风险，提高工程质量。各种建构筑物的建设形式经历了“百花齐放，百家争鸣”的爆发式突破，技术创新给电网建设带来新鲜活力。实施标准化设计、工厂化加工、装配式安装，提升规模化建设质量与效率，实现建设方式从传统的“量体裁衣”向“成衣定制”转变。

装配式变电站结构如下：

（1）装配式钢结构。钢结构厂房根据结构型式可分为排架结构、轻型门式钢架结构、钢框架结构和冷弯薄壁型钢结构。排架结构常用于大型重工业厂房，变电站使用较少，故不做单独介绍。

1）轻型门式钢架结构。由钢架柱、斜梁、支撑、檩条、系杆、山墙骨架组成。它具有受力简单、传力路径明确、构件制作快捷、便于工厂化加工。

主要应用范围：变电站的单层配电装置室、主控通信室等。

2）钢框架结构。主要应用范围：屋面恒活荷载、风荷载都大于 0.7kPa，变电站的单层或多层生产配电楼、配电装置楼等。

钢框架结构由钢柱、钢梁、联系梁组成，柱和主梁的连接方式为钢接，次梁和主梁的连接方式为铰接连接。

3）冷弯薄壁型钢结构。以结构受力构件为龙骨，龙骨采用 C 形和 U 形薄壁截面。墙板工厂整体制作，分墙板供货，门窗洞口、电气埋管提前预留，采用自攻或自钻螺钉在现场实现快速装配。荷载传递方式为：柱子与竖向龙骨和支撑、隔板组成受力墙，竖向荷载通过楼面梁传至受力墙的龙骨，再传至基础，水平荷载则由楼板传经承重墙再传至基础。适用于变电站单层、多层轻载屋面建筑物。

（2）装配式钢筋混凝土结构。装配式钢筋混凝土结构由柱、主梁、次梁组成，均为预制，柱和主梁的连接方式为钢接，次梁和主梁的连接方式为铰接连接。主要应用于变电站的单层或多层生产综合楼、配电装置楼等，如图 1–1 和图 1–2 所示。

图 1–1 生产配电楼

图 1–2 配电装置楼

结合功能定位与地域、环境特点，建筑物体应紧凑、规整，建筑立面朴实无华，充分体现现代工业建筑简洁、明快的建筑风格。运用建筑自身体块的凹凸与体块穿插组合，形成错落有致，庄重又活泼的建筑风格，与园区环境无缝衔接，融合统一。

变电站装配式建筑物是变电站建设施工的革命性改变，它以典型化设计、工厂化生产、模块化配置、机械化作业、标准化工艺为主要特点，对提升变电站建设的整体水平，具有广泛的示范推广效应。

（3）装配式围墙。传统围墙施工基本上均采用现场砌筑的方式，色差及龟裂无法得到控制，且花费大量的人力，对环境的污染也较大；另外，建成后的围墙外表也不美观，表面粗糙。随着装配式技术发展，逐渐出现了预制墙板插入式安装的装配式围墙（见图 1–3）和预制成品钢格栅通透式围墙（见图 1–4）等型式。

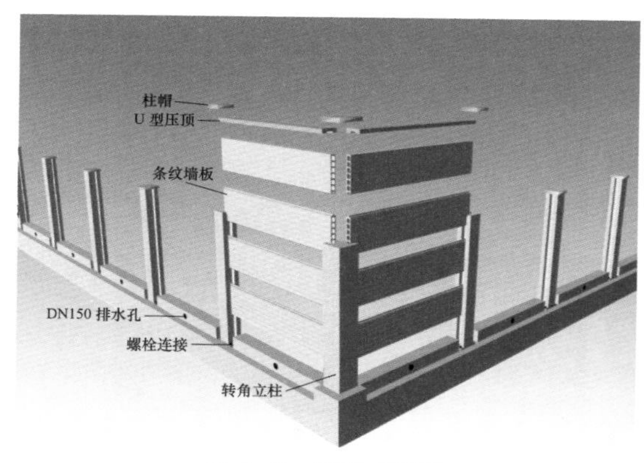

图 1–3 装配式围墙

图 1–4 成品钢格栅通透式围墙

（4）装配式主变压器防火墙（见图 1-5）。常见的装配式防火墙采用装配式组合墙板体系，这种组合方案由基础、预制混凝土柱、预制墙体和封口梁组成。其中防火墙的立柱基础采用现浇杯形基础，立柱插入后采用细石混凝土二次灌浆填实。主要受力构件为预制钢筋混凝土柱，柱设有特殊凹槽，安装完柱后卡入预制墙板，防火墙上部再采用预制钢筋混凝土梁进行封口。

(a) 实景图 1

(b) 实景图 2

图 1-5　装配式防火墙

装配式防火墙主要受力构件在工厂预先加工完成，再运至现场进行组装拼接，能有效缩短施工工期，节约人力资源。

（5）装配式电缆沟。预制钢筋混凝土电缆沟是由工厂预制沟体，运到现场再进行组装。预制混凝土电缆沟施工快捷，可缩短工期，沟体平整，工序较少且施工质量较易得到保证，现场湿作业较少。根据预制材料的不同，市场上常见的有预制混凝土电缆沟、复合材料电缆沟等，如图 1-6 和图 1-7 所示。

预制混凝土电缆沟适用于常规变电站中各种型式的电缆沟，适用于电缆沟较多、截面较大的情况。

（6）装配式配电装置构支架。变电站构支架由 20 世纪 50 年代的工字型混凝土结构到 20 世纪 80 年代的钢筋混凝土环形杆 + 钢梁结构，再到今天全钢结构经历了漫长的发展周期。如今钢结构领域发展迅速，各种新技术、新设备、新材料不断出现，给设计人员提供了更

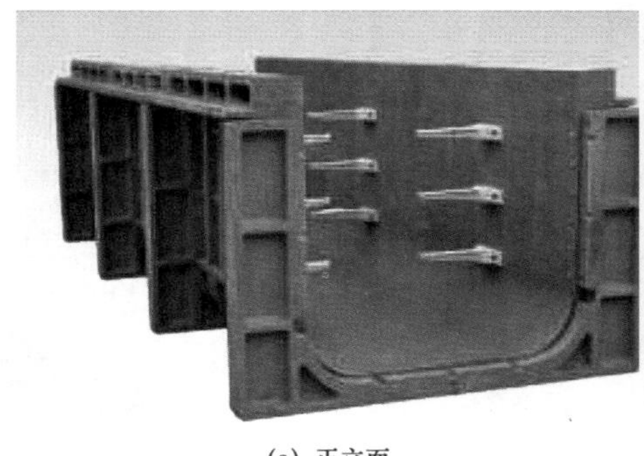

(a) 正立面

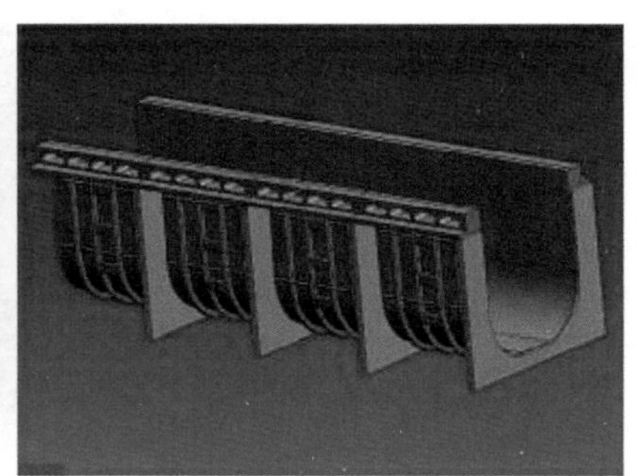

(b) 侧立面

图 1-6　预制复合材料电缆沟

(a) 正面

(b) 侧面

图 1-7 预制混凝土电缆沟

广阔的设计平台，为新技术的发展提供了坚实的基础。

变电站构支架的结构形式较多，主要有钢管 A 字柱结构、单钢管杆结构、钢筋混凝土 A 字柱、全角钢格构式塔架结构等。

构架柱与基础的连接方式有杯口插入式、预埋地脚螺栓等连接方式。变电构架柱与构架梁、基础实现全装配建设。

晋东南 1000kV 变电站构架及风帆式构架如图 1-8 和图 1-9 所示。

变电站构筑物的装配化，统一类型、结构形式，形成标准化预制构件，可实现工厂规模化生产，包括预制式电缆沟盖板、预制式雨水口及集水井、预制式排水沟、预制式操作地坪及巡视小道、预制式空调基础、预制式场地灯、视频监控基础、预制式端子箱及电源检修箱基础、预制式主变电站油池压顶等预制小件。

图 1-8 晋东南 1000kV 变电站构架

图 1-9 风帆式构架

2 装配式建筑常用材料

2.1 常用基础材料

装配式建筑基础材料主要有水泥、钢材、混凝土、石灰和石膏、岩棉等。

2.1.1 水泥

2.1.1.1 水泥按用途及性能分类

（1）常用水泥：主要是指《通用硅酸盐水泥》（GB 175—2007）规定的六大类水泥，即硅酸盐水泥、普通硅酸盐水泥、矿渣硅酸盐水泥、火山灰质硅酸盐水泥、粉煤灰硅酸盐水泥和复合硅酸盐水泥。

（2）专用水泥：专门用途的水泥。如G级油井水泥、道路硅酸盐水泥。

（3）特性水泥：某种性能比较突出的水泥。如：快硬硅酸盐水泥、低热矿渣硅酸盐水泥、膨胀硫铝酸盐水泥、磷铝酸盐水泥和磷酸盐水泥。

2.1.1.2 常用水泥的技术要求

（1）水泥的凝结时间。水泥的凝结时间分为初凝和终凝时间，初凝时间是从水泥加水拌和起至水泥浆开始失去可塑性所需要的时间；终凝时间是从水泥加水拌和起至水泥浆完全失去可塑性并开始产生强度的时间。六大常规水泥的初凝时间均不低于45min，硅酸盐水泥的终凝时间不长于6.5h，其他5大类常规水泥的终凝时间不长于10h。

（2）水泥的体积安定性。水泥的体积安定性指水泥在凝结硬化过程中，体积变化的均匀性，如果水泥硬化后产生不均匀的体积变化即为安定性不良，就会使混凝土构件产生膨胀性裂缝。施工中必须使用安定性合格的水泥。引起水泥不安定性的原因是水泥熟料矿物组成中游离氧化钙、氧化镁过多或者石膏掺量过多。

（3）水泥的强度及强度等级。水泥的强度是评价和选用水泥的重要技术指标，国家标准规定，采用胶砂法来测定水泥的3d和28d的抗压强度和抗折强度，根据测定结果来判断该水泥的强度等级。硅酸盐水泥分为3个等级6个类型，42.5、42.5R、52.5、52.5R、62.5、62.5R，普通硅酸盐水泥分为2个等级4个类型，42.5、42.5R、52.5、52.5R，矿渣硅酸盐水泥、火山灰硅酸盐水泥、粉煤灰硅酸盐水泥分3个等级6个类型，32.5、32.5R、42.5、42.5R、52.5、52.5R，而复合硅酸盐水泥强度等级则不包括32.5等级，其余等级与矿渣硅酸盐水泥等相同。

（4）其他技术要求。包括标准稠度用水量、水泥的细度及化学指标。其中细度属于选择性指标，用细度比表面积来表示。碱含量是指水泥中 Na_2O 和 K_2O 的含量，若水泥中碱含量过高，遇到有活性的骨料，易产生碱—骨料反应，造成工程危害。

2.1.2 建筑钢材

建筑钢材可分为钢筋混凝土结构用钢、钢结构用钢和建筑装饰用钢材制品。

2.1.2.1 建筑钢材的主要钢种

钢材是以铁为主要元素，含碳量 0.02% ~ 2.06%，并含有其他元素的合金材料。

（1）钢材按照化学成分分为碳素钢和合金钢两大类。碳素钢分为低碳钢（含碳量小于 0.25%）、中碳钢（0.25% ~ 0.6%）、高碳钢（大于 0.6%）。合金钢按合金元素的总含量又可分为低合金钢（总含量小于 5%）、中合金钢（5% ~ 10%）、高合金钢（总含量大于 10%）。

（2）建筑钢材的主要钢种有碳素钢、优质碳素结构钢、低合金高强度结构钢。碳素钢结构为一般结构和工程用钢，适用于生产各种型钢、钢板、钢筋、钢丝等。优质碳素结构钢一般用于生产预应力混凝土用钢丝、钢绞线、锚具以及高强螺栓、重要结构钢的铸件等。低合金高强度结构钢广泛用于钢结构和钢筋混凝土结构中，特别适用于各种重型结构、高层结构、跨度结构和桥梁工程等。

2.1.2.2 常用建筑钢材

（1）钢筋混凝土结构用钢主要品种有热轧钢筋、预应力混凝土用热处理钢筋、预应力混凝土用钢丝和钢绞线。热轧钢筋是建筑工程中用量最大的钢材品种之一，主要用于钢筋混凝土结构和预应力混凝土结构中配筋。我国目前常用的热轧钢筋品种有：HPB300、HRB335、HRBF335、HRB400、HRBF400、HRB500、HRBF500。（HPB 为热轧光圆钢筋，HRB 为热轧带肋钢筋，数字表示屈服强度，HRBF 属于细晶粒热轧带肋钢筋）。有较高要求的抗震结构适用的钢筋牌号是 HRBE，该钢筋除了满足普通钢筋性能要求外还应满足：①钢筋实测抗拉强度与实测屈服强度之比不小于 1.25；②钢筋实测屈服强度规定的屈服强度特征值之比不小于 1.30；③钢筋的最大拉力伸长率不小于 9%。

（2）钢结构用钢。钢结构用钢主要是热轧成型的钢板和型钢，钢材所选用的母材主要是普通碳素结构钢及低合金高强度结构钢，常用的热轧型钢有：工字钢、H 型钢、T 型钢、槽钢、等边角钢、不等边角钢等。型钢是钢结构中最主要采用的钢材。钢板规格表示为宽度 × 厚度 × 长度（单位为 mm），厚度大于 4mm 的为厚板，小于等于 4mm 的为薄板。钢板材有钢板、花纹钢板、建筑用压型钢板和彩色涂层钢板等。

（3）建筑装饰用钢材制品。主要介绍不锈钢，不锈钢是指含金属铬在 12% 以上的铁基合金钢，铬的含量越高钢的抗腐蚀性能就越高。

2.1.2.3 建筑钢材的力学性能

钢材的主要力学性能包括拉伸性能、冲击性能、疲劳性能等。

（1）拉伸性能。拉伸性能的指标包括屈服强度、抗拉强度、伸长率。其中伸长率是钢材发生断裂时所能承受永久变形的性能，其与钢材的塑形成正比。抗拉强度与屈服强度之比是评价钢材使用可靠性的一个参数。强屈比越大，钢材受力超过屈服点工作时的可靠性就越大，安全性越高。

（2）冲击性能。钢的冲击性能是指钢材抵抗冲击荷载的能力，钢材的冲击性能受温度的影响较大，冲击性能随着温度的降低而减小，当降低到一定范围值时急剧下降，从而使钢材发生脆性断裂，这种钢的性能叫钢的冷脆性，这时的温度称为脆性临界温度。

（3）疲劳性能。受交变荷载反复作用时，钢材在远低于屈服强度的情况下突然发生脆性断裂破坏的现象，称为疲劳破坏。钢材的疲劳极限与抗拉强度有关，一般抗拉强度越高，其疲劳极限也越高。

2.1.2.4 钢材的化学成分及其对钢材性能的影响

钢材中除了铁之外，还有少量的碳、硅、锰、磷、氧、硫、氮、钛。

（1）碳是决定钢材性能的重要元素。建筑钢材的含碳量不大于 0.8%，随着含碳量的增加，钢材的强度和硬度提高，塑性和韧性下降。含碳量超过 0.3% 时钢材的可焊性显著降低。含碳量决定了钢材的可焊性，用碳当量来表示。

（2）硅是我国钢材中主要的添加元素。当硅含量小于 1% 时可提高钢材强度，不影响钢材的塑性和韧性。

（3）锰能消减硫和氧引起的热脆性，使钢材的热加工性能改善，同时也能提高钢材强度。

（4）磷、硫、氧均是钢材中有害物质，使钢材的可焊性、冲击韧性、耐疲劳性和抗腐蚀性等降低。

2.1.2.5 常用钢材的性能与用途

（1）碳素钢结构性能及用途。碳素钢根据屈服点等级划分为五个牌号，分别为 Q195、Q215、Q235、Q255、Q275。质量等级按冲击韧性划分为 A、B、C、D 四个级别，根据脱氧程度划分为 F（沸腾钢）、B（半镇静钢）、Z（镇静钢）、TZ（特殊镇静钢）。

根据等级划分各钢种的主要特性和用途均有所差异。Q195 钢轻度不高，塑性、韧性、加工性与可焊性较好，主要用于制造承载较小的零件、铁丝、铁圈、垫铁、开口销、拉杆、冲压件以及焊接件等。Q215 钢用途与 Q195 基本相同，但强度稍高，可大量用作管坯、螺栓等。Q235 强度适中，有良好的承载性，又具有较好的塑性和韧性，可焊性与加工性较好，是钢结构常用牌号。Q255 强度高，塑性和韧性稍差，不易冷加工，可焊性差。Q275 强度高，塑性和硬度较高，耐磨性较好，但塑性、冲击韧性和可焊性差。

（2）常用的优质碳素结构钢。优质碳素结构钢大部分为镇静钢，对有害杂质含量控制严格，质量稳定，综合性能好，但成本较高。

优质碳素结构钢分为普通含锰量和较高含锰量两大组。优质钢的主要性能取决于含碳量，含碳量升高则强度升高，但塑性和韧性降低。在建筑工程中，30 ~ 45 号钢主要用于重要结构的钢铸件和高强度螺栓等，45 号钢用作预应力混凝土锚具，65 ~ 80 号钢用于生产预应力混凝土用钢丝和钢绞线。

（3）低合金高强度结构钢。低合金高强度结构钢是一种在碳素结构钢的基础上添加总量小于 5% 合金元素的钢材，具有强度高、塑性和低温冲击韧性好、耐锈蚀等特点。低合金高强度钢根据屈服点等级划分为五个牌号，分别为 Q295、Q345、Q390、Q420、Q460。

低合金高强度结构钢由于合金元素强化作用，使低合金结构钢不但具有较高的强度，且具有较好的塑性、韧性和可焊性。Q345 钢的综合性能较好，是钢结构的常用牌号，Q390 也是推荐使用牌号。低合金高强度钢广泛用于钢结构和钢筋混凝土结构中，特别是大型结构、重型结构、大跨度结构、高层建筑、桥梁工程、承受动力荷载和冲击荷载的结构。

2.1.2.6 型钢

装配式变电站主体结构钢材主要以型钢为主。由钢锭经热轧加工制成具有各种截面的钢材，按截面形状不同，型钢分有圆钢、方钢、扁钢、六角钢、角钢、工字钢、槽钢、钢管及钢板等。型钢属钢结构用钢材，不同截面的型钢可按要求制成各种钢构件。型钢按化学成分不同主要有碳素结构钢和低合金结构钢两种。

（1）角钢：角钢俗称角铁，是两边互相垂直成角形的长条钢材，有等边角钢和不等边角钢之分。角钢广泛用于各种建筑结构和工程结构，如房梁、桥梁、输电塔、起重运输机械、船舶、工业炉、反应塔、容器架以及仓库货架等。等边角钢的两个边宽相等，其规格表示为边宽 × 边宽 × 边厚（30mm × 30mm × 3mm）。也可用型号表示，型号是边宽的厘米数，如 3 号。角钢可以按照结构的不同组成各种不同的受力构件，也可作为构件之间的连接件。以边长的厘米数为号数，一般边长 12.5cm 以上的大型角钢，5 ~ 12.5cm 之间的为中型角钢，边长 5cm 以下的为小型角钢。

（2）槽钢：槽钢是截面为凹槽形的长条钢材。槽钢主要用于建筑结构、车辆制造和其他工业结构，其规格表示方法有：120 × 53 × 5 表示腰高为 120mm、腿宽为 53mm、腰厚为 5mm 的槽钢，或称为 12 号槽钢。腰高相同的槽钢，如有几种不同的腿宽和腰厚也需要在型号右边加 a、b、c 予以区别，如 25 号 a、25 号 b、25 号 c 等。槽钢分普通槽钢和轻型槽钢。热轧普通槽钢的规格有：5 ~ 40 号、5 ~ 8 号为小型槽钢，10 ~ 18 号为中型槽钢，20 ~ 40 号为大型槽钢。

（3）工字钢：工字钢也称钢梁，是截面为工字型的长条钢材。工字钢广泛用于各种建筑结构、桥梁、车辆、支架、机械等。其规格为腰高（h）× 腿宽（b）× 腰厚（d），（160mm × 88mm × 6mm）。也可用型号表示，型号表示腰高的厘米数，如 16 号。腰高相同的工字钢，如有几种不同的腿宽和腰厚，需在型号右边加 a、b、c 予以区别，如 25 号 a、25 号 b、25 号 c 等。8 ~ 18 号为小型工字钢，20 ~ 63 号为大型工字钢。

（4）H 型钢：H 型钢是由工字钢优化发展而成的一种断面力学性能更为优良的经济型断面钢材，由其断面与英文字母“H”相近而得名。其特点如下：翼缘宽，侧向刚度大，抗弯能力强；翼缘两表面相互平行使得连接、加工、安装简便。H 型钢的规格用其腰高、翼缘宽度、腹板厚度和翼缘厚度表示，腰高为 200mm、翼缘宽度为 200mm、腹板厚度为 12mm、翼缘厚度为 15mm 的 H 型钢，规格表示方法为 200 × 200 × 12 × 15。

（5）冷弯型钢：冷弯型钢是制作轻型钢结构的主要材料，采用钢板或者钢带冷弯成型制成，可以生产用一般热轧方法难以生产的壁厚均匀但截面形状复杂的各种型材和不同材质的冷弯型钢。冷弯型钢除用于各种建筑结构外，还广泛用于车辆制造、农业机械制造等方面。

（6）异型钢：包括档圈、马蹄钢、磁极钢、压脚钢、浅槽钢、小槽钢、丁字钢、球扁钢、送布牙钢和热轧六角钢等，另外还有铆钉钢、农具钢和窗框钢。

2.1.3 混凝土

混凝土是指由胶凝材料将骨料胶结成整体的工程复合材料的统称。通常讲的混凝土一词是指用水泥作胶凝材料，砂、石做骨料，与水（可含外加剂和掺合料）按一定比例配合，经搅拌而得的水泥混凝土。

2.1.3.1 混凝土组成材料的技术要求

（1）配置混凝土的水泥可采用 6 大常规水泥，必要时也可采用快硬硅酸盐水泥或其他品种水泥。水泥选择根据混凝土工程特点、所处环境条件及设计施工的要求进行。一般水泥强度等级选择混凝土强度等级的 1.5 ~ 2.0 倍为宜。

（2）水。混凝土拌和用水的水质检验项目包含 pH 值、不溶物、可溶物、氯离子、硫酸盐和碱含量等。

（3）外加剂。外加剂是在混凝土拌和前或拌和时掺入，掺量一般不大于水泥量的 5%。各类具有室内使用功能的混凝土外加剂中释放的氨量必须不大于 0.1%。外加剂物理性能指标具体包括氯离子含量、总碱量、含固量、含水率、密度、细度、pH 值和硫酸钠含量。

2.1.3.2 混凝土的技术性能

（1）混凝土拌和物的和易性。和易性是指混凝土拌和物易于施工操作（搅拌、运输、浇筑、振捣），又称为工作性。和易性是一项综合的技术性能，包含了流动性、黏聚性、保水性三方面含义。常用坍落度实验来测定混凝土拌和物的坍落度和坍落度扩张度，作为流动性指标，坍落度越大流动性越好。影响混凝土拌合物和易性的主要因素包括单位体积用水量、砂率、组成材料的性质、时间和温度等。其中单位体积用水量决定水泥浆数量和稠度，是影响混凝土和易性的最主要因素。砂率是指混凝土中砂的质量占砂石总质量的百分率。

（2）混凝土的强度。

1）混凝土立方体抗压强度指制作边长为 150mm 的立方体试件，在标准条件 [温度（20 ± 2）℃，相对湿度 95% 以上] 下，养护到 28d 龄期，测得的抗压强度值为混凝土立方体试件抗压强度。

2）混凝土立方体抗压标准强度与强度等级。普通混凝土划分为 C15 ~ C80 共 14 个强度等级，C30 表示混凝土立方体抗压强度标准值大于等于 30MPa 并小于 35MPa。

3）混凝土的轴心抗压强度。轴心抗压强度测定采用 150mm × 150mm × 300mm 棱柱体作为标准试件。结构设计中混凝土受压构件的计算采用混凝土的轴心抗压强度，更加符合工程实际。

4）混凝土抗拉强度。混凝土的抗拉强度只有抗压强度的 1/10 ~ 1/20，在结构设计中抗拉强度是确定混凝土抗裂度的重要指标。

5）影响混凝土强度的因素。影响混凝土强度的因素有原材料和生产工艺方面的因素，原材料因素含水泥强度与水灰比、骨料种类、质量和数量、外加剂和掺合料，生产工艺方面因素包括搅拌与振捣，养护的温度与湿度、龄期。

（3）混凝土的耐久性。指混凝土抵抗环境介质作用并长期保持其良好性能和外观完整性的能力，是一个综合性的概念，包含抗渗、抗冻、抗侵蚀、碳化、碱骨料反应及混凝土中的刚劲锈蚀等性能，这些性能均决定着混凝土经久耐用的程度。①抗渗性，混凝土抗渗性分为 P4、P6、P8、P10、P12 五个等级，主要取决于密实度及内部空隙的大小和构造。②抗冻性，混凝土抗冻性用抗冻等级来表示，分为 F10、F15、F25、F50、F100、F150、F200、F250、F300 九个等级，F50 以上的混凝土称为抗冻混凝土。③碱骨料反应，是指水泥中的碱性氧化物的含量较高时，会与骨料中所含的活性二氧化硅发生化学反应，导致混凝土胀裂的现象。

2.1.4 石灰和石膏

2.1.4.1 *石灰*

（1）石灰成分。石灰的主要成分为氧化钙，将主要成分为碳酸钙的石灰石通过在适当温度下煅烧所得生石灰，生石灰不能直接用于建筑工程，使用前必须通过 2 周的熟化。

（2）石灰性能。

1）保水性好，在水泥砂浆中掺入石灰膏，配置成混合砂浆，可显著提高砂浆的和易性；

2）硬化缓慢、强度低。1 ∶ 3 的石灰砂浆 28d 抗压强度通常只有 0.2 ~ 0.5MPa；

3）耐水性差，不能在潮湿环境下使用，不能用作建筑基础；

4）硬化时体积收缩大；

5）生石灰吸湿性强。

（3）石灰的应用。

1）石灰乳。主要用于内墙和顶棚的粉刷；

2）砂浆。用石灰膏或消石灰粉配成石灰砂浆或水泥混合砂浆，用于抹灰或砌筑；

3）硅酸盐制品。常用的蒸压灰砂砖、粉煤灰砖、蒸压加气混凝土砌块或板材等。

2.1.4.2 *石膏*

（1）石膏成分。建筑石膏主要成分是半水硫酸钙，遇水后与水发生化学反应生成二水石膏，释放热量，这一过程称为水化。

（2）建筑石膏的技术性质。

1）凝结硬化快，石膏浆体的初凝和终凝时间都很短，一般初凝时间为几分钟至十几分钟，终凝时间在半小时以内，大约一星期完全硬化。

2）硬化时体积微膨胀。

3）硬化后孔隙率高，可达 50% ~ 80%，因此具有了制品密度较小、强度较低、导热系数小、吸声性能强、吸湿性大、可调节室内温度和湿度的特点。

4）防火性能好，石膏制品在遇火灾时，二水石膏将脱出结晶水，吸热蒸发，并在制品表面形成蒸汽幕和脱水物隔热层。长期处于高温条件下时防火性能完全失去。

5）耐水性和抗冻性差（因孔隙率高和含水率高导致）。

（3）建筑石膏技术要求。建筑石膏的初凝时间不短于 3min，终凝时间不超过 30min，建筑石膏在存储和运输过程中，储藏时间不得超过 3 个月，如超过，应通过检验后才能使用。

（4）石膏应用。有高强石膏、粉刷石膏、污水石膏水泥和高温煅烧石膏。

2.1.5 岩棉

（1）岩棉材料是以精选的优质玄武岩为主要原料，经后天融化后，采用四辊离心制棉工序，将玄武岩棉高温溶体甩拉成4 ~ 7μm的非连续性纤维，再在岩棉纤维中加入一定量的黏结剂、防尘油、憎水剂，经过沉降、固化、切割等工艺，根据不同用途制成不同密度的系列产品。

（2）燃烧性能与防火性能。不燃性A级满足防火最高要求，且在火灾中不产生烟雾及有毒气体或融滴物，在高温状态下不变形、不熔化，最高使用温度大于或等于700℃、熔点大于或等于1000℃。在最高使用温度下，收缩率小于1%，在火灾或高温情况时，也能长时间保持结构的稳定。岩棉有很好的保温、隔热、吸声、降噪等特性。岩棉保温材料的物理性能应符合表2-1的要求。

表2-1　岩棉保温材料物理性能

物理性能	性能指标
外观	树脂分布均匀，表面平整，不得有妨碍使用的伤痕、污迹、破损
密度（kg/m^3）	≥ 140
导热系数[W/（m·K）]	≤ 0.045
压缩强度（MPa）	≥ 0.1
抗拉强度（MPa）	≥ 0.1
憎水率（%）	≥ 98.0
吸水率（%）	≤ 10.0
燃烧性能	达GB 8624—2016 A级

（3）岩棉应用于钢结构外护墙体、室内隔墙、吸音吊顶、浮设夹层地板等防火、保温节能、吸声降噪、防冷凝结露。低密度（40 ~ 80kg/m^3）的岩棉板和岩棉毡具有降低热传递和吸收声音等良好性能，尤其适用于钢结构框架中间的填充。

（4）岩棉按照强度等级分为中等强度岩棉板、高强度岩棉板和耐压岩棉板。①中等强度岩棉板。适用于建筑墙体、屋顶保温、防火、吸声，如幕墙、内墙隔断和电梯井等。②高强度岩棉板。在高、低温各种条件下，都有很好的承载、抗压特性，尤其适用于大型船舶、容器、烘箱和管道及工业设备的保温、隔热。③耐压岩棉板。能承受巨大的高负载，适用于候机室、大型车间等房顶保温。

2.1.6　玻璃

玻璃是非晶无机非金属材料，一般是以多种无机矿物（如石英砂、硼砂、硼酸、重晶石、碳酸钡、石灰石、长石和纯碱等）为主要原料，另外加入少量辅助原料制成的。它的主要成分为二氧化硅和其他氧化物。普通玻璃的化学组成是Na_2SiO_3、$CaSiO_3$、SiO_2或$Na_2O·CaO·6SiO_2$等，主要成分是硅酸盐复盐，是一种无规则结构的非晶态固体，广泛应用于建筑物，用来隔风透光，属于混合物。另有混入了某些金属氧化物或者盐类而显现出颜色的有色玻璃，以及通过物理或者化学方法制得的钢化玻璃等。有时将一些透明的塑料（如聚甲基丙烯酸甲酯）也称作有机玻璃。玻璃特性如下：

（1）良好的透视、透光性能（3、5mm 厚镜片玻璃的可见光透射比分别为 87% 和 84%）。对太阳光中近红外热射线的透过率较高，但对可见光折射至室内墙顶地面和家具、织物反射产生的远红外长波热射线却能有效阻挡，故可产生明显的“暖房效应”。净片玻璃对太阳光中紫外线的透过率较低。

（2）隔声、有一定的保温性能。

（3）抗拉强度远小于抗压强度，是典型的脆性材料。

（4）有较高的化学稳定性。通常情况下，对酸、碱、盐及化学试剂盒气体都有较强的抵抗能力。但长期遭受侵蚀性介质的作用时，也会变质和破坏。玻璃的风化和发霉都会导致外观破坏和透光性能降低。

（5）热稳定性较差，极冷极热易发生炸裂。

（6）不同类型玻璃的装饰性和安全性也各异，具体如下：

1）彩色平板玻璃可以拼成各类图案，并有耐腐蚀、抗冲刷、易清洗等特点。

2）釉面玻璃具有良好的化学稳定性和装饰性。

3）压花玻璃、喷花玻璃、乳花玻璃、刻花玻璃和冰花玻璃，根据各自制作花纹的工艺不同，有各种色彩、观感、光泽效果，富有装饰性。

4）着色玻璃有效吸收太阳辐射热，达到避热节能效果；吸收较多可见光，使透过的光线柔和；较强吸收紫外线，防止紫外线对室内的影响；色泽艳丽耐久，增加建筑物外形美观。

5）镀膜玻璃保温隔热效果较好，但易对外面环境产生光污染。

6）中空玻璃光学性能良好、保温隔热性能好、防结露、具有良好的隔声性能。

7）钢化玻璃机械强度高、弹性好、热稳定性好、碎后不易伤人、不易发生自爆。

8）夹丝玻璃受冲击或温度骤变后碎片不会飞散；可短时防止火焰蔓延，有一定的防盗、防抢作用。

9）夹层玻璃的透明度好、抗冲击性能高，夹层 PVB 胶片黏合作用保护碎片不散落伤人，且耐久、耐热、耐湿、耐寒性高。

2.2 常用连接附件

预制装配式结构由于经济效益高、质量好、环境污染小等优点得到迅速发展。主要结构体系有预制混凝土框架结构、预制混凝土剪力墙结构和预制装配式钢结构等。节点连接主要有梁—柱连接、柱—柱连接、墙—墙水平连接、墙—墙纵向连接等。从施工角度分为干连接和湿连接。湿连接是两构件之间通过浇筑混凝土连接在一起。先预制构件预留钢筋或螺栓，通过焊接或机械连接在一起，最后浇筑混凝土。湿连接整体性接近现浇混凝土结构。干连接是构件在工厂生产时预埋钢板或其他钢部件，通过焊接或螺栓连接。相较于湿连接，干连接构件之间连接较松散，整体性差，但工业化程度高，施工速度快。

装配式结构厂房常采用干连接，主要附件有螺栓、铆钉和自攻螺钉等。

2.2.1 螺栓

螺栓按连接的受力方式分为普通的和有铰制孔用的；按头部形状分为六角头、圆头、方形头和沉头等，其中六角头螺栓是最常用的，一般沉头螺栓用在要求连接的地方。

按螺纹的牙型分为粗牙型和细牙型两类，粗牙型在螺栓的标志中不显示。螺栓按照性能等级分为 3.6、4.8、5.6、5.8、8.8、9.8、10.9 和 12.9 八个等级，其中 8.8 级以上（含 8.8 级）螺栓材质为低碳合金钢或中碳钢并经热处理（淬火 + 回火），通称高强度螺栓，8.8 级以下（不含 8.8 级）通称普通螺栓。普通螺栓按照制作精度可分为 A、B、C 三个等级，A、B 级为精制螺栓，C 级为粗制螺栓。对于钢结构用连接螺栓，除特别注明外，一般为普通粗制 C 级螺栓。不同的级次加工方法存在差异：A、B 级螺栓的栓杆由车床加工而成，表面光滑，尺寸精确，其材料性能等级为 8.8 级，制作安装复杂，价格较高，很少采用；C 级螺栓用未加工的圆钢制成，尺寸不够精确，其材料性能等级为 4.6 级或 4.8 级，抗剪连接时变形大，但安装方便、生产成本低，多用于抗拉连接或安装时的临时固定。

2.2.2 铆钉

铆钉是用于连接两个带通孔、一端有帽的零件（或构件）的钉形物件。在铆接中，利用自身形变或过盈连接被铆接的零件。铆钉种类很多，而且不拘于形式。

建筑常用的有 R 型铆钉、抽芯铆钉（击芯铆钉）、树型铆钉等，通常是利用自身形变连接被铆接的零件。

2.2.3 自攻螺钉

自攻螺钉（也称快牙螺栓），为钢制经表面镀锌钝化的快装紧固件。自攻螺钉多用于薄的金属板（钢板和锯板等）之间的连接。连接时，先对被连接件制出螺纹底孔，再将自攻螺钉拧入被连接件的螺纹底孔中。

根据自攻螺钉发展和演变过程，自攻螺钉的类型主要有普通自攻螺钉、自切自攻螺钉、自挤自攻螺钉（自攻锁紧螺钉）、自钻自攻螺钉（自钻螺钉）、金属驱动螺钉（金属强攻螺钉）、墙板自攻螺钉（干壁钉）、纤维板钉、组合自攻螺钉、其他自攻螺钉类型等。

2.3 常用焊接材料

焊接过程中的各种填充金属以及为了提高焊接质量而附加的保护物质统称为焊接材料。包括焊条、焊丝、焊剂、焊带、保护气体、电极和衬垫等。

焊接材料的作用：保证电弧稳定燃烧和焊接熔滴顺利过渡；在焊接过程中保护液态熔池金属，以防止空气侵入；进行冶金反应和过渡合金元素，调整和控制焊缝金属的成分与性能；防止气孔、裂纹等焊接缺陷的产生；改善焊接工艺性能，在保证焊接质量的前提下尽可能提高焊接效率。下面针对焊条、焊剂、焊丝做简要介绍。

2.3.1 焊条

焊条由焊芯和药皮两部分组成。焊芯的作用是填充金属和传导电流。焊芯牌号的首位字母是 H，后面的数字表示含碳量，其他合金元素含量的表示方法与钢材的表示方法大致相同。对高质量的焊条焊芯，尾部加 A 表示优质钢，加 E 表示特优质钢。药皮由多种原材料组成，可以采用氧化物、碳酸盐、有机物、氟化物、铁合金等数十种原材料粉末，按照一定的配方混合而成。各种原材料根据其在焊条药皮中的作用，可分成以下几类：稳弧剂、造渣剂、脱氧剂、造气剂、合金剂、增塑剂、黏结剂等。焊条药皮可提高焊接电弧的稳定性；保证熔化金属不受外界空气的影响；通过熔渣与熔化金属冶金反应，除去有害杂质（如氧、氢、硫、磷）和添加有益的合金元素，使焊缝获得合乎要求的机械性能；改善焊接工艺性能使电弧稳定燃烧、飞溅少、焊缝成形好、易脱渣和熔敷效率高等。

焊条分类方法很多，可分别按用途、熔渣的碱度、焊条药皮的主要成分、焊条性能特征等对电焊条进行分类。

（1）按用途分类。电焊条按用途可分为十大类，见表 2–2，表中还列出焊条型号按化学成分进行分类的方法以便于比较。

表 2–2 电焊条分类表

焊条号牌			焊条型号		
序号	焊条分类（按用途分类）	代号	焊条分类（按化学成分分类）	代号	国家标准
1	结构钢焊条	结 J	碳钢焊条	E	GB/T 5117—2012
2	钼及铬钼耐热钢焊条	热 R	低合金钢焊条	E	
3	低温钢焊条	温 W			
4	不锈钢焊条： （1）铬不锈钢焊条。 （2）铬镍不锈钢焊条	铬 G、 奥 A	不锈钢焊条	E	GB/T 983—2012
5	堆焊焊条	堆 D	堆焊焊条	ED	GB/T 984—2001
6	铸铁焊条	铸 Z	铸铁焊条	EZ	GB/T 10044—2006
7	镍及镍合金焊条	镍 Ni	镍及镍合金焊条	ENi	GB/T 13814—2008
8	铜及铜合金焊条	铜 T	铜及铜合金焊条	TCu	GB/T 3670—1995
9	铝及铝合金焊条	铝 L	铝及铝合金焊条	TAI	GB/T 3669—2001
10	特殊用途焊条	特 TS			

（2）按熔渣碱度分类。在实际生产中，通常将焊条分为两大类——即按熔渣中酸性氧化物与碱性氧化物的比例分为酸性焊条和碱性焊条（也称低氢型焊条）。

1）工艺性能比较。从焊接工艺性能来比较，酸性焊条电弧柔软，飞溅小，熔渣流动性和覆盖性均好，因此，焊缝外表美观，焊波细密，成形平滑；碱性焊条的熔滴过渡是短路过渡，电弧不够稳定，熔渣的覆盖性差，焊缝形状凸起，且焊缝外观波纹粗糙，但在向上立焊时，容易操作。

2）力学性能比较。酸性焊条的药皮中含有较多的氧化铁、氧化钛及氧化硅等，氧化性较强，因此在焊接过程中使合金元素烧损较多，同时由于焊缝金属中氧和氢含量较多，因而熔敷金属塑性、韧性较低。

碱性焊条的药皮中含有较多的大理石和萤石，并有较多的铁合金作为脱氧剂和渗合金剂，因此药皮具有足够的脱氧能力。另外，碱性焊条主要靠大理石等碳酸盐分解出 CO_2 做保护气体，与酸性焊条相比，弧柱气氛中氢的分压较低，且萤石中的氟化钙在高温时与氢结合成氟化氢（HF），从而降低了焊缝中的含氢量，故碱性焊条又称为低氢型焊条。但由于氟的反电离作用，为了使碱性焊条的电弧能稳定燃烧，一般只能采用直流反接（即焊条接正极）进行焊接，具有较高的塑性和冲击韧性。

（3）按药皮的主要成分分类。焊条药皮由多种原料组成，按照药皮的主要成分可以确定焊条的药皮类型。钛铁矿型药皮中以钛铁矿为主；钛钙型药皮中含有30%以上的二氧化钛及20%以下的钙、镁的碳酸盐。

唯有低氢型例外，虽然它的药皮中主要组成为钙、镁的碳酸盐和萤石，但却以焊缝中含氢量最低作为其主要特征而予以命名。对于有些药皮类型，由于使用的黏结剂分别为钾水玻璃（或以钾为主的钾钠水玻璃）或钠水玻璃，因此，同一药皮类型又可进一步划分为钾型和钠型，如低氢钾型和低氢钠型。前者可用于交直流焊接电源，而后者只能使用直流电源。

（4）按焊条性能分类。按性能分类的焊条，都是根据其特殊使用性能而制造的专用焊条，如超低氢焊条、低尘低毒焊条、立向下焊条、打底层焊条、高效铁粉焊条、防潮焊条、水下焊条和重力焊条等。

2.3.2 焊剂

焊剂是具有一定粒度的颗粒状物质，是埋弧焊和电渣焊时不可缺少的焊接材料。目前，我国焊丝和焊剂的产量占焊材总量的15%左右。在焊接过程中，焊剂的作用相当于焊条药皮。焊剂对焊接熔池起着特殊保护、冶金处理和改善工艺性能的作用。

焊剂的焊接工艺性能和化学冶金性能是决定焊缝金属性能的主要因素之一，采用同样的焊丝和同样的焊接参数，而配用的焊剂不同，所得焊缝的性能将有很大的差别，特别是冲击韧度差别更大。一种焊丝与多种焊剂的合理组合，无论是在低碳钢还是在低合金钢上都可以使用，而且能兼顾各自的特点。

目前，国产焊剂已有50余种。焊剂的分类方法有许多种，可按用途、制造方法、化学成分、焊接冶金性能等对焊剂进行分类，但每一种分类方法都只是从某一方面反映了焊剂的特性。

（1）按用途分类。焊剂按用途可分为埋弧焊焊剂、堆焊焊剂、电渣焊焊剂；也可按所焊材料分为低碳钢用焊剂、低合金钢用焊剂、不锈钢用焊剂、镍及镍合金用焊剂、钛及钛合金用焊剂等。

（2）按制造方法分类。按制造方法的不同，可以把焊剂分成熔炼焊剂和烧结焊剂两大类。

1）熔炼焊剂：把各种原料按配方在炉中熔炼后进行粒化得到的焊剂称为熔炼焊剂。

2）烧结焊剂：把各种粉料按配方混合后加入黏结剂，制成一定尺寸的小颗粒，经烘熔或烧结后得到的焊剂，称为烧结焊剂。

（3）按化学成分分类。按照焊剂的主要成分进行分类是一种常用的分类方法，如表2-3～表2-5所示。

也有的按MnO、SiO_2含量或MnO、SiO_2、CaF_2含量进行组合分类。例如，焊剂431可

表 2-3 焊剂按 SiO_2 含量分类

焊剂分类	SiO_2 含量（%）
高硅焊剂	>30
中硅焊剂	10 ~ 30
低硅焊剂	<10
无硅焊剂	—

表 2-4 焊剂按 MnO 含量分类

焊剂分类	MnO 含量（%）
高锰焊剂	>30
中锰焊剂	15 ~ 30
低锰焊剂	2 ~ 15
无锰焊剂	<2

表 2-5 焊剂按 CaF_2 含量分类

焊剂分类	CaF_2 含量（%）
高氟焊剂	>30
中氟焊剂	10 ~ 30
低氟焊剂	<10

称为高锰高硅低氟焊剂，焊剂 350 可称为中锰中硅中氟焊剂，焊剂 250 可称为低锰中硅中氟焊剂。

（4）按焊剂的化学性质分类。焊剂的化学性质决定了焊剂的冶金性能，焊剂碱度及活性是常用来表征焊剂化学性质的指标。焊剂碱度及活性的变化对焊接工艺性能和焊缝金属的力学性能有很大影响。

1）酸性焊剂（$B<1.0$）：通常酸性焊剂具有良好的焊接工艺性能，焊缝成形美观，但焊缝金属含氧量高，冲击韧度较低。

2）中性焊剂（$B=1.0 \sim 1.5$）：熔敷金属的化学成分与焊丝的化学成分相近，焊缝含氧量有所降低。

3）碱性焊剂（$B>1.5$）：通常碱性焊剂熔敷金属的含氧量较低，可以获得较高的焊缝冲击韧度，但焊接工艺性能较差。

2.3.3 焊丝

焊丝可作为填充金属或导电用的金属丝焊接材料。在气焊和钨极气体保护电弧焊时，焊丝用作填充金属；在埋弧焊、电渣焊和其他熔化极气体保护电弧焊时，焊丝既是填充金属，同时焊丝也是导电电极。焊丝的表面不涂防氧化作用的焊剂。

（1）按制造方法可分为实芯焊丝和药芯焊丝两大类，其中药芯焊丝又可分为气保护和自保护两种。

（2）按焊接工艺方法可分为埋弧焊焊丝、气保焊焊丝、电渣焊丝、堆焊焊丝和气焊焊丝等。

（3）按被焊材料的性质又可分为碳钢焊丝、低合金钢焊丝、不锈钢焊丝、铸铁焊丝和有色金属焊丝等。

2.3.4 焊接材料的选用原则

焊接材料的选用须在确保焊接结构安全、可靠使用的前提下，根据被焊材料的化学成分、力学性能、板厚及接头形式、焊接结构特点、受力状态、结构使用条件对焊缝性能的要求、焊接施工条件和技术经济效益等综合考虑后，有针对性的选用焊接材料，必要时还需进行焊接性试验。

（1）同种钢材焊接时焊条选用要点。

1）考虑焊缝金属力学性能和化学成分。对于普通结构钢，通常要要求焊缝金属与母材等强度，应选用熔敷金属抗拉强度等于或稍高于母材的焊条。对于合金结构钢，有时还要求合金成分与母材相同或接近。在焊接结构刚性大、接头应力高、焊缝易产生裂纹的不利情况下，应考虑选用比母材强度低的焊条。当母材中碳、硫、磷等元素的含量偏高时，焊缝中容易产生裂纹，应选用抗裂性能好的碱性低氢型焊条。

2）考虑焊接构件使用性能和工作条件。对承受动载荷和冲击载荷的焊件，除满足强度要求外，主要应保证焊缝金属具有较高的冲击韧度和塑性，可选用塑性、韧性指标较高的低氢型焊条。接触腐蚀介质的焊件，应根据介质的性质及腐蚀特征选用不锈钢类焊条或其他耐腐蚀焊条。在高温、低温、耐磨或其他特殊条件下工作的焊接件，应选用相应的耐热钢、低温钢、堆焊或其他特殊用途焊条。

3）考虑焊接结构特点及受力条件。对结构形状复杂、刚性大的厚大焊接件，由于焊接过程中产生很大的内应力，易使焊缝产生裂纹，应选用抗裂性能好的碱性低氢焊条。对受力不大、焊接部位难以清理干净的焊件，应选用对铁锈、氧化皮、油污不敏感的酸性焊条。对受条件限制不能翻转的焊件，应选用适于全位置焊接的焊条。

4）考虑施工条件和经济效益。在满足产品使用性能要求的情况下，应选用工艺性好的酸性焊条。在狭小或通风条件差的场合，应选用酸性焊条或低尘焊条。对焊接工作量大的结构，有条件时应尽量采用高效率焊条，如铁粉焊条、高效率重力焊条等，或选用底层焊条、立向下焊条之类的专用焊条，以提高焊接生产率。

（2）异种钢焊接时焊条选用要点。

1）强度级别不同的碳钢 + 低合金钢或低合金钢 + 低合金高强钢。一般要求焊缝金属或接头的强度不低于两种被焊金属的最低强度，选用的焊条强度应能保证焊缝及接头的强度不低于强度较低侧母材的强度（低匹配原则），同时焊缝金属的塑性和冲击韧性应不低于强度较高而塑性较差侧母材的性能。因此，可按两者之中强度级别较低的钢材选用焊条。但是，为了防止焊接裂纹，应按强度级别较高、焊接性较差的钢种确定焊接工艺，包括焊接规范、预热温度及焊后热处理等。

2）低合金钢＋奥氏体不锈钢。应按照对熔敷金属化学成分限定的数值来选用焊条，一般选用铬、镍含量较高的、塑性、抗裂性较好的25-13型奥氏体钢焊条（防止奥氏体钢一侧焊缝被稀释），以避免因产生脆性淬硬组织而导致的裂纹。但应按焊接性较差的不锈钢确定焊接工艺及规范。

3）不锈复合钢板。应考虑对基层、覆层、过渡层的焊接选用三种不同性能的焊条。对基层（碳钢或低合金钢）的焊接，选用相应强度等级的结构钢焊条。覆层直接与腐蚀介质接触，应选用相应成分的奥氏体不锈钢焊条。关键是过渡层（即覆层与基层交界面）的焊接，必须考虑基体材料的稀释作用，应选用铬、镍含量较高、塑性和抗裂性好的25-13型奥氏体焊条。

2.3.5 焊条的储存与保管

（1）焊条必须存放在干燥、通风良好的室内仓库里。焊条储存库内，不允许放置有害气体和腐蚀性介质，室内应保持整洁。

（2）焊条应存放在架子上，架子离地面的距离应不小于300mm，离墙壁距离不小于300mm，室内应放置祛湿剂或有祛湿设备，严防焊条受潮。

（3）焊条堆放时应按种类、牌号、批次、规格、入库时间分类堆放，每垛应有明确的标识，避免混乱。发放焊条时应遵循先进先出的原则，避免焊条存放期太长。

（4）特种焊条的储存与保管制度应比一般焊条严格。并将它们堆放在专用库房或指定区域内，受潮或包装损坏的焊条未经处理不准入库。

（5）对于已受潮、药皮变色和焊芯有锈蚀的焊条，须经烘干后进行质量评定。若各项性能指标都满足要求时，方可入库。

（6）焊条储存库内，应放置湿度计和温度计。焊条库内温度不低于5℃，空气相对湿度应低于60%。

2.4 常用喷涂及装饰材料

装修各类建筑物以提高其使用功能和美观，保护主体结构在各种环境因素下的稳定性和耐久性的建筑材料及其制品，又称装修材料、饰面材料。主要有草、木、石、砂、砖、瓦、水泥、石膏、石棉、石灰、玻璃、马赛克、软瓷、陶瓷、油漆涂料、纸、生态木、金属、塑料、织物等，以及各种复合制品。

按主要用途分为地面装饰材料、内墙装饰材料、外墙装饰材料、顶棚装饰材料、钢结构防火涂料。

2.4.1 地面装饰材料

水泥砂浆地面：耐磨性能好，使用最广，但有隔声差、无弹性、热导率大等。

大理石地面：纹理清晰美观，常用于高级宾馆等公共活动场所。

水磨石地面：有很好的耐磨性，光亮美观，可粉底计做成各种花饰图案。

木地板：富有弹性，热导率小，给人以温暖柔和的感觉，拼花硬木地板还铺成席纹、人字形图案，经久耐用，多用于体育馆、排练厅、舞台、宴会厅等。

新型的地面装饰材料有木纤维地板、塑料地板、软瓷外墙砖、陶瓷锦砖等。陶瓷锦砖质地坚硬、耐酸、耐碱、耐磨、不渗水、易清洗，除作为地砖外，还可作内外墙装饰面。

2.4.2 内墙装饰材料

传统的做法是刷石灰水或墙粉，但容易污染，不能用湿法擦洗，多用于一般建筑。较高级的建筑多用平光调和漆，色泽丰富，不易污染，但掺入的有机溶剂挥发量大，污染大气，影响施工人员的健康。随着科学的发展，有机合成树脂原料广泛地用于油漆，使油漆产品面貌发生根本变化而被称为涂料，成为一类重要的内外墙装饰材料。

内墙板材装饰材料主要有石膏板、钙塑板、大理石、花岗岩板材、不锈钢制品等。石膏板有防火、隔声、隔热、轻质高强、施工方便等特点，主要用于墙面；钙塑板有良好的装饰效果，能保温隔声，是多功能板材；大理石板材、花岗石板材用于装饰高级宾馆、公寓的也日益增多。

不锈钢装饰材料分普通不锈钢和彩色不锈钢。普通不锈钢材料应用在装饰工程中，其厚度一般在 0.6 ~ 2.0mm 之间，主要应用在墙柱面、扶手、栏杆等部位。不锈钢板材的包圆形和折角基本都是在加工厂里按设计尺寸定型，再运输到施工现场定位、焊接、磨光。不锈钢板材有亮光板、亚光板、砂光板之分。板材规格为 1219mm × 2438mm、1219mm × 3048mm 等。

彩色不锈钢是在不锈钢表面进行着色处理，使其成为黄、红、绿、蓝等各种色彩的材料。常用的彩色不锈钢板有钛金板、蚀刻板、钛黑色镜面板等，不锈钢镀膜着色工艺的新技术让原本单调的不锈钢拥有成为绚丽多彩的装饰效果。尤其是彩色不锈钢钛金板装饰效果与黄金的外观相似，用于酒店会所等高档场所比较多。常用的板材厚度为 0.5 ~ 2.0mm，板材规格为 1219mm × 2438mm、1219mm × 3048mm 等。彩色不锈钢板的颜色可以通过定制加工厂制作。

2.4.3 外墙装饰材料

常用的外墙装饰材料有水泥砂浆、水刷石、釉面砖、软瓷外墙砖、陶瓷锦砖、油漆、白水泥浆等。新的外墙装饰材料（如涂料、聚合物水泥砂浆、石棉水泥板、玻璃幕墙、铝合金制品等）正在被一些工程所采用。

聚合物水泥砂浆是由水泥、骨料和可以分散在水中的有机聚合物搅拌而成的。聚合物可以是有一种单体聚合而成的均聚物，也可以由两种或更多的单聚体聚合而成的共聚物。聚合物必须在环境条件下成膜覆盖在水泥颗粒上，并使水泥机体与骨料形成强有力的黏结。聚合物必须具有阻止微裂缝发生的能力，而且能阻止裂缝的扩展。

石棉水泥板是以优质高标号水泥为基本材料，并配以天然石棉纤维增强，经先进生产工艺成型、加压、高温蒸养和特殊技术处理而制成的高科技产品，具有质轻、高强、防火、防水、防潮、隔声、隔热、保温、耐腐蚀、防虫鼠咬、抗冲击、易加工、易装饰等优良特点。

铝在有色金属中是属于比较轻的金属，银白色铝加入镁、铜、硅等元素就成了铝合金。铝合金具有质轻、抗腐蚀的特点，在建筑装饰工程中运用十分广泛，在外墙应用的有铝合金门窗料、玻璃幕墙龙骨、室外招牌龙骨等。除了银白色的铝合金运用较广泛之外，红、黄、绿、蓝等各种颜色的铝合金材料也有较广泛的用处。

2.4.4 顶棚装饰材料

建筑吊顶主要品种有铝扣板、纸面石膏板、装饰石膏角线、复合 PVC 扣板等。既可起到美观、隔热、降温作用，也可掩饰原顶棚各种缺点。

（1）铝扣板吊顶。铝扣板吊顶材料主要用在卫生间或厨房中，其不仅较为美观，还能防火、防潮、防腐、抗静电、吸声、隔音等，属于高档的吊顶材料。其常用形状有长形、方形等，表面有平面和冲孔两种，其产品主要分为喷涂、滚涂、覆膜 3 种，国产铝扣板价格 80 元 /m^2 左右，进口铝扣板价格 200 元 /m^2 左右，两者差别主要在硬度。检验铝扣板主要看漆膜光泽、厚度。

（2）石膏板吊顶。目前石膏吊顶装饰板是我国家装中应用最广的一种新型吊顶装饰材料。防潮石膏装饰板特别适用于卫生间、厨房的吊顶装饰。吸声石膏装饰板具有很强的防噪声功能。复合型石膏装饰板既具有保温、隔热功能，又有装饰作用。纸面石膏板用途广泛，装饰作用强，适用于居室、客厅的吊顶。

（3）装饰石膏角线。石膏装饰角线是一种价格低廉的装饰材料，价格随角线宽度，花型复杂程度及质量不同而不同，一般价格在每延米 10 元左右。很多小企业生产的花型不清晰、材料强度低的产品价格要便宜得多，每延米的价格仅为 3 元左右。

（4）PVC 扣板吊顶。PVC 吊顶是以聚氯乙烯为原料，经挤压成型组装成框架再配以玻璃而制成。它具有轻、耐磨、耐老化、隔热隔声性好、保温防潮、防虫蛀又防火等特点，主要适用于厨房、卫生间；缺点是耐高温性能不强。

2.4.5 钢结构防火涂料

钢结构防火涂料的品种较多，根据高温下涂层变化情况分非膨胀型和膨胀型两大类；另外，按涂层厚薄、成分、施工方法及性能特征不同可进一步分成不同类别。《钢结构防火涂料》（GB 14907—2002）根据涂层使用厚度将防火涂料分为超薄型（小于或等于 3mm）、薄型（大于 3mm，且小于或等于 7mm）和厚型（大于 7mm）防火涂料三种。防止涂料的分类见表 2–6。

表 2–6　防火涂料的分类

类型	代号	涂层特性	主要成分	说明
膨胀型	B	遇火膨胀，形成多孔碳化层，涂层厚度一般小于 7mm	有机树脂为基料，还有发泡剂、阻燃剂、成炭剂等	又称超薄型、薄型防火涂料
非膨胀型	H	遇火不膨胀，自身有良好的隔热性，涂层厚度 7 ~ 50mm	无极绝热材料（如膨胀蛭石、飘珠、矿物纤维）为主，还有无机黏结剂等	又称厚型防火涂料

非膨胀型防火涂料，国内称厚型防火涂料，其主要成分为无机绝热材料，遇火不膨胀，其防火机理是利用涂层固有的良好的绝热性以及高温下部分成分的蒸发和分解等烧蚀反应而产生吸热作用，来阻隔和消耗火灾热量向基材的传递，延缓钢构件升温。非膨胀型防火

涂料一般不燃、无毒、耐老化、耐久性较可靠，适用于永久性建筑中的钢结构防火保护。非膨胀型防火涂料涂层厚度一般为 7 ~ 50mm，对应的构件耐火极限可达到 0.5 ~ 3.0h。

非膨胀型防火涂料以膨胀蛭石、膨胀珍珠岩、矿物纤维等无机绝热材料为主，配以无机黏结剂制成，隔热性能、黏结性能良好且物理化学性能稳定、使用寿命长，具有较好的耐久性，应优先选用。但非膨胀型防火涂料的涂层强度较低、表面外观较差，更适宜用于隐蔽构件。

膨胀型防火涂料，国内称超薄型、薄型防火涂料，其基料为有机树脂，配方中还含有发泡剂、阻燃剂、成碳剂等成分，遇火后自身会发泡膨胀，形成比原涂层厚度大数倍到数十倍的多孔碳质层。多孔碳质层可阻挡外部热源对基材的传热，如同绝热屏障。膨胀型防火涂料在一定程度上可起到防腐中间漆的作用，可在外面直接做防腐面漆，能达到很好的外观效果（在外观要求不是特别高的情况下，某些产品可兼作面漆使用）。采用膨胀型防火涂料时，应特别注意防腐涂料、防火涂料的相容性问题。膨胀型防火涂料在设计耐火极限不高于 1.5h 时，具有较好的经济性。目前，国际上也有少数膨胀型防火涂料产品能满足设计耐火极限 3h 的钢构件防火保护需要，但是其价格较高。

膨胀型防火涂料中有机高分子成分高，随着时间的延长，这些有机材料可能发生分解、降解、溶出等不可逆反应，耐老化问题可能较为突出，可能出现粉化、脱落或膨胀性能下降。但由于膨胀型防火涂料在工程中的大量应用主要始于 20 世纪 90 年代中后期，目前尚无直接评价其老化速度及寿命标准的量化指标，只能从涂料的综合性能来判断其使用寿命的长短。不过有两点可以确定：①非膨胀型防火涂料寿命比膨胀型防火涂料寿命长；②涂料所处的环境条件越好，其使用寿命越长。所以应对膨胀型防火涂料的使用范围给予一定的限制。室外、半室外钢结构的环境条件比室内钢结构更为严酷、不利，对膨胀型防火涂料的耐水性、耐冷热性、耐光照性、耐老化性要求更高。国内某大型体育场雨棚钢结构采用某膨胀型防火涂料，在 10 年后出现涂层老化、性能下降及脱落等现象。

非膨胀型防火涂料中膨胀蛭石、膨胀珍珠岩的粒径一般为 1 ~ 4mm，如涂层厚度太小，施工难度大，难以保证施工质量，为此规定了非膨胀型防火涂层的最小厚度为 10mm。非膨胀型防火涂层由于黏结强度低、厚度厚，容易开裂和脱落，在温差变化大的地区尤其严重，一般情况下加钢丝网可以弥补这方面的不足。

下文分析防火涂料与防腐涂料的相容性问题，尤其是膨胀型防火涂料，因为其与防腐油漆同为有机材料，可能发生化学反应。在不能出具第三方证明材料证明“防火涂料、防腐涂料相容”的情况下，应委托第三方进行试验验证。膨胀型防火涂料、防腐油漆的施工顺序为：防腐底漆、防腐中间漆、防火涂料、防腐面漆，在施工时应控制防腐底漆、中间漆的厚度，避免由于防腐底漆、中间漆的高温变性导致防火涂层的脱落；避免因面漆过厚、过硬而影响膨胀型防火涂料的发泡膨胀。

3 装配式变电站建构筑物设计的一般要求

3.1 装配式变电站相关规范

（1）《火力发电厂与变电所设计防火规范》（GB 50229—2006）。

（2）《钢结构设计标准》（GB 50017—2017）。

（3）《建筑设计防火规范》（GB 50016—2014）。

（4）《建筑抗震设计规范》（GB 50011—2010）。

（5）《变电站建筑结构设计规程》（DL/T 5457—2012）。

（6）《冷弯薄壁型钢结构技术规范》（GB 50018—2002）。

（7）《屋面工程技术规范》（GB 50345—2012）。

（8）《装配式混凝土建筑技术标准》（GB/T 51231—2016）。

（9）《装配式混凝土结构技术规程》（JGJ 1—2014）。

（10）《装配式钢结构建筑技术标准》（GB/T 51232—2016）。

（11）《变电站装配式钢结构建筑设计规范》（Q/GDW 11687—2017）。

（12）《混凝土结构设计规范》（GB 50010—2010）。

（13）《建筑结构荷载规范》（GB 50009—2012）。

（14）《工业建筑防腐蚀设计规范》（GB 50046—2008）。

（15）《钢结构焊接规范》（GB 50661—2011）。

（16）《220kV ~ 500kV 户内变电站设计规程》（DL/T 5496—2015）。

（17）《工业企业厂界噪声标准》（GB 12348—2008）。

3.2 建筑设计一般要求

3.2.1 建筑构造和内外装修

3.2.1.1 楼面、地面

（1）所区建筑的楼面、地面一般可采用水泥砂浆、细石混凝土、水磨石或地砖面层。主控制室、继电器室（二次设备室）及计算机房等房间的楼面或地面应采用不起尘的耐磨材料。

（2）卫生间等用水房间，宜采用现浇楼板并加防水层，当采用预制楼板时，必须采取可靠的防、排水设施，其楼面、地面宜采用陶瓷防滑地砖等面层。

（3）屋内配电装置室、电容器室及站用变压器室等，宜采用水泥砂浆楼面、地面，全封闭的 SF_6 组合电气装置室，应采用耐磨的不起尘的楼面、地面。

（4）外廊、外楼梯平台、卫生间及浴室等房间，其楼面、地面应低于相邻房间和过道的楼面、地面的标高，或设挡水栏，并应有 5‰ ~ 10‰的坡度，将水排至下水道系统。

（5）为防止大面积的楼面、地面开裂，水泥砂浆、水磨石或混凝土楼面、地面应分格处理，也可加设钢筋网或采用块料面层。

（6）楼地面、楼地面沟槽、管道穿楼板及楼板接墙面处应严密防水、防渗漏。

3.2.1.2 平台、楼梯护沿和栏杆

平台、楼梯孔周围应设护沿和栏杆吊物孔及电缆竖井周围应设护沿和活动栏杆，并根据需要设盖板。

护沿的高度不宜小于 0.10m，栏杆的高度不应小于 1.05m，栏杆离地面 0.10m 高度内不应留空。

3.2.1.3 室内外台阶踏步

室内外台阶踏步宽度不宜小于 0.30m，踏步高度不宜大于 0.15m，并不宜小于 0.10m，踏步应防滑。室内台阶踏步数不应小于 2 级，当高差不足 2 级时，应按坡道设置。

3.2.1.4 墙体

（1）变电站建筑的承重墙、隔声墙及防火墙应因地制宜，采用新型建筑墙体材料。室内非承重墙及框架填充墙，宜采用轻质材料。

（2）外墙应根据地区气候条件和建筑要求，采取保温、隔热和防潮等措施。

（3）墙体的厚度及砂浆，砖石的强度等级，除应满足结构计算要求外，尚应符合建筑热工及施工条件等要求。

（4）墙身应设置防潮层。防潮层的位置宜高出室外地面 0.10m 以上，低于室内地面 0.05m，并应在地面混凝土垫层高度范围内。在此范围内如为钢筋混凝土圈梁或基础梁时，可不设墙身防潮层，地震区防潮层应满足墙体抗震整体连接的要求。

3.2.1.5 楼梯

（1）建筑物主要楼梯梯段的净宽不应小于 1.2m，每个梯段的踏步不应超过 18 级，亦不应少于 3 级。

（2）梯段改变方向时，楼梯平台净宽不应小于梯段净宽，不改变行进方向的平台，其净宽不应小于 3 级踏步的宽度；当有门开向楼梯平台或有其他突出物时，应适当增加平台的宽度。

（3）楼梯平台上部及下部过道处的净高不应小于 2.0m，梯段净高不应小于 2.2m。

（4）钢楼梯的坡度不宜超过 60°，梯段净宽不应小于下列数值：作业及检修梯 0.60m、安全疏散梯 0.80m。

（5）楼梯应设有防滑措施。当面层为水泥砂浆或水磨石时，应设防滑条，当采用钢梯时，钢梯踏步应采用花纹钢板；露天积雪和积灰地段宜采用格栅式踏步。

3.2.1.6 屋面

（1）屋面防水设计应遵照《屋面工程技术规范》（GB 50345—2012）的有关规定。高

压配电装置室、主控制室、继电器室（二次设备室）、通信室及计算机房等生产建筑物，应采用防水层合理使用年限为 15 年的Ⅱ级屋面防水等级。

（2）屋面排水坡度应根据屋顶结构形式，屋面基层类别，防水构造形式，材料性能及当地气候等条件确定。一般平屋面的排水坡度应为 2% ~ 5%。

（3）在跨度大于 9.0m 的平屋面，其排水坡度宜通过结构找坡方式实现，坡度不应小于 3%。

（4）保温屋面可根据具体情况设置隔气层。隔热屋面宜采用架空隔热层。

（5）凡檐口高度大于 10m 的建筑物，应在靠近屋脊处设屋面检修孔（避免近檐口设置），或在屋外设置通向屋顶的检修钢梯。当高低屋面高差大于或等于 2m 时，亦应设置检修梯，其宽度不小于 0.5m。

（6）屋面一般宜采用有组织排水，并宜优先采用外排水。

（7）屋面水落管的数量、管径应通过计算确定。

（8）无组织排水屋面的挑檐净宽不应小于 300mm。

（9）凡上人屋面，应设女儿墙或栏杆，其净高不应小于 1.05m。

（10）刚性防水层与山墙、女儿墙以及突出屋面结构的交接处，均应做柔性密封处理。刚性防水层内严禁埋设管线。

（11）当设备或构、支架布置在屋面上时，应对屋面作特殊处理。

1）当设施基座与屋面结构层相连时，防水层应包裹设施基座的上部，并在地脚螺栓周围做密封处理；

2）当需要经常维护的设施周围和屋面出入口至设施之间的人行道应铺设刚性保护层。

3.2.1.7　门窗

（1）门窗的材料、尺寸、功能和质量等应符合使用要求，并应符合建筑门窗产品标准的规定。

（2）门窗与墙体应连接牢固，且满足抗风压、水密性、气密性的要求，对不同材料的门窗选择相应的密封材料。

（3）有设备进出的门的高度、宽度应满足设备运输及安装检修的要求。

（4）夏秋季多蚊蝇及飞蛾的地区，经常有人活动或有防小动物及防鸟害要求的房间宜设置纱门和纱窗。

（5）底层窗宜设防护栅，空调房间的外窗宜设双层玻璃等隔热保温密封措施。

（6）门窗除有特殊要求外，一般宜采用彩钢、铝合金和塑钢等节能性材料。

3.2.1.8　内外装修

（1）站区建筑物的外装修标准应根据变电站的规模及所处的位置和环境采用不同的装修标准，并应与周围环境相协调。

（2）建筑物内部顶棚、墙面、楼地面和隔断等的装修材料应符合《建筑内部装修设计防火规范》（GB 50222—2017）的要求。

（3）主控制室、继电器室（二次设备室）及计算机房，其墙面可采用难燃烧材料及自熄型饰面材料。顶棚宜采用难燃烧材料，其耐火极限不应低于 0.25h 的轻质顶棚。地面、墙面及顶棚的颜色，宜与屏面颜色和谐协调。

（4）有裸露导体的电气设备室的顶棚，不得采用易剥落的饰面材料。

3.2.1.9 变形缝

（1）变形缝应按设缝的性质和条件设计，使其在产生位移或变形时不受阻，不被破坏，并不破坏建筑物。

（2）墙身、屋面、楼地面的变形缝，应采取防渗漏、防火、保温、防老化和防脱落的构造措施。

（3）伸缩缝应贯穿建筑物的屋面、楼面、墙身及梁柱，沉降缝应直通基础底部。

（4）在同一建筑物内的变形缝应统一考虑，需抗震设防时，伸缩缝和沉降缝应符合防震缝的要求。

（5）当需要设置防震缝时，其防震缝的宽度应符合《建筑抗震设计规范》（GB 50011—2010）的有关规定。

3.2.2 防火

（1）变电站各建构筑物在生产过程中的火灾危险性分类及其耐火等级和最小防火间距，应按《火力发电厂与变电所设计防火规范》（GB 50229—2006）的有关规定执行。

（2）防火门分甲、乙、丙三级，其耐火极限分别为 1.2、0.9、0.6h。

1）防火门宜采用不锈钢门轴的平开门。

2）用于疏散的走道及楼梯间的门应采用丙级防火门并向疏散方向开启，当其门扇开足时，还不应影响走道及楼梯的疏散宽度。

3）电缆井及管道井壁上的检查门应采用丙级防火门。

（3）防火墙或防火隔墙应为具有不少于 4.0h 耐火极限的非燃烧性墙体，一般可采用 240mm 厚的砖墙。

1）防火墙或防火隔墙上，不应开设门窗洞口，如必须开设时，应采用甲级防火门窗，并应能自行关闭。

2）防火墙上不宜通过管道，如必须通过时，应采用防火堵料将孔洞周围的空隙紧密堵塞。

3）设计防火墙时，应考虑防火墙上支撑的或防火墙一侧的屋架、梁、楼板等构件，受到火灾的影响破坏并塌落时，也不致使防火墙失去稳定而倒塌。

4）当屋外油浸变压器之间需设防火墙时，防火墙的高度不应低于变压器储油柜的顶高，其长度宜大于变压器储油池两侧各 1m。

（4）建筑物外墙距屋外油浸变压器外廓 5m 以内时，该墙在距变压器外廓投影面外侧 3m 内，不应设有门窗和通风孔；建筑物距变压器外廓 5 ~ 10m 范围内的外墙，可设甲级防火门，并可在变压器总高度以上设非燃烧体的固定窗。

（5）屋内配电装置室内的油断路器、油浸电流互感器和电压互感器、高压电抗器，应安装在有防火隔墙的间隔内。总油量超过 100kg 的屋内油浸电力变压器及站用变压器，宜安装在单独的防火间隔内，并应有单独向外开启的甲级防火门。

（6）屋内单台电气设备总油量在 100kg 以上的间隔（房间）以及站用变压器室均应设贮油设施或挡油设施。

1）挡油设施的容积宜按油量的20%设计，并应有将事故油排至安全处所的设施，且不应引起污染危害。当事故油不能排至安全处所时，应设置能容纳全部油量的储油设施。

2）事故排油管内径的选择应能快速将油排出，且不应小于100mm。

3）当变压器等油浸电气设备其单个油箱的油量在1000kg及以上时，应同时设置储油坑及总事故油池。

储油坑长宽尺寸应大于变压器外廓每边各1m，坑内应铺设卵石层，其厚度不应小于250mm，卵石直径宜为50～80mm。储油坑的容量应按每台设备总油量的20%设计。

总事故油池的容量宜按最大单台设备油量的60%确定，并应有油水分离的功能，其出口应引至安全处所。

（7）电缆隧道的端部应有通至地面的出口。当电缆隧道长度超过100m时，还应设有间距不超过75m的中间出口。电缆隧道（或电缆沟）与建筑物外墙相交处，应设置耐火极限不低于4.0h的防火墙或防火隔断，电缆隧道的防火墙上还应设置甲级防火门。

（8）电缆从室外进入室内的入口处、电缆竖井的出入口处、电缆接头处、穿越楼板处以及长度超过100m的电缆沟或电缆隧道，均应采取防止电缆火灾蔓延的阻燃及分隔措施，如采用防火堵料等非燃烧体材料严密堵塞。防火堵料的耐火极限宜与所堵墙体、楼板等构件的耐火极限相同。

（9）有火灾危险的建筑物，如屋内配电装置室、电容器室、蓄电池室、电缆夹层及其他电气设备的房间，应采用向外开启的钢门。当门外为公共走道或其他房间时，应采用向外开启的丙级防火门。相邻有火灾危险房间之间的门，应能双向开启，不得设置门槛。

（10）面积超过250m^{2}的主控制室（二次设备室）、通信室及电缆夹层、各自的出入口不应少于两个。楼层的第二个出口可设在通向室外楼梯的平台处，其出口的门应向外开启。

（11）屋内配电装置室、电容器室及站用变室，当其长度大于7m，小于或等于60m时，其安全出口不应少于两个；当其长度大于60m时，应增加一个出口。维护操作走廊或防火走廊的最远一点至出口的距离不得大于30m。

3.2.3 建筑热工

（1）建筑热工设计应符合国家节约能源的方针，使设计与地区气候条件相适应，应注意建筑朝向，节约建筑采暖和空调能耗，改善并保证室内环境质量。

（2）建筑热工的设计，应根据全国建筑热工设计分区和变电站建筑所在地区的气候条件有所侧重。可按照现行采暖通风与空气调节的有关规定执行。

（3）建筑热工设计在计算保温建筑的围护结构厚度时，应根据围护结构的材料、构造和容重，合理选择冬季室内外计算温度的取值。当采用集中采暖、空调时，其节能设计宜参照现行行业标准中有关规定执行。

3.2.4 噪声控制

（1）变电所建筑设计应重视噪声控制，应协同工艺专业及结构专业对主要噪声源采取有效的消声、隔声、吸声及减振隔振等技术措施；配合总平面布置专业使主要工作和生活场所避开强噪声源，以减轻噪声的危害。

（2）变电站各主要建筑物的室内噪声控制设计标准，不宜超过表 3–1 的限值。

表 3–1　　变电站各工作场所的噪声标准

项次	工作场所	噪声限制值 dB（A）
1	生产和作业的工作地点	90
2	生产场所的值班室、休息室	70
3	主控制室、通信室、计算机室	60
4	办公室、会议室、试验室	60 ~ 70

（3）变电站自身安装的主变压器、通风机等设备的噪声级对周围环境影响的控制，应符合《工业企业厂界环境噪声排放标准》（GB 12348—2008）和《城市区域环境噪声标准》（GB 3096—1993）的有关规定。

3.3　抗震设计一般要求

（1）本书抗震设计适用于抗震设防烈度为 6 ~ 9 度地区变电站的建构筑物的抗震设计。抗震设防烈度大于 9 度地区的变电站及有特殊要求的变电站的建构筑物的抗震设计应有专门研究。

（2）抗震设计贯彻以预防为主的方针，在现有科学技术水平和国家经济条件下，因地制宜，积极采用技术可靠，经济合理的抗震措施。

（3）变电站建构筑物重要等级的划分：

1）500、330kV 变电站，220kV 重要枢纽变电站的主控制楼（室），屋内配电装置楼（室），继电器室，屋外配电装置构支架等为乙类建构筑物。

2）变电站除乙、丁类以外的建构筑物为丙类建构筑物。

3）变电站的次要建构筑物为丁类建构筑物。

（4）各类建构筑物抗震设防烈度应符合下列要求：

1）乙类建构筑物，地震作用应符合本地区抗震设防烈度的要求；抗震措施，一般情况下，当抗震设防烈度为 6 ~ 8 度时，应符合本地区抗震设防烈度提高一度的要求，当为 9 度时，应符合比 9 度抗震设防更高的要求；地基基础的抗震措施，应符合有关规定。

2）丙类建构筑物，地震作用和抗震措施均应符合本地区抗震设防烈度的要求。

3）丁类建构筑物，一般情况下，地震作用仍应符合本地区抗震设防烈度的要求；抗震措施应允许比本地区抗震设防烈度的要求适当降低，但抗震设防烈度为 6 度时不应降低。

4）变电站建构筑物抗震措施设防烈度调整见表 3–2。

5）按 6 度设防的建构筑物可不进行地震作用计算。

（5）选择建构筑物场地时，应根据工程需要，掌握地震活动情况、工程地质和地震地质的有关资料，对抗震有利、不利和危险地段作出综合评价。选择有利地段，避开不利地段，当无法避开不利地段时应采取有效措施，不应在危险地段建造乙、丙类建构筑物。

表 3-2　　变电站建构筑物抗震措施设防烈度调整表

500、330kV 变电站，220kV 重要枢纽变电站				建构筑物	220、110、35kV 一般变电站			
当本地区设防烈度					当本地区设防烈度			
9	8	7	6		6	7	8	9
9	9	8	7	主控制楼（室）	6	7	8	9
9	9	8	7	屋内配电装置楼（室）	6	7	8	9
9	9	8	7	继电器室	6	7	8	9
9	9	8	7	屋外变电构架、设备支架	6	7	8	9
9	8	7	6	其他建构筑物	6	7	8	9

注　表中“其他建构筑物”指重要等级属于丙类的建构筑物。

（6）建构筑物场地为Ⅰ类时，乙类建构筑物应允许仍按本地区抗震设防烈度的要求采取抗震构造措施；丙类建构筑物应允许按本地区抗震设防烈度降低 1 度的要求采取抗震构造措施，但抗震设防烈度为 6 度时仍应按本地区抗震设防烈度的要求采取抗震构造措施。

（7）500、330kV 及 220kV 重要枢纽变电站场地应根据场地土层等效剪切波速和覆盖层厚度划分场地类别。对 220、110、35kV 一般变电站当无实测剪切波速时，场地类别的划分可按《建筑抗震设计规范》（GB 50011—2010）第 4.1.3 条 ~ 第 4.1.6 条中要求确定。

3.3.1　地震作用和结构抗震验算

3.3.1.1　建筑物地震作用

（1）一般情况下，建筑物应分别验算两个主轴方向的水平地震作用，并进行抗震验算。

（2）质量和刚度明显不均匀，不对称的结构，应计及水平地震作用产生的扭转影响，并从结构布置和抗震构造方面采取措施，尽量减轻其不利影响。

（3）主控制楼，配电装置楼当采用加强型构造柱及圈梁的砖混结构体系时，房屋横向计算简图可按图 3-1 采用。

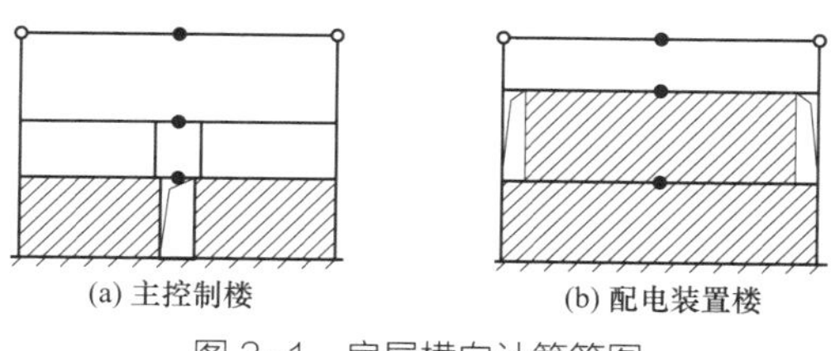

图 3-1　房屋横向计算简图

（4）计算地震作用时，建筑的重力荷载代表值应取结构和构配件自重标准值及设备自重标准值和各可变荷载组合值之和，各可变荷载的组合值系数，按表 3-3 采用。

（5）对于突出建筑物顶面的屋顶小间、女儿墙，按基底剪力法计算其水平地震作用效应，并乘以增大系数 3.0。

表 3–3　　可变荷载组合值系数

项数	荷载类别	组合值系数
1	雪荷载	0.5
2	楼面均布活荷载	0.5

注　当按实际情况考虑楼面活荷载时组合值系数取 1.0。

3.3.1.2　构筑物地震作用

（1）变电构架，设备支架地震作用效应计算简图应和静荷载效应计算简图取得一致。

（2）变电构架应分别验算顺导线方向和垂直导线方向的水平地震作用，且由各自方向的抗侧力构件承担。

（3）中型布置的变电构架，设备支架可简化为单质点体系计算；对于高型或半高型布置的构架视结构情况宜按两个质点体系计算。当简化为单质点体系时，计算构架基本周期时，可取构架柱重的 1/4 集中于柱顶；计算构架水平地震作用时，可取构架柱重的 2/3 集中于柱顶。

（4）变电构架、设备支架的地震作用和荷载效应组合：

1）计算地震作用时，构支架上重力荷载代表值应取结构自重标准值及设备自重标准值（包括导线、金具、绝缘子串、阻波器及其他电气设备）和各可变荷载组合值之和。

2）变电构架，支架地震作用效应应与构支架上重力荷载，正常运行工况导线最大张力荷载及风荷载效应进行组合，结构风荷载组合值系数为 0.2，设备风荷载组合值系数为 0.25。

3）对高型或半高型布置的构架，应考虑通道使用活荷载 1.0kN/m^2。

（5）下 8 度时，Ⅰ、Ⅱ类场地的下列构筑物符合非地震区有关设计规范和规定时，可不进行地震作用和地基承载力的验算：

1）格构式钢结构（含轻钢结构）和钢管结构的∏型和 H 型构架，设备支架；

2）设有抗侧力端撑的离心钢筋混凝土环形杆人字形柱和格构式钢梁的门型和 H 型构架；

3）设备重心不高，质量不大的钢筋混凝土设备支架；

4）有可靠连接的设备基础。

（6）对设备重心较高，质量较大的设备支架，应考虑设备高度的影响。

（7）对构架节点（梁与柱，支撑与柱等）连接处进行抗震承载能力验算时，地震作用效应乘以加强系数 1.2（螺栓连接）或 1.5（焊接连接）。

3.3.8.3　结构抗震验算在进行结构构件截面抗震验算时，构件的承载力抗震调整系数 γ_{RE}。可按表 3–4 采用。

3.3.2　结构选型和抗震构造

3.3.2.1　建筑物结构选型和抗震构造

（1）主控制楼（室）、配电装置楼（室）、继电器室平面、立面的布置宜规则、对称，房屋质量和刚度沿竖向分布宜均匀变化。

（2）主控制楼、配电装置楼、继电器室的结构型式可根据设防烈度，场地类别按表 3–5 选用。

表 3-4　承载力抗震调整系数 γ_{RE}

项次	材料	构件	γ_{RE}
1	钢 钢管混凝土	柱，梁 柱间支撑 节点板件，连接螺栓 连接焊缝	0.75 0.80 0.85 0.90
2	砌体	两端均有构造柱、芯柱的抗震墙（受剪） 其他抗震墙	0.9 1.0
3	钢筋混凝土	钢筋混凝土环形杆（偏拉） 钢筋混凝土环形杆（偏压） 钢筋混凝土梁（受弯） 钢筋混凝土受剪 钢管混凝土，离心钢管混凝土杆	0.85 0.80 0.75 0.85 0.85

表 3-5　控制楼（室）、配电装置楼（室）、继电器室结构型式

项次	设防烈度	场地类别	结构型式
1	6	Ⅰ—Ⅳ	砖混结构
2	7	Ⅰ—Ⅱ Ⅲ—Ⅳ	砖混结构， 砖混结构、框架结构、轻钢结构
3	8	Ⅰ—Ⅱ Ⅲ—Ⅳ	砖混结构、框架结构、轻钢结构， 框架结构、轻钢结构
4	9	Ⅰ—Ⅳ	框架结构、轻钢结构

注　1. 砖混结构指按《变电站建筑结构设计规程》（DL/T 5457—2012）设有加强型钢筋混凝土构造柱和圈梁。
　　2. 当层高超过 3.6m 时宜采用框架结构。

（3）当采用钢筋混凝土框架结构时可根据调整后的设防烈度及房屋高度，按《建筑抗震设计规范》（GB 50011—2010）采取不同的框架抗震等级。

3.3.2.2　屋外变电构架抗震构造

屋外变电构架离心钢筋混凝土环形杆人字柱的柱头，宜采用钢板焊接接头。钢板接头应符合下列要求：

（1）顶盖板与柱端钢圈满焊；

（2）顶盖板厚度不应小于 8mm；

（3）拼接板的厚度不应小于 10mm，宽度应大于 100mm；

（4）焊缝高度不宜小于 6mm。

3.4　地基基础设计一般要求

（1）变电站的建构筑物和设备基础的地基基础设计应符合下列规定：

1）所有建构筑物和设备基础的地基计算均应满足承载力计算的有关规定。

2）在具有本地区的可靠经验以及无特殊要求和正常地质条件下的变电站建构筑物和设备基础可根据表 3-6 的要求确定是否进行变形验算。

表 3-6 变电站可不作地基变形计算的建构筑物范围

建构筑物名称	地基主要受力层情况			适用范围
	承载力特征值 f_{sk}（kPa）	各土层坡度（%）	压缩摸量 E_s（MPa）	相应变形值
GIS 设备、以气体管道硬连接的设备以及其他对沉降变形有极严格要求设备的基础	≥ 200	≤ 5	≥ 8	沉降小于 100mm 容许沉降差或倾斜小于 0.0011
主控制楼、多层综合楼、继电保护室、配电室、电容器室等主要生产建筑、支持式管母线构架、梁柱连接为刚接构架、隔离开关支架、独立避雷针、以液体管道硬连接的设备等对沉降变形有较严格要求设备的基础	≥ 160	≤ 7	≥ 6.5	沉降小于 150mm 容许沉降差或倾斜小于 0.051
梁柱连接为铰接构架、警卫室、水泵房等单层生产及生活附属建筑、水池、事故油池、电缆沟、主变压器、断路器等设备及其他设备支架等对沉降变形有一般的要求的基础	≥ 130	≤ 10	≥ 4.5	沉降小于 200mm 容许沉降差或倾斜小于 0.011

注 1. 在参照上表不作地基变形验算时，应按实际建构筑物的种类满足本表所列各项对应指标的要求。
2. 变电站的建构筑物在不验算相邻基础的沉降差时，要求相邻基础的地基受力层情况基本一致。否则仍需进行变形计算和沉降差验算。
3. 当基础的地基变形影响深度存在有软弱下卧层时，必须进行变形验算。
4. 当地基为岩石或碎石土时，可根据经验采用相应的变形模量来取代上表中的压缩摸量。

3）地基基础的变形计算值应不大于地基变形允许值。设备基础的变形计算值还应满足其上部电气设备正常安全运行对位移的要求。如确因条件限制无法满足时，应采取其他的有效措施保证设备安全运行。

4）构支架基础和设备基础应注意由于地基变形所引起上部的导线、电气设备以及构支架对地距离的变化，必须保证各项间距在地基变形后仍能满足电气安全距离要求。

（2）地基基础设计时，所采用的荷载效应最不利组合与相应的抗力限值以及在正常使用极限状态下荷载效应的组合值应符合现行《建筑地基基础设计规范》（GB 50007—2011）的规定。对避雷针等高耸构筑物的基础作用力应考虑阵风的脉动影响，可取上部结构的风振系数乘以 0.8 的系数，但不得小于 1.0。

（3）基础的埋深除岩石地基外，一般不宜小于 0.5m，在季节性冻土地区当地基土具有冻胀性时应大于土壤的标准冻结深度。当建筑物内墙的基础在施工或使用过程中有可能发生冻胀现象时，内外墙基础宜埋置同一深度。

（4）构架、支架基础的埋深，应按基础上拔和倾覆稳定计算确定。

（5）基础设计应考虑地下水位的季节性变化的影响，基础宜埋置在地下水位以上，当必须埋置在地下水位以下时，应采取地基土在施工时不受扰动的措施。同时，对位于稳定的地下水位以下的基础重度和土体重度应按浮重度考虑。

（6）基础设计应考虑地下水（包括周围的环境水）和土对基础材料腐蚀性的影响，必要时应采取有效的防护措施。

（7）当基础埋置在易风化的软质岩层或软弱地基时，施工时要求在基坑挖好后立即铺设垫层，应在施工图设计中加注说明。

（8）建构筑物基础一般可采用混凝土、钢筋混凝土或砖石结构。基础的强度计算以及耐久性设计可按现行《混凝土结构设计规范》（GB 50010—2010）和《砌体结构设计规范》（GB 50003—2011）的有关规定执行。

（9）当全封闭组合电器以及本体与散热器分离的主变压器等采用管道硬连接的设备，一般应采用同一地基处理形式的整体基础。当长度过大时，可与电气专业协同在水平伸缩节段设置伸缩缝。在设备没有设置垂直伸缩节等消除差异沉降的措施时，其基础不宜分块和设置沉降缝。

（10）地基基础设计前必须进行岩土工程勘察，地基基础设计必须详细了解土层的分布与性质，必须重视对岩土工程勘察资料及其评价的研究、分析和应用。

（11）变电站建筑物地基均应进行施工验槽。如地基条件与原勘察报告不符时，应进行补充勘察。

（12）地基承载力计算。

1）基础底面压力的确定，应符合式（3–1）要求。

a. 当轴心荷载作用时，有

$$P_{\kappa} \leqslant f_{\alpha} \tag{3-1}$$

式中 P_{κ}——相应于荷载标准组合时，基础底面处的平均压力值；

f_{α}——修正后的地基承载力特征值。

b. 当偏心荷载作用时，除符合式（3–1）的要求外，有

$$P_{\kappa\max} \leqslant 1.2 f_{\alpha} \tag{3-2}$$

式中 $P_{\kappa\text{man}}$——相应于荷载标准组合时，基础底面边缘的最大压力值。

2）对主变压器基础应按以下两种工况验算地基承载力。

a. 正常情况，按轴心受压计算。

b. 安装情况，按偏心受压计算。

$$P_{\kappa\max} = \frac{\frac{1}{2}N_0 + G + G_0}{A} + \frac{Ne}{2W} \leqslant 1.4 f_{\alpha} \tag{3-3}$$

式中 N_0——变压器在安装工况时的自重；

G——基础自重；

G_0——基础底板上部卵石或土的自重；

A——基础底板面积；

e——基础重心至主变压器安装时设备着力点距离；

W——基础底板的截面抵抗矩。

3）构、支架基础在偏心荷载作用下地基承载力计算，宜考虑土对基础的侧向土抗力的影响。

（13）软弱地基。

1）软弱地基系指主要由淤泥，淤泥质土、冲填土、杂填土或其他高压缩性土层构成的地基。在建筑地基的局部范围内有高压缩性土层时，应按局部软弱土层考虑。

2）设计软土地基时，应对建筑体型、荷载情况、结构类型和地质条件进行综合分析，确定合理的建筑措施、结构措施和地基处理方法。当软土地基的场地进行大规模填土时，还应考虑由此而引起的不均匀沉降。

3）当地基强度和变形满足使用要求时，若无其他特殊要求，宜尽量利用天然地基作为基础持力层，可按下列规定：

a. 淤泥和淤泥质土，宜利用其上覆较好土层作为持力层。

b. 冲填土，当均匀性和密实度较好时，均可利用作为持力层。

c. 对于有机质含量较多的生活垃圾和对基础有侵蚀性的工业废料等杂填土，未经处理不宜作为持力层。

4）建构筑物处于软弱土层或局部软弱土层以及暗塘、暗沟等应进行地基基础处理，如用基础加深、基础梁跨越、块石垫层加厚、换土垫层或桩基等方法。

5）对处于软弱地基上的构架基础，当上部结构为刚接人字柱时，宜采用联合基础。当基础采用桩基时，应考虑基桩的抗拔作用，并保证基桩本身以及与承台间的连接可靠。

6）对处于软弱地基上的设备支架基础，对变位要求较高的电气设备（如隔离开关及断路器等）应采取有效措施严格控制其地基的不均匀沉降。

7）当地基承载力和变形不能满足设计要求时，可结合当地的经验和实际情况采用合适的桩基和其他的人工地基。

8）在满足使用，工艺和其他要求前提下，建筑体型应力求简单。当建筑体型比较复杂时，宜根据其平面形状和高度差异情况，在适当部位设置沉降缝。当高度差异（或荷载差异）较大或设置沉降缝有困难时，可将两者隔开一定距离，其连接处的上部结构应采用能自由沉降的连接体或简支、悬挑结构，也可采用其他方法使其沉降差能满足规定要求。

9）建筑物及构筑物组成各部分标高的确定，应根据可能产生最大沉降量和不均匀沉降采取下列相应措施：

a. 室内地坪和地下设施的标高，应根据预估沉降量予以提高，建筑物各部分（或设备之间）有联系时，可将沉降较大者的标高提高。

b. 当屋内配电装置室采用硬（管）母线或有管道穿过时，预留足够尺寸的孔洞，并宜采用柔性连接接头方式等。

c. 屋外配电装置构架的梁柱连接宜采用铰接。

（14）山区地基。

1）山区（包括丘陵地带）地基的设计应考虑岩土、岩溶、土洞、边坡、滑坡、填土等特征，根据地形、地质条件，结合总平面布置和竖向布置，尽量使地基条件与上部结构的要求相适应。

2）山区建设中，应充分利用和保护山区天然排水和山地植被，建立可靠的防排水系统，应防止地面水和工业水渗漏而导致滑坡，溶蚀等不良现象产生。在受山洪影响的地段，应采取相应的排洪措施。

3）山区建设中，必须重视边坡设计。边坡设计应注意边坡环境的保护与整治，边坡水系应因势利导，设置可靠的排水设施。边坡工程设计前，应进行详细的工程地质勘察，并应对边坡的稳定性作出准确的评价：对岩石边坡的结构面调查清楚，取得边坡设计所需要的必要参数。

4）当设置挡土墙时，应结合当地经验、材料和现场施工条件，可选用重力式挡土墙、钢筋混凝土挡土墙、锚杆挡土墙等结构，并应做好挡土墙的排水处理。挡土墙的主动土压力、抗滑移、抗倾覆、基底合力偏心矩和基底压力等的计算，按《建筑地基基础设计规范》（GB 50330—2013）的有关规定进行。

5）当地基受力层内有软弱层或位于陡坡地段的挡土墙，尚应采用圆弧滑动面法对地基稳定性进行验算，抗滑力矩与滑动力矩之比应不低于 1.20。

6）在保证山坡整体稳定情况下，人工开挖边坡距离可按照《建筑边坡工程技术规范》（GB 50330—2013）的有关规定执行。

3.5 防火设计一般要求

根据装配式变电站防火设计要求，本小节根据《建筑设计防火规范》（GB 50016—2014）、《火力发电厂与变电所设计防火规范》（GB 50229—2006）、《钢结构防火涂料》（GB 14907—2002）、《建筑钢结构防火技术规范》（GB 51249—2017）、《工业建筑涂装设计规范》（GB/T 51082—2015）等相关规程规范内容进行摘录选取。

（1）厂房和仓库的耐火等级可分为一、二、三、四级，相应建筑构件的燃烧性能和耐火极限，除另有规定外，不应低于表 3–7 的规定。

表 3–7　不同耐火等级厂房和仓库建筑构件的燃烧性能和耐火极限　h

构件名称		耐火等级			
		一级	二级	三级	四级
墙	防火墙	3.00（不燃性）	3.00（不燃性）	3.00（不燃性）	3.00（不燃性）
	承重墙	3.00（不燃性）	2.50（不燃性）	2.00（不燃性）	0.50（难燃性）
	非承重外墙	1.00（不燃性）	1.00（不燃性）	0.50（不燃性）	可燃性
	楼梯间、前室的墙，电梯井的墙	2.00（不燃性）	2.00（不燃性）	1.50（不燃性）	0.50（难燃性）
	疏散走道两侧的隔墙	1.00（不燃性）	1.00（不燃性）	0.50（不燃性）	0.25（难燃性）
非承重外墙、房间隔墙		0.75（不燃性）	0.50（不燃性）	0.50（难燃性）	0.25（难燃性）
柱		3.00（不燃性）	2.50（不燃性）	2.00（不燃性）	0.50（难燃性）
梁		2.00（不燃性）	1.50（不燃性）	1.00 不燃性	0.50（难燃性）
楼板		1.50（不燃性）	1.00（不燃性）	0.50（不燃性）	可燃性
屋顶承重构件		1.50（不燃性）	1.00（不燃性）	0.50（难燃性）	可燃性
疏散楼梯		1.50（不燃性）	1.00（不燃性）	0.50（不燃性）	可燃性
吊顶（包括吊顶搁栅）		0.25（不燃性）	0.25（难燃性）	0.15（难燃性）	可燃性

注　二级耐火等级建筑采用不燃烧材料的吊顶，其耐火极限不限。

（2）变、配电站不应设置在甲、乙类厂房内或贴邻，且不应设置在爆炸性气体、粉尘环境的危险区域内。供甲、乙类厂房专用的 10kV 及以下的变、配电站，当采用无门、窗、洞口的防火墙分隔时，可一面贴邻，并应符合现行《爆炸危险环境电力装置设计规范》（GB 50058）等标准的规定。乙类厂房的配电站确需在防火墙上开窗时，应采用甲级防火窗。

（3）泄压设施宜采用轻质屋面板、轻质墙体和易于泄压的门、窗等，应采用安全玻璃等在爆炸时不产生尖锐碎片的材料。

泄压设施的设置应避开人员密集场所和主要交通道路，并宜靠近有爆炸危险的部位。作为泄压设施的轻质屋面板和墙体的质量不宜大于60kg/m^2。

屋顶上的泄压设施应采取防冰雪积聚措施。

（4）建构筑物的火灾危险性分类及其耐火等级应符合表3–8的规定。

（5）建构筑物构件的燃烧性能和耐火极限，应符合现行《建筑设计防火规范》（GB 50016）的有关规定。

（6）变电站内的建构筑物与变电站外的民用建（构）筑物及各类厂房、库房、堆场、贮罐之间的防火间距应符合现行《建筑设计防火规范》（GB 50016）的有关规定。

（7）控制室室内装修应采用不燃材料。

（8）设置带油电气设备的建构筑物与贴邻或靠近该建构筑物的其他建（构）筑物之间应设置防火墙。

表3–8　建构筑物的火灾危险性分类及其耐火等级

建构筑物名称		火灾危险性分类	耐火等级
继电器室		戊	二级
电缆夹层		丙	二级
建构筑物名称	火灾危险性分类	耐火等级	
配电装置楼（室）	单台设备油量60kg以上	丙	二级
	单台设备油量60kg及以下	丁	二级
	无含油电气设备	戊	二级
屋外配电装置	单台设备油量60kg以上	丙	二级
	单台设备油量60kg及以下	丁	二级
	无含油电气设备	戊	二级
油浸变压器室		丙	一级
气体或干式变压器室		丁	二级
电容器室（有可燃介质）		丙	二级
干式电容器室		丁	二级
油浸电抗器室		丙	二级
干式铁芯电抗器室		丁	二级
总事故储油池		丙	一级
生活、消防水泵房		戊	二级
雨淋阀室、泡沫设备室		戊	二级
污水、雨水泵房		戊	二级

注　1. 主控通信楼当未采取防止电缆着火后延燃的措施时，火灾危险性应为丙类。
2. 当地下变电站、城市户内变电站将不同使用用途的变配电部分布置在一幢建筑物或联合建筑物内时，则其建筑物的火灾危险性分类及其耐火等级除另有防火隔离措施外，需按火灾危险性类别高者选用。
3. 当电缆夹层采用A类阻燃电缆时，其火灾危险性可为丁类。

（9）当变电站内建筑的火灾危险性为丙类且建筑的占地面积超过 3000m^2 时，变电站内的消防车道宜布置成环形；当为尽端式车道时，应设回车场地或回车道。消防车道宽度及回车场的面积应符合现行《建筑设计防火规范》（GB 50016）的有关规定。

（10）电缆及电缆敷设：

1）电缆从室外进入室内的入口处、电缆竖井的出入口处、电缆接头处、主控制室与电缆夹层之间以及长度超过 100m 的电缆沟或电缆隧道，均应采取防止电缆火灾蔓延的阻燃或分隔措施，并应根据变电站的规模及重要性采取下列一种或数种措施：

a. 采用防火隔墙或隔板，并用防火材料封堵电缆通过的孔洞。

b. 电缆局部涂防火涂料或局部采用防火带、防火槽盒。

2）220kV 及以上变电站，当电力电缆与控制电缆或通信电缆敷设在同一电缆沟或电缆隧道内时，宜采用防火槽盒或防火隔板进行分隔。

（11）消防给水、灭火设施及火灾自动报警：

1）变电站的规划和设计，应同时设计消防给水系统。消防水源应有可靠的保证。

注：变电站内建筑物满足耐火等级不低于二级，体积不超过 3000m^3，且火灾危险性为戊类时，可不设消防给水。

2）变电站同一时间内的火灾次数应按一次确定。

3）单台容量为 125MVA 及以上的主变压器应设置水喷雾灭火系统、合成型泡沫喷雾系统或其他固定式灭火装置。其他带油电气设备，宜采用干粉灭火器。地下变电站的油浸变压器，宜采用固定式灭火系统。

4）变电站户外配电装置区域（采用水喷雾的主变压器消火栓除外）可不设消火栓。

5）变电站内建筑物满足下列条件时可不设室内消火栓：

a. 耐火等级为一、二级且可燃物较少的丁、戊类建筑物。

b. 耐火等级为三、四级且建筑体积不超过 3000m^3 的丁类厂房和建筑体积不超过 5000m^3 的戊类厂房。

c. 室内没有生产、生活给水管道，室外消防用水取自贮水池且建筑体积不超过 5000m^3 的建筑物。

6）变电站消防给水量应按火灾时一次最大室内和室外消防用水量之和计算。

7）消防管道、消防水池的设计应符合现行《建筑设计防火规范》（GB 50016）的有关规定。

8）水喷雾灭火系统的设计，应符合现行《水喷雾灭火系统设计规范》（GB 50219）的有关规定。

9）变电站应按表 3-9 的要求设置灭火器。

10）灭火器的设计应符合现行《建筑灭火器配置设计规范》（GB 50140）的有关规定。

11）下列场所和设备应采用火灾自动报警系统。

a. 主控通信室、配电装置室、可燃介质电容器室、继电器室。

b. 地下变电站、无人值班的变电站，其主控通信室、配电装置室、可燃介质电容器室、继电器室应设置火灾自动报警系统，无人值班变电站应将火警信号传至上级有关单位。

c. 采用固定灭火系统的油浸变压器。

表 3-9　　　　建筑物火灾危险类别及危险等级

建筑物名称	火灾危险类别	危险等级
主控制通信楼（室）	E（A）	严重
屋内配电装置楼（室）	E（A）	中
继电器室	E（A）	中
油浸变压器（室）	混合	中
电抗器（室）	混合	中
电容器（室）	混合	中
蓄电池室	C	中
电缆夹层	E	中
生活、消防水泵房	A	轻

d. 地下变电站的油浸变压器。

e.220kV 及以上变电站的电缆夹层及电缆竖井。

f. 地下变电站、户内无人值班的变电站的电缆夹层及电缆竖井。

12）火灾自动报警系统的设计应符合现行《火灾自动报警系统设计规范》（GB 50116）的有关规定。

（12）钢结构的防火执行现行《建筑设计防火规范》（GB 50016）、《钢结构防火涂料》（GB 14907）、《建筑钢结构防火技术规范》（GB 51249）、《工业建筑涂装设计规范》（GB/T 51082）等相关规程规范。防火涂料的耐火极限见《建筑设计防火规范》（GB 50016—2014）中附录 1。

1）《钢结构防火涂料应用技术规范》（CECS24：9019）第 3.1.1 条规定钢结构防火喷涂保护应由经过培训合格的专业施工队施工。施工中的安全技术和劳动保护等要求，应按国家现行有关规定执行。

2）钢结构采用喷涂防火涂料保护时，应符合下列规定：

a. 室内隐蔽构件，宜选用非膨胀型防火涂料；

b. 设计耐火极限大于 1.50h 的构件，不宜选用膨胀型防火涂料；

c. 室外、半室外钢结构采用膨胀型防火涂料时，应选用符合环境对其性能要求的产品；

d. 非膨胀型防火涂料涂层的厚度不应小于 10mm；

e. 防火涂料与防腐涂料应相容、匹配。

3）膨胀型防火涂料涂层表面的裂纹宽度不应大于 0.5mm，且 1m 长度内均不得多于 1 条；当涂层厚度小于或等于 3mm 时，不应大于 0.1mm。非膨胀型防火涂料涂层表面的裂纹宽度不应大于 1mm，且 1m 长度内不得多于 3 条。

4）钢结构在腐蚀环境下，防火涂层应按下列顺序涂装：

a. 先在构件表面涂覆防腐蚀底涂料及防腐蚀中间层涂料；

b. 待防腐涂层干燥固化后再涂刷防火涂层；

c. 防火涂层干燥固化后再涂刷防腐蚀面层涂料。

5）防火涂料的选用应符合下列规定。

a. 防火涂料不应含有石棉和甲醛，不宜采用苯类溶剂。在施工干燥后不应有刺激性气味，火灾发生时不应产生浓烟和危害生命安全的气体；

b. 防火涂料应符合国家现行有关标准的技术规定；

c. 防火涂料应与防腐蚀涂料具有相容性；

d. 膨胀型防火涂料与基层的黏结强度不应低于 0.15MPa，非膨胀型防火涂料与基层的黏结强度不应低于 0.04MPa；

e. 防火涂料应与使用环境相适应。

6）室内裸露钢结构或薄壁型钢结构宜选用膨胀型（薄涂型）钢结构防火涂料。

7）室内隐蔽钢结构宜选用非膨胀型（厚涂型）钢结构防火涂料。

8）室外钢结构或室内潮湿部位应选用户外型钢结构防火涂料。

9）钢结构采用膨胀型防火涂层的配套体系，应包含防腐蚀底涂层、防腐蚀中间涂层、防火涂层和防腐蚀面涂层。在弱、微腐蚀环境下，如防火涂层能够满足耐久性要求，可不设防腐蚀面涂层。

10）当钢结构采用非膨胀型防火涂层时，其配套体系应包含防腐蚀底涂层、防腐蚀中间涂层、防火涂层，在强、中腐蚀环境下，尚应设置防腐蚀面涂层。

11）非膨胀型防火涂层有下列情况之一时，应在构件表面设置拉结镀锌钢丝网。

a. 厚度大于 20mm；

b. 表面尺寸大于 500mm × 500mm；

c. 黏结强度小于 0.05MPa。

12）非膨胀型防火涂层设置拉结镀锌钢丝网时，规格宜采用丝径 ϕ0.5 ~ 1.5mm、网孔 20mm × 20mm ~ 50mm × 50mm；涂层拐角可做成直角或半径为 10mm 的圆弧形。

3.6 采暖、通风设计一般要求

（1）地上变电站的采暖、通风和空气调节，应符合以下有关规定：

1）蓄电池室严禁采用明火取暖。

2）蓄电池室的采暖散热器应采用钢制散热器，管道应采用焊接，室内不应设置法兰、丝扣接头和阀门。采暖管道不宜穿过蓄电池室楼板。

3）采暖管道不应穿过变压器室、配电装置室等电气设备间。

4）室内采暖系统的管道、管件及保温材料应采用不燃烧材料。

（2）空气调节：

1）计算机室、控制室、电子设备间，应设排烟设施；机械排烟系统的排烟量可按房间换气次数每小时不小于 6 次计算。其他空调房间，应按《建筑设计防火规范》（GB 50016—2014）的有关规定设置排烟设施。

2）空气调节系统的送、回风道，在穿越重要房间或火灾危险性大的房间时应设置防火阀。

3）空气调节风道不宜穿过防火墙和楼板，当必须穿过时，应在穿过处风道内设置防火阀。穿过防火墙两侧各 2m 范围内的风道应采用不燃烧材料保温，穿过处的空隙应采用防火材料封堵。

4）空气调节系统的送风机、回风机应与消防系统连锁，当出现火警时，应立即停运。

5）空气调节系统的新风口应远离废气口和其他火灾危险区的烟气排气口。

6）空气调节系统的电加热器应与送风机连锁，并应设置超温断电保护信号。

7）空气调节系统的风道及其附件应采用不燃烧材料制作。

8）空气调节系统风道的保温材料、冷水管道的保温材料、消声材料及其黏结剂，应采用不燃烧材料或者难燃烧材料。

（3）电气设备间通风：

1）配电装置室、油断路器室应设置事故排风机，其电源开关应设在发生火灾时能安全方便切断的位置。

2）当几个屋内配电装置室共设一个通风系统时，应在每个房间的送风支风道上设置防火阀。

3）变压器室的通风系统应与其他通风系统分开，变压器室之间的通风系统不应合并。凡具有火灾探测器的变压器室，当发生火灾时，应自动切断通风机的电源。

4）当蓄电池室采用机械通风时，室内空气不应再循环，室内应保持负压。通风机及其电机应为防爆型，并应直接连接。

5）蓄电池室送风设备和排风设备不应布置在同一风机室内；当采用新风机组，送风设备在密闭箱体内时，可与排风设备布置在同一个房间。

6）采用机械通风系统的电缆隧道和电缆夹层，当发生火灾时应立即切断通风机电源。通风系统的风机应与火灾自动报警系统联锁。

3.7 降噪、节能与环保一般要求

3.7.1 声环境功能区分类

按区域的使用功能特点和环境质量要求，声环境功能区分为以下五种类型：

（1）0类声环境功能区：指康复疗养区等特别需要安静的区域。

（2）1类声环境功能区：指以居民住宅、医疗卫生、文化教育、科研设计、行政办公为主要功能，需要保持安静的区域。

（3）2类声环境功能区：指以商业金融、集市贸易为主要功能，或者居住、商业、工业混杂，需要维护住宅安静的区域。

（4）3类声环境功能区：指以工业生产、仓储物流为主要功能，需要防止工业噪声对周围环境产生严重影响的区域。

（5）4类声环境功能区：指交通干线两侧一定距离之内，需要防止交通噪声对周围环境产生严重影响的区域，包括4a类和4b类两种类型。4a类为高速公路、一级公路、二级公路、城市快速路、城市主干路、城市次干路、城市轨道交通（地面段）、内河航道两侧区域；4b类为铁路干线两侧区域。

3.7.2 环境噪声限值

（1）各类声环境功能区适用表3-10规定的环境噪声等效声级限值。

表 3-10 环境噪声限值 dB（A）

声环境功能区类别 时段		昼间	夜间
0类		50	40
1类		55	45
2类		60	50
3类		65	55
4类	4a类	70	55
	4b类	70	60

（2）表 3-10 中 4b 类声环境功能区环境噪声限值，适用于 2011 年 1 月 1 日起环境影响评价文件通过审批的新建铁路（含新开廊道的增建铁路）干线建设项目两侧区域。

（3）在下列情况下，铁路干线两侧区域不通过列车时的环境背景噪声限值，按昼间 70dB（A）、夜间 55dB（A）执行：

1）穿越城区的既有铁路干线；

2）对穿越城区的既有铁路干线进行改建、扩建的铁路建设项目。

既有铁路是指 2010 年 12 月 31 日前已建成运营的铁路或环境影响评价文件已通过审批的铁路建设项目。

（4）各类声环境功能区夜间突发噪声，其最大声级超过环境噪声限值的幅度不得高于 15dB（A）。

3.7.3 节能与环境保护

3.7.3.1 一般规定

（1）户内变电站设计应贯彻国家节能政策，选择节能设备及材料，采取降损措施，合理利用能源。

（2）户内变电站设计应对噪声、电磁环境、废水、废气等污染因素采取必要的防治措施，满足国家环境保护要求。

3.7.3.2 建筑节能

（1）户内变电站的总平面布置和设计宜利用冬季日照并避开冬季主导风向，利用夏季自然通风。建筑的主朝向宜选择本地区最佳朝向或接近最佳朝向。

（2）严寒、寒冷地区变电站建筑的体形系数宜小于或等于 0.40。当不能满足本条规定时，应按《公共建筑节能设计标准》（GB 50189—2015）的有关规定进行权衡判断。

（3）建筑物的围护墙体和屋顶应采用新型环保节能材料，外墙、屋顶的保温、隔热性能应符合《公共建筑节能设计标准》（GB 50189—2015）及《民用建筑热工设计规范》（GB 50176—2016）对于建筑物保温、隔热的规定。

（4）夏热冬暖和夏热冬冷地区建筑维护结构的外表面宜采用浅色饰面材料。建筑物外墙与屋面的热桥部位的内表面温度不应低于室内空气露点温度。

（5）除必要的通风面积外，变电站建筑应控制窗墙面积比，每个朝向的窗墙面积比均不应大于 0.7，外门窗应采取密封措施，面积不宜过大，并选用节能型外门窗。

（6）对有空调、采暖装置及寒冷地区的房间，其外门窗玻璃宜采用节能性门窗。

（7）严寒地区建筑的外门应设门斗，寒冷地区建筑的外门宜设门斗或采取其他减少冷风渗透的措施。

（8）夏热冬暖和夏热冬冷地区建筑的平面布置宜结合外门窗洞口位置、房门、通道、走廊、楼梯间等宜采用自然通风。

（9）严寒地区的变电站不宜采用空气调节系统进行冬季采暖，宜设热水集中采暖系统或电采暖。

3.7.3.3　设备及材料节能

（1）户内变电站所选设备应符合国家能耗标准，应选择节能型设备和材料，采取降低损耗的技术措施。

（2）变电站应采取下列措施降低站用电能耗指标：

1）综合分析室内环境温度、相对湿度变化对设备的影响，合理配置空气调节设备；

2）设备操动机构中的防露干燥加热，应采用温、湿自动控制以降低经常性能耗；

3）应采用高光效光源和高效率节能灯具。

3.7.3.4　节水

（1）户内变电站需配置固定灭火装置的充油电气设备，应符合《火力发电厂与变电站设计防火规范》（GB 50229—2006）的有关规定，并在取得当地消防主管部门同意的前提下，可采用用水量较少的细水雾、合成泡沫或排油注氮等灭火方式。

（2）变电站所采用的卫生器具、水嘴、淋浴器等应采用符合现行《节水型生活用水器具》（CJ/T 164）相关规定的节水型产品。

3.7.3.5　电磁环境影响

（1）变电站及进出线的电磁环境的影响应符合现行《电磁环境控制限值》（GB 8702）和《高压交流架空输电线路无线电干扰限值》（GB 15707）的有关规定，并应满足现行《500kV 超高压送变电工程电磁辐射环境影响评价技术规范》（HJ/T 24）的要求。

（2）变电站宜选用电磁场强度低的电气设备，必要时可采取屏蔽措施。

3.7.3.6　噪声控制

（1）户内变电站噪声对周围环境的影响应符合现行《工业企业厂界环境噪声排放标准》（GB 12348）和《声环境质量标准》（GB 3096）的规定。

（2）变压器室、通风机房等噪声较大的房间应尽量布置在噪声敏感区域的远端侧，其门窗应有良好的隔声性能，进、排风口应采取消声降噪设施，内墙面宜采用吸声良好的材料。

（3）不宜将有噪声和振动的设备用房设在主控制室或经常驻人房间的直接上层或贴邻布置，当设在同一楼层时宜分区布置。

（4）对变电站运行时产生振动的电气设备、大型通风、给水、消防设备等，应采取减振技术措施。

（5）变电站可利用站区建构筑物、绿化物等减弱噪声对环境的影响，也可采取消声、隔声、吸声等噪声控制措施。

3.7.3.7 污水与废气排放

（1）户内变电站的废水、污水应分类收集、输送和处理；对外排放的水质应符合现行《污水综合排放标准》（GB 8978）的有关规定。向水体排水需满足受纳水体的水域功能及纳污能力条件的要求，防止排水污染受纳水体。

（2）变电站生活污水应处理达标后复用或排放。生活污水可排入城市污水系统，其水质应符合现行《污水排入城镇下水道水质标准》（CB/T 31962）的有关规定。

（3）变电站内应设置事故油坑和总事故储油池。当变电站突发事故时，事故油坑和总事故储油池接收变压器、电抗器等设备的漏油和可能产生的油污水。事故油坑、事故储油池的容积需能保证事故时废油和含油废水不污染环境。

（4）装有六氟化硫气体设备的配电装置室应设置机械通风装置。检修时应采用六氟化硫气体回收装置进行六氟化硫气体回收。

装配式钢结构建筑

4.1 钢结构建筑构成、特点及设计要求

4.1.1 钢结构建筑构成

装配式钢结构建筑一般是由围护、结构和连接三要素构成。

（1）围护。装配式钢结构建筑中，结构与围护的关系相辅相成，密不可分。建筑的艺术形式往往通过围护结构来具体表现。装配式变电站钢结构建筑围护结构主要包括外墙板、屋顶、外门窗、隔墙、楼板、内门窗等。

（2）结构。建筑的发展与结构的进步一直如影随形，结构不仅仅关系到建筑的可实施性和安全性，也和建筑材料、造型等因素紧密相连。装配式变电站钢结构建筑的结构形式一般有排架结构、轻型门式刚架结构、钢框架结构和冷弯薄壁型钢结构。

（3）连接。装配式钢结构建筑中，结构构件的组成以及结构与围护构件的组合都要依靠连接来实现，它代表着建筑的质量和品质，保障着建筑功能的实现，意义重大。装配式变电站钢结构建筑连接节点主要包括梁梁连接、梁柱连接、梁板连接、墙梁连接、墙柱连接等。

4.1.2 钢结构建筑特点

4.1.2.1 钢结构建筑的优点

（1）材料强度高，自身重量轻。钢材强度较高，弹性模量也高。与混凝土和木材相比，其密度与屈服强度的比值相对较低，因而在同样受力条件下钢结构的构件截面小，自重轻，便于运输和安装，适于跨度大，高度高，承载重的结构。

（2）钢材韧性，塑性好，材质均匀，结构可靠性高。适于承受冲击和动力荷载，具有良好的抗震性能。钢材内部组织结构均匀，近于各向同性匀质体。钢结构的实际工作性能比较符合计算理论，可靠性高。

（3）钢结构制造安装机械化程度高。钢结构构件便于在工厂制造、工地拼装。工厂机械化制造钢结构构件成品精度高、生产效率高、工地拼装速度快、工期短。钢结构是工业化程度最高的一种结构形成。

（4）钢结构耐热不耐火。当温度在 150℃以下时，钢材性质变化很小。因而钢结构适用于热车间，但结构表面受150℃左右的热辐射时，要采用隔热板加以保护。温度在300 ~ 400℃时，钢材强度和弹性模量均显著下降，温度在600℃左右时，钢材的强度趋于零。在有特殊防火需求的建筑中，钢结构必须采用耐火材料加以保护以提高耐火等级。

（5）钢结构耐腐蚀性差。特别是在潮湿和腐蚀性介质的环境中，容易锈蚀。一般钢结构要除锈、镀锌或涂料，且要定期维护。

（6）低碳、节能、绿色环保，可重复利用。钢结构建筑拆除几乎不会产生建筑垃圾，钢材可以回收再利用。

4.1.2.2 钢结构建筑的缺点

（1）结构构件刚度小，稳定问题突出。由于钢材质量轻、强度高，构件截面尺寸小，都是由型钢或钢板组成开口或闭口截面，所以在相同边界条件和荷载条件下，与传统混凝土构件相比，钢构件的长细比大，抗侧刚度、抗扭刚度都比混凝土构件小，容易丧失整体稳定；板件的宽厚比大，容易丧失局部稳定。大跨度空间钢结构的整体稳定问题也比较突出，这些都是钢结构设计中最容易出现问题的环节。

（2）钢材耐热性好，但耐火性差。钢材随着温度的升高，性能逐渐发生变化。温度在250℃以内时，钢材的力学性能变化很小，达到250℃时钢材有脆性转向（称为蓝脆），在260 ~ 320℃之间有徐变现象，随后强度逐渐下降，在450 ~ 540℃之间时强度急剧下降，达到650℃时，强度几乎降为零。因此，钢结构具有一定的耐热性，但耐火性差。

（3）钢材耐腐蚀性差，应采取防护措施。钢材易于锈蚀，处于潮湿或有侵蚀性介质的环境中更容易因化学反应或电化学作用而锈蚀，因此钢结构必须进行防腐处理。一般钢构件在除锈后涂刷防腐涂料即可，但这种防护措施并非一劳永逸，需相隔一段时间重新维修，因而其维护费用较高。对于有强烈侵蚀性介质、沿海建筑以及构件壁厚非常薄的钢构件，应进行特别处理，如镀锌、镀铝锌复合层等，这些措施都会相应提高钢结构的工程造价。

（4）钢结构在低温或其他条件下，可能发生脆性断裂。钢材在负温环境中，塑性、韧性逐渐降低，达到某一温度时韧性会突然急剧下降，称为低温冷脆，对应温度称为临界脆性温度。低温冷脆也是国内外一些钢结构工程在冬季发生事故的主要因素之一。

4.1.3 钢结构建筑设计基本要求

4.1.3.1 一般规定

（1）建筑设计应根据电气工艺的需求配置房间数量和大小，减少门厅、公共走廊及竖向楼梯面积，以提高建筑面积利用率。

（2）变电站内建筑仅设置生产用房及辅助用房。

（3）变电站装配式钢结构建筑应综合考虑钢结构的材料特点，满足防火、防腐、隔声、热工等要求，以确保变电站安全运行。

（4）变电站装配式钢结构建筑设计应统筹考虑设计、生产、安装的相互协调，以及建筑、结构、内装修、设备管线等集成设计，建筑构件的规格应考虑建筑模数要求与原材料基材的规格，提高材料利用率。

（5）变电站装配式钢结构建筑应采用标准化的设计方法。将主变压器室、配电装置室、二次设备室等主要电气设备房间形成标准化的模块，通过模块组合形成多种设计方案。

（6）二次设备室和就地继电器室由工艺专业确定是否设置屏蔽措施，如需设置，各部位的电磁屏蔽连接设计应满足下列要求：

1）当外墙采用压型钢板复合板时，墙面、屋面可利用围护结构的压型钢板作为电磁屏蔽体，每张压型钢板应在边缘部位进行搭接，其搭接部位应采用间距不大于300mm的电磁屏蔽自钻螺钉进行连接；

2）当外墙采用纤维水泥板复合墙体时，墙面、楼（地）面采用钢丝网作为电磁屏蔽体，电磁屏蔽网应采用镀锌焊接钢丝网，每张钢丝网应相互焊接成为一个整体（钢丝网改为钢板网，网孔大小）；

3）外门宜应采用钢制门，外窗宜采用推拉窗，金属门窗框应与墙面压型钢板或电磁屏蔽网连接；

4）楼（地）面与墙面、墙面与屋面应相互连接成为六面电磁屏蔽体。

（7）变电站装配式钢结构建筑消防设计应符合现行《火力发电厂与变电所设计防火规范》（GB 50229）、《建筑设计防火规范》（GB 50016）和《电力设备典型消防规程》（DL 5027）的规定；变电站建筑物的火灾危险性分类及其耐火等级详见3.5.1章节。

（8）变电站装配式钢结构建筑屋面防水等级为Ⅰ级。

4.1.3.2 平面设计

（1）建筑要求：

1）变电站装配式钢结构建筑平面形状宜规则平整。

2）确定轴线尺寸时在满足电气布置的前提下，应注意内外墙板系统和主结构的连接方式，以确保满足电气设备房间的净尺寸要求。

3）房间分隔宜与结构柱网设置相契合，并尽量减少房间的分隔。

4）建筑内邻近的、功能相近的房间在满足电气设备要求的净高要求后，宜统一层高，使得竖向构件尺寸统一。

5）同一建筑内的不同楼梯、同一楼梯的各个梯段规格宜统一，以减少构件类型。

（2）结构要求：

1）建筑高宽比限值，如表4-1所示。

2）结构的平面布置宜符合下列规定：

表4-1　　建筑高度比限值

结构类型	结构体系	非抗震设防	抗震设防烈度		
			6、7	8	9
钢结构	框架 框架－支撑（包括剪力墙板） 各类筒体	5 6 6、5	5 6 6	4 5 5	3 4 5
钢混结构	钢框架－混凝土剪力墙 钢框架－混凝土内筒	5	5	4	4
	钢框筒－混凝土内筒	6	5	5	4

注　当塔形建筑的底部有大底盘时，高宽比采用的高度应从大底盘的顶部算起。

a. 建筑平面宜简单规则，减少因刚度、质量不对称造成的结构扭转。

b. 结构的平面尺寸宜符合表 4–2 和图 4–1 的要求。

表 4–2　　平面尺寸（L）及凸出部位尺寸（B）的比值限值

L/B	L/B_{max}	L/b	l'/B_{max}	B'/B_{max}
≤ 5	≤ 4	≤ 1.5	≥ 1	≤ 0.5

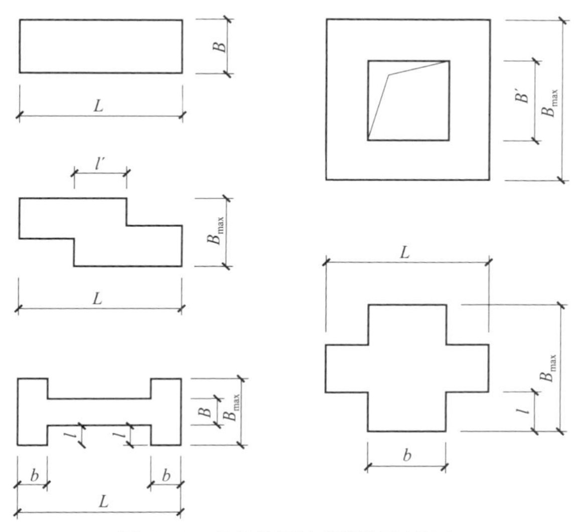

图 4–1　结构平面布置规则性示意

c. 结构竖向布置支撑时，宜连续布置，并延伸至基础部分。结构竖向布置应避免结构的侧向刚度和承载力突变。

d. 结构因布置要求需设置伸缩缝或沉降缝时，应同时满足防震缝的功能要求。

e. 进行柱网和支撑布置时，宜经比选分析，并与建筑设计协调一致。

4.1.3.3　立面设计

（1）应根据建筑所处的位置和环境，采用不同的外立面装修标准。

（2）宜通过建筑体量、材质肌理、色彩等变化，形成丰富多样的立面效果，简洁规则并与周围环境相协调。

（3）外立面设计应尽量减少装饰构件。如规划有特殊要求，需考虑构件生产的可实施性，简化节点构造。

（4）外立面应根据建筑的体量、外墙板的尺寸以及墙面上门窗洞口的布置，综合进行外墙板排板设计。

（5）门窗尺寸宜和板的模数统一，应尽量避免门窗跨越多块外墙板，或门窗尺寸和外墙板不协调，造成外墙板现场切割。

（6）门窗不宜采用异型窗，其平面位置和尺寸应满足构件拆分的最小尺寸限制。

（7）风机、通风百叶等外墙上的小型构件宜与外墙板在厂家完成合成，以提高构件的精度，避免现场切割。

（8）雨落水管在色彩和材质上应与建筑立面协调。

4.1.3.4 装修设计

（1）建筑装饰、装修应符合工业化生产、装配化施工、一体化装修的原则。后装的装饰、装修材料和构件应与主体结构有可靠的拉结和锚固，不得破坏主体结构，并满足相关的技术指标要求。

（2）室内装修宜采用工业化构配件（部品）组装，减少施工现场湿作业，室内装修材料应符合《建筑内部装修设计防火规范》（GB 50222—2017）的规定。

（3）变电站装配式钢结构建筑宜优先采用标准化的集成式卫浴，以减少施工现场湿作业，提高耐久性，便于日常维护。

（4）建筑内各建筑设备管线应进行管线综合设计，做到整洁、美观、便于维修，平面布置尽量避免交叉。

4.1.3.5 节能环保

（1）夏热冬暖和夏热冬冷地区的建筑物围护结构外表面宜采用浅色饰面材料，各单一立面的窗墙面积比参照现行国家标准有关规定执行。

（2）对有空调、供暖设施、寒冷及严寒地区的其他房间，其外门窗宜采用节能门窗，玻璃应采用中空玻璃，且满足保温性的要求。

（3）装配式钢结构建筑的热工性能参照《民用建筑热工设计规范》（GB 50176—2016）的规定，并满足下列要求：

1）外墙保温层宜设置在钢构件外侧，当钢构件外侧保温材料厚度受限制时，应进行露点验算；

2）寒冷及严寒地区、夏热冬冷地区的围护结构保温层内侧宜设置隔汽层；

3）应采取措施减少热桥。当无法避免时，应使热桥部位内表面温度不低于室内空气露点温度。

（4）装配式钢结构变电站的厂界噪声应符合《工业企业厂界环境噪声排放标准》（GB 12348—2008）、《声环境质量标准》（GB 3096—2008）、《建筑施工场界环境噪声排放标准》（GB 12523—2011）的规定。当站外环境对噪声要求较高时，在主变压器室和电抗器室可采取如下降噪措施：

1）通风百叶应采用消声百叶；

2）墙体内部安装吸声结构，吸声结构宜和墙体一体化设计；

3）在钢构件可能形成声桥的部位，应采用隔声材料或重质材料填充或包覆，使相邻空间隔声指标达到设计标准。

4.1.3.6 墙体材料

（1）建筑外墙采用压型钢板复合墙体，钢板厚度外层厚度 0.8mm，内层厚度 0.6mm，夹芯岩棉容重不小于 120kg/m^3，夹芯岩棉厚度应满足热工计算要求。城市中心区可选用铝镁锰板。

（2）在寒冷及严寒地区，建筑物外墙宜采用纤维水泥板复合墙体，板材厚度应满足热工计算要求。

（3）建筑物内隔墙宜采用防火石膏板或其他复合轻质内墙板，完成面应纯平，无明钉外露，易清洁。

（4）建筑物防火墙可采用纤维水泥板、防火石膏板等防火板材内包芯材的复合墙体，其耐火极限不低于 3.0h。

（5）压型钢板复合板相关技术性能、安装要求等需满足现行国家有关标准要求。

（6）纤维水泥板原材料、生产工艺、深加工、运输、包装与储存、检验、标志、合格证等技术要求按《水泥制品工艺技术规程　第 7 部分：硅酸钙板纤维水泥板》（JC/T 2126.7—2012）执行。

（7）石膏板分类与标记、要求、试验方法、检验规则、标志、包装等技术要求按《纸面石膏板》（GB/T 9775—2008）执行。

4.1.3.7　连接、保温与密封材料

（1）焊接材料的选用应符合下列要求：

1）手工焊焊条或自动焊焊丝和焊剂的性能应与构件钢材性能相匹配，其熔敷金属的力学性能应不低于母材的性能。当两种强度级别的钢材焊接时，宜选用与强度较低钢材相匹配的焊接材料。

2）焊条的材质和性能应符合《非合金钢及细晶粒钢焊条》（GB 5117—2012）、《热强钢焊条》（GB/T 5118—2012）的有关规定。框架梁、柱节点和抗侧力支撑连接节点等重要连接或拼接节点的焊缝宜采用低氢型焊条。

3）焊丝的材质和性能应符合《熔化焊用钢丝》（GB/T 14957—1994）、《气体保护电弧焊用碳钢、低合金钢焊丝》（GB/T 8110—2008）、《非合金钢及细晶粒钢药芯焊丝》（GB/T 10045—2018）、《低合金钢药芯焊丝》（GB/T 17493—2008）的有关规定。

4）埋弧焊用焊丝和焊剂的材质和性能应符合《埋弧焊用非合金钢及细晶粒钢实心焊丝、药芯焊丝和焊丝—焊剂组合分类要求》（GB/T 5293—2018）、《埋弧焊用热强钢实心焊丝、药芯焊丝—焊剂组合分类要求》（GB/T 12470—2018）的有关规定。

（2）螺栓紧固件材料的选用应符合下列要求：

1）普通螺栓宜采用 4.6 或 4.8 级 C 级螺栓，其性能与尺寸规格应符合《紧固件机械性能螺栓、螺钉和螺柱》（GB/T 3098.1—2010）、《六角头螺栓 C 级》（GB/T 5780—2016）和《六角头螺栓》（GB/T 5782—2016）的规定。

2）变电站装配式钢结构建筑物承重构件的高强度螺栓连接应采用摩擦型连接，其螺栓可选用大六角高强度螺栓或扭剪型高强度螺栓。高强度螺栓的材质、材料性能、级别和规格应分别符合《钢结构用高强度大六角头螺栓》（GB/T 1228—2006）、《钢结构用高强度大六角螺母》（GB/T 1229—2006）、《钢结构用高强度垫圈》（GB/T 1230—2006）、《钢结构用高强度大六角头螺栓、大六角螺母、垫圈技术条件》（GB/T 1231—2006）的规定或《钢结构用扭剪型高强度螺栓连接副》（GB/T 3632—2008）的规定。

3）组合结构所用圆柱头焊钉（栓钉）连接件的材料应符合《电弧螺柱焊用圆柱头焊钉》（GB/T 10433—2002）的规定。其屈服强度应不小于 $320N/mm^2$，抗拉强度不小于 $400N/mm^2$，伸长率不小于 14%。

4）锚栓钢材宜采用《碳素结构钢》（GB/T 700—2006）中规定的 Q235 钢或《低合金高强度结构钢》（GB/T 1591—2018）中规定的 Q345 钢。

（3）保温材料应采用低导热系数、低吸水率、抗压强度较高的轻质保温材料，其性能

应满足现行国家及地方有关技术标准的要求。

（4）密封材料应符合下列规定：

1）密封胶应与基材具有相容性，以及规定的抗剪切和伸缩变形能力；密封胶尚应具有防霉、防水、防火、耐候等性能；

2）硅酮、聚氨酯、聚硫建筑密封胶应分别符合《硅酮和改性硅酮建筑密封胶》（GB/T 14683—2017）、《聚氨酯建筑密封胶》（JC/T 482—2003）、《聚硫建筑密封胶》（JC/T 483—2006）的规定；

3）外墙板接缝处填充用保温材料的燃烧性能应满足《建筑材料及制品燃烧性能分级》（GB 8624—2012）中A级的要求；

4）止水条性能指标应符合《高分子防水材料　第2部分：止水带》（GB 18173.2—2014）中J型的规定。

4.1.3.8　防护设计

（1）钢梁、柱均应进行防锈处理，防锈和涂装设计应综合考虑结构的重要性、环境条件、维护条件及使用寿命，防锈等级宜为Sa2.5级。

（2）钢结构防锈和防腐蚀采用涂层的匹配组合和厚度应根据钢结构所处的环境类别确定，并应满足《工业建筑防腐蚀设计标准》（GB/T 50046—2018）和《涂覆涂料前钢材表面处理 表面清洁度的目视评定　第1部分：未涂覆过的钢材表面和全面清除原有涂层后的钢材表面的锈蚀等级和处理等级》（GB/T 8923.1—2011）的要求。

（3）钢柱脚埋入地下部分应采用强度等级较低的混凝土包裹，包裹厚度不应小于50mm，并应使包裹的混凝土高出地面不小于150mm。当柱脚底面在地面以上时，柱脚底面应高出地面不小于100mm。

（4）结构构件的燃烧性能和耐火极限详见3.5.1章节。

（5）钢柱可选用防火涂料或防火板外包处理。板材宜采用防火石膏板，板的厚度和层数应根据外包板的板材形式和结构的耐火极限进行计算选定。钢梁可选用防火涂料，防火涂料应满足《钢结构防火涂料》（GB 14907—2002）的相关规定。

（6）变压器室设计应采取泄压措施，泄压墙宜采用装配式轻质墙体，轻质墙体容重不宜大于60kg/m^2，且具备泄压迅速，强度良好、轻质、耐久、防火和安装拆卸方便等特点。

4.1.3.9　加工制作设计

（1）加工制作协同设计。

1）建设全过程中都应注重设计院与厂商的设计协同。设计院的一次设计完成主体建筑设计、结构设计、给排水设计、建筑电气、暖通、所需预埋件及管道布置要求等设计工作。

2）厂商的二次深化设计完成建筑内外墙板的排版设计、雨篷、空调外机板、装饰构件等构造设计以及满足设计院对于管线、预埋件尺寸、定位、受力要求的构造设计，二次深化设计图须经设计院审核确定后方可出图。

3）建筑设计应和外墙板供应商协商确定外墙板尺寸，并将外立面排板设计图纸提供给厂商。经厂商确认或微调后，返回给设计人员，由建筑设计最终确定立面排板方案。

4）结构设计尤其是钢柱与混凝土工程交接部位（例如与混凝土基础梁主筋交汇，需要在钢柱加工时完成预留孔洞），深化结果交由设计院审核确认后方可出图。

5）当建筑设有地下室时，建筑地上部分装配式墙板系统与地下部分现浇结构系统的连接处，包括外墙勒脚、室外台阶、楼梯间防火分隔墙等位置的处理，应与墙板生产商配合设计，双方协商获得最优方案后，平面布置由建筑设计图表示，构造设计由厂商二次深化设计完成。

6）设计应将主变压器泄压墙的位置、大小提供给外墙板供应商，由厂商对泄压墙的连接进行二次深化设计，在构造上满足泄压要求。

7）对于有隔声要求的墙面（如主变压器室），建筑、环保、墙板生产商应密切配合，将墙板与吸声构造结合设计，提高隔声墙的集成度。

（2）加工制作集成设计。

1）装配式钢结构建筑物的深化设计应满足工艺布置、检修更换等要求，优先考虑采用集成化部品。

2）厂商的预留孔洞或预埋件二次深化设计，在必要位置可增设檩条、钢柱等，满足工艺布置的要求。

3）厂商管线的二次深化设计，当管线暗敷时应在墙檩上预留孔洞，当管线明敷时应尽可能将管线综合并避免交叉，方便更换维修。

4）装配式建筑物内卫生间可考虑采用集成式，预留管道接口。

4.2 围护结构

围护结构是构成建筑空间，抵御环境不利影响的构件（也包括某些配件）。根据在建筑物中的位置，围护结构分为外围护结构和内围护结构，通常是指外墙、屋顶等外围护结构。

对于变电站装配式钢结构建筑物来讲，外围护结构主要包括外墙板、屋顶、外门窗等，用以抵御风雨、温度变化、太阳辐射等，应具有保温、隔热、隔声、防水、防潮、耐火、耐久以及某些特殊要求的性能。内围护结构如隔墙、楼板和内门窗等，其分隔室内空间作用应具有保温、隔热、隔声、耐火、耐久以及某些特殊要求的性能。

围护系统方案设计应充分体现装配式钢结构建筑“增加建筑使用面积、减少建筑综合造价、加快工程施工进度、实现建筑的产业化”等工业化特征。

4.2.1 外墙结构型式

钢结构建筑外墙系统从材料性能上主要分为两大类：金属外墙系统及非金属外墙系统。

4.2.1.1 金属外墙系统

金属外墙系统在房屋建筑中属于外围护结构系统，非建筑结构构件，一般是由不同构造层次的金属外墙板与墙梁支承结构体系组成。

金属外墙板常用的材质有镀层或涂层钢板、不锈钢板、铝镁锰板、钛锌板、铜板、钛板等金属板材或铝塑复合板、铝蜂窝复合铝板等复合板材。

（1）钢板。钢板一般指压型钢板，通常分为彩色涂层钢板、本色钢板。彩色涂层钢板是指将具有装饰性和保护性的有机涂料或薄膜，连续涂覆于钢制基板上，经烘烤固化而形成的预涂层金属板。《彩色涂层钢板及钢带》（GB/T 12754—2006）规定了彩色涂层钢板的分类和技术要求。根据涂层分为镀锌钢板、镀铝钢板、镀铝锌钢板（铝 55%、锌 43.5% 和硅 1.5% 组成）以及镀锌铝钢板（锌 5%、铝 95% 和混合稀土合金组成）。在建筑屋面中最为常用的是彩色镀锌钢板和彩色镀铝锌钢板。

（2）不锈钢板。建筑用不锈钢板分为以下三种：①铁素体不锈钢，含铬 15% ~ 30%。其耐蚀性、韧性和可焊性随含铬量的增加而提高，耐氯化物应力腐蚀性能优于其他种类不锈钢。铁素体不锈钢因为含铬量高，耐腐蚀性能与抗氧化性能均比较好，但机械性能与工艺性能较差，多用于受力不大的耐酸结构及作抗氧化钢使用。②奥氏体不锈钢，含铬大于 18%，还含有 8% 左右的镍及少量钼、钛、氮等元素。综合性能好，可耐多种介质腐蚀。这类钢中含有大量的 Ni 和 Cr，使钢在室温下呈奥氏体状态。这类钢具有良好的塑性、韧性、焊接性、耐蚀性能和无磁或弱磁性，在氧化性和还原性介质中耐蚀性均较好，用来制作耐酸设备，还可用作不锈钢钟表饰品的主体材料。③奥氏体 - 铁素体双相不锈钢，兼有奥氏体和铁素体不锈钢的优点，并具有超塑性。奥氏体和铁素体组织各约占一半的不锈钢。在含 C 较低的情况下，Cr 含量在 18% ~ 28%，Ni 含量在 3% ~ 10%。有些钢还含有 Mo、Cu、Si、Nb、Ti，N 等合金元素。具有优良的耐孔蚀性能，是一种节镍不锈钢。常用于建筑外部对强度和耐蚀性要求较高的场所。

（3）铝镁锰板。铝镁锰板也就是铝合金板。《铝及铝合金轧制板材》（GN/T 3880—1997）对铝合金板的技术要求作了规定，《铝合金建筑型材》（GB 5237—2004）对铝合金建筑型材物理性能和力学性能均有规定，材料性能应符合《铝幕墙板　第 1 部分：板基》（YS/T 429.1—2014）的要求。

（4）钛锌板。钛锌板是一种锌合金板，经过辊轧成片、条或板状的建材板。钛锌板是以符合欧洲质量标准 EN1179 的高纯度金属锌（99.995%）与少量的钛和铜熔炼而成，钛的含量为 0.06% ~ 0.20%，可改变合金的抗蠕变性，铜的含量为 0.08% ~ 1.00%，用以增加合金的硬度。锌是一种卓越耐久的金属材料，它具有天然的抗腐蚀性，可在表面形成致密的钝化保护层，从而使锌保持一个极慢的腐蚀率。

（5）铜板。铜板是一种高稳定、低维护的建筑面材，铜板环保、使用安全并极具抗腐蚀性，性价比较高。铜合金板应符合现行国家标准《铜及铜合金板材》（GB/T 2040—2017）的规定，宜选用 TU1、TU2 牌号的无氧铜。因为建筑用铜必须采用无磷脱氧还原铜，以保证其具有极佳的氧焊和锡焊性能。

（6）钛板。钛合金板应符合《钛及钛合金板材》（GB/T 3621—2007）的规定，钛及钛合金是一种贵金属，目前应用于商业用途的是纯钛面板（钛含量：≥ 99%）。钛合金重量轻，密度约为钢的 60%。强度高，抗拉强度约为普通碳钢的 2 ~ 3 倍。具有良好的耐腐蚀性，即使在酸雨、海洋气候等环境下，抗腐蚀性也优于其他金属。有较好的抗疲劳和抗蠕变性。除此之外，钛合金还是自保性金属，能自动愈合面层划痕。

在金属外围护系统材料发展过程中，先后经历了压型钢板外墙、压型钢板复合保温外墙和金属夹芯复合板外墙三个阶段。

金属夹芯复合板（见图 4–3）是指以金属作为面材，聚氨酯、聚苯乙烯、岩棉等作为芯材，通过黏结剂复合而成的金属面保温复合板材。它在防火、保温隔热、吸声隔声、环保等方面性能显著，同时还具有刚度好、安装可靠、施工周期短、防划伤保护等特点。金属夹芯复合板样式如图 4–4 所示，金属夹芯复合板材料性能对比如表 4–3 所示。

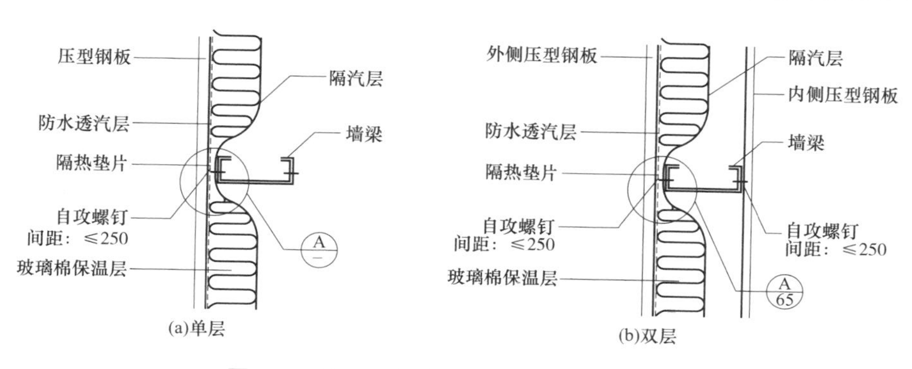

图 4-2 单、层双层组合式压型钢板连接构造

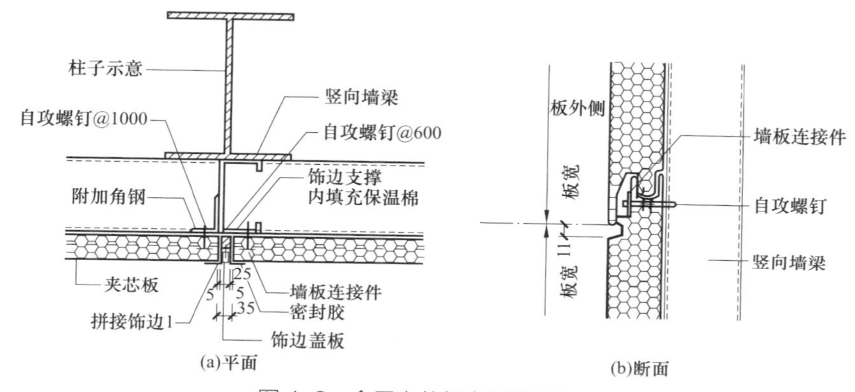

图 4-3 金属夹芯复合板连接构造

表 4-3 金属夹芯复合板材料性能对比表

材料	挠度 / 跨度	燃烧性能	导热系数 [W/（m·K）]	备注
聚氨酯夹芯板	1/200	B1 级建筑材料	≤ 0.033	
聚苯乙烯夹芯板	1/200	阻燃型（ZR）	≤ 0.041	
岩棉夹芯板	1/250	材料厚度≥ 80mm 时，耐火极限≥ 60min；材料厚度＜ 80mm 时，耐火极限≥ 30min	≤ 0.038	

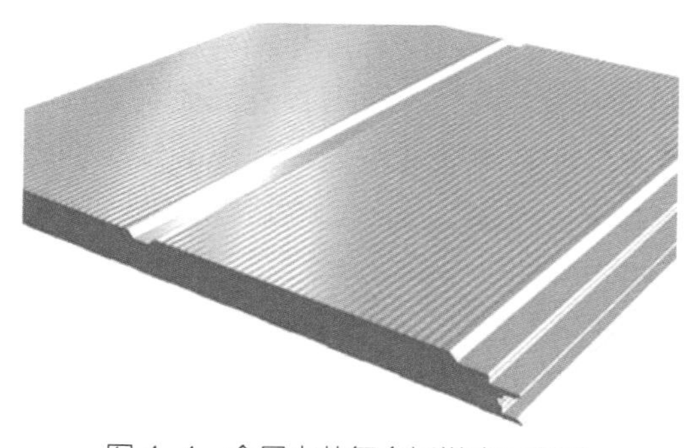

图 4-4 金属夹芯复合板样式示意图

《火力发电厂与变电站设计防火规范》（GB 50229—2006）规定“设置带油电气设备的建（构）筑物与贴邻或靠近该建（构）筑物的其他建（构）筑物之间应设置防火墙。”变电站建构筑物的火灾危险性类别及其耐火等级规定详 3.5.1 节。

基于变电站建筑构件的燃烧性能和耐火极限的要求，在变电站设计过程中，建筑物外墙系统通常采用金属岩棉夹芯复合板。

目前，使用的金属岩棉夹芯复合板面材厚度一般在 0.4 ~ 1.00mm 之间，通常面向室外面材较厚，面向室内面材较薄。

金属岩棉夹芯复合板耐久性、报价表见表 4-4。

表 4–4　　金属岩棉夹芯复合板耐久性、报价表

生产厂商	芯材厚度（mm）	外侧面材（mm）	内侧面材（mm）	封边工艺	耐久性（年）	板材单价（元 /m^2）
外资	50	0.8（铝镁锰）	0.5（镀铝锌）	四边企口	50	850
国产	50	0.8（铝镁锰）	0.5（镀铝锌）	四边企口	50	360
国产	50	0.8（铝镁锰）	0.5（镀铝锌）	两边企口	25	335
国产	50	0.5（镀铝锌）	0.5（镀铝锌）	两边企口	25	180

根据建筑使用年限需求，金属岩棉夹芯复合板面向室外面材可采用铝镁锰合金材料，铝镁锰具有良好的抗腐蚀性且属于可回收材料，能有效解决金属材料的抗腐蚀问题。芯材厚度根据保温隔热要求选择，通常厚度在 50 ~ 120mm 之间，耐火极限可达到 1h。现场施工简单，安装质量、速度易于保证，现场无“湿法”作业。

金属复合外墙效果如图 4–5 所示。

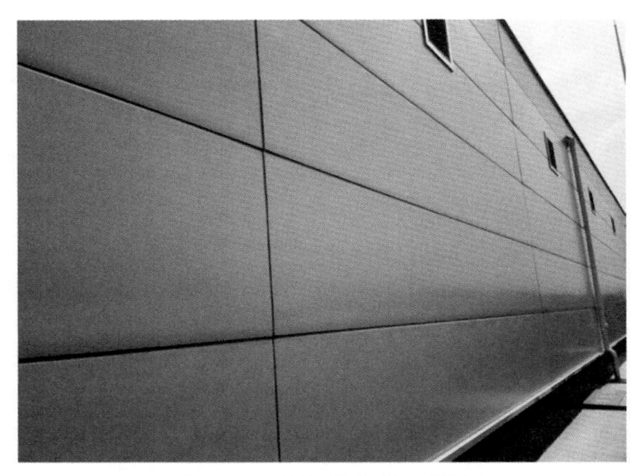

图 4–5　金属复合外墙效果

4.2.1.2　非金属外墙系统

非金属外墙系统一般是由非金属外墙板与墙梁支承结构体系组成，非金属外墙板外侧通常加挂防水、保温等一体化装饰板材。

目前，国内可做非金属外墙板常用的板材种类有石膏板、纤维水泥板（FC）、膨胀蛭石板、蒸压加气混凝土板（ALC）、石膏空心条板或大板、高纤维水泥复合墙板、真空挤压成型纤维水泥板（ECP）等。

在设计过程中，变电站建筑物外墙系统通常采用纤维水泥板（FC）复合外墙体系、真空挤压成型纤维水泥板（ECP）外墙体系。

（1）纤维水泥板（FC）复合外墙体系。纤维水泥板（FC），是以纤维素纤维、砂、添加剂、水等有机、无机物质，经先进生产工艺混合、成型、加压、高温高压蒸养和特殊技术处理而制成，常用规格为 1200mm × 2400mm，厚度有 8、10、12mm，不含石棉及其他有害物质的、具有自重轻、隔热、保温性能优良，防火、耐火性能好，尺寸稳定，外观平整，拥有较好的隔声性能，抗弯强度高，抗冲击性能好，现场安装简捷、施工工期短等优良性能的新型环保建筑板材。

纤维水泥板（FC）复合外墙体系就是两面采用纤维水泥板，中间采用 C 型轻钢龙骨、纤维水泥板覆面后在空腔内填岩棉成型。

1）主要优点：①防火性能好。板材符合《建筑材料及制品燃烧性能分级》（GB 8624—2012），属不燃 A 级材料，具有很好的防火性能。即使发生火灾，板材也不会燃烧，不会产生有毒烟雾，无火焰传递。②抗震性能、防水性能、整体性好，管线、开孔能在墙内预流管线和孔位，无外露明管线。③绿色环保。纤维水泥板（FC）的板材 100% 不含石棉、甲醛等有害物质，在使用过程中不会产生有毒气体或辐射，属于绿色环保材料。④防水防

潮。板材在露天和高湿度地区能保持性能稳定，湿涨率、干缩率低，具有很强的防水、防潮、防霜冻性能。⑤隔声效果。隔声性能好，可做成满足各类隔声要求的墙体或屏障等。⑥施工快速。选用此板材作墙体或吊顶，施工快捷，不必抹灰，平整度高，易于钻孔、刨边、锯割等二次加工。板材可做各种纹理饰面及表面做油漆。⑦轻质高强。板材重量轻、强度高、韧性好，易于搬运和施工。⑧隔热优良。

2）主要缺点：①纤维水泥板（FC）是水泥加纤维制品，板厚很小，板内一般不配置钢筋，需结合金属龙骨配合处理。②纤维水泥板（FC）采用螺钉固定，板型尺寸较小（1200mm×2400mm），接缝处要用防水嵌条或水泥抹面处理。③纤维水泥板（FC）分为外层板和内层板两块板，一般情况下，内层板采用普通纤维水泥板（FC），由于拼缝的关系，板材安装完成后需进行批嵌后上密封胶。

水泥纤维板外墙构造节点和纤维水泥板（FC）外墙效果如图 4-6 和图 4-7 所示。

图 4-6　水泥纤维板外墙构造节点

图 4-7　纤维水泥板（FC）外墙效果

（2）真空挤压成型纤维水泥板（ECP）复合外墙体系。真空挤压成型纤维水泥板（ECP）是低水灰比的塑性纤维水泥拌合料，在真空挤压成型机内，经真空排气并在螺杆的高挤压力与高剪力的作用下，由模口挤出而制成的具有多种断面形状的系列化板材。有空心板和平板两种形式。

真空挤压成型纤维水泥板（ECP）复合外墙体系一般采用 ECP 外墙 + 空气层 + 保温层 + 轻钢龙骨石膏板或非砌体内墙，所有材料都在工厂完成，施工现场组装。

1）主要优点：①高强度。具有较高的抗压、抗折、抗弯强度，能够满足更高的建筑而墙体设计和使用要求。实心抗压强度可达到 60MPa，空心抗压强度大于 10MPa，饱水状态下平均抗弯强度大于 9MPa。②抗震性能好。板材施工安装过程中采用柔性连接，板材自重荷载由承重角钢承担，水平荷载由 Z 型挂件承担，板材之间预留 5 ~ 15mm 的缝隙，在地震时，可以通过板材之间的间隙错位移动，防止板材相互碰撞破坏脱落。层间位移可达到 1/60，连接系统经历过日本神户地震的考验。③质量轻。60mm 厚板材面密度为 70 ~ 75kg/m^2，可降低对结构与基础的荷载要求，便于施工。④大尺寸。宽度不超过 600mm 时，最大厚度为 120mm，平板与装饰板最大长度为 4000mm，遮阳板最大长度为 4500mm，安装过程中可节省龙骨的用量。⑤高耐候性。混凝土材质，采用真空高压挤压成型，板材结构致密，性能稳定，表面吸水率低，冻融循环可达到100次，可做百年建筑。⑥优异的耐火性。真空挤压成型纤维水泥板（ECP）为不燃材料，60mm厚板材耐火极限为1h，可满足建筑防火性能要求。⑦隔声性能好。真空挤压成型纤维水泥板（ECP）隔声性能优异，60mm厚板材隔声性能可达到30dB。⑧装饰多样性。真空挤压成型纤维水泥板（ECP）有平板、条纹板和浮雕板，装饰效果有清水饰面、涂装饰面等效果。⑨绿色环保材料。真空挤压成型纤维水泥板（ECP）材料自身不含对人体有害物质，生产过程中均不产生废水、废气、有害化学物质。⑩可持续性材料。资源利用率高，最大限度发挥材料的物理性能和使用寿命，回收处理容易。

2）主要缺点：①高度限制。选用产品应与墙体高度、长度相适应。其限制高度为：60mm厚板限制高度为3.0m；90mm厚板限制高度为4.0m；120mm厚板限制高度为5.0m。②墙体阴阳角处、条板与建筑结构结合处及门窗框结合处应做防裂处理。墙体安装横向排列时，侧端不足一块标准板宽度的应补板，补板宽度不宜小于200mm。

装配式钢结构变电站建设过程中，基于施工方便，避免二次装修，减少现场“湿法”作业，真空挤压成型纤维水泥板（ECP）复合外墙体系能够与目前变电站建设相适应。真空挤压成型纤维水泥板（ECP）复合外墙效果和非金属复合外墙材料性能对比如图4-8和表4-5所示。

表4-5　非金属复合外墙材料性能对比表

材料	抗弯强度	燃烧性能	传热导系数	空气声计权隔声量
纤维水泥板（FC）复合外墙		A级建筑材料	材料厚度≥150mm时，导热系数≤1.02W/（m·K）	
真空挤压成型纤维水泥板（ECP）外墙	17.6N/mm^2	材料厚度≥60mm时，耐火极限≥60min	材料厚度≥60mm时，导热系数≤3.57W/（m·K）	材料厚度≥60mm，隔声量≥30dB

图4-8　真空挤压成型纤维水泥板（ECP）复合外墙效果

4.2.2 内墙结构型式

内墙板材体系应根据房间的不同耐火等级确定不同的构造措施，耐火极限要求为 2h，其性能要满足一般的防火、隔声、抗撞击要求。

目前，国内常用的内墙板材体系，主要有轻钢龙骨纸面石膏板内隔墙、轻钢龙骨水泥纤维板内隔墙、蒸压轻质加气混凝土板材内隔墙等，各板材工程特点简述如下。

（1）轻钢龙骨防火石膏板内隔墙（见图 4-9）。轻钢龙骨防火石膏板隔墙是最常用的装配式轻质内隔墙体系，主要采用的是轻钢龙骨材料，常两面采用防火石膏板，一般竖向覆板安装，中间采用 C 型轻钢龙骨，中空 75mm 或 100mm 填防火岩棉。这种材质质量轻且强度高，有着很好的耐腐蚀、防潮、防水、防火、吸音、减震性等，且安装方便、操作简单、施工快速、价格低廉及使用过程不变形。如维护得当，则使用寿命较长，可达 50 年之久。

图 4-9 轻钢龙骨石膏板内隔墙

轻钢龙骨石膏板内隔墙优点如下：

1）质量轻：防火石膏板的厚度一般为 9.5 ~ 15mm，但每平方米自重只有 6 ~ 12kg。两面防火石膏板覆在轻钢龙骨上就形成了很好的隔墙效果。这种墙体每平方米质量 23kg，仅为普通砖墙的 1/10 左右。

2）强度高：用防火石膏板作为内墙材料，其强度也能满足要求，厚度 12mm 的纸面石膏板纵向断裂载荷可达 500N 以上。

3）装饰效果好：石膏板隔墙造型多样、装饰方便。其面层可兼容多种面层装饰材料，满足绝大部分建筑物使用功能的装饰要求。

4）防火隔声：不燃 A 级，火灾发生时板材不会燃烧，不产生有毒烟雾；导热系数低，有良好的隔热保温性能；产品密度高、隔声好。

5）防水防潮：板材在露天和高湿度地区能保持性能稳定，湿涨率、干缩率低，具有很强的防水、防潮、防霜冻性能。

6）经济合理：与普通砖墙相比，轻钢龙骨隔墙可以避免因水电预留预埋造成的剔凿，和因面层装饰做法而进行的抹灰找平作业，而且在壁纸装饰面层作业中省略了石膏、腻子的粉刷作业，这样就降低了造价，缩短了工期，又节约了资源，避免了浪费。

7）收缩小：石膏板的化学物理性能稳定，干燥吸湿过程中，伸缩率较小，有效克服了目前国内其他轻质板材在使用过程中由于自身伸缩较大而引起接缝开裂的缺陷。并且，由于其本身构造的原因可以轻易地设置变形缝，因此可用于容易发生轻微位移或轻微震动的部位。

8）施工快速。选用此板材作墙体或吊顶，施工快捷，不必抹灰，平整度高，易于钻孔、刨边、锯割等二次加工。

（2）轻钢龙骨水泥纤维板内隔墙。轻钢龙骨水泥纤维板是以硅质、钙质材料为主原料，加入植物纤维，经过制浆、抄取、加压、养护而成的一种新型建筑材料。

轻钢龙骨水泥纤维板内隔墙基本构造同轻钢龙骨防火石膏板内隔墙（见图 4–10），仅覆面材料改用水泥纤维板。水泥纤维板同样具有防火石膏板质量轻，强度高，耐腐蚀，防潮，防水，防火，吸声，减震等良好性能，而且安装方便，操作简单，施工快速，使用过程不变形。

（3）蒸压轻质加气混凝土板内隔墙如图 4–11 所示。蒸压轻质加气混凝土板是以硅砂、水泥、石灰为主要原料，由经过防锈处理的钢筋增强，经过高温、高压、蒸汽养护而成的多气孔混凝土制品。

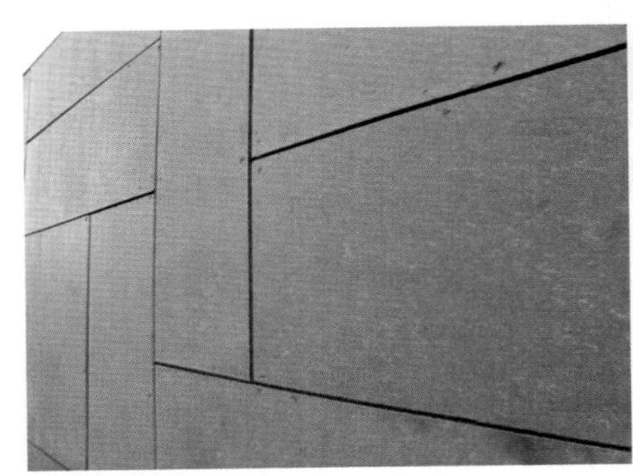

图 4–10　轻钢龙骨水泥纤维板内隔墙

图 4–11　蒸压轻质加气混凝土板内隔墙

蒸压轻质加气混凝土板内隔墙具有以下特性：

1）保温隔热。其保温、隔热性是玻璃的 6 倍、黏土的 3 倍、普通混凝土的 10 倍。

2）轻质高强。干重 500kg/m^3，为普通混凝土的 1/4 倍、黏土砖的 1/3 倍，立方体抗压强度大于或等于 4MPa。特别是在钢结构工程中采用蒸压加气混凝土板作围护结构就更能发挥其自重轻、强度高、延性好、抗震能力强的优越性。

3）耐火、阻燃。蒸压加气混凝土为无机物，具有很好的耐火性能。作为墙板，100mm 厚板耐火极限为 3.23h，150mm 厚板耐火极限大于 4h；50mm 厚板保护钢梁耐火极限大于

3h，50mm厚板保护钢柱耐火极限大于4h，都超过了一级耐火标准。同时，蒸压加气混凝土导热系数很小，这使得热迁移慢，能有效抵制火灾，并保护其结构不受火灾影响。

4）便于安装。ALC板材生产工业化、标准化，安装产业化，可锯、切、刨、钻，施工干作业，速度快；采用本材料不用抹灰，可以直接刮腻子喷涂料。

5）吸声、隔声。以其厚度不同可降低噪声30 ~ 50dB，100mm厚的ALC板平均隔声量40.8dB（A），150mm厚ALC板的平均隔声量45.8dB（A）。

6）耐久性好。采用硅酸盐原料，不易老化、风化，是一种耐久的建筑材料。其正常使用寿命和各类永久性建筑物的寿命一致。

7）绿色环保材料。该材料无放射性，无有害气体逸出，是一种绿色环保材料。

（4）内墙板材料比较如表4–6所示。

表4–6　内墙板材料比较表

比较方面	轻钢龙骨防火石膏板	轻钢龙骨水泥纤维板	蒸压轻质加气混凝土板
构造做法	轻钢龙骨+双面防火石膏板，中间填岩棉	轻钢龙骨+双面水泥纤维石膏板	板材拼装，不需轻钢龙骨
耐火极限	≥3h	≥3h	≥3h
板材强度	一般	一般	强度低
隔音防潮	较好	较好	吸水率高
施工难度	工厂化制作，现场安装，施工简单	工厂化制作，现场安装，施工简单	工厂化制作，现场安装，施工简单
二次装修	板间有拼缝，需要二次装饰	板间有拼缝，需要二次装饰	板间有拼缝，需要二次装饰
热胀冷缩	很好，变形小	容易造成缝隙开裂	容易造成缝隙开裂
使用年限	50年	50年	50年
环保性能	环保	环保	环保
综合单价	450元/m^3	450元/m^3	320元/m^3

4.2.3 屋面结构型式

钢结构建筑屋面系统从材料性能上主要分为两大类：金属屋面系统及非金属屋面系统。

4.2.3.1 金属屋面系统

轻型金属屋面常用的材质和墙面一致。常用的主要配套材料及部件有以下类别：保温材料（岩棉、玻璃棉、聚氨酯、挤塑板等）、零配件（固定支架、滑动支架、T形码等）、连接件（螺栓、自攻钉、拉铆钉等）、密封材料（堵头、建筑密封膏、密封条等）、防潮（水）层、采光带（窗）、通风器、通风气楼、天沟及落水管、虹吸排水系统、融雪系统等。

与传统的屋面板材相比，金属屋面系统具有以下特点：①自重轻、强度高。金属板厚度小，一般只有0.5 ~ 0.9mm，组成金属屋面系统的保温隔热层、吸声层等构造层均采用轻质材料。②构件工厂化生产，质量好。③施工安装方便、快速、工期短。④防水及抗震性能好。⑤造型美观新颖、颜色丰富多彩、装饰性强、构造层材料组合灵活多变、适应性强，能满足不同建筑风格和建筑功能的要求。⑥采用金属屋面能够减少承重结构的材料用量，减少安装运输工作量，缩短工期、节省劳动力，综合经济效益好。⑦金属屋面材料可回收利用，是绿色环保型建筑材料。

常用的金属屋面系统有单层金属板屋面系统、金属夹芯板屋面系统、现场复合金属屋面系统。

（1）单层金属板屋面系统。由金属屋面板和与其配套的零配件、连接件、密封材料组成，能够满足屋面结构承重、防水、美观等功能要求。目前，市场上主要有日本 W550 压型钢板屋面系统（见图 4–12）、巴特勒 M24 压型钢板屋面系统（见图 4–13）和霍高文直立锁边铝合金压型板屋面系统。

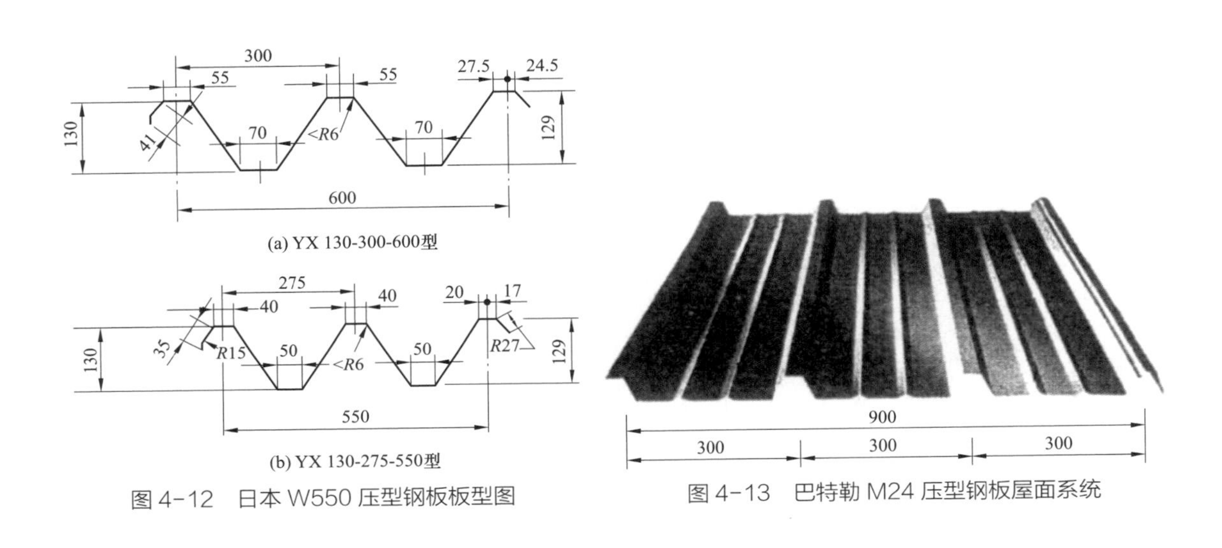

图 4–12　日本 W550 压型钢板板型图

图 4–13　巴特勒 M24 压型钢板屋面系统

对于有保温隔热要求的轻型房屋，屋面保温隔热均应根据热工计算确定，屋面保温隔热材料应尽量匹配。屋面保温隔热可采用下面几种作法：压型钢板下铺设带铝箔防潮层的玻璃棉毡、设置钢丝网或玻璃纤维布等具有抗拉能力的织物，承托保温材料的自重；双层压型钢板中间填充保温材料。

（2）金属夹芯板屋面系统（见图 4–14）。按照《建筑用金属面绝热夹芯板》（GB/T 23932—2009）的有关规定，夹芯板是指两层金属板为面板（或者金属板面层与其他材料），以阻燃型聚苯乙烯泡沫塑料、聚氨酯泡沫塑料、岩棉矿渣棉、玻璃棉等保温材料为芯材，经连续成型机将面板和芯材黏结复合而成的轻型建筑板材。这种复合板材是集承重、防水、抗风、保温隔热、装饰为一体的多功能新型建筑板材。金属夹芯板屋面系统由夹芯板和与其配套的零配件、连接件、密封材料组成，能够满足屋面结构承重、防水、保温隔热、美观等功能要求。

（3）现场复合金属板屋面系统。用不同金属板材成型面板和底板，根据屋面设计的要求，中间添加保温隔热、防潮、吸声等材料，采用与其配套的零配件、连接件、固定件和密封材料等现场复合而成，能够满足屋面防水、保温、隔热、隔声、隔潮、美观造型等功

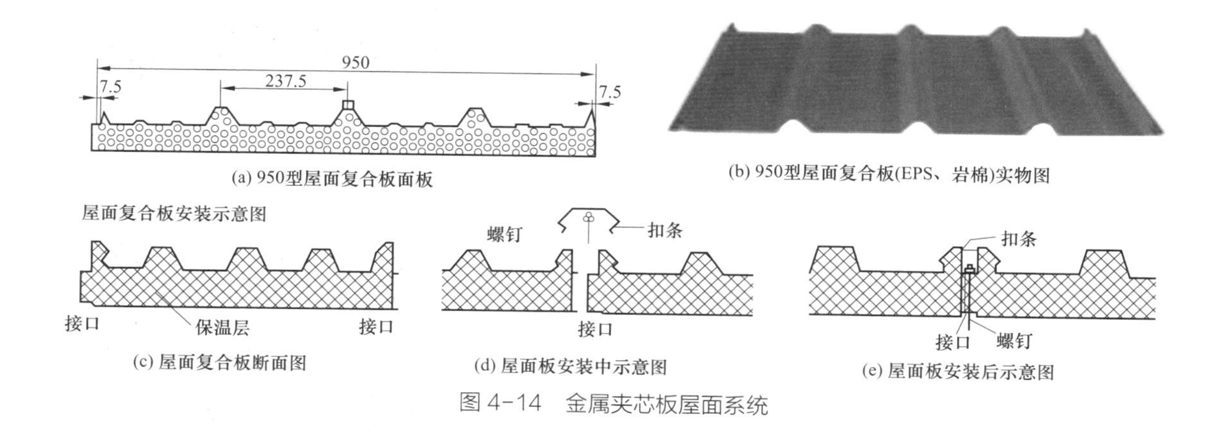

图 4-14　金属夹芯板屋面系统

能要求。例如，南京奥体中心体育馆主馆弧形金属屋面构造为：面层：0.9mm 厚铝镁锰直立缝锁边压型板，表面氟碳预辊涂。主馆西侧墙面延伸到地面。檩条：高强度热浸镀锌檩条。防水层：2.0mm 厚橡胶沥青高分子自贴卷材。保温层：100mm 厚挤塑板。吸声层：50mm 厚离心玻璃棉。底板：0.53mm 厚镀铝锌穿孔压型钢板。排水系统：虹吸式负压排水系统，不锈钢水斗，下水管外露部位采用发丝纹不锈钢表面。屋面包边及封檐采用 2.5mm 铝镁锰合金板。铝镁锰合金板屋面系统如图 4-15 所示。

图 4-15　铝镁锰板屋面系统

铝镁锰合金板主要用于大型体育馆等公共建筑装饰，装饰效果好，具有良好的防水、保温隔热、防渗防火等性能，安装方便。选材采用特制的合金材料，选用不同厚度的保温材料，能满足建筑使用的各项功能。铝镁锰合金板材耐腐蚀性强，使用年限达 50 年，但价格较贵。

4.2.3.2　非金属屋面系统

（1）压型钢板底模现浇板屋面。压型钢板底模现浇板，适用于钢框结构中的整浇楼面、屋面，即使用压型钢板为底模模板，现场绑扎钢筋，再浇筑混凝土。

1）主要优点：压型板易于搬运和架设，压型钢板不需拆卸，工地劳动力可减少，压型钢板和混凝土通过叠合板的黏结作用使二者形成整体，从而使压型钢板起到混凝土楼板受拉钢筋的作用，板抗震性能、防水性能、整体性能好，钢管开孔方便。

2）主要缺点：现场有湿作业，现场需搭设脚手架、敷设楼板上部和下部钢筋，施工工作量较大。

压型钢板组合板构造如图 4-16 和图 4-17 所示。

（2）钢筋桁架楼承板屋面。钢筋桁架楼承板是将钢筋在工厂加工成钢筋桁架，并将钢筋桁架与彩钢板底模连接成一体的组合模板，施工阶段能承受混凝土及施工荷载。不需立模及加以支撑，屋面施工时大大缩短工期。

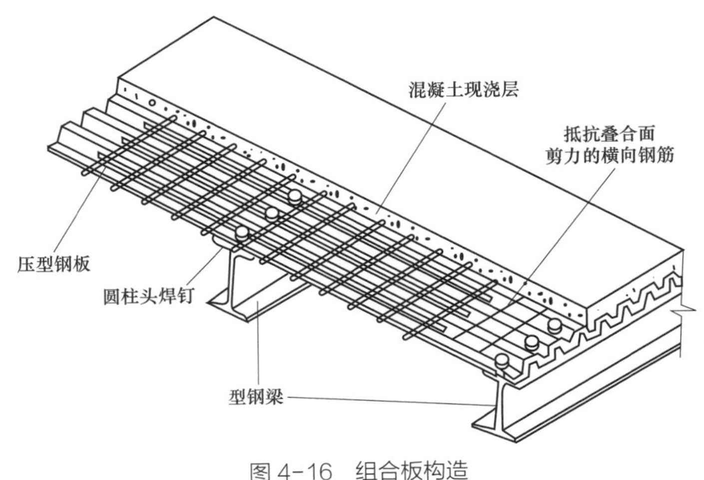

图 4-16　组合板构造

图 4-17　压型钢板组合板

特性：施工便利，周期短；结构可靠性强；环保效果好；屋面板的整体性、防水性、抗震性好；屋面结构设计使用年限可达 60 年；现场有混凝土“湿法”浇筑作业。

钢筋桁架楼承板的防火性能、耐久性、经济性好、施工便捷。不需立模及加以支撑，屋面板钢筋现场敷设工程量较小、屋面施工时大大缩短工期。钢筋桁架楼承板板如图 4-18 所示。

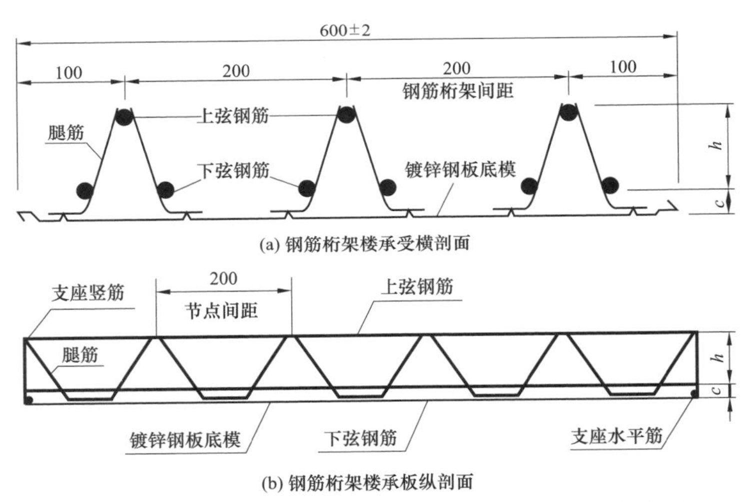

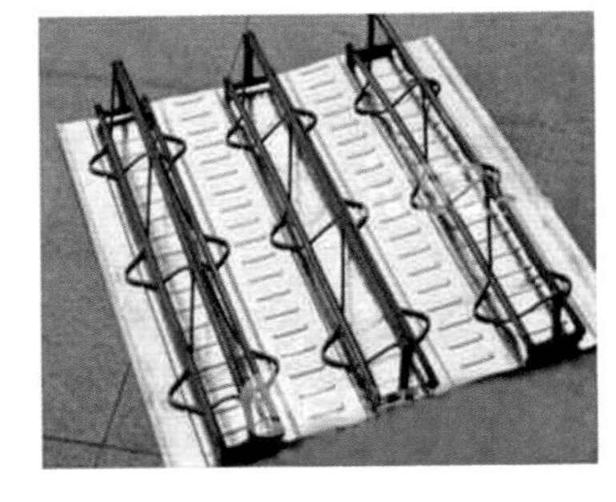

(c) 实物图

图 4-18　钢筋桁架楼承板

h：钢筋框架高度可选值 70 ~ 270mm；
c：混凝土保护层厚度可选值 15、20、25、30、45mm

4.2.3.3　屋面板

屋面板方案比选及结论分析如表 4-7 所示。

4.2.4　门、窗

门、窗是建筑的眼睛，是建筑中人与自然沟通不可替代的桥梁。门、窗的主要功能有

表 4–7　　屋面板方案比选及结论分析

序号	品种	板缝保温和防雨水渗透	综合单价（元 /m²）	施工难度	美观及其使用寿命
1	金属夹芯板屋面	采用暗扣式，防水效果好，连接件易锈蚀	160	快速、小型吊装设备	适用于钢框架及排架中有檩条带屋面水平支撑体系屋面
2	现场复合金属板屋面系统	采用暗扣式，防水效果好，耐腐蚀性强	800 ~ 1000	快速、小型吊装设备	适用于钢框架及排架中有檩条带屋面水平支撑体系屋面
3	压型钢板底模现浇板屋面	整体浇筑，无缝	170	快速、小型吊装设备	适用于各种钢结构体系的楼屋面，电缆暗敷，美观
4	钢筋桁架楼承板屋面	整体浇筑，无缝	190	快速、小型吊装设备；无需脚手架	适用于各种钢结构体系的楼屋面，电缆暗敷，美观

遮风挡雨、采光、通风、隔声、保温、隔热、防虫等，还能调节室内环境。

4.2.4.1　窗

窗是围护构件之一，它的主要作用采光和通风。按照所用材料，窗可分为木窗、钢窗、铝合金窗、塑钢窗、不锈钢窗等。按开启方式，窗可分为平开窗、推拉窗、悬窗、立旋窗、固定窗等。按性能用途，窗可分为隔声型窗、保温型窗、防火窗、气密窗、通风窗等。按应用部位，窗可分为内墙窗、外墙窗等。

窗口的大小，除了满足房间采光、通风及建筑立面造型的需要外，还需要开启方便、关闭严密、坚固耐久、便于擦洗和维修。窗的面积越大，房间的采光和通风效果越好。但在寒冷地区，窗的面积越大，冬季通过窗户的热损失也越大；在炎热地区，窗的面积越大，夏季进入的热辐射也越多。因此，在确定窗面积时，地区气候条件应是考虑的重要因素之一，因为它是建筑节能的一个重要方面。通常可用窗地面积比来确定房间的窗口面积，它是估算室内天然光水平的常用指标。窗地面积比就是房间窗洞口面积与该房间地面面积之比，简称窗地比。不同的建筑空间为了保证室内的明亮程度，照度标准是不一样的，工业建筑中窗地比取为 1/8。

窗口面积确定后，在装配式钢结构建筑中，窗口宽度、高度宜和外墙板材模数统一，应尽量避免窗户跨越多块外墙板，或窗户尺寸和外墙板不协调，造成外墙板现场切割。

4.2.4.2　门

门的主要作用是通行和围护，门在建筑立面处理和室内装修中有着重要作用。对于门的要求与对窗的要求相同。按照所用材料，门可分为木门、钢门、铝合金门、塑钢门、不锈钢门等。按开启方式，门可分为平开门、推拉门、弹簧门、转门、折叠门、卷门等。按性能用途，门可分为隔声门、保温门、防火门、防射线门、防风砂门等。按门扇镶嵌材料，门可分为玻璃门、镶板门、胶合板门、纱门、百叶门等。

确定建筑物或房间门的位置、宽度和数量时，首先要考虑使用方便和安全，在正常情况下要方便出入和设备运输，在非正常情况下要便于疏散。

建筑设计防火规范和变电站设计规程规范对变电站建筑物门的数量、宽度、高度进行了详细规定。按照规程规范确定的门的数量、宽度仅是安全疏散和设备运输的最低要求，设计过程中还应结合生产工艺、立面处理和室内装修等多种因素最后加以确定。通常情况下，门洞宽度在 700 ~ 1000mm 时设单扇门，1200 ~ 2100mm 时设双扇门，2700 ~ 3900mm 时设四扇门。

4.2.4.3 不同材质门窗

（1）木门窗。

1）木窗。木窗由平开窗、推拉窗、悬窗等，由窗扇、窗框和五金零件组成，窗扇材料有玻璃、镂空木格等。主要用于仿古建筑中，变电站建筑物中基本上不使用。

2）木门。木门由平开门、弹簧门等，由门扇、门框和五金零件组成，门扇材料有木质、玻璃、镂空木格等。主要用于民用建筑中，变电站建筑物中主要在辅助用房中使用。

（2）钢门窗。

1）实腹钢门窗。实腹钢门窗系采用低碳钢热轧成各种异型材，再经断料、冲孔、焊接并与附件组装等工艺制成的。实腹钢门窗的金属表面外露，易于涂料（油漆），所以耐腐蚀性能较好，但是用钢量大、质量重、不经济。实腹钢门窗通常适用于一般的工业建筑厂房、生产辅助建筑和民用住宅建筑。

2）空腹钢门窗。空腹钢门窗是采用冷轧带钢经高频焊管机组轧制焊接成各种型材，然后经切割、铣削、焊接、钻孔、组装等工艺制成的。空腹钢门窗的材料为空芯材料，芯部空间的表面不便于涂料（油漆），所以耐腐蚀性能不如实腹钢门窗好，但是用钢量少、质量轻、刚度大。

（3）铝合金门窗。铝合金门窗是指采用铝合金挤压型材为框、梃、扇料制作的门窗称为铝合金门窗，简称铝门窗。

（4）塑钢门窗。塑钢门窗是以聚氯乙烯（UPVC）树脂为主要原料，加上一定比例的稳定剂、着色剂、填充剂、紫外线吸收剂等，经挤出成型材，然后通过切割、焊接或螺接的方式制成门窗框扇，配装上密封胶条、毛条、五金件等，同时，为增强型材的刚性，超过一定长度的型材空腔内需要填加钢衬（加强筋）。

（5）不锈钢门窗。不锈钢门窗是指采用不锈钢冷轧薄钢板制作的门框、窗框、门扇、窗扇的门窗。

4.2.4.4 相关规程规范要求

对门窗的规定主要是《3 ~ 110kV 高压配电装置设计规范》（GB 50060—2008），具体条款如下：

（1）第 7.1.1 条规定：“长度大于 7000mm 的配电装置室，应设置 2 个出口。长度大于 60000mm 的配电装置室，宜设置 3 个出口；当配电装置室有楼层时，一个出口可设置在通往屋外楼梯的平台处。”

（2）第 7.1.2 条规定：“屋内敞开式配电装置的母线分段处，宜设置带有门洞的隔墙。”

（3）第 7.1.3 条规定：“充油电气设备间的门开向不属配电装置范围的建筑物内时，应采用非燃烧体或难燃烧体的实体门。”

（4）第 7.1.4 条规定：“配电装置室的门应设置向外开启的防火门，并应装弹簧锁，严禁采用门闩；相邻配电装置室之间有门时，应能双向开启。”

（5）第 7.1.9 条规定：“配电装置室内通道应保证畅通无阻，不得设立门槛。”

（6）第 7.1.11 条规定："建筑物与户外油浸式变压器的外轮廓间距不宜小于 10000mm；当其间距小于 10000mm，且在 5000mm 以内时，在变压器外轮廓投影范围外侧 3000mm 内的屋内配电装置楼、主控制楼及网络控制楼面向油浸变压器的外墙不应开设门、窗和通风孔；当其间距在 5000 ~ 10000mm 时，在上述外墙上可设甲级防火门。变压器高度以上可设防火窗，其耐火极限不应小于 0.90h。"

（7）第 7.1.5 条规定："配电装置室可开固定窗采光，并应采取防止玻璃破碎时小动物进入的措施。"

4.2.4.5 变电站门窗设计

（1）门窗设计、制造、施工、验收过程中存在的问题。

1）标准体系不完善。标准体系不完善主要表现在装配式建筑标准体系不完善、适应装配式建筑的门窗标准体系不完善。装配式建筑国家技术标准均为宏观指导性标准，缺乏设计、制造、施工、验收等专用标准的支撑。装配式建筑的门窗标准除洞口模数协调标准外，还缺乏设计、制造、安装、验收等环节的技术标准。

2）门窗标准化普及程度低。目前，门窗标准化还仅限于材料和配件层面的标准化，应用于工程领域的门窗产品的标准化还远远不够，主要原因是传统模式下我国建筑门窗尺寸、分格的标准化没有完成。传统的建筑模式下，由于窗型尺寸和分格设计的随意性较大且洞口施工偏差较大，使得门窗制造企业必须现场逐个复核洞口尺寸而无法按图纸给定尺寸生产加工，且由于尺寸太多导致无法规模化生产。

3）门窗制作、安装工艺对各种装配式构造的适用性。装配式建筑要求传统的门窗制造和安装方式进行大的变革。目前，很多装配式建筑门窗还是采用传统的安装方式，工厂加工，现场先后安装附框、框和玻璃。严格来讲，这种传统制造安装方式与装配式建筑理念是背道而驰的，研发新型附框、安装适配构造进行门窗整体安装将是装配式建筑门窗的重点内容。

（2）门窗设计、制造、施工和验收的要求。

1）门窗产品系列化、标准化。门窗产品的系列化、标准化应从洞口的标准化、系列化入手。首先是从建筑设计的角度简化门窗洞口尺寸选型。然后是根据安装方式来确定门窗的标准尺寸。装配式建筑建议采用预埋附框的方式，明确以附框内口构造尺寸作为双方统一的协调位置，用附框规范洞口精度。洞口完成尺寸如表 4–8 所示，误差可以控制在 ±1mm 以内。如此一来，对应洞口尺寸的门窗尺寸即可确定，如表 4–9 所示。

门窗尺寸确定后，可确定门窗分格。一般建议门窗分格开启窗尺寸宽度至少为 580mm，高度至少为 580mm。

表 4–8　　装配式建筑门窗洞口尺寸　　mm

宽度	高度	备注
900	2100	
1500	600、1500、2100、2400、2700	
1800	2400、2700、3000	
2100	2700、3000	

表 4–9　　装配式建筑门窗参考标准尺寸　　mm

宽度	高度	备注
880	1180、1480、2080、2380	
1480	580、1480、2080、2380、2680	
1780	2380、2680、2980	
2080	2680、2980	

2）门窗制作工厂化。传统的建筑门窗制作是在工厂完成全部门窗框等组件，按照施工进度要求，框、扇、玻璃顺序出厂运至工地安装，导致门窗最后的关键装配程序被迫在工地完成，工厂无法对成品进行检验，很难保证产品质量。装配式建筑鼓励门窗厂进行工厂化生产。门窗生产厂家将检验合格的、全部装配完成的门窗运至装配式工程，一次性安装完成，确保门窗产品的质量。

3）门窗施工装配化。装配式建筑门窗的安装将朝着整体化安装发展。目前，我国装配式建筑门窗的安装与传统的附框安装方式基本一致，即在预埋附框洞口先安装门窗框，再装配玻璃和开启扇的方式，施工质量参差不齐导致门窗的性能难以有效保证。为保证装配式建筑门窗的安装质量，装配式建筑应向整体安装发展，这必然要求有别于传统门窗安装方式的新型安装方式出现。

4）门窗功能集成化。原则上，装配式建筑门窗应具备传统的透明围护结构的各种功能，如采光、通风等，因而需要具备各种必需的性能，如抗风压性能、气密性能、水密性能、保温性能、遮阳性能、隔声性能、采光性能、耐久性能及防火性能等。因此，与传统门窗一样，装配式建筑门窗应集成这些功能。同时，门窗也作为一个部品集成在墙体上。还可整合最新的物联网技术的智能化门窗系统。

5）门窗产品信息化。由于装配式建筑要求采用建筑信息模型（BIM）技术，因此装配式建筑门窗必然要求信息化。首先是建立统一的信息化平台，该平台应可将企业标准化的门窗产品统一编码，供广大相关人员选用。该信息平台还应提供门窗的相关分格图示、性能参数供选用。相关分格图示将应用于建立建筑信息模型（BIM）；同时要求该平台给出不同窗型、不同尺寸门窗的物理性能数据，便于结合标准和设计要求选用。

（3）门窗性能要求。

1）抗风压性能。建筑外门窗抗风压性能指标值（P_3）应不低于门窗所受的风荷载标准值（W_k）确定，且不应小于 1.0kN/m^2。

a. 性能分级。外门窗的抗风压性能分级及指标值 P_3 应符合表 4–10 的规定。

表 4–10　　外门窗抗风压性能分级　　kPa

分级	1	2	3	4	5	6	7	8	9
分级指标值 P_3	$1.0 \le P_3 < 1.5$	$1.5 \le P_3 < 2.0$	$2.0 \le P_3 < 2.5$	$2.5 \le P_3 < 3.0$	$3.0 \le P_3 < 3.5$	$3.5 \le P_3 < 4.0$	$4.0 \le P_3 < 4.5$	$4.5 \le P_3 < 5.0$	$P_3 \ge 5.0$

注　第 9 级应在分级后同时著名具体检测压力值。

b. 性能要求。外门、外窗在各性能分级指标值风压作用下，主要受力杆件相对（面法线）挠度应符合表 4–11 的规定，风压作用后，门窗不应出现使用功能障碍和损坏。

表 4–11 门窗主要受力杆件相对面法线挠度要求

mm

支承玻璃种类	单层玻璃、夹层玻璃	中空玻璃
相对挠度	$L/100$	$L/150$
相对挠度最大值	20	

注 L 为主要受力杆件的支承跨距。

2）外门窗的气密性。根据《建筑外门窗气密、水密、抗风压性能分级及检测方法》（GB/T 7106—2008），外门窗气密性能指标应符合现行国家、行业和地方相关节能标准的规定。

a. 性能要求。门窗试件在标准状态下，压力差为 10Pa 时的单位开启缝长空气渗透量 q_1 和单位面积空气渗透量 q_2 不应超过表 4–14 中各分级相应的指标值。

b. 性能分级。门窗的气密性能分级及指标绝对值应符合表 4–12 的规定。

表 4–12 建筑外门窗气密性能分级

分级	1	2	3	4	5	6	7	8
单位缝长分级指标值 q_1/[m³/（m·h）]	$4.0 \geqslant q_1 > 3.5$	$3.5 \geqslant q_1 > 3.0$	$3.0 \geqslant q_1 > 2.5$	$2.5 \geqslant q_1 > 2.0$	$2.0 \geqslant q_1 > 1.5$	$1.5 \geqslant q_1 > 1.0$	$1.0 \geqslant q_1 > 0.5$	$q_1 \leqslant 0.5$
单位面积分级指标值 q_2/[m³/（m²·h）]	$12 \geqslant q_2 > 10.5$	$10.5 \geqslant q_2 > 9.0$	$9.0 \geqslant q_2 > 7.5$	$7.5 \geqslant q_2 > 6.0$	$6.0 \geqslant q_2 > 4.5$	$4.5 \geqslant q$ $q_2 > 3.0$	$3.0 \geqslant q_2 > 1.5$	$q_2 \leqslant 1.5$

3）空气声隔声性能。外门窗的隔声性能设计应符合现行《民用建筑隔声设计规范》（GB 50118—2010）的规定，外门主要以防火门及钢板外防护门为主，隔声性能可满足《建筑门窗空气声隔声性能分级及检测方法》（GB/T 8485—2008）6 级水平，即隔声性能不低于 45dB；外窗空气声隔声性能指标：计权隔声量（R_w）和交通噪声频谱修正量（C_{tr}）之和应符合下列规定：临街的外窗、靠近住宅建筑外窗不应低于 30dB；其他外窗不应低于 25dB。

a. 性能要求。外门窗以“计权隔声量和交通噪声频谱修正量之和（R_w+C_{tr}）”作为分级指标；内门、内窗以“计权隔声量和粉红噪声频谱修正量之和（R_w+C）”作为分级指标。

b. 性能分级。门、窗的空气声隔声性能分级及指标值应符合表 4–13 的规定。

4）外窗水密性。外窗水密性能设计指标即外窗不发生严重雨水渗漏的最高压力差值 ΔP 应根据具体工程设计来确定，且不应小于 300Pa。

a. 性能要求。外门窗试件在各性能分级指标值作用下，不应发生水从试件室外侧持续或反复渗入试件室内侧、发生喷溅或流出试件界面的严重渗漏现象。

b. 性能分级。外门窗的水密性能分级及指标值应符合表 4–14 的规定。

5）外门窗的保温性能。根据《建筑外门窗保温性能分级及检测方法》（GB/T 8484—2008），对外门窗传热系数划分了 10 级，变电站根据用途属性和湖北所处地理位置，按 5

表 4-13　　门窗的空气声隔声性能分级　　dB

分级	外门、外窗的分级指标值	内门、内窗的分级指标值
1	$20 \leqslant R_w+C_{tr} < 25$	$20 \leqslant R_w+C < 25$
2	$25 \leqslant R_w+C_{tr} < 30$	$25 \leqslant R_w+C < 30$
3	$30 \leqslant R_w+C_{tr} < 35$	$20 \leqslant R_w+C < 35$
4	$35 \leqslant R_w+C_{tr} < 40$	$35 \leqslant R_w+C < 40$
5	$40 \leqslant R_w+C_{tr} < 45$	$40 \leqslant R_w+C < 45$
6	$R_w+C_{tr} \geqslant 45$	$R_w+C \geqslant 45$

注　用于对建筑内机器、设备噪声源隔声的建筑内没床，对中低频噪声宜用外门窗的指标值进行分级；对中高频噪声仍可采用内门窗的指标值进行分级。

表 4-14　　建筑外门窗水密性能分级表

分级	1	2	3	4	5	6
分级指标△ P	$100 \leqslant \triangle P < 150$	$150 \leqslant \triangle P < 250$	$250 \leqslant \triangle P < 350$	$350 \leqslant \triangle P < 500$	$500 \leqslant \triangle P < 700$	$\triangle P \geqslant 700$

级选取，即外门窗的传热系数 K 值要求不大于 3.0[W/（m^2·K）]。

a. 性能指标。门、窗保温性能指标以门、窗传热系数 K 值 [W/（m^2·K）] 表示。

b. 性能分级。门、窗保温性能分级及指标值分别应符合表 4-15 的规定。

表 4-15　　外门、外窗传热系数分级

分级	1	2	3	4	5
分级指标值	$K \geqslant 5.0$	$5.0 > K \geqslant 4.0$	$4.0 > K \geqslant 3.5$	$3.5 > K \geqslant 3.0$	$3.0 > K \geqslant 2.5$
分级	6	7	8	9	10
分级指标值	$2.5 > K \geqslant 2.0$	$2.0 > K \geqslant 1.6$	$1.6 > K \geqslant 1.3$	$1.3 > K \geqslant 1.1$	$K < 1.1$

6）外门窗防火性能。设置在防火墙、防火隔墙上的防火窗，应采用不可开启的窗扇或具有火灾时能自行关闭的功能。

防火窗应符合现行国家标准《防火窗》（GB 16809—2008）的有关规定。

7）外窗的耐久性。外窗的反复启闭耐久性应根据设计使用年限确定，且反复启闭次数要求：推拉平移类不应低于 1 万次；平开旋转类不应低于 2 万次。反复启闭性能参照一般建筑外窗日常启闭使用的最低要求，即每天启、闭 3 次计算。依据《住宅性能评定技术标准》（GB/T 50362—2005）中第 8 章“耐久性能的评定”中提出门窗的设计使用年限为不低于 20、25、30 年三个档次。

湖北地区外窗反复启闭耐久性按不少于 2.5 万次考虑，由于变电站大多为无人值班变电站，故实际使用年限大于 30 年。

典型外窗的检测结果如表 4-16 所示。

8）门窗金属体接地要求。窗户的接地采用暗敷设，附框应预留孔洞，安装时防雷引线

表 4-16

典型外窗的检测结果

序号	铝合金类型	尺寸规格（窗框比，%）	型材种类	密封材料	玻璃品种	提供单位	检测结果				
							气密性能（级）	水密性能（Pa）	抗风压性能（kPa）	保温性能 [kW/（m^2·K）]	隔声性能 R_X–C_2（dB）
1	双边推拉铝合金窗	1500×1500、（25.5）	80 系列非隔热型材	毛条密封胶	5mm 单玻	A	4	250	2.1	6.1	21
2	双边推拉铝合金窗	1500×1500、（25.5）	80 系列非隔热型材	毛条密封胶	5Low–E–12A–5	A	4	150	2.0	3.2	29
3	双边推拉铝合金窗	1500×1500、（27.2）	80 系列隔热型材	毛条密封胶	5Low–E+12A+6	B	4	100	1.9	2.5	28
4	单边推拉铝合金系统窗	1500×1500、（30.0）	90 系列隔热型材	胶条密封胶	5Low–E+12A+6	B	7	400	4.6	2.4	31
5	单边铝合金外平开窗	1500×1500、（25.5）	60 系列非隔热型材	胶条密封胶	5Low–E+12A+5	B	7	500	3.6	3.0	31
6	单边铝合金外平开窗	1450×1450、（29.8）	50 系列隔热型材	胶条	6Low–E+12A+6	C	7	500	3.3	2.6	30
7	单边铝合金外平开系统窗	1500×1500、（57.6）	95 系列隔热型材	胶条	5Low–E+12A+6	D	7	600	4.9	2.5	34
8	单边内开内倒铝木复合系统窗	1500×1200、（34.4）	70 系列隔热铝合金型材为主	胶条密封胶	6Low–E+12A+6	E	7	700	4.9	2.3	32

与外窗连接后穿过孔洞与主体防雷体系连接。防雷引线可采用 10mm^2 裸编织铜线或 6mm^2 的软铜导体。裸编织铜线应经搪锡处理。窗户接地示意如图 4-19 所示。

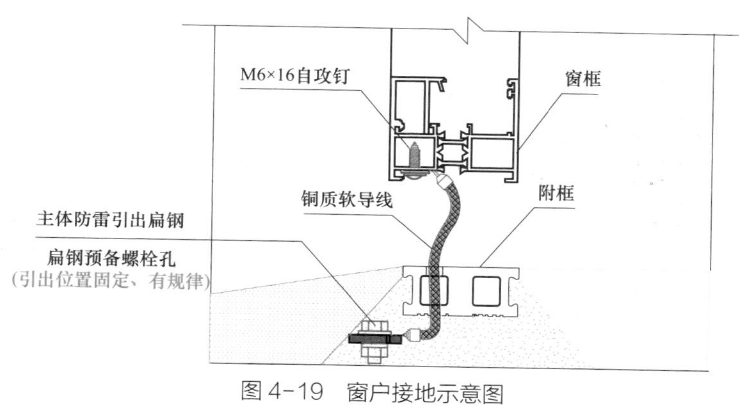

图 4-19 窗户接地示意图

4.2.5　建筑性能要求

（1）保温。在严寒、寒冷地区，保温对房屋的使用质量和能源消耗关系密切。围护结构在冬季应具有保持室内热量，减少热损失的能力。其保温性能用热阻和热稳定性来衡量。常用的保温措施有增加墙厚、利用保温性能好的材料、设置封闭的空气间层等。

（2）隔热。在夏热地区，围护结构在夏季应具有抵抗室外热作用的能力。在太阳辐射热和室外高温作用下，围护结构内表面如能保持适应生活、生产需要的温度，则表明隔热性能良好；反之，则表明隔热性能不良。常用的提高围护结构隔热性能的措施有：设隔热层，加大热阻；采用通风间层构造；外表面采用对太阳辐射热反射率高的材料等。

（3）隔声。在城市居民集中区，为避免城市变电站噪声对周边居民带来影响，围护结构的隔声性能显得尤为重要。常用的提高围护结构隔声性能的措施有：增加吸（隔）声材料的厚度；选用吸声性能好、防火性能好的吸声材料。

（4）防水防潮。在多雨、潮湿地区，对于处在不同部位的构件，在防水防潮性能上有不同的要求。外墙受潮的原因有：①雨水通过毛细管作用或风压作用向墙内渗透；②地下毛细水或地下潮气上升到墙体内；③墙内水蒸气在冬季形成的凝结水等。为避免墙身受潮，应采用密实的材料作外饰面；设置墙基防潮层以及在适当部位设隔汽层。

（5）防风沙。在多风沙地区，风沙气象条件下的大风荷载是建筑物承受的主要水平荷载之一，通过进行抗风沙设计，减少风振响应，提高建筑物抗风沙性能，保证安全。同时应对建筑物抗风沙侵蚀的耐久性提出相应的防治措施和方案。

常用的提高围护结构防风沙性能的措施有：建筑物设置防风沙内、外门斗（见图4–20）；门窗洞口处设置全封闭内外框，内外框加设封闭橡胶条；外门设置门槛、防风沙毛刷或防风沙挡板，防风沙全封闭内外框、橡胶条、挡板如图4–21所示；外墙采用具备较强自洁功能、防灰尘吸附功能的金属外墙面；消声器和排风百叶窗处设置双层防风沙百叶窗（见图4–22）等措施。

（6）防腐。在高温、潮湿、多盐雾地区，建筑物围护结构与大气腐蚀环境、液态腐蚀性物质、固态腐蚀性物质接触时，应提高围护结构自身的抗腐蚀能力，有效避免腐蚀性介

图4–20　防风沙外门斗

图4–21　防风沙全封闭内外框、橡胶条、挡板

(a) 远景图

(b) 近景图

图 4-22 防风沙双层百叶窗

质在构件表面积聚，防护层便于施工和使用过程中的维护与检查。常用的提高围护结构抗腐蚀性能的措施有：金属板材、构件进行防锈、钝化处理，清理基体表面油脂和其他污物；选用抗腐蚀能力强的合金板材；金属板材进行涂层保护或金属热喷涂。

（7）耐火。围护结构要有抵抗火灾的能力，常以构件的燃烧性能和耐火极限来衡量。构件按燃烧性能可分为燃烧体、难燃烧体、非燃烧体。构件的耐火极限，取决于材料种类、截面尺寸和保护层厚度等，以小时计，必须满足变电站建设相关规程规范要求。

（8）耐久。围护结构应在长期使用和正常维修条件下，仍能保持所要求的使用质量。影响围护结构耐久性的因素有：冻融作用、盐类结晶作用、雨水冲淋和受潮、老化、大气污染、化学腐蚀、生物侵袭、磨损和撞击等。不同材料的围护结构受这些因素影响的程度是不同的，如黏土砖墙耐久性容易受到冻融作用、环境湿度变化、盐类结晶作用、酸碱腐蚀等的影响；混凝土或钢筋混凝土类围护结构则有较强的抵抗不利影响的能力。

为了提高耐久性，对于木围护结构，主要应防止干湿交替和生物侵袭；对于钢板或铝合金板，主要应作表面保护和合理的构造处理，防止化学腐蚀；对于沥青、橡胶、塑料等有机材料制作的外围护结构，在阳光、风雨、冷热、氧气等的长期作用下会老化变质，可设置保护层。

4.3 结构设计

4.3.1 结构形式

（1）变电站建筑宜根据建筑物的重要性、安全等级、抗震设防烈度采用适宜的结构形式。

（2）变电站建筑物在经济合理和非强侵蚀介质环境的情况下，可采用钢框架结构、门式刚架结构、冷弯薄壁型钢结构，并应优先采用定型的和标准化的构件以及标准化的节点型式，优先采用与结构体系相适应或配套的建筑材料。

4.3.2 建筑材料

4.3.2.1 混凝土

（1）素混凝土结构的混凝土强度等级不应低于 C15；钢筋混凝土结构的混凝土强度等级不应低于 C20；采用强度级别 400MPa 及以上的钢筋时，混凝土强度等级不应低于 C25。承受重复荷载的钢筋混凝土构件，混凝土强度等级不应低于 C30。预应力混凝土结构的混凝土强度等级不宜低于 C40，且不应低于 C30。

（2）混凝土轴心抗压强度的标准值 f_{ck} 应按表 4–17 采用；轴心抗拉强度的标准值 f_{tk} 应按表 4–18 采用。

表 4–17　　混凝土轴心抗压强度标准值　　N/mm^2

混凝土强度等级	C15	C20	C25	C30	C35	C40	C45	C50	C55	C60	C65	C70	C75	C80
强度 f_{ck}	10.0	13.4	16.7	20.1	23.4	26.8	29.6	32.4	35.5	38.5	41.5	44.5	47.4	50.2

表 4–18　　混凝土轴心抗拉强度标准值　　N/mm^2

混凝土强度等级	C15	C20	C25	C30	C35	C40	C45	C50	C55	C60	C65	C70	C75	C80
强度 f_{tk}	1.27	1.54	1.78	2.01	2.20	2.39	2.51	2.64	2.74	2.85	2.93	2.99	3.05	3.11

（3）混凝土轴心抗压强度的设计值 f_{cf} 应按表 4–19 采用；轴心抗拉强度的设计值 f_{tf} 应按表 4–20 采用。

（4）混凝土受压和受拉的弹性模量 E_c 应按表 4–21 采用。

表 4–19　　混凝土轴心抗压强度设计值　　N/mm^2

混凝土强度等级	C15	C20	C25	C30	C35	C40	C45	C50	C55	C60	C65	C70	C75	C80
强度 f_{cf}	7.2	9.6	11.9	14.3	16.7	19.1	21.1	23.1	25.3	27.5	29.7	31.8	33.8	35.9

表 4–20　　混凝土轴心抗拉强度设计值　　N/mm^2

混凝土强度等级	C15	C20	C25	C30	C35	C40	C45	C50	C55	C60	C65	C70	C75	C80
强度 f_{tf}	0.91	1.10	1.27	1.43	1.57	1.71	1.80	1.89	1.96	2.04	2.09	2.14	2.18	2.22

表 4–21　　混凝土的弹性模量　　$\times 10^4 N/mm^2$

混凝土强度等级	C15	C20	C25	C30	C35	C40	C45	C50	C55	C60	C65	C70	C75	C80
弹性模量 E_c	2.20	2.55	2.80	3.00	3.15	3.25	3.35	3.45	3.55	3.60	3.65	3.70	3.75	3.80

注　1. 当有可靠试验依据时，弹性模量值也可根据实测数据确定；
　　2. 当混凝土中掺有大量矿物掺合料时，弹性模量可按规定龄期根据实测值确定。

混凝土的剪切变形模量 G_c 可按相应弹性模量值的 0.40 倍采用。混凝土泊松比 ν_c 可按 0.20 采用。

（5）混凝土轴心抗压、轴心抗拉疲劳强度设计值 f_{cf}、f_{tf} 应按表 4–19 和表 4–20 中的强度设计值乘疲劳强度修正系数 γ_ρ 确定。混凝土受压或受拉疲劳强度修正系数 γ_ρ 应根据受压或受拉疲劳应力比值 ρ_{cf} 分别按表 4–22、表 4–23 采用；当混凝土受拉 – 压疲劳应力作用时，受压或受拉疲劳强度修正系数 γ_ρ 均取 0.60。疲劳应力比值 ρ_{cf} 有

$$\rho_{cf}=\frac{\sigma_{cf,min}}{\sigma_{cf,max}} \tag{4-1}$$

式中　$\sigma_{cf,min}$、$\sigma_{cf,max}$——构件疲劳验算时，截面同一纤维上混凝土的最小应力、最大应力。

表 4–22　混凝土受压疲劳强度修正系数

疲劳应力比值 ρ_{cf}	$0 \leqslant \rho_{cf} < 0.1$	$0.1 \leqslant \rho_{cf} < 0.2$	$0.2 \leqslant \rho_{cf} < 0.3$	$0.3 \leqslant \rho_{cf} < 0.4$	$0.4 \leqslant \rho_{cf} < 0.5$	$\rho_{cf} \geqslant 0.5$
疲劳强度修正系数 γ_ρ	0.68	0.74	0.80	0.86	0.93	1.00

表 4–23　混凝土受拉疲劳强度修正系数

疲劳应力比值 ρ_{cf}	$0 \leqslant \rho_{cf} < 0.1$	$0.1 \leqslant \rho_{cf} < 0.2$	$0.2 \leqslant \rho_{cf} < 0.3$	$0.3 \leqslant \rho_{cf} < 0.4$	$0.4 \leqslant \rho_{cf} < 0.5$
疲劳强度修正系数 γ_ρ	0.63	0.66	0.69	0.72	0.74
疲劳应力比值 ρ_{cf}	$0.5 \leqslant \rho_{cf} < 0.6$	$0.6 \leqslant \rho_{cf} < 0.7$	$0.7 \leqslant \rho_{cf} < 0.8$	$\rho_{cf} \geqslant 0.8$	—
疲劳强度修正系数 γ_ρ	0.76	0.80	0.90	1.00	—

注　直接承受疲劳荷载的混凝土构件，当采用蒸汽养护时，养护温度不宜高于 60℃。

（6）混凝土疲劳变形模量 E_{cf} 应按表 4–24 采用。

表 4–24　混凝土的疲劳变形模量　$\times 10^4 N/mm^2$

混凝土强度等级	C30	C35	C40	C45	C50	C55	C60	C65	C70	C75	C80
疲劳变形模量 E_{cf}	1.30	1.40	1.50	1.55	1.60	1.65	1.70	1.75	1.80	1.85	1.90

（7）当温度在 0 ~ 100℃范围内时，混凝土的热工参数可按下列规定取值：

线膨胀系数 $\alpha_c = 1 \times 10^{-5}$/℃；导热系数 $\lambda = 10.6$ kJ/（m·h·℃）；比热 $c = 0.96$ kJ /（kg·℃）。

4.3.2.2　钢筋

（1）混凝土结构的钢筋应按下列规定选用：

1）纵向受力普通钢筋宜采用 HRB400、HRB500、HRBF400、HRBF500 钢筋，也可采用 HRB335、HRBF335、HPB300、RRB400 钢筋。

2）箍筋宜采用 HRB400、HRBF400、HPB300、HRB500、HRBF500 钢筋，也可采用 HRB335、HRBF335 钢筋。

3）预应力筋宜采用预应力钢丝、钢绞线和预应力螺纹钢筋。

RRB400 钢筋不宜用作重要部位的受力钢筋，不应用于直接承受疲劳荷载的构件。

（2）钢筋的强度标准值应具有不小于95%的保证率。

普通钢筋的屈服强度标准值f_{yk}、极限强度标准值f_{stk}应按表4–25采用；预应力钢丝、钢绞线和预应力螺纹钢筋的极限强度标准值f_{ptk}及屈服强度标准值f_{pyk}应按表4–26采用。

（3）普通钢筋的抗拉强度设计值f_y、抗压强度设计值f'_y应按表4–27采用；预应力筋的抗拉强度设计值f_{py}、抗压强度设计值f'_{py}应按表4–28采用。

当构件中配有不同种类的钢筋时，每种钢筋应采用各自的强度设计值。横向钢筋的抗

表4–25　　普通钢筋强度标准值

牌号	符号	公称直径 d（mm）	屈服强度标准值f_{yk}（N/mm²）	极限强度标准值f_{stk}（N/mm²）
HPB300	Φ	6～22	300	420
HRB335、HRBF335	Φ、ΦF	6～50	335	455
HRB400、HRBF400、RRB400	Φ、ΦF、ΦR	6～50	400	540
HRB500、HRBF500	Φ、ΦF	6～50	500	630

表4–26　　预应力筋强度标准值

种类		符号	公称直径 d（mm）	屈服强度标准值f_{pyk}（N/mm²）	极限强度标准值f_{ptk}（N/mm²）
中强度预应力钢丝	光面螺旋肋	Φ^{PM} Φ^{HM}	5、7、9	620	800
				780	970
				980	1270
预应力螺纹钢筋	螺纹	Φ^{T}	18、25、32、40、50	785	980
				930	1080
				1080	1230
消除应力钢丝	光面螺旋肋	Φ^{P} Φ^{H}	5	1380	1570
				1640	1860
			7	1380	1570
			9	1290	1470
				1380	1570
钢绞线	1×3（三股）	Φ^{S}	8.6、10.8、12.9	1410	1570
				1670	1860
				1760	1960
	1×7（七股）		9.5、12.7、15.2、17.8	1540	1720
				1670	1860
				1760	1960
			21.6	1590	1770
				1670	1860

注　强度为1960MPa级的钢绞线作后张预应力配筋时，应有可靠的工作经验。

表 4-27 普通钢筋强度设计值 N/mm²

牌号	抗拉强度设计值 f_y	抗压强度设计值 f'_y
HPB300	270	270
HRB335、HRBF335	300	300
HRB400、HRBF400、RRB400	360	360
HRB500、HRBF500	435	435

表 4-28 预应力筋强度设计值 N/mm²

种类	f_{ptk}	抗拉强度设计值 f_{py}	抗压强度设计值 f'_{py}
中强度预应力钢丝	800	510	410
	970	650	
	1270	810	
消除应力钢丝	1470	1040	410
	1570	1110	
	1860	1320	
钢绞线	1570	1110	390
	1720	1220	
	1860	1320	
	1960	1390	
预应力螺纹钢筋	980	650	435
	1080	770	
	1230	900	

注 当预应力筋的强度标准值不符合表 4-28 的规定时，其强度设计值应进行相应的比例换算。

拉强度设计值 f_{yv} 应按表 4-24 中 f_y 的数值采用；但用作受剪、受扭、受冲切承载力计算时，其数值大于 360N/mm² 时应取 360N/mm²。

（4）普通钢筋及预应力筋在最大力下的总伸长率 δ_{gt} 应不小于表 4-29 的规定的数值。

（5）普通钢筋和预应力筋的弹性模量 E_s 应按表 4-30 采用。

（6）普通钢筋和预应力筋的疲劳应力幅限值 Δf_{yf} 和 Δf_{pyf} 应根据钢筋疲劳应力比值 ρ_{sf}、ρ_{pf}，分别按表 4-31 和表 4-32 线性内插取值。

普通钢筋疲劳应力比值 ρ_{sf} 为

$$\rho_{sf}=\frac{\sigma_{sf,min}}{\sigma_{sf,max}} \tag{4-2}$$

式中 $\sigma_{sf,min}$、$\sigma_{sf,max}$——构件疲劳验算时，同一层钢筋的最小应力、最大应力。

表 4-29 普通钢筋及预应力筋在最大力下的总伸长率限值

钢筋品种	普通钢筋		预应力筋
	HPB300	HRB335、HRBF335、HRB400、HRBF400、HRB500、HRBF500	
δ_{gt}（%）	10.0	7.5	3.5

表 4-30　钢筋的弹性模量　$\times 10^5 N/mm^2$

牌号或种类	弹性模量 E_s
HPB300 钢筋	2.10
HRB335、HRB400、HRB500 钢筋，HRBF335、HRBF400、HRBF500 钢筋，RRB400 钢筋，预应力螺纹钢筋，中强度预应力钢丝	2.00
消除应力钢丝	2.05
钢绞线	1.95

注　必要时可采用实测的弹性模量。

表 4-31　普通钢筋疲劳应力幅限值　N/mm^2

疲劳应力比值 ρ_{sf}	疲劳应力幅限值 Δf_{yf}	
	HRB335	HRB400
0	175	175
0.1	162	162
0.2	154	156
0.3	144	149
0.4	131	137
0.5	115	123
0.6	97	106
0.7	77	85
0.8	54	60
0.9	28	31

注　当纵向受拉钢筋采用闪光接触对焊连接时，其接头处的钢筋疲劳应力幅限值应按表中数值乘以系数 0.80 取用。

表 4-32　预应力筋疲劳应力幅限值 Δf_{pyf}　N/mm^2

疲劳应力比值 ρ_{pf}	疲劳应力幅限值 Δf_{pyf}		
	钢绞线 $f_{ptk}=1570$	消除应力钢丝	
		$f_{ptk}=1770$、1670	$f_{ptk}=1570$
0.7	144	255	240
0.8	118	179	168
0.9	70	94	88

注　1. 当 ρ_{svf} 不小于 0.9 时，可不作预应力筋疲劳验算；
2. 当有充分依据时，可对表中规定的疲劳应力幅限值作适当调整。

预应力筋疲劳应力比值 ρ_{pf} 为

$$\rho_{pf}=\frac{\sigma_{pf,min}}{\sigma_{pf,max}} \tag{4-3}$$

式中　$\sigma_{pf,min}$、$\sigma_{pf,max}$——构件疲劳验算时，同一层预应力筋的最小应力、最大应力。

4.3.2.3 钢材

（1）变电站装配式钢结构建筑物所用钢材的牌号和质量等级应符合以下规定：

1）所用钢材宜选用 Q235 钢、Q345 钢，其质量应分别符合 GB/T 700 和 GB/T 1591 的规定。

2）承重构件所用钢材的质量等级均不低于 B 级。

3）承重构件中厚度不小于 40mm 的受拉板件，当其工作温度低于 −20℃时，宜适当提高其所用钢材的质量等级。

4）下列情况的承重结构和构件不应采用 Q235 沸腾钢：①焊接结构：直接承受动力荷载或振动荷载且需要验算疲劳的结构；工作温度低于 −20℃时的直接承受动力荷载或振动荷载，但可不验算疲劳的结构以及承受静力荷载的受弯和受拉的重要承重结构；工作温度等于或低于 −30℃的所有承重结构；②非焊接结构：工作温度等于或低于 −20℃的直接承受动力荷载且需要验算疲劳的结构。

（2）承重构件所用钢材应具有屈服强度、抗拉强度、伸长率等力学性能和冷弯试验的合格保证；同时尚应具有碳、硫、磷等化学成分的合格保证。焊接结构所用钢材尚应具有良好的焊接性能，其碳当量或焊接裂纹敏感性指数应符合设计要求或相关标准的规定。

（3）按抗震设计的框架梁、柱和抗侧力支撑等主要抗侧力构件，其钢材性能要求尚应符合以下规定：

1）钢材抗拉性能应有明显的屈服台阶，其断后伸长率 A 不应小于 20%。

2）钢材实物的实测屈强比值不应大于 0.85。

3）钢材应具有与其工作温度相应的冲击韧性合格保证。

（4）焊接节点区 T 形或十字形焊接接头中的钢板，当板厚不小于 40mm 且沿板厚方向承受较大拉力作用（含较高焊接约束拉应力作用）时，该部分钢板应具有厚度方向抗撕裂性能（Z 向性能）的合格保证。其沿板厚方向的断面收缩率应不小于按 GB/T 5313 规定的 Z15 级允许限值。

4.3.3 设计原则与内容

4.3.3.1 设计原则

（1）除疲劳计算外，采用以概率理论为基础的极限状态设计方法，用分项系数的设计表达式进行计算。

（2）结构的极限状态系指结构或构件能满足设计规定的某一功能要求的临界状态，超过这一状态结构或构件便不再能满足设计要求。承重结构应按下列承载能力极限状态和正常使用极限状态进行设计：

1）承载能力极限状态为结构或构件达到最大承载能力或达到不适于继续承载的变形时的极限状态；

2）正常使用极限状态为结构或构件达到正常使用的某项规定限值时的极限状态。

（3）设计钢结构时，应根据结构破坏可能产生的后果，采用不同的安全等级。一般工业与民用建筑钢结构的安全等级可取为二级，特殊建筑钢结构的安全等级可根据具体情况另行确定。

（4）按承载能力极限状态设计钢结构时，应考虑荷载效应的基本组合，必要时尚应考虑荷载效应的偶然组合。按正常使用极限状态设计钢结构时，除钢与混凝土组合梁外，应只考虑荷载短期效应组合。

（5）计算结构或构件的强度、稳定性以及连接的强度时，应采用荷载设计值（荷载标准值乘以荷载分项系数）；计算疲劳和正常使用极限状态的变形时，应采用荷载标准值。

（6）对于直接承受动力荷载的结构：在计算强度和稳定性时，动力荷载设计值应乘动力系数；在计算疲劳和变形时，动力荷载标准值不应乘动力系数；在计算吊车梁或吊车桁架及制动结构的疲劳时，吊车荷载应按作用在跨间内起重量最大的一台吊车确定。

（7）设计钢结构时，荷载的标准值、荷载分项系数、荷载组合系数、动力荷载的动力系数以及按结构安全等级确定的重要性系数，应按《建筑结构荷载规范》（GB 50009—2012）的规定采用。

4.3.3.2 设计指标和设计参数

（1）钢材、焊缝、螺栓的强度设计值。钢材的设计用强度指标，应根据钢材牌号、厚度或直径按表 4–33 采用。

表 4–33 钢材的设计用强度指标 N/mm^2

钢材牌号		钢材厚度或直径（mm）	强度设计值			屈服强度 f_y	抗拉强度 f_u
			抗拉、抗压、抗弯 f	抗剪 f_v	端面承压（刨平顶紧）f_{ce}		
碳素结构钢	Q235	≤ 16	215	125	320	235	370
		＞ 16，≤ 40	205	120		225	
		＞ 40，≤ 100	200	115		215	
低合金高强度结构钢	Q345	≤ 16	305	175	400	345	470
		＞ 16，≤ 40	295	170		335	
		＞ 40，≤ 63	290	165		325	
		＞ 63，≤ 80	280	160		315	
		＞ 80，≤ 100	270	155		305	
	Q390	≤ 16	345	200	415	390	490
		＞ 16，≤ 40	330	190		370	
		＞ 40，≤ 63	310	180		350	
		＞ 63，≤ 100	295	170		330	
	Q420	≤ 16	375	215	440	420	520
		＞ 16，≤ 40	355	205		400	
		＞ 40，≤ 63	320	185		380	
		＞ 63，≤ 100	305	175		360	
	Q460	≤ 16	410	235	470	460	550
		＞ 16，≤ 40	390	225		440	
		＞ 40，≤ 63	355	205		420	
		＞ 63，≤ 100	340	195		400	

注 1. 表中直径指实芯棒材直径，厚度系指计算点的钢材或钢管壁厚度，对轴心受拉和轴心受压构件系指截面中较厚板件的厚度；

2. 冷弯型材和冷弯钢管，其强度设计值应按国家现行有关标准的规定采用。

焊缝的强度指标应按表 4–34 采用并应符合下列规定：

1）手工焊用焊条、自动焊和半自动焊所采用的焊丝和焊剂，应保证其熔敷金属的力学性能不低于母材的性能。

2）焊缝质量等级应符合《钢结构焊接规范》（GB 50661—2011）的规定，其检验方法应符合《钢结构工程施工质量验收规范》（GB 50205—2017）的规定。其中厚度小于 6mm 钢材的对接焊缝，不应采用超声波探伤确定焊缝质量等级。

3）对接焊缝在受压区的抗弯强度设计值取 f_c^w，在受拉区的抗弯强度设计值取 f_t^w。

表 4–34　　焊缝的强度指标　　N/mm²

焊接方法和焊条型号	构件钢材		对接焊缝强度设计值				角焊缝强度设计值	对接焊缝抗拉强度 f_u^w	角焊缝抗拉、抗压和抗剪强度 f_u^f
	牌号	厚度或直径（mm）	抗压 f_c^w	焊缝质量为下列等级时，抗拉 f_t^w		抗剪 f_v^w	抗拉、抗压和抗剪 f_f^w		
				一级、二级	三级				
自动焊、半自动焊和 E43 型焊条的手工焊	Q235	≤ 16	215	215	185	125	160	415	240
		＞ 16，≤ 40	205	205	175	120			
		＞ 40，≤ 100	200	200	170	115			
自动焊、半自动焊和 E50、E55 型焊条的手工焊	Q345	≤ 16	305	305	260	175	200	480（E50）540（E55）	280（E50）315（E55）
		＞ 16，≤ 40	295	295	250	170			
		＞ 40，≤ 63	290	290	245	165			
		＞ 63，≤ 80	280	280	240	160			
		＞ 80，≤ 100	270	270	230	155			
	Q390	≤ 16	345	345	295	200	200（E50）220（E55）		
		＞ 16，≤ 40	330	330	280	190			
		＞ 40，≤ 63	310	310	265	180			
		＞ 63，≤ 100	295	295	250	170			
自动焊、半自动焊和 E55、E60 型焊条的手工焊	Q420	≤ 16	375	375	320	215	220（E55）240（E60）	540（E55）590（E60）	315（E55）340（E60）
		＞ 16，≤ 40	355	355	300	205			
		＞ 40，≤ 63	320	320	270	185			
		＞ 63，≤ 100	305	305	260	175			
自动焊、半自动焊和 E55、E60 型焊条的手工焊	Q460	≤ 16	410	410	350	235	220（E55）240（E60）	540（E55）590（E60）	315（E55）340（E60）
		＞ 16，≤ 40	390	390	330	225			
		＞ 40，≤ 63	355	355	300	205			
		＞ 63，≤ 100	340	340	290	195			
自动焊、半自动焊和 E50、E55 型焊条的手工焊	Q345GJ	＞ 16，≤ 35	310	310	265	180	200	480（E50）540（E55）	280（E50）315（E55）
		＞ 35，≤ 50	290	290	245	170			
		＞ 50，≤ 100	285	285	240	165			

注　表中厚度系指计算点的钢材厚度，对轴心受拉和轴心受压构件系指截面中较厚板件的厚度。

螺栓连接的强度指标应按表 4–35 采用。

表 4–35　　焊缝的强度指标　　N/mm²

螺栓的性能等级、锚栓和构件钢材的牌号		强度设计值										高强度螺栓的抗拉强度 f_u^b
		普通螺栓						锚栓	承压型连接高强度螺栓			
		C 级螺栓			A、B 级螺栓							
		抗拉 f_t^b	抗剪 f_v^b	承压 f_c^b	抗拉 f_t^b	抗剪 f_v^b	承压 f_c^b	抗拉 f_t^b	抗拉 f_t^b	抗剪 f_v^b	承压 f_c^b	
普通螺栓	4.6 级、4.8 级	170	140	—	—	—	—	—	—	—	—	—
	5.6 级	—	—	—	210	190	—	—	—	—	—	—
	8.8 级	—	—	—	400	320	—	—	—	—	—	—
锚栓	Q235	—	—	—	—	—	—	140	—	—	—	—
	Q345	—	—	—	—	—	—	180	—	—	—	—
	Q390							185	—	—	—	—
承压型连接高强度螺栓	8.8 级	—	—	—	—	—	—	—	400	250	—	830
	10.9 级	—	—	—	—	—	—	—	500	310	—	1040
螺栓球节点用高强度螺栓	9.8 级	—	—	—	—	—	—	—	385	—	—	—
	10.9 级	—	—	—	—	—	—	—	430	—	—	—
构件钢材牌号	Q235	—	—	305	—	—	405	—	—	—	470	—
	Q345	—	—	385	—	—	510	—	—	—	590	—
	Q390	—	—	400	—	—	530	—	—	—	615	—
	Q420	—	—	425	—	—	560	—	—	—	655	—
	Q460	—	—	450	—	—	595	—	—	—	695	—
	Q345GJ	—	—	400	—	—	530	—	—	—	615	—

注　1. A 级螺栓用于 $d \leqslant 24$mm 和 $l \leqslant 10d$ 或 $l \leqslant 150$mm（按较小值）的螺栓；B 级螺栓用于 $d > 24$mm 或 $l > 10d$ 或 $l > 150$mm（按较小值）的螺栓。d 为公称直径，l 为螺杆公称长度。

2. A、B 级螺栓孔的精度和孔壁表面粗糙度，C 级螺栓孔的允许偏差和孔壁表面粗糙度，均应符合现行国家标准《钢结构工程施工质量验收规范》(GB 50205）的要求。

3. 用于螺栓球节点网架的高强度螺栓，M12 ~ M36 为 10.9 级，M39 ~ M64 为 9.8 级。

（2）计算下列情况的结构构件或连接时，第（1）条规定的强度设计值应乘以相应的折减系数：

1）单面连接的单角钢。

a）按轴心受力计算强度和连接 0.85；

b）按轴心受压计算稳定性：

等边角钢　　$0.6+0.0015\lambda$，但不大于 1.0

短边连接的不等边角钢　　$0.5+0.0025\lambda$，但不大于 1.0

长边连接的不等边角钢　　0.7

λ 为长细比，对中间无联系的单角钢压杆，应按最小回转半径计算，当 $\lambda<20$ 时，取 $\lambda=20$；

2）构架采用圆钢桁架结构。

a）验算受压杆的单支稳定：

当 $d \leqslant 20$mm　　0.85

b）验算受压杆的整体稳定：　　0.90

c）验算受拉杆的强度：

当 $d \leqslant 20$mm　　0.90

当 $d > 20$mm　　0.95

λ 为长细比，对中间无联系的单角钢压杆取最小回转半径计算，当 $\lambda < 20$，取 $\lambda = 20$。

3）施工条件较差的高空安装焊缝和铆钉连接 0.90。

4）沉头和半沉头铆钉连接 0.80。

5）无垫板的单面焊接对接焊缝强度 0.85。

注：当几种情况同时存在时，其折减系数应连乘。

（3）钢材和钢铸件的物理性能指标应按表 4–36 采用。

表 4–36　钢材和钢铸件的物理性能指标

弹性模量 E（N/mm^2）	剪变模量 G（N/mm^2）	线膨胀系数 α（以每℃计）	质量密度 ρ（kg/m^3）
206×10^3	79×10^3	12×10^{-6}	7850

4.3.3.3　连接一般规定

（1）钢结构构件的连接应根据施工环境条件和作用力的性质选择其连接方法。

（2）同一连接部位中不得采用普通螺栓或承压型高强度螺栓与焊接共用的连接；在改、扩建工程中作为加固补强措施，可采用摩擦性高强度螺栓与焊接承受同一作用力的栓焊并用连接，其计算与构造宜符合《钢结构高强度螺栓连接技术规程》（JGJ 82—2011）第 5.5 节的规定。

（3）C 级螺栓宜用于沿其杆轴方向受拉的连接，在下列情况下可用于抗剪连接：

1）承受静力荷载或间接承受动力荷载结构中的次要连接。

2）承受静力荷载的可拆卸结构的连接。

3）临时固定构件用的安装连接。

（4）整体热镀锌或喷涂锌的焊接结构所有连接焊缝必须封闭。手工焊接采用的焊条、自动和半自动焊接采用的焊丝、焊剂，应与被焊接主体构件钢材材质相匹配。

需要进行疲劳验算的对接焊缝质量，受拉强度应大于被焊接的母材强度，受压应不低于二级。

强度充分利用的其他焊缝，质量等级不应低于二级；强度利用不足 70% 的焊缝，质量等级不应低于三级。

焊缝设计应防止应力集中的不利影响。寒冷地区或低温环境应针对防止脆断的材料性能和焊接工艺提出要求。

（5）大于 6mm 钢板的对接焊缝必须打剖口，剖口的形式宜根据有关规定选用。

（6）主要受力构件连接螺栓的直径不宜小于 12mm，主要承受反复剪切力的 C 级螺栓

（4.6、4.8 级）或对于整体结构变形量作为控制条件时，其螺孔直径不宜大于螺栓直径加 1.0mm，并宜采用钻成孔。主要承受沿螺栓杆轴方向拉力的螺栓，宜采用钻成孔高强螺栓（5.6、8.8 级），其螺孔直径可较螺栓直径加 2.0mm。

（7）节点设计应根据结构的重要性、受力特点、荷载情况和工作环境等因素选用节点形式、材料与加工工艺。节点设计应满足承载力极限状态要求，传力可靠，减少应力集中。

（8）腹杆宜与弦杆直接连接，当构造难以做到时，也可采用节点板连接。节点板的厚度不应小于被连接构件（腹杆）的厚度，且不应小于 6mm。交叉腹杆中间节点的两个角钢不宜断开。

4.3.3.4 装配式钢结构变电站设计规定

（1）一般规定。

1）变电站装配式钢结构建筑的抗震设防烈度和地震动参数应根据《中国地震动参数区划图》（GB 18306—2015）的有关规定确定；抗震设防类别根据《建筑工程抗震设防分类标准》（GB 50223—2008），并参照《电力设施抗震设计规范》（GB 50260—2013）确定；抗震等级根据《建筑抗震设计规范（2016 年版）》（GB 50011—2010），并参照《电力设施抗震设计规范》（GB 50260—2013）确定。

2）变电站装配式钢结构建筑物的地震作用和结构抗震验算，应符合《建筑抗震设计规范（2016 年版）》（GB 50011—2010）的相关规定。当抗震设防烈度为 6 度时，除《电力设施抗震设计规范》（GB 50260—2013）有具体规定外，对抗震设防类别为乙、丙类的建筑（不包括国家规定抗震设防烈度 6 度区需要提高 1 度设防的电力设施）可不进行地震作用计算，但应满足相应的抗震构造措施要求。

3）在进行结构构件截面抗震验算时，构件及节点的承载力抗震调整系数 γ_{RE} 应按表 4–37 采用。

表 4–37　承载力抗震调整系数

材料	构件	受力状态	承载力抗震调整系数 γ_{RE}
钢	柱、梁、节点板件、螺栓、焊缝	强度	0.75
	柱	稳定	0.80
混凝土	梁	受弯	0.75
	轴压比小于 0.15 的柱	偏压	0.75
	轴压比不小于 0.15 的柱	偏压	0.80
	抗震墙	偏压	0.85
	各类构件	受剪、偏拉	0.85

4）钢结构梁、柱等主要承重构件宜采用 H 型钢截面或箱型截面；轻型围护板材（压型钢板等）的檩条、墙梁等次要构件，宜采用冷弯薄壁型钢（如 C 型钢、Z 型钢等）。

（2）荷载及荷载效应。

1）根据荷载的性质，作用在变电站建（构）筑物上的荷载通常可分为下列三种类型：

a. 永久荷载，例如结构自重、土重、土压力以及导（地）线自重所产生的垂直荷载和水平张力；

b. 可变荷载，例如风荷载、冰荷载、雪荷载、安装及检修所产生的临时荷载等；

c. 偶然荷载，例如短路电动力、验算局部弯曲上人荷载和冰荷载等。

另外，作用在变电站建（构）筑物上的还有温度作用和地震作用。

2）结构设计时，对不同荷载应采用不同的代表值。

a. 对永久荷载应采用标准值作为代表值；

b. 对可变荷载应根据设计要求采用标准值、组合值或准永久值作为代表值；

c. 对偶然荷载应按建筑结构使用的特点确定其代表值。

3）变电站装配式钢结构建筑楼（屋）面均布活荷载的标准值、组合值和准永久值系数应根据实际的工艺、设备、运输等条件确定，并符合《建筑结构荷载规范》（GB 50009—2012）和《变电站建筑结构设计规程》（DL/T 5457—2012）的有关规定。其标准值及相关系数不应低于表 4–38 中数值。外墙风荷载标准值应按《变电站建筑结构设计规程》（GB 50009—2012）有关围护结构的规定确定。

表 4–38　　建筑楼（屋）面均布活荷载标准值及有关系数

项次	类别	标准值（kV/m^2）	组合值系数 Ψ_q	准永久值系数 Ψ_q	计算主梁、柱及基础的折减系数 η	备注
1	主控通信室、继电器小室、二次设备室及通信室楼面	4.0	0.7	0.8	0.7	如电缆夹层的电缆吊在本层的楼板下则应按实际计算
2	电缆夹层楼面	3.0	0.7	0.8	0.7	—
3	10kV 配电装置室楼面	4.0 ~ 7.0	0.7	0.8	0.7	限用于每组断路器质量小于等于 8kV，否则应按实际计算
4	35kV 配电装置室楼面	4.0 ~ 8.0	0.7	0.8	0.7	限用于每组断路器质量小于等于 12kV，否则应按实际计算
5	110kV 屋内配电装置楼面	4.0 ~ 10.0	0.7	0.8	0.7	限用于每组断路器质量小于等于 36kV，否则应按实际计算
6	110 ~ 220kV GIS 组合电器楼面	10.0	0.7	0.8	0.7	—
7	500kV GIS 组合电器楼面	—	0.7	0.8	0.7	标准值应按实际计算
8	电容器室楼面	4.0 ~ 9.0	0.7	0.8	0.7	活荷载标准值按等效均布活荷载计算确定
9	办公室及资料室楼面	2.5	0.7	0.6	0.85	—
10	室内沟盖板	4.0	0.7	0.6	1.0	作为设备搬运通道时应按实际计算
11	楼梯（室内、外）	3.5	0.7	0.6	0.9	作为设备搬运通道时应按实际计算
12	室外阳台	3.5	0.7	0.6	0.9	作为吊装设备使用时应按实际计算

注　1. 表中所列标准值为等效均布荷载，包括设备荷载及其在楼面的安装、运行、检修荷载。

2. 配电装置区以外的楼面活荷载标准值可采用 $4.0kN/m^2$。

3. 标准值“—”表示楼面活荷载标准值按实际计算。

4）组合楼板进行施工阶段计算时，楼承板作为模板，计算时应考虑以下荷载：

a. 永久荷载：压型钢板、钢筋和混凝土自重；

b. 可变荷载：施工荷载，应以施工实际荷载为依据。当不具备测量实际可变荷载的条件或实测施工可变荷载小于 1.0kN/m^2 时，施工可变荷载可取 1.0kN/m^2。

（3）钢结构计算。

1）变电站装配式钢结构建筑物设计基准期应根据《建筑结构可靠性设计统一标准》（GB 50068—2018）确定。

2）变电站装配式钢结构建筑物应根据结构破坏后可能出现的后果的严重性，采用不同的安全等级。500、750kV 变电站的主要装配式钢结构建筑（如主控通信楼）宜采用一级，其余结构宜采用二级。

一级及二级的结构重要性系数 γ_0 分别为 1.1 及 1.0。

3）受压及受拉构件的长细比容许值应符合《钢结构设计标准》（GB 50017—2017）的规定。抗震设计时，框架柱的长细比，一级不应大于 $60\sqrt{235 f_y}$，二级不应大于 $80\sqrt{235 f_y}$，三级不应大于 $100\sqrt{235 f_y}$，四级时不应大于 $120\sqrt{235 f_y}$，f_y 为钢材的屈服强度。

4）抗震设计时，框架梁、柱板件宽厚比，应符合《钢结构设计标准》（GB 50017—2017）的规定。

5）非抗侧力构件的板件宽厚比应按《钢结构设计标准》（GB 50017—2017）的有关规定执行。

6）变电站装配式钢结构建筑物结构的作用组合应根据《建筑结构荷载规范》（GB 50009—2012）、《建筑抗震设计规范（2016 年版）》（GB 50011—2010）确定。

7）钢结构计算应符合下列规定：

a. 承载力（包括稳定性）计算，应采用荷载的基本组合；

b. 对于直接承受动力荷载的结构：在计算强度和稳定性时，动力荷载设计值应乘动力系数，动力系数依据《建筑结构荷载规范》（GB 50009—2012）有关规定；在计算疲劳和变形时，动力荷载标准值不乘动力系数；

c. 计算吊车梁的疲劳和挠度时，吊车荷载应按作用在跨间内荷载效应最大的一台吊车确定；

d. 变形、混凝土的抗裂及裂缝宽度验算，应根据《混凝土结构设计规范》（GB 50010—2010）、《钢结构设计标准》（GB 50017—2017）采用相应的荷载标准组合和准永久组合。

8）钢框架结构的计算宜采用空间结构计算方法，对结构在竖向荷载、风荷载及地震荷载作用下的位移和内力进行分析。

9）框架结构内力分析可采用一阶弹性分析，对于 $\sum N\Delta u/\sum Hh>0.1$ 的框架结构宜采用二阶弹性分析，此时应在每层柱顶附加假想水平力，假想水平力的计算应符合《钢结构设计标准》（GB 50017—2017）。

10）钢框架结构计算内力和变形时，可假定楼盖在其自身平面内为无限刚性，设计时应采取相应措施保证楼盖平面内的整体刚度。当楼盖可能产生较明显的平面内变形时，计算时应采用楼盖平面内的实际刚度，考虑楼盖的平面内变形的影响。钢框架结构弹性计算时，钢筋混凝土楼板与钢梁间有可靠连接，可计入钢筋混凝土楼板对钢梁刚度增大作用，两侧有楼板的钢梁其惯性矩可取为 $1.5I_b$，仅一侧有楼板的钢梁其惯性矩可取为 $1.2I_b$，I_b 为钢梁截面惯性矩。弹塑性计算时不应考虑楼板对钢梁惯性矩的增大作用。

11）结构计算中不应计入非结构构件对结构承载力和刚度的有利作用。当墙板与主体结构采用刚性连接时，应考虑质量和刚度的差异对主体结构抗震不利的影响。

12）计算各振型地震影响系数所采用的结构自振周期，应考虑非承重填充墙体的刚度予以折减。当非承重墙体为填充轻质墙板时，周期折减系数可取 0.9 ~ 1.0。

13）当变电站装配式钢结构建筑物采用钢框架结构时，在多遇地震标准值作用下，按弹性方法计算的楼层层间最大水平位移与层高之比不宜大于 1/250。

14）框架柱在压力和弯矩共同作用下，应进行强度计算、强轴平面内稳定计算和弱轴平面内稳定计算。在验算柱的稳定性时，框架柱的计算长度应根据有无支撑情况按照《钢结构设计标准》（GB 50017—2017）进行计算。

15）受弯构件、轴心受力构件及拉弯、压弯构件的计算应符合《钢结构设计标准》（GB 50017—2017）的相关规定，抗震设计时钢材强度设计值应按本标准 3.1.3 条规定除以承载力抗震调整系数 γ_{RE}。

16）基础设计时应符合《建筑地基基础设计规范》（GB 50007—2011）和《电力工程地基处理技术规程》（DL/T 5024—2005）等的有关规定。

（4）组合楼板设计。

1）一般规定。

a. 组合楼板应对其施工及使用两个阶段分别按承载力极限状态和正常使用极限状态进行设计，并应符合《建筑结构可靠性设计统一标准》（GB 50068—2018）的规定。

b. 组合楼板负弯矩区最大裂缝宽度限值应符合《混凝土结构设计规范（2015 年版）》（GB 50010—2010）的相关要求；施工阶段挠度不应大于板跨 L 的 1/180，且不应大于 20mm。使用阶段扰度不应大于板跨 L 的 1/200。

c. 连续压型钢板组合楼板在强边方向正弯矩作用下，采用弹性分析计算内力时，可考虑塑性内力重分布，但支座弯矩调幅不宜大于 15%；多跨连续钢筋桁架组合楼板采用弹性分析计算内力时，可考虑塑性内力重分布，但支座弯矩调幅不应大于 15%。

d. 钢筋桁架组合楼板施工阶段可采用弹性分析方法分别计算钢筋桁架和底模焊点的荷载效应。计算钢筋桁架时，全部荷载由桁架承担；计算底模焊点时，荷载全部由底模承担；使用阶段，钢筋桁架弦杆可作为混凝土中配置的上、下受力钢筋与混凝土共同工作，不考虑钢筋桁架整体、桁架腹杆及底模的作用。

e. 钢筋桁架楼承板应符合《组合楼板与施工规范》（CECS 273—2010）的有关规定，并满足建筑防水、保温、耐腐蚀性能和结构承载等功能要求。

2）材料。

a. 组合楼板用混凝土强度等级宜采用 C30，混凝土各项力学性能指标以及耐久性能的要求，应符合《混凝土结构设计规范（2015 年版）》（GB 50010—2010）的有关规定。

b. 组合楼板用钢筋各项性能指标应符合《混凝土结构设计规范（2015 年版）》（GB 50010—2010）的相关规定。

c. 组合楼板用压型钢板质量应符合《建筑用压型钢板》（GB/T 12755—2008）的相关规

定，用于冷弯压型钢板的基板应采用热镀锌钢板，不宜采用镀铝锌板。

d. 钢板的强度标准值应具有不小于 95% 的保证率，压型钢板的材质及力学性能应符合《组合模板与施工规范》（CECS 273—2010）的相关规定。钢筋桁架板底模或做永久模板使用的压型钢板，两面镀锌量不宜小于 $120g/m^2$。

e. 组合楼板压型钢板底模施工完成后需永久保留，底模钢板厚度不应小于 0.5mm。

f. 栓钉的规格应符合《电弧螺栓焊用圆柱头焊灯》（GB 10433—2002）的有关规定。

3）压型钢板组合楼板构造要求。

a. 压型钢板浇筑混凝土面宜采用闭口型压型钢板，槽口最小宽度（b_1，m）不应小于 50mm（见图 4-23）。

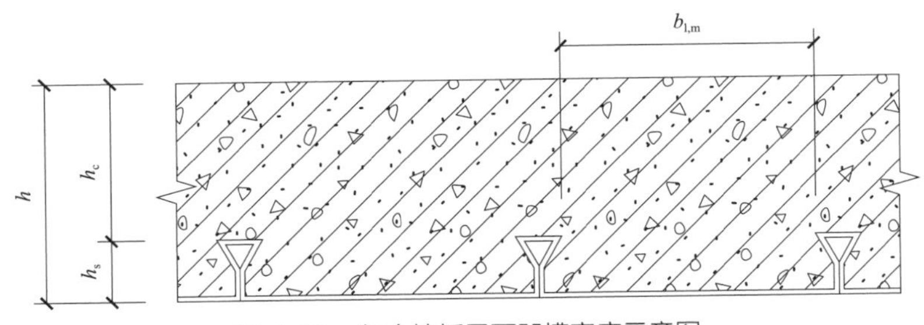

图 4-23　组合楼板界面凹槽宽度示意图

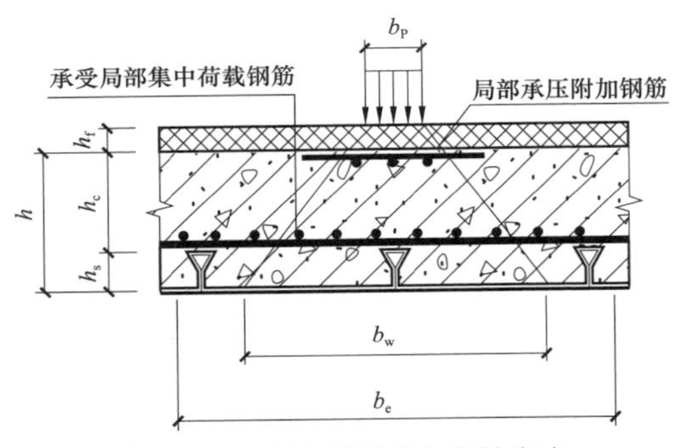

图 4-24　局部荷载分布有效宽度

b_P—局部荷载宽度；b_W—局部荷载的工作宽度

b. 组合楼板在有较大集中（线）荷载作用部位应设置横向钢筋，其截面面积不应小于压型钢板肋以上混凝土截面面积的 0.2%，延伸宽度不应小于集中（线）荷载分布的有效宽度 b_p（见图 4-24）。钢筋的间距不宜大于 150mm，直径不宜小于 6mm。组合楼板受弯计算与受剪计算时，有效宽度 b_p 应符合《组合楼板与施工规范》（CECS 273—2010）的有关规定。

c. 组合楼板在钢梁上的支承长度不应小于 75mm，在混凝土梁上的支承长度不应小于 100mm（见图 4-25）。当钢梁按组合梁设计时，组合楼板在钢梁上的最小支承长度应符合

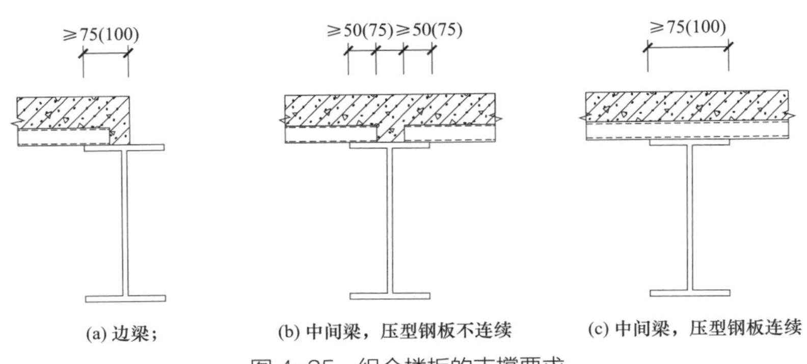

图 4-25　组合楼板的支撑要求

《钢结构设计标准》(GB 50017—2017)的构造规定。

d. 组合楼板开圆孔孔径或长方形边长不大于 300mm 时，可不采取加强措施。

e. 组合楼板开洞尺寸在 300 ~ 750mm 之间，应采取有效加强措施。当压型钢板的波高不小于 50mm，且孔洞周边无较大集中荷载时，可按图 4-26 在垂直肋方向设置角钢或附加钢筋。

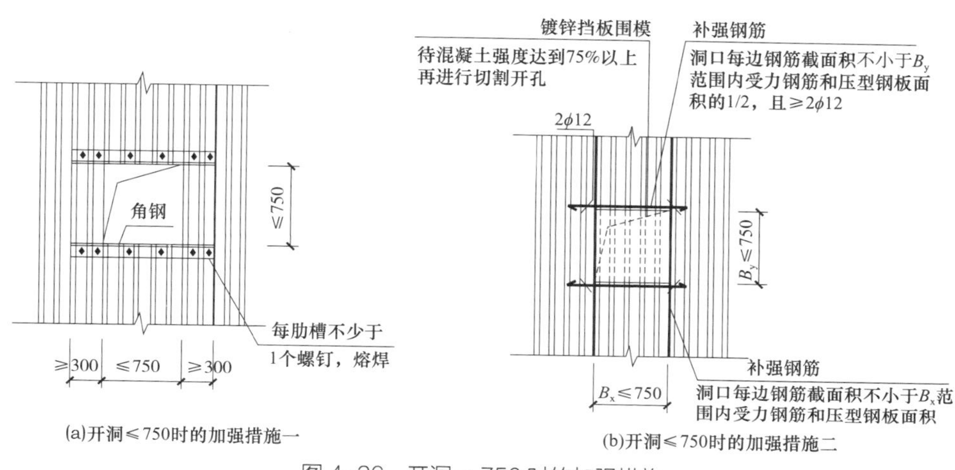

图 4-26 开洞≤ 750 时的加强措施

f. 组合楼板开洞尺寸在 300 ~ 750mm 之间，且孔洞周边有较大集中荷载时或组合楼板开洞尺寸在 750 ~ 1500mm 之间时，应采取有效加强措施。可按图 4-27 沿顺肋方向加槽钢或角钢并与其邻近的结构梁连接，在垂直方向加角钢或槽钢并与顺肋方向的槽钢或角钢连接。

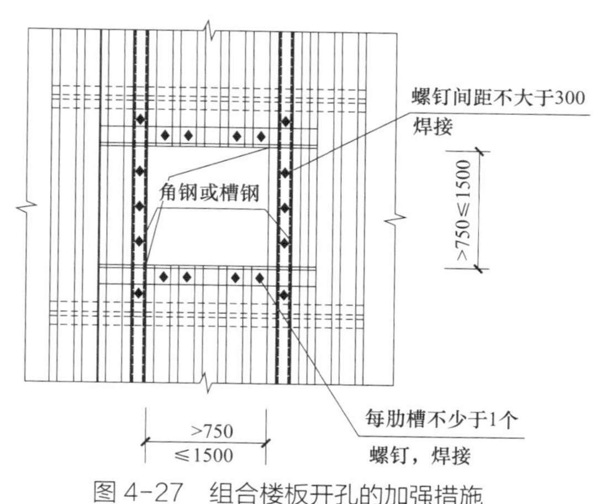

图 4-27 组合楼板开孔的加强措施

4）钢筋桁架组合楼板构造要求。

a. 钢筋桁架杆件钢筋直径应按照计算确定，但弦杆直径不应小于 6mm，腹杆直径不应小于 4mm，钢筋桁架杆件示意图如图 4-28 所示。

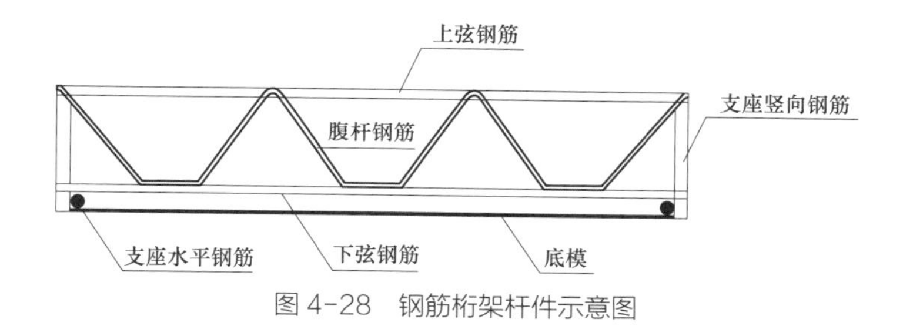

图 4-28 钢筋桁架杆件示意图

b. 支座水平钢筋和竖向钢筋直径，当钢筋桁架高度不大于100mm时，直径不应小于10mm和12mm；当钢筋桁架高度大于100mm时，直径不应小于12mm和14mm。当考虑竖向支座钢筋承受施工阶段的支座反力时，应按计算确定其直径。

c. 两块钢筋桁架板纵向连接处，上、下弦部位应布置连接钢筋，连接钢筋应跨过支承梁并向板内延伸：

a）当组合楼板在该支座处设计成连续板时，支座负弯矩钢筋应按计算确定，向跨内的延伸长度应覆盖负弯矩图并应满足钢筋的锚固要求。

b）当组合楼板在该支座处设计成简支板时，钢筋桁架上弦部位应配置构造连接钢筋，应满足裂缝宽度的要求，且配筋不应小于ϕ8@200，连接钢筋由钢筋桁架端部向板内延伸长度L不应小于$1.6L_a$，且不应小于300mm。L_a为计算的钢筋锚固长度，见图4-29。

c）钢筋桁架下弦部位应按构造配置不小于ϕ8@200的连接钢筋，连接钢筋由钢筋桁架端部向板内延伸长度L不应小于$1.2L_a$，且不应小于300mm。

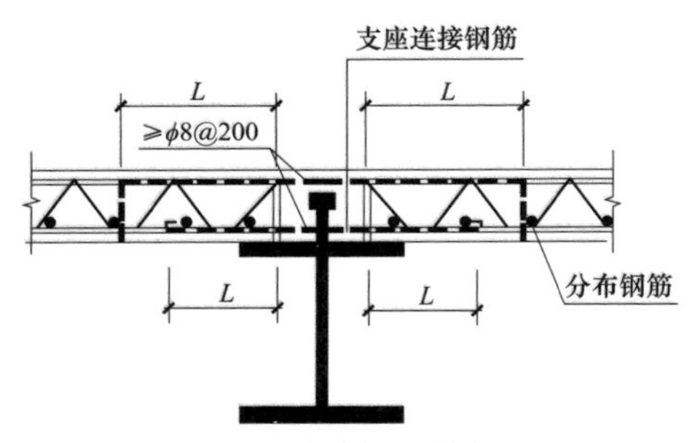

图4-29　支座处钢筋构造图

d）钢筋桁架组合楼板板底垂直于下弦杆方向应按《钢筋结构设计标准》（GB 50017—2017）规定配置构造分布钢筋，支座处钢筋构造图如图4-29所示。

d. 组合楼板在与钢柱相交处被切断，柱边板底应设支承件，板内应布置附加钢筋，柱边板底构造图如图4-30所示。

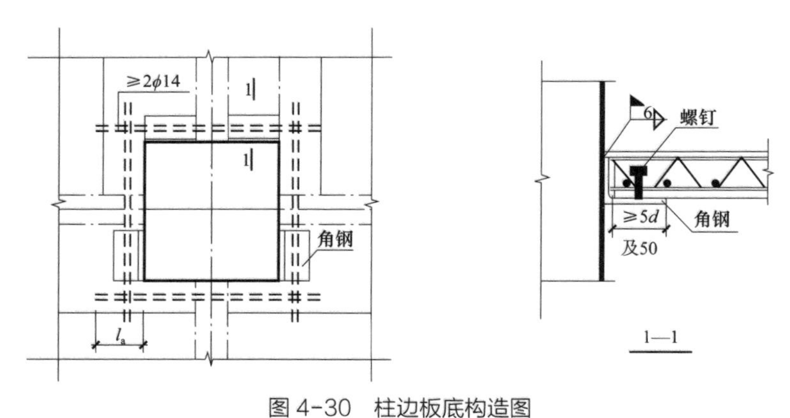

图4-30　柱边板底构造图

e. 组合楼板开洞，孔洞切断桁架上下弦钢筋时，孔洞边应设加强钢筋。当孔洞边有较大的集中荷载或洞边长大于1000mm时，应在孔洞周边设置边梁，楼板开孔构造措施示意图如图4-31所示。

（5）构造设计。

1）一般规定。

a. 变电站装配式钢结构建筑设计时应对连接件、焊缝、螺栓或铆钉等紧固件在不同设计状况下的承载力进行验算，并应符合《钢结构设计标准》（GB 50017—2017）和《钢结

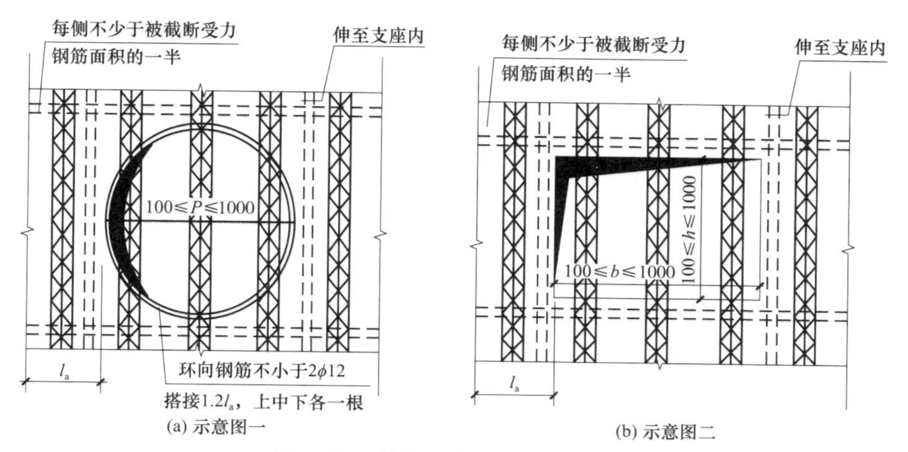

图 4-31 楼板开孔构造措施示意图

构焊接规范》(GB 50661—2011)等的规定。

b. 节点的形式应构造简单、整体性好、传力明确、安全可靠、节约材料和施工方便。节点设计应做到构造合理，使节点具有必要的延性，能保证焊接质量，并避免出现应力集中和过大约束应力。

c. 建筑围护系统应根据装配式钢结构建筑所在地区的气候条件、使用功能、抗震设防等综合确定下列性能要求：

a）安全性要求包括：抗风性能、抗震性能、耐撞击性能、防火性能；

b）功能性要求包括：水密性能、气密性能、隔声性能、热工性能；

c）耐久性要求。

d. 建筑外墙板接缝及门窗洞口应采用构造（结构）和材料相结合的两道防水构造，并应符合下列要求：

a）水平缝宜采用企口缝或高低缝等构造防水方式。当竖缝能实现结构防水时，竖缝可采用直缝。

b）嵌缝材料防水应使用防水性能、耐候性能和耐老化性能优良的材料。

c）外墙板接缝宽度设计应满足在热胀冷缩及风荷载、地震作用等外力环境的影响下，其尺寸变形不会导致密封胶的破裂的要求。在设计时应考虑接缝的位移，确定接缝宽度，使其满足密封胶最大容许变形率的要求。

d）外墙板接缝所用的密封材料应选用耐候型密封胶，其与混凝土的相容性、低温性能、最大伸缩变形量、剪切变形性、防霉性及耐水性等应符合设计和相关标准要求。

e）墙上门窗洞口收边应尽量和板缝对齐，收边不压板缝。门窗洞口收边材料应与外墙体金属复合板外层板同材质，且门窗洞口收边外形需保持一致，收边长度应按照实际窗门洞尺寸加工生产，不得出现裁减搭接。

2）节点连接方式。

a. 钢框架结构现场连接方式宜采用螺栓连接。

b. 框架柱的接头距框架梁上方的距离，可取 1.3m 和柱净高一半二者的较小值。上下柱的对接接头可采用高强度螺栓连接，柱拼接接头上下各 100mm 范围内，工字形柱翼缘与腹板间及箱型柱角部壁板间的焊缝，应采用全熔透焊缝。

c. 钢筋桁架组合楼板与钢梁连接时，任何情况下均应采用圆柱头栓钉穿透钢筋桁架楼承板底模焊于钢梁上，桁架下弦钢筋伸入梁边的距离不应小于5倍下弦钢筋直径，且不应小于50mm。组合楼板抗剪连接件（圆柱头螺钉）和支座处附加钢筋设置要求见3.4.4条，钢筋桁架组合楼板与梁连接图如图4–32所示。压型钢板组合楼板与梁之间应设有抗剪连接件。一般可采用螺钉连接，螺钉焊接应符合《栓钉焊接技术规程》（CECS 226—2007）的规定。

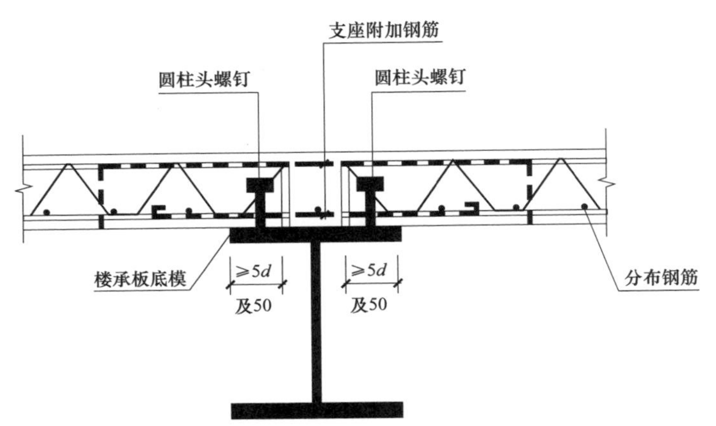

图4–32 钢筋桁架组合楼板与梁连接图

d. 支撑在框架内宜相向对称布置，中心支撑宜采用十字交叉支撑，支撑斜杆的轴线应交汇于框架梁柱的轴线上。抗震设计的结构不得采用K形斜杆体系。

e. 框架主梁的翼缘和腹板均宜采用高强度螺栓连接。次梁与主梁的连接宜为铰接，次梁与主梁的竖向加劲板宜采用高强度螺栓连接。

f. 框架梁采用悬臂梁段与柱刚性连接时，悬臂梁段与柱应采用全焊接连接，此时上下翼缘焊接孔的形式宜相同；梁的现场拼接可采用翼缘焊接和腹板螺栓连接[见图4–33(a)]，全部螺栓连接[见图4–33（b）]。梁腹板与柱的连接螺栓不宜小于两列，且螺栓总数不宜小于计算值的1.5倍。

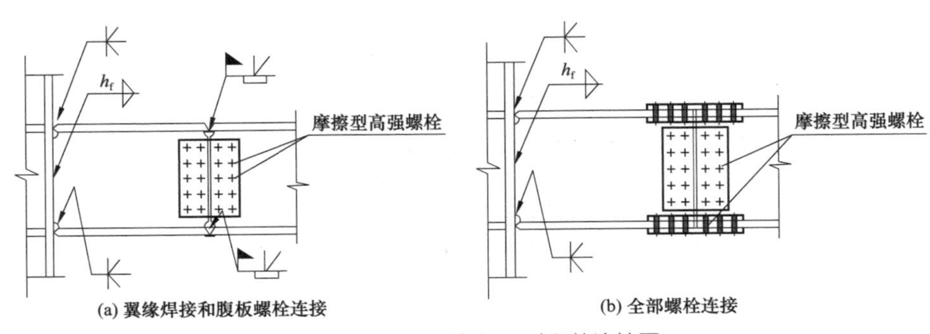

图4–33 框架柱与梁悬臂段的连接图

g. 框架梁与柱采用刚性连接时，柱在梁上翼缘对应位置宜设置横向加劲肋，以形成柱节点域，加劲肋厚度不应小于梁翼缘厚度，强度与梁翼缘相同。节点域腹板的厚度应满足节点域的屈服承载力要求和抗剪强度要求。

h. 框架梁与柱采用铰接连接时，与梁腹板相连的高强度螺栓，除应承受梁端剪力外，尚应承受偏心弯矩的作用。

i. 柱与基础连接可采用埋入式、外包式、外露式。刚接柱脚宜采用埋入式，也可采用外包式；6、7 度且高度不超过 50m 时也可采用外露式。采用外露式时，柱与基础的连接宜采用锚栓连接，锚栓宜采用 Q235 或 Q355 钢材，钢柱脚宜设置抗剪键，抗剪键的选择应根据计算确定。

4.3.4 结构体系选择

4.3.4.1 变电站钢结构结构体系

常用钢结构体系一般有以下几种：

（1）纯钢框架体系（见图 4-34）：指沿房屋的纵向和横向均采用框架作为承重和抵抗侧力的主要构件所构成的结构体系。框架结构按梁和柱的连接形式又可分为半刚接框架和刚接框架。由于半刚接框架梁柱间会产生相对变形，降低结构的刚度和承载力，半刚接框架结构一般只能用于 6 层以下的建筑，而刚接框架结构可用于 30 层以下的建筑。地震区的建筑采用框架体系时，纵、横向框架梁与柱的连接一般采用刚接。某些情况下，为加大结构的延性，或防止梁与柱连接焊缝的脆断，也可采取半刚接构造。一般采用的纯框架体系的结构形式有 H 型钢柱 +H 型钢梁、箱型钢柱 +H 型钢梁、箱型钢柱 + 钢筋混凝土梁或者组合梁（如劲性混凝土梁等）。该体系多应用于低层和多层建筑，比较适合在抗震设防烈度相对较低的地区应用。其抗侧力较弱，有较大水平力（地震水平力和风荷载等），不容易满足有关规范中有关层间位移的限制，如果为了满足该要求而单一增大构件的尺寸，往往不经济。

图 4-34　纯框架结构体系

1）纯钢框架体系的优点：

a. 开间大、平面布置灵活，充分满足建筑布置上的要求；

b. 自重轻、延性好、具有良好的耗能性能，不易产生应力集中；

c. 框钢架杆件类型少，且大部分采用型材，安装制造简单、施工速度快。

2）纯钢框架体系的缺点：

a. 纯钢框架结构较柔，弹性刚度较差。为抵抗侧向力所需梁柱截面较大，导致用钢量大。

b. 相对于围护结构梁柱截面较大，导致室内出现柱楞，影响美观和建筑功能。

c. 节点要特殊处理（为了防火而外包混凝土），施工烦琐。

变电站应开间大，平面布置灵活，充分满足电气布置的要求；纯钢框架结构体系自重轻，延性好，具有良好的耗能性能，不易产生应力集中；框架杆件类型少且大部分采用型材，安装制造都很简单，施工速度快。湖北省除3个县区（竹溪、竹山、房县）位于地震7度设防区外，绝大部分属于6度设防区，纯钢框架结构体系能够充分满足地震水平力承载力及变形要求，所以湖北地区变电站钢结构变电站一般采用纯钢框架结构体系，如武汉的十大家、刘店、常青2号、车城北110kV变电站均采用《国家电网公司输变电工程通用设计 35～110kV智能变电站模块化建设施工图设计（2016年版）》中A2-3方案，均采用纯钢框架结构体系；具体结构形式为±0.000以上采用纯钢框架结构，±0.000以下夹层采用钢筋混凝土框架结构；钢框架柱、框架梁选用焊接型H型钢。为增加结构的抗侧刚度，柱脚按刚接考虑，柱脚采用埋入式连接，埋入±0.000以下钢筋混凝土结构柱，柱脚设抗剪键。梁柱之间通过竖放端板采用高强螺栓刚性连接。螺栓连接方式可以缩短工期，减少现场动焊，有益于环保。钢框架计算模型示意图如图4-35所示。

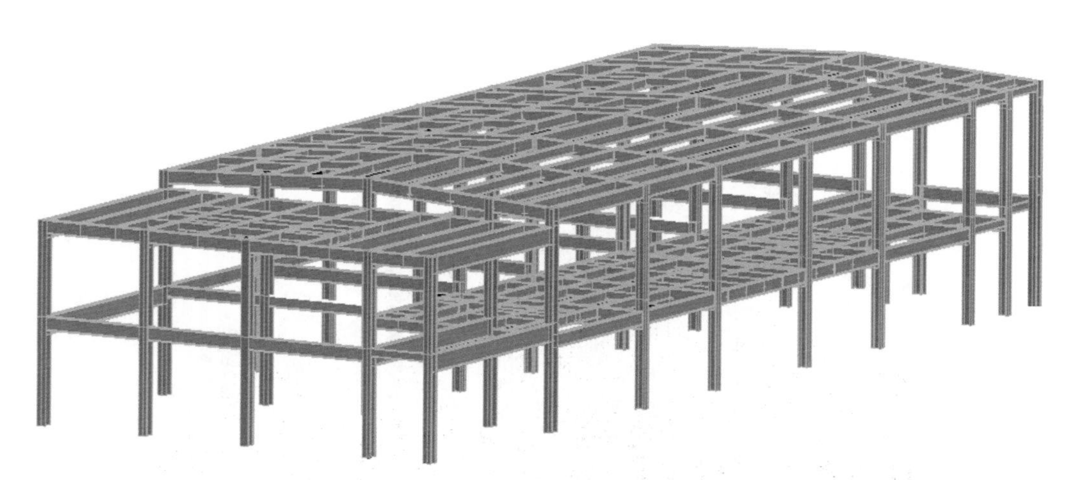

图4-35 钢框架计算模型示意图

钢柱埋入式柱脚详图如图4-36所示。梁、柱之间连接如图4-37所示。

配电综合楼以《钢结构设计标准》（GB 50017—2017）为主要钢结构设计依据，采用PKPM软件V4.1版本按三维有限元计算，按空间纯钢框架进行分析设计，对结构在竖向荷载、风荷载及地震荷载作用下的位移和内力进行分析。框架梁采用窄翼缘H型钢，框架柱采用

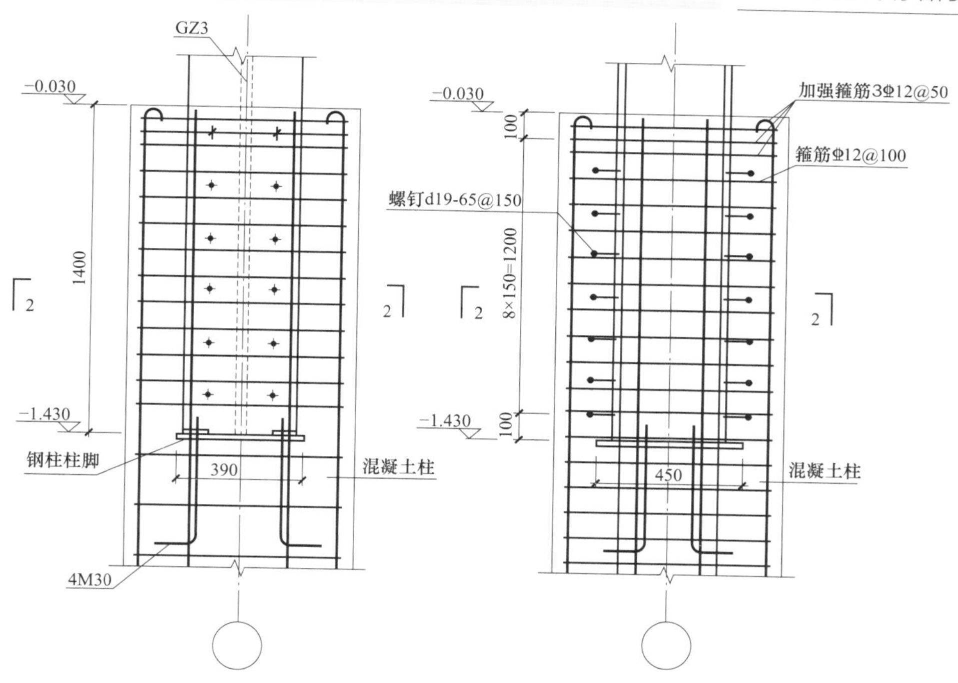

图 4-36 钢柱埋入式柱脚详图

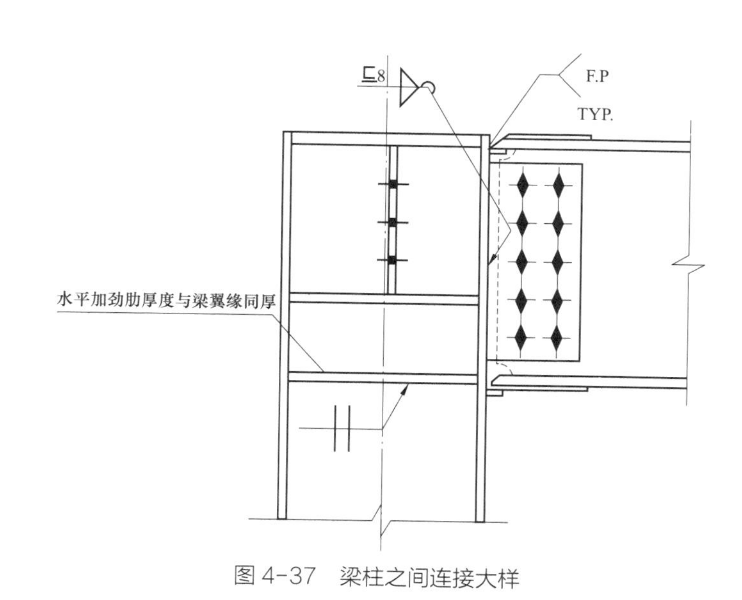

图 4-37 梁柱之间连接大样

宽翼缘 H 型钢，屋面板采用压形钢板组合楼板。各类主构件截面大小根据跨度及荷载情况精细化选择；梁与柱之间采用高强螺栓连接。

梁和柱、主梁和次梁之间通过连接板采用高强螺栓刚接。螺栓连接方式方便、高效，可以缩短工期，易于控制施工质量（避免了高空仰焊），同时减少现场焊接，避免破坏镀锌层，有利于防腐。

（2）门式刚架体系：门式刚架为一种传统的结构体系，该类结构的上部主构架包括刚架斜梁、刚架柱、支撑、檩条、系杆和山墙骨架等。

门式刚架轻型钢结构房屋具有受力简单、传力路径明确、构件制作快捷、便于工厂化加工、施工周期短等特点；与传统钢结构体系在受力计算时传力路径明确相比，门式刚架承重结构体系的刚架、檩条（或墙梁）以及压型钢板间通过可靠的连接和支撑相互依托，体系受力更趋向于空间化。门式刚架承重结构主要结构方案，按刚架型式分为无内柱净跨结构和有内柱多跨连续结构两类，前者跨距可达到 48m，而后者之内柱连续跨距可达到 30m。应用时还可根据具体工程，采用单坡和多坡以及不等跨、不等高等多种型式。基础型式多采用钢筋混凝土独立式基础。根据建筑对侧向位移和变形的不同要求，从节约用钢量的角度出发，可采用变截面梁柱、基础铰接结构方案或等截面柱变截面梁、基础刚接结构方案。设计时应依实际情况，按最合理的刚架承重结构方案选用。檩条和墙梁目前主要的构件型式是采用 C 型或 Z 型薄壁型钢，截面大小均要经受力计算后确定。C 型截面与 Z 型截面相比，强弱轴的力学性能差异较大，且与刚架的连接多为螺栓铰接，计算时须按简支考虑（Z 型截面间可通过可靠搭接实现刚接，从而可按连续梁计算）。故从受力状态、计算结果以及构造等角度看，后者更合理一些。所以除门窗洞口以及其他特殊节点处理需要外，应优先选用 Z 型截面。檩条与墙梁的间距，一般取决于压型板的板型和规格，并须经过力学计算后确定。但从构造要求的角度上看，一般不超过 1.5m。

门式钢架高度一般不超过 12m 时，依据《门式刚架轻型房屋钢结构技术规程》（CECS 102—2002）（简称《门规》），符合以下条件的单层房屋钢结构按《门规》进行：

1）主要承重结构为单跨或多跨实腹式门式钢架。

2）轻型屋盖、轻型外墙。

3）无桥式吊车或有起重量不大于 20t 的 A1 ～ A5 工作级别桥式吊车或 3t 悬挂式起重机。

4）跨度在 9 ～ 36m 范围内。

5）高度在 4.5 ～ 9.0m 内，当有桥式吊车时不宜大于 12m。

6）多层房屋的顶层采用门式刚架轻型房屋钢结构及其屋盖时，该部分结构的设计、制作和安装可参照《门规》执行，但应进行整体分析，考虑其下部结构对顶层内力和位移的影响。

7）由于门式刚架构件截面较薄，因此《门规》不适用于强侵蚀环境下的建筑。

超出适用范围的应以《钢结构设计标准》（GB 50017—2017）为依据进行设计。门式刚架结构体系如图 4–38 所示。

（3）冷弯薄壁型钢结构体系（见图 4–39）：用各种冷弯型钢制成的结构。冷弯薄壁型钢由厚度为 1.5 ～ 6mm 的钢板或带钢，经冷加工（冷弯、冷压或冷拔）成型，同一截面部分的厚度相同，截面各角顶处呈圆弧形。在工业民用和农业建筑中，可用薄壁型钢制作各种屋架、刚架、网架、檩条、墙梁和墙柱等结构和构件。常用 0.4 ～ 1.2mm 厚的镀锌钢板和彩色涂塑镀锌钢板，冷加工成型，可广泛用作屋面板、墙面板和隔墙。在上下两层压型钢板间填充轻质保温材料，还可制成保温或隔热的夹层板。在双向有凹凸的压型钢板上还可浇筑混凝土制成“钢 – 混凝土”组合楼板，此时压型钢板代替了受力钢筋，

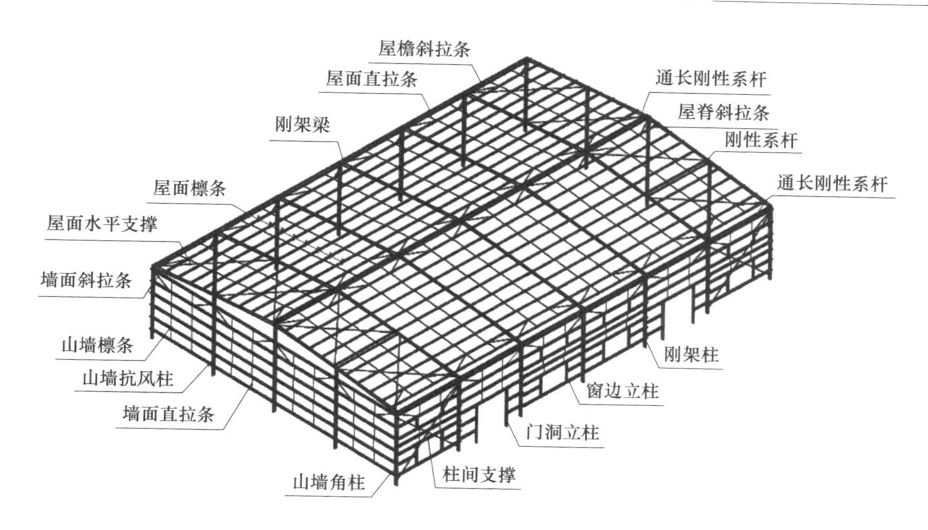

图 4-38 门式刚架结构体系

图 4-39 冷弯薄壁型钢结构体系

同时又可兼作浇筑混凝土的模板。与热轧型钢相比，在同样截面下，薄壁型钢截面具有较大的回转半径和惯性矩。冷弯型钢在成型过程中因冷作硬化的影响，钢材屈服点显著提高（即所谓冷弯效应），对构件受力性能有利，从而可节省钢材。冷弯薄壁型钢结构的质量轻、功能多、能工业化生产，是一种有发展前途的结构。冷弯薄壁型钢厚度小，如何防止锈蚀以增加耐久性是必须重视的问题。设计时应注意使用环境，有强烈侵蚀作用的房屋中不宜采用；选用合理的结构形式和构造细节，如尽量选用圆管、方管等表面积小的截面和采用便于检查、清刷和油漆的构造细节。施工时，在采用防腐措施前，应彻底清除铁锈和污垢，要特别注意节点和不便清除的部位。防腐可视具体情况选用镀锌或各种底漆和面漆。实践证明重视防腐问题并在使用中注意维护，冷弯薄壁型钢是具有一定的耐久性的。

冷弯薄壁型钢结构基本计算方法与普通钢结构相同。所不同的是，在验算轴心受压、偏心受压和受弯构件的受压强度时，按有效净截面计算；验算稳定性时，按有效截面计算。而在普通钢结构中，受压强度按净截面计算，稳定性按毛截面计算。有效截面的大小与组成截面的板件所受的约束条件、板件的宽厚比和构件的长细比等因素有关。冷弯薄壁型钢截面 S 中除圆管外，大多是由若干个板件组成。板件的两个纵边按其变形所受约束条件的不同分成三种情况：有支承、带卷边和自由边。如矩形管截面是由四个两边有支承的板件组成；卷边槽钢截面由一个两边有支承的板件（腹板）和两个一边支承一边带卷边的板件（翼缘）组成；不带卷边的槽钢截面的两个翼缘都为一边支承一边自由的板件。有支承和带卷边时，板件的变形分别受到相邻板件和卷边的约束，而自由边的变形则不受任何约束。冷弯薄壁型钢截面的板件有较大的宽厚比，受压时在构件失去整体稳定之前，个别板件常先局部屈曲。屈曲板件如有支承和带卷边时，屈曲后板件内随即产生薄膜张力，阻止板件继续屈曲，因此，板件还可继续承受荷载，即具有屈曲后强度。但继续加载后，原先均匀受压截面上的应力呈不均匀分布，所增加的荷载使靠近板件支承处的部分截面上的应力加大。目前，冷弯薄壁型钢结构的受压计算中，利用了上述屈曲后强度，采用了一种基于有效截面的简化方法，即假定到达一定荷载后，板件一部分截面完全退出工作，而由余下的靠近支承处的部分截面抵抗所受全部荷载。此余下的部分截面称为有效截面，其宽度称为有效宽度，有效宽度与厚度之比称为有效宽厚比。冷弯薄壁型钢结构的受压强度和整体稳定应按有效截面计算。对一边支承一边自由的板件，屈曲后强度不显著，不能用上述有效截面的概念，而应采用限制其宽厚比的办法保证构件不先局部屈曲。当其宽厚比满足容许值时，板件截面全部有效。

4.3.4.2 承重方式

承重方式按照承重方案的不同分为横向承重、纵向承重、纵横向双向承重三种，如图4-40所示。

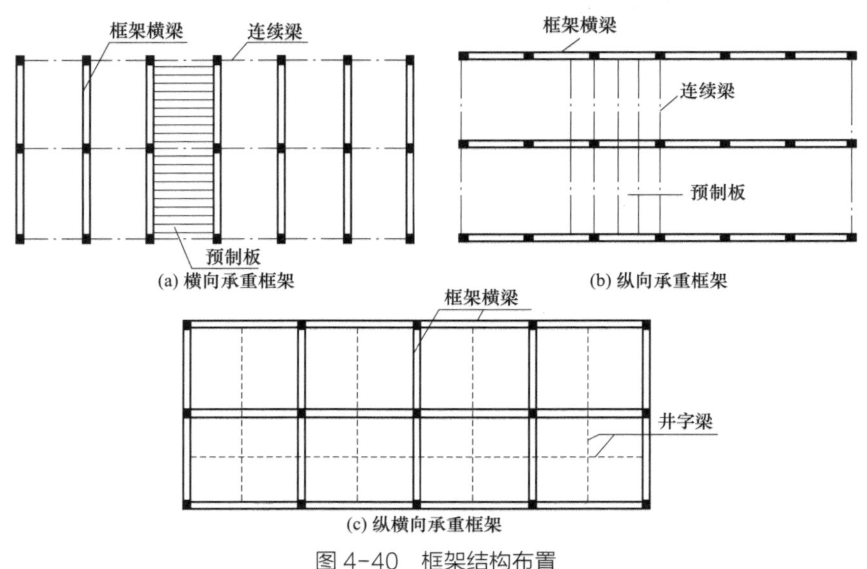

图 4-40　框架结构布置

4.3.4.3 柱网布置

柱网布置如图 4-41 所示。方形柱网和矩形柱网是多高层框架结构常用的基本柱网，其柱距宜采用 6 ~ 9m。当柱网确定后，梁格即可自然地按柱网分格来布置。框架的主梁应按框架方向布置于框架柱间并与柱刚接。一般需在主梁间按楼板受载要求设置次梁，其间距可为 3 ~ 4m。

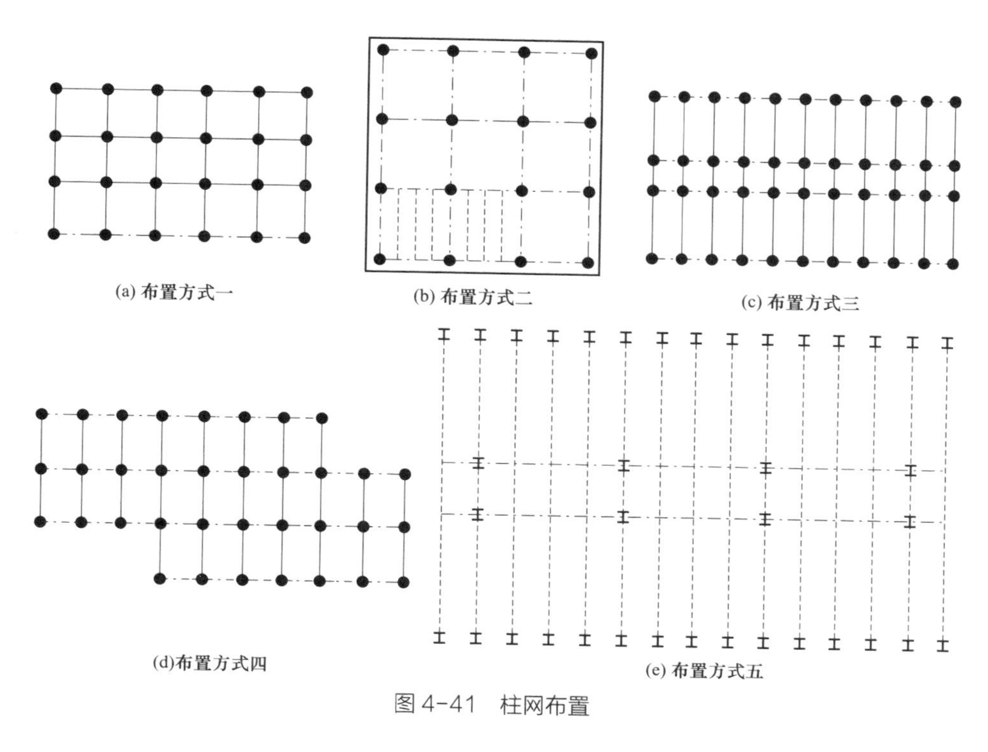

图 4-41 柱网布置

4.4 装配式冷弯薄壁型钢结构

4.4.1 基本要求

4.4.1.1 设计原则

（1）采用以概率理论为基础的极限状态设计方法，以分项系数设计表达式进行计算。

（2）冷弯薄壁型钢承重结构应按承载能力极限状态和正常使用极限状态进行设计。

（3）设计冷弯薄壁型钢结构时的重要性系数应根据结构的安全等级、设计使用年限确定。

一般工业与民用建筑冷弯薄壁型钢结构的安全等级取为二级，设计使用年限为 50 年时，其重要性系数不应小于 1.0；设计使用年限为 25 年时，其重要性系数不应小于 0.95。特殊建筑冷弯薄壁型钢结构安全等级、设计使用年限另行确定。

（4）按承载能力极限状态设计冷弯薄壁型钢结构，应考虑荷载效应的基本组合，必要时应考虑荷载效应的偶然组合，采用荷载设计值和强度设计值进行计算。荷载设计值等于荷载标准值乘以荷载分项系数；强度设计值等于材料强度标准值除以抗力分项系数，冷弯薄壁型钢结构的抗力分项系数 γ_R=1.165。

（5）按正常使用极限状态设计冷弯薄壁型钢结构，应考虑荷载效应的标准组合，采用荷载标准值和变形限值进行计算。

（6）计算结构构件和连接时，荷载、荷载分项系数、荷载效应组合和荷载组合值系数的取值，应符合《建筑结构荷载规范》（GB 50009—2011）的规定。

对支承轻屋面的构件或结构（屋架、框架等），当仅承受一个可变荷载，其水平投影面积超过 $60m^2$ 时，屋面均布活荷载标准值宜取 $0.3kN/m^2$。

（7）设计钢架、屋架、檩条和墙梁时，应考虑由于风吸力作用引起构件内力变化的不利影响，此时永久荷载的荷载分项系数应取 1.0。

（8）结构构件的受拉强度应按净截面计算，受压强度应按有效净截面计算，稳定性应按有效截面计算。

（9）构件的变形和各种稳定系数可按毛截面计算。

（10）当采用不能滑动的连接件连接压型钢板及其支撑构件形成屋面和墙面等围护体系时，可在单层房屋的设计中考虑受力“蒙皮作用”，但应同时满足下列要求：

1）应由试验或可靠的分析方法获得蒙皮组合体的强度和刚度参数，对结构进行整体分析和设计；

2）屋脊、檐口和山墙等关键部位的檩条、墙梁、立柱及其连接等，除了考虑直接作用的荷载产生的内力外，还必须考虑由整体分析算得的附加内力进行承载力验算；

3）必须在建成的建筑物的显眼位置设立永久性标牌，标明在使用和维护过程中，不得随意拆卸压型钢板，只有设置了临时支撑后方可拆换压型钢板，并在设计文件中加以规定。

4.4.1.2 设计指标

（1）钢材的强度设计值应按《冷弯薄壁型钢结构技术规范》（GB 50018—2002）中的表 4.2.1 采用。

（2）计算全截面有效的受拉、受压或受弯构件的强度，可采用《冷弯薄壁型钢结构技术规范》（GB 50018—2002）中附录 C 确定的考虑冷弯效应的强度设计值。

（3）经退火、焊接和热镀锌等热处理的冷弯薄壁型钢构件不得采用考虑冷弯效应的强度设计值。

（4）焊缝的强度设计值应按《冷弯薄壁型钢结构技术规范》（GB 50018—2002）中的表 4.2.4 采用。

（5）C 级普通螺栓连接的强度设计值应按《冷弯薄壁型钢结构技术规范》（GB 50018—2002）中的表 4.2.5 采用。

（6）电阻点焊每个焊点的抗剪承载力设计值应按《冷弯薄壁型钢结构技术规范》（GB 50018—2002）中的表 4.2.6 采用。

（7）计算下列情况的结构构件和连接时，按《冷弯薄壁型钢结构技术规范》（GB 50018—2002）中的第 4.2.1 条～第 4.2.6 条规定的强度设计值，应乘以下列相应的折减系数。

1）平面格构式檩条的端部主要受压腹杆：0.85；

2）单面连接的单角钢杆件：

a. 按轴心受力计算强度和连接：0.85；

b. 按轴心受压计算稳定性：$0.6 + 0.0014\lambda$；

对中间无联系的单角钢压杆，λ 为按最小回转半径计算的杆件长细比。

3）无垫板的单面对接焊缝：0.85；

4）施工条件较差的高空安装焊缝：0.90；

5）两构件的连接采用搭接或其间填有垫板的连接以及单盖板的不对称连接：0.90。

上述几种情况同时存在时，其折减系数应连乘。

（8）钢材的物理性能应符合表 4–39 的规定。

表 4–39　　钢材的物理性能

弹性模量 E（N/mm²）	剪变模量（N/mm²）	线膨胀系数 α（以每℃计）	质量密度 ρ（kg/m³）
206×10^3	79×10^3	12×10^{-6}	7850

4.4.1.3　材料要求

（1）用于承重结构的冷弯薄壁型钢的钢带或钢板，应采用符合《碳素结构钢》（GB/T 700—2006）规定的 Q235 钢和《低合金高强度结构钢》（GB/T 1591—2008）规定的 Q345 钢。当有可靠根据时，可采用其他牌号的钢材，但应符合相应有关国家标准的要求。

（2）用于承重结构的冷弯薄壁型钢的钢带或钢板，应具有抗拉强度、伸长率、屈服强度、冷弯试验和硫、磷含量的合格保证；对焊接结构尚应具有碳含量的合格保证。

（3）在技术经济合理的情况下，可在同一构件中采用不同牌号的钢材。

（4）焊接采用的材料应符合下列要求：

1）手工焊接用的焊条，应符合《碳钢焊条》（GB/T 5117—2012）或《低合金钢焊条》（GB/T 5118—1995）的规定。选择的焊条型号应与主体金属力学性能相适应。

2）自动焊接或半自动焊接用的焊丝，应符合《熔化焊用钢丝》（GB/T 14957—1994）的规定。选择的焊丝和焊剂应与主体金属相适应。

3）二氧化碳气体保护焊接用的焊丝，应符合《气体保护电弧焊用碳钢、低合金钢焊丝》（GB/T 8110—2008）的规定。

4）当 Q235 钢和 Q345 钢相焊接时，宜采用与 Q235 钢相适应的焊条或焊丝。

（5）连接件（连接材料）应符合下列要求：

1）普通螺栓应符合《六角头螺栓 C 级》（GB/ T 5780—2000）的规定，其机械性能应符合《紧固件机械性能、螺栓、螺钉和螺柱》（GB/T 3089.1—2010）的规定。

2）高强度螺栓应符合《钢结构用高强度大六角头螺栓、大六角螺母、垫圈与技术条件》（GB/T 1228 ~ 1231—2016）或《钢结构用扭剪型高强度螺栓连接副》（GB/T 3632 ~ 3633—2008）的规定。

3）连接薄钢板或其他金属板采用的自攻螺钉应符合《自钻自攻螺钉》（GB/T 15856.1 ~ 4、GB/T 3098.11）或《自攻螺栓》（GB/T 5282 ~ 5285—2017）的规定。

（6）在冷弯薄壁型钢结构设计图纸和材料订货文件中，应注明所采用的钢材的牌号和质量等级、供货条件等以及连接材料的型号（或钢材的牌号）。必要时尚应注明对钢材所要求的机械性能和化学成分的附加保证项目。

4.4.1.4　构造的一般规定

（1）冷弯薄壁型钢结构构件的壁厚不宜大于6mm，也不宜小于1.5mm（压型钢板除外），主要承重结构构件的壁厚不宜小于2mm。

（2）构件受压部分的壁厚尚应符合下列要求：

1）构件中受压板件的最大宽厚比应符合表4–40的规定。

表4–40　　受压板件的宽厚比限值

板件类别 钢材牌号	Q235钢	Q345钢
非加劲板件	45	35
部分加劲板件	60	50
加劲板件	250	200

2）圆管截面构件的外径与壁厚之比，对于Q235钢，不宜大于100；对于Q345钢，不宜大于68。

（3）构件的长细比应符合下列要求：

1）受压构件的长细比不宜超过表4–41中所列数值。

表4–41　　受压构件的容许长细比

项次	构件类别	容许长细比
1	主要构件（如主要承重柱、钢架柱、桁架和格构式钢架的弦杆及支座压杆等）	150
2	其他构件及支撑	200

2）受拉构件的长细比不宜超过350，但张紧的圆钢拉条的长细比不受此限。当受拉构件在永久荷载和风荷载组合作用下受压时，长细比不宜超过250；在吊车荷载作用下受压时，长细比不宜超过200。

（4）用缀板或缀条连接的格构式柱宜设置横隔，其间距不宜大于2 ~ 3m，在每个运输单元的两端均应设置横隔。实腹式受弯及压弯构件的两端和较大集中荷载作用处应设置横向加劲肋，当构件腹板高厚比较大时，构造上宜设置横向加劲肋。

4.4.1.5　制作、安装和防腐蚀

（1）制作和安装。

1）构件上应避免刻伤。放样和号料应根据工艺要求预留制作和安装时的焊接收缩余量及切割、刨边和铣平等加工余量。

2）应保证切割部位准确、切口整齐，切割前应将钢材切割区域表面的铁锈、污物等清除干净，切割后应清除毛刺、熔渣和飞溅物。

3）钢材和构件的矫正，应符合下列要求：

a. 钢材的机械矫正，应在常温下用机械设备进行。冷弯薄壁型钢结构的主要受压构件当采用方管时，其局部变形的纵向量测如图4–42所示，其量测值有

$$\delta \leqslant 0.01b \quad (4\text{-}4)$$

式中 δ——局部变形的纵向量测值；

b——局部变形的量测标距，取变形所在面的宽度。

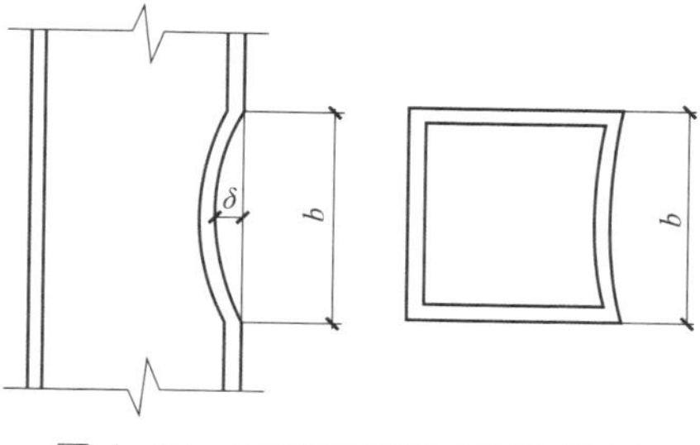

图 4-42 局部变形纵向量测示意图

b. 碳素结构钢在环境温度低于 -16℃，低合金结构钢在环境温度低于 -120℃时，不得进行冷矫正和冷弯曲。

c. 碳素结构钢和低合金结构钢，加热温度应根据钢材性能选定，但不得超过 9000℃。低合金结构钢在加热矫正后，应在自然状态下缓慢冷却。

d. 构件矫正后，挠曲矢高不应超过构件长度的 1/1000，且不得大于 10mm。

4）构件的制孔应符合下列要求：

a. 高强度螺栓孔应采用钻成孔；

b. 螺栓孔周边应无毛刺、破裂、喇叭口和凹凸的痕迹，切屑应清除干净。

5）构件的组装和工地拼装应符合下列要求：

a. 构件组装应在合适的工作平台及装配胎模上进行，工作平台及胎模应测平，并加以固定，使构件重心线在同一水平面上，其误差不得大于 3mm。

b. 应按施工图严格控制几何尺寸，结构的工作线与杆件的重心线应交汇于节点中心，两者误差不得大于 3mm。

c. 组装焊接构件时，构件的几何尺寸应依据焊缝等收缩变形情况，预放收缩余量；对有起拱要求的构件，必须在组装前按规定的起拱量做好起拱，起拱偏差应不大于构件长度的 1/1000，且不大于 6mm。

d. 杆件应防止弯扭，拼装时其表面中心线的偏差不得大于 3mm。

e. 杆件搭接和对接时的错缝或错位不得大于 0.5mm。

f. 构件的定位焊位置应在正式焊缝部位内，不得将钢材烧穿，定位焊采用的焊接材料型号应与正式焊接用的相同。

g. 构件之间连接孔中心线位置的误差不得大于 2mm。

6）冷弯薄壁型钢结构的焊接应符合下列要求：

a. 焊接前应熟悉冷弯薄壁型钢的特点和焊接工艺所规定的焊接方法、焊接程序和技术措施，根据试验确定具体焊接参数，保证焊接质量。

b. 焊接前应把焊接部位的铁锈、污垢、积水等清除干净，焊条、焊剂应进行烘干处理。

c. 型钢对接焊接或沿截面围焊时，不得在同一位置起弧灭弧，而应盖过起弧处一段距离后方能灭弧，不得在母材的非焊接部位和焊缝端部起弧或灭弧。

d. 焊接完毕，应清除焊缝表面的熔渣及两侧飞溅物，并检查焊缝外观质量。

e. 构件在焊接前应采取减少焊接变形的措施。

f. 对接焊缝施焊时，必须根据具体情况采用适宜的焊接措施（如预留空隙、垫衬板单面焊及双面焊等方法），以保证焊透。

g. 电阻点焊的各项工艺参数（如通电时间、焊接电流、电极压力等）的选择应保证焊点抗剪强度试验合格，在施焊过程中，各项参数均应保持相对稳定，焊件接触面应紧密贴合。

h. 电阻点焊宜采用圆锥形的电极头，其直径应不小于 $5\sqrt{t}$（t 为焊件中外侧较薄板件的厚度），施焊过程中，直径的变动幅度不得大于1/5。

7）冷弯薄壁型钢结构构件应在涂层干燥后进行包装，包装应保护构件涂层不受损伤，且应保证构件在运输、装卸、堆放过程中不变形、不损坏、不散失。

8）冷弯薄壁型钢结构的安装应符合下列要求：

a. 结构安装前应对构件的质量进行检查。构件的变形、缺陷超出允许偏差时，应进行处理。

b. 结构吊装时，应采取适当措施，防止产生永久性变形，并应垫好绳扣与构件的接触部位。

c. 不得利用已安装就位的冷弯薄壁型钢构件起吊其他重物。不得在主要受力部位加焊其他物件。

d. 安装屋面板前，应采取措施保证拉条拉紧和檩条的位置正确。

e. 安装压型钢板屋面时，应采取有效措施将施工荷载分布至较大面积，防止因施工集中荷载造成构件局部压屈。

9）冷弯薄壁型钢结构制作和安装质量除应符合本规范规定外，尚应符合现行《钢结构工程施工质量验收规范》（GB 50205）的规定。当喷涂防火涂料时，应符合现行《钢结构防火涂料通用技术条件》（GB 14907）的规定。

（2）防腐蚀。

1）冷弯薄壁型钢结构必须采取有效的防腐蚀措施，构造上应考虑便于检查、清刷、油漆及避免积水，闭口截面构件沿全长和端部均应焊接封闭。

2）冷弯薄壁型钢结构应根据其使用条件和所处环境，选择相应的表面处理方法和防腐措施。对冷弯薄壁型钢结构的侵蚀作用分类可参见《冷弯薄壁型钢结构技术规范》（GB 50018—2002）附录表 D.0.1。

3）冷弯薄壁型钢结构应按设计要求进行表面处理，除锈方法和除锈等级应符合现行《涂装前钢材表面锈蚀等级和除锈等级》（GB 8923）规定。

4）冷弯薄壁型钢结构采用化学除锈方法时，应选用具备除锈、磷化、钝化两个以上功能的处理液，其质量应符合《多功能钢铁表面处理液通用技术条件》（GB/T 12612—2005）的规定。

5）冷弯薄壁型钢结构应根据具体情况选用下列相适应的防腐措施：

a. 金属保护层（表面合金化镀锌、镀铝锌等）。

b. 防腐涂料：

a）无侵蚀性或弱侵蚀性条件下，可采用油性漆、酚醛漆或醇酸漆；

b）中等侵蚀性条件下，宜采用环氧漆、环氧酯漆、过氯乙烯漆、氯化橡胶漆或氯醋漆；

c）防腐涂料的底漆和面漆应相互配套。

c. 复合保护：

a）用镀锌钢板制作的构件，涂装前应进行除油、磷化、钝化处理（或除油后涂磷化底漆）；

b）表面合金化镀锌钢板、镀锌钢板（如压型钢板、瓦楞铁等）的表面不宜涂红丹防锈漆，宜涂 H06-2 锌黄环氧酯底漆或其他专用涂料进行防护。

6）冷弯薄壁型钢采用的涂装材料，应具有出厂质量证明书，并应符合设计要求。涂覆方法除设计规定外，可采用手刷或机械喷涂。

7）涂料、涂装遍数、涂层厚度均应符合设计要求。当设计对涂装无明确规定时，一般宜涂 4 ~ 5 遍，干膜总厚度室外构件应大于 150μm，室内构件应大于 120μm，允许偏差为 ±25μm。

8）涂装时的环境温度和相对湿度应符合涂料产品说明书的要求，当产品说明书无要求时，环境温度宜在 5 ~ 38℃之间，相对湿度不应大于 85%，构件表面有结露时不得涂装，涂装后 4h 内不得淋雨。

9）冷弯薄壁型钢结构目测涂装质量应均匀、细致、无明显色差、无流挂、失光、起皱、针孔、气泡、裂纹、脱落、脏物黏附、漏涂等，必须附着良好（用划痕法或黏力计检查）。漆膜干透后，应用于膜测厚仪测出于膜厚度，做出记录，不合规定的应补涂。涂装质量不合格的应重新处理。

10）冷弯薄壁型钢结构的防腐处理应符合下列要求：

a. 钢材表面处理后 6h 内应及时涂刷防腐涂料，以免再度生锈。

b. 施工图中注明不涂装的部位不得涂装，安装焊缝处应留出 30 ~ 50mm 暂不涂装。

c. 冷弯薄壁型钢结构安装就位后，应对在运输、吊装过程中漆膜脱落部位以及安装焊缝两侧未油漆部位补涂油漆，使之不低于相邻部位的防护等级。

d. 冷弯薄壁型钢结构外包、埋入混凝土的部位可不做涂装。

e. 易淋雨或积水的构件且不易再次油漆维护的部位，应采取措施密封。

11）冷弯薄壁型钢结构在使用期间应定期进行检查与维护。维护年限可根据结构的使用条件、表面处理方法、涂料品种及漆膜厚度分别按《冷弯薄壁型钢结构技术规范》（GB 50018—2002）附录表 D.0.2 采用。

12）冷弯薄壁型钢结构重新涂装的质量应符合《钢结构工程施工质量验收规范》（GB 50205）的规定。

4.4.2　冷弯薄壁型钢结构类型介绍

冷弯薄壁型钢是由厚度为 1.5 ~ 6.0mm 的钢板或带钢，经冷加工（冷弯、冷压或冷拔）成型，同一截面部分的厚度都相同，截面各角顶处呈圆弧形。在工业和民用建筑中，可用薄壁型钢制作各种屋架、刚架、网架、檩条、墙梁、墙柱等结构和构件。

冷弯薄壁型钢结构源自澳洲、美国民用建筑，美国民用和城市发展部（HUD）、国家民用建造者联盟（NAHB）、北美钢框架联盟（NASFA）以及美国钢铁研究会（AISI）等对此共同进行了深入而持久的研究，并已编制了相关的设计规范和应用指南。我国在 2011 年正式批准了《低层冷弯薄壁型钢房屋建筑技术规程》（JGJ 227—2011）的执行，目前国内已经形成了较为成熟的研发、应用体系。

图 4-43 是典型的冷弯薄壁钢结构房屋，是一种轻型钢骨结构体系，以冷弯薄壁型钢为主要承重构件，一般不超过 3 层，檐口高度不大于 12m 的低层房屋。承重墙体内钢骨间距一般为 400mm 或 600mm 左右，墙体厚度一般仅为 100 ~ 150mm；楼面钢龙骨的断面高一般为 150 ~ 300mm，低层建筑的屋面大都采用各种坡度的坡屋面，屋面结构基本上采用的

图 4-43　冷弯薄壁型钢结构房屋

是由钢龙骨构成的三角形屋架或三角形桁架体系，楼面和屋面钢龙骨间距与墙体钢骨间距一般相同，也是 400mm 或 600mm。这种 400mm 或 600mm 间距的钢龙骨间布置有各种支撑体系，在两侧安装上结构板材或饰面石膏板之后，形成了非常可靠的“板肋结构体系”。因而，这种结构实际上是一种复合板块结构体系，有着很强的抵抗地震和风等水平荷载以及建筑物自重等各种竖向荷载的作用，冷弯薄壁型钢构件常用截面类型如图 4–44 和图 4–45 所示。

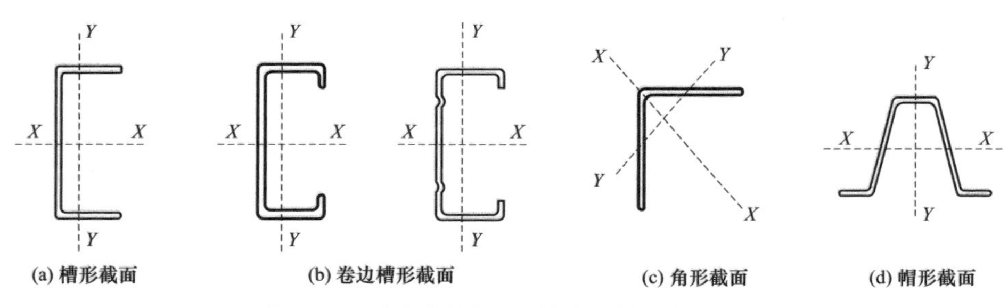

图 4-44　冷弯薄壁型钢构件常用单一截面类型

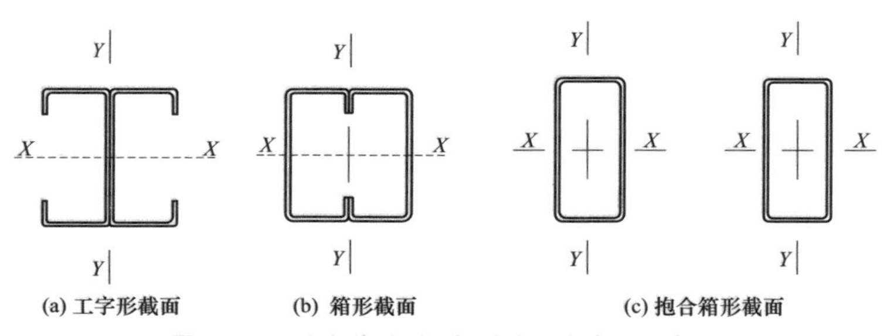

图 4-45　冷弯薄壁型钢构件常用拼合截面类型

冷弯薄壁型钢钢材的强度设计值如表 4–42 所示。

表 4–42　**冷弯薄壁型钢钢材的强度设计值**　N/mm^2

钢材牌号	钢材厚度 t（mm）	屈服强度 f_y	抗拉、抗压和抗弯 f	抗剪 f_v	断面承压（磨平顶紧）f_c
Q235	$t \leqslant 2$	235	205	120	310
Q345	$t \leqslant 2$	345	300	175	400
LQ550	$t \leqslant 0.6$	530	455	260	—
	$0.6 \leqslant t \leqslant 0.9$	500	430	250	
	$0.9 \leqslant t \leqslant 1.2$	465	400	230	
	$1.2 \leqslant t \leqslant 1.5$	420	360	210	

冷弯薄壁型钢可以组合成不同断面的梁、柱，布置很灵活。通常这种体系的建筑最大宽度和长度可以做到 11m × 18m 以上，房间内的分隔也非常灵活。除了结构与基础间要布置 12 ~ 16mm 直径的锚栓外，钢龙骨与钢龙骨之间的连接以及结构板材或饰面板材与钢骨之间的连接全部采用自攻螺钉或普通铁钉，结构连接很方便。

结合《国家电网公司输变电工程通用设计 35 ~ 110kV 智能变电站模块化建设施工图设计（2016 年版）》，常用最大跨度均在 10m 及以内，且单层厂房居多，冷弯薄壁型钢结构体系对装配式变电站的建设具有一定的适用性。

以宜昌永和坪 110kV 变电站为例，该站冷弯薄壁型钢主厂房施工过程和竣工实景如图 4–46 和图 4–47 所示。

图 4–46　冷弯薄壁型钢主厂房施工过程图

图 4–47　冷弯薄壁型钢主厂房竣工实景图

用于承重构件的冷弯薄壁型钢的钢材应具有抗拉强度，伸长率，冷弯试验和硫、磷含量合格的保证，对焊接结构还应有碳含量合格的保证。在技术经济合理的前提下，可在同一结构中采用不同牌号的钢材。

4.4.3　冷弯薄壁型钢结构与传统钢结构的比较

冷弯薄壁型钢结构与传统钢结构技术比较详见表 4–43。

表 4-43　　冷弯薄壁型钢结构与传统钢结构技术比较

项目	传统钢结构变电站建筑	冷弯薄壁型钢结构变电站建筑
主结构	热轧钢（H 型、矩型钢）	冷弯龙骨
次结构	热轧钢（圆钢、角钢）	冷弯龙骨
隔墙结构	C 型檩条	冷弯龙骨
结构材质	Q235、Q345	LQ550、Q345
涂装（常规）	醇酸漆	镀铝锌
防火涂装	水性（油性）防火涂料	无需防火涂料
基础要求	基础反力较大	基础反力较小
加工工艺	半自动化设备切割焊接	全自动化设备加工成型
运输装车	装车运输需考虑构件形状，无法满载	统一截面 C 型龙骨，可打包成捆
安装设备	安装需依赖起重设备	可人工搬举安装
安装工艺	高强螺栓连接，现场焊接	自攻钻连接，不需动火，安装速度极快
基本特性	适合大跨度建筑需求	适合 12m 及以下跨度
	无高度限制	适合 4 层以下建筑
	适合屋面有大型设备	屋面荷载不宜过大
	—	便于水电在墙体内部穿线
	次结构间距较大，需铺调辅龙骨才能实现围护多样化	围护材料的多样化

综合以上对比，冷弯薄壁型钢结构单位用钢量约为 39kg，仅相当于钢框架 50%；材料损耗几乎为零，完全符合节约、节能的要求，完全实现模块化设计、工厂化生产、机械化施工，且具有极强的坚实性、防风性、防震性，以及更好的防虫性、防潮性、防火性、防腐性，可塑性等，绿色环保。构配件全工厂预制加工如图 4-48 所示，墙体预拼如图 4-49 所示，集中运输如图 4-50 所示。

图 4-48　构配件全工厂预制加工

图 4-49　墙体预拼

图 4-50　集中运输

4.4.4　围护体系材料选择

4.4.4.1　外墙体系

外墙材料选用洁面恒丽板（三明治板，外层 0.65mm 厚镀铝锌钢板，80mm 厚岩棉，内层 0.5mm 厚镀铝锌钢板），板型可根据不同建筑立面效果选择。洁面恒丽板稳定的涂覆系统使其具有极佳的抗褪色性能，从而使建筑物保持恒久美丽的外观效果。洁面恒丽板采用优质钢材为基板，可以隔绝空气中的氧气，水及其他腐蚀性物质接触到钢板表面，使其具有超长的使用寿命（是普通镀锌钢板的 4 倍）。

4.4.4.2　屋面体系

屋面板选用的是 0.53mm 镀铝锌钢板（下设 50mm 保温岩棉，再铺设一层 PE 膜，内衬钢板 0.37mm 厚），屋面板选型参数详见表 4-44。镀层重量 150g/m^2。镀铝锌板除了提供锌的牺牲性保护外还提供铝的钝化保护，使屋面板具有了卓越的抗腐蚀性能，其使用寿命是普通镀锌钢板的 4 倍，耐腐蚀性年限可达 20 年。

表 4-44　屋面板参数选型

项目	参数、简图（其中一种）（示例）
板型图 KLIP-LOK 700	母肋　公肋　43mm　板型覆盖宽度 700mm
支座图	
连接方式	暗扣式
成型后宽度	700mm
厚度 TCT	0.53mm
钢材屈服强度	550MPa
钢材镀铝锌量	150g/m^2
肋高	43mm
最小坡度（坡比）	1°（1 ： 50）
优点	暗扣型、表面无钉、效果美观、安装快捷

4.4.5　冷弯薄壁型钢建筑结构设计

根据常规智能变电站跨度较小、荷载不大的特点，采用轻钢结构和冷弯薄壁型钢结构均可满足变电站建筑的使用要求。10kV 配电装置室、二次设备室墙体均采用

C100×41×13×1.0 高强度型钢，钢梁均采用 C140×41×13×1.0 高强度型钢组合三角形屋面桁架。所有墙体、钢梁的连接均采用螺栓连接。

冷弯薄壁型钢结构单榀屋架简图如图 4-51 所示。

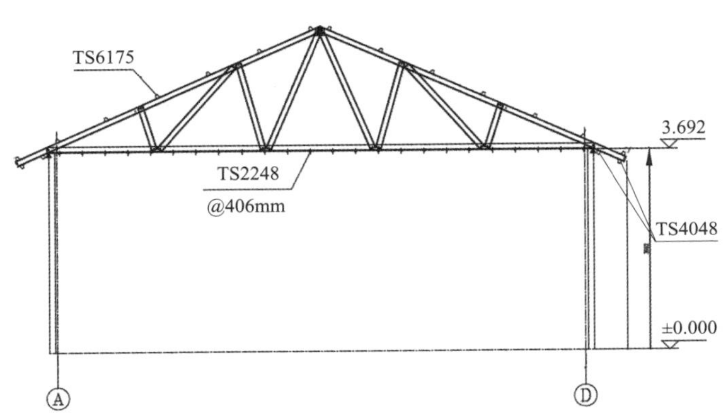

图 4-51　冷弯薄壁型钢结构单榀屋架简图

4.4.5.1　墙体结构

冷弯薄壁型钢结构主厂房墙体结构的承重墙应由立柱、顶导梁和底导梁、支撑、拉条、撑杆、墙体结构面板等部件组成。非承重墙可不设支撑、拉条、撑杆。墙体立柱间距宜为 400 ~ 600mm。墙体结构系统示意图如图 4-52 所示，墙立柱型材组合截面如图 4-53 所示。

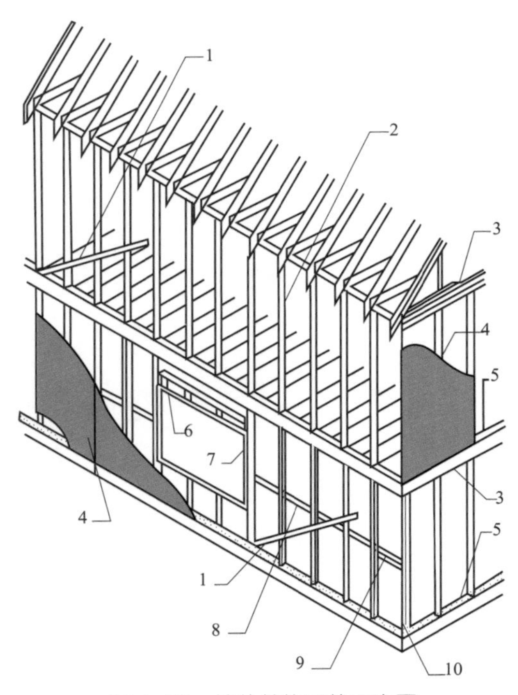

图 4-52　墙体结构系统示意图

1—钢带斜拉条；2—二层墙体立柱；3—顶导梁；4—墙结构面板；5—底导梁；6—过梁；7—洞口柱；8—钢带水平拉条；9—刚性撑杆；10—角柱

外墙体系采用镀铝锌钢板平面墙面系统。镀铝锌钢板平面墙面体统可以而提供整洁、平滑的外观，每块板紧扣入墙面结构系统中，然后折合到相邻墙面板中，墙体结构体系中斜拉钢带与板材形成“蒙皮效应”与钢柱一起形成组合受力体。其紧固件隐藏在内，不仅改善了外观效果，同时也增强了墙体系统的安全性。建筑外墙效果如图 4-54 所示。

4.4.5.2　屋盖系统

屋面承重结构可采用桁架或斜梁，斜梁上端支承于抱合截面的屋脊梁，在屋架上弦铺设屋面板或设置屋面钢带拉条支撑，屋架下弦设置屋面构板或设置纵向支撑杆件。腹杆刚性支撑如图 4-55 所示，桁架梁型材截面如图 4-56 所示。

屋面体系采用镀铝锌钢板屋面系统。屋面系统为双板暗扣形式，屋面板及结构件在工厂预冲孔，确保安装时排列正确、整齐。

变电站主厂房建筑上部屋架内集中布置有空调送风口、回风口、风机排风口（见图 4-56 ~ 图

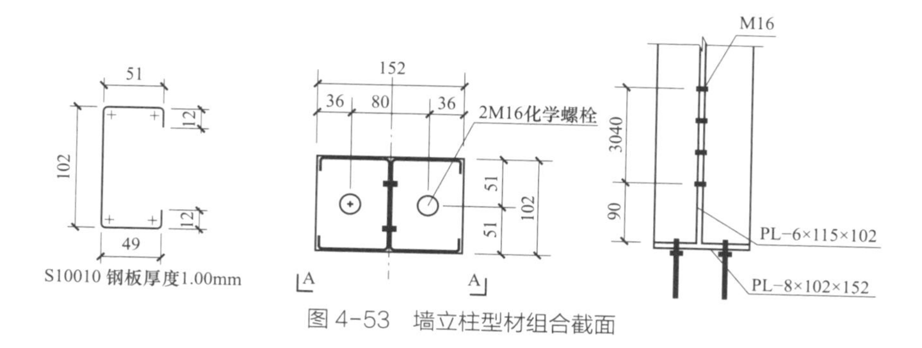

图 4-53 墙立柱型材组合截面

图 4-54 建筑外墙效果

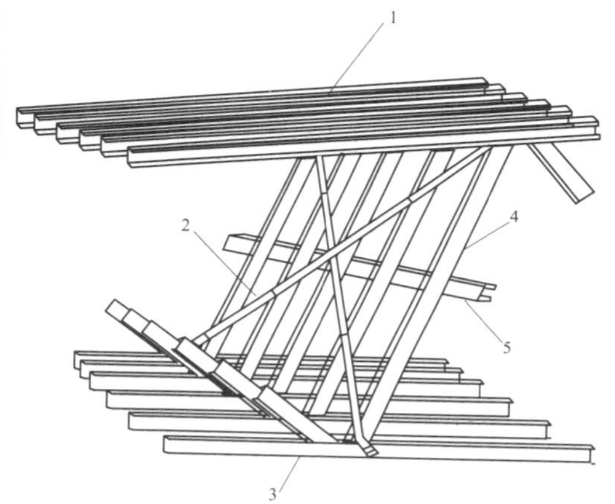

图 4-55 腹杆刚性支撑

1—桁架上弦；2—交叉钢带支撑；3—桁架下弦；
4—桁架腹杆；5—桁架侧向支撑

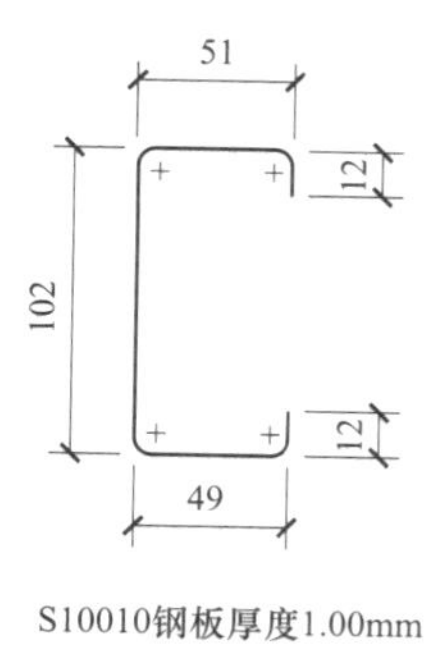

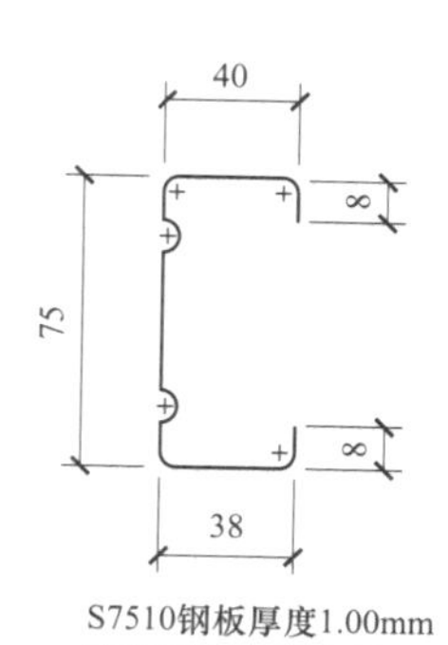

图 4-56 桁架梁型材截面

图 4-57 室内屋架安装

4-59），这种布置型式更有利于室内温度调节，且风口布置灵活，且避免了出风口直接吹向配电设备而产生凝露的现象，有利于设备安全运行，同时优化室内空间，室内巡视通道更畅通、便利。顶棚面板采用 6 ~ 8mm 金属漆预涂装纤维水泥板直接与屋架桁架弦杆可靠连接，坚固、美观。

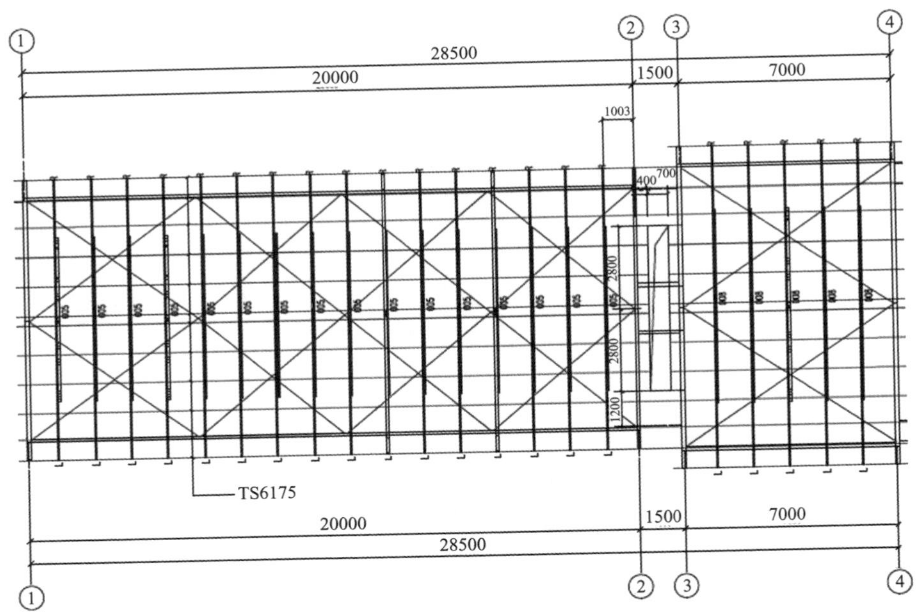

图 4-58　屋面檩条布置图

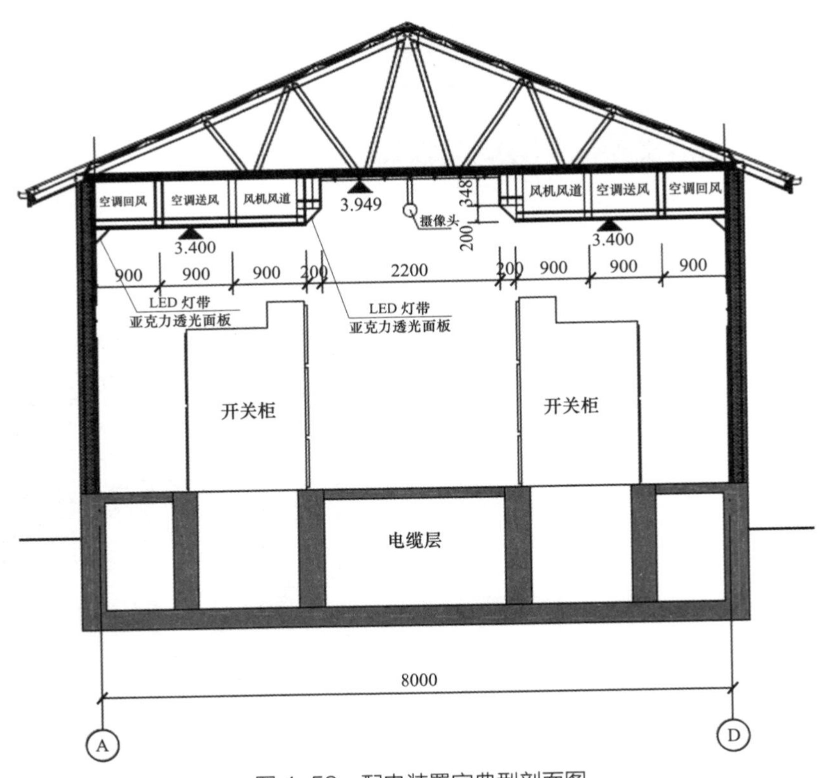

图 4-59　配电装置室典型剖面图

压型金属板屋面与墙面围护系统的伸缩缝设置宜与结构伸缩缝一致，在风荷载大的地区，屋脊、檐口、山墙转角、门窗、勒脚处应加密固定点或增加其他固定措施，对开敞建筑，屋面有较大负压力时，应采取加强连接的构造措施。压型金属板屋面不宜开洞，当必须开设时应采取可靠的构造措施，保证不产生渗漏。同时，压型金属板屋面宜设置防止坠落的安全设施。

压型金属屋面板连接方式分为搭接型板、扣合型板、咬合型板，具体如图 4-60 和图 4-61 所示。

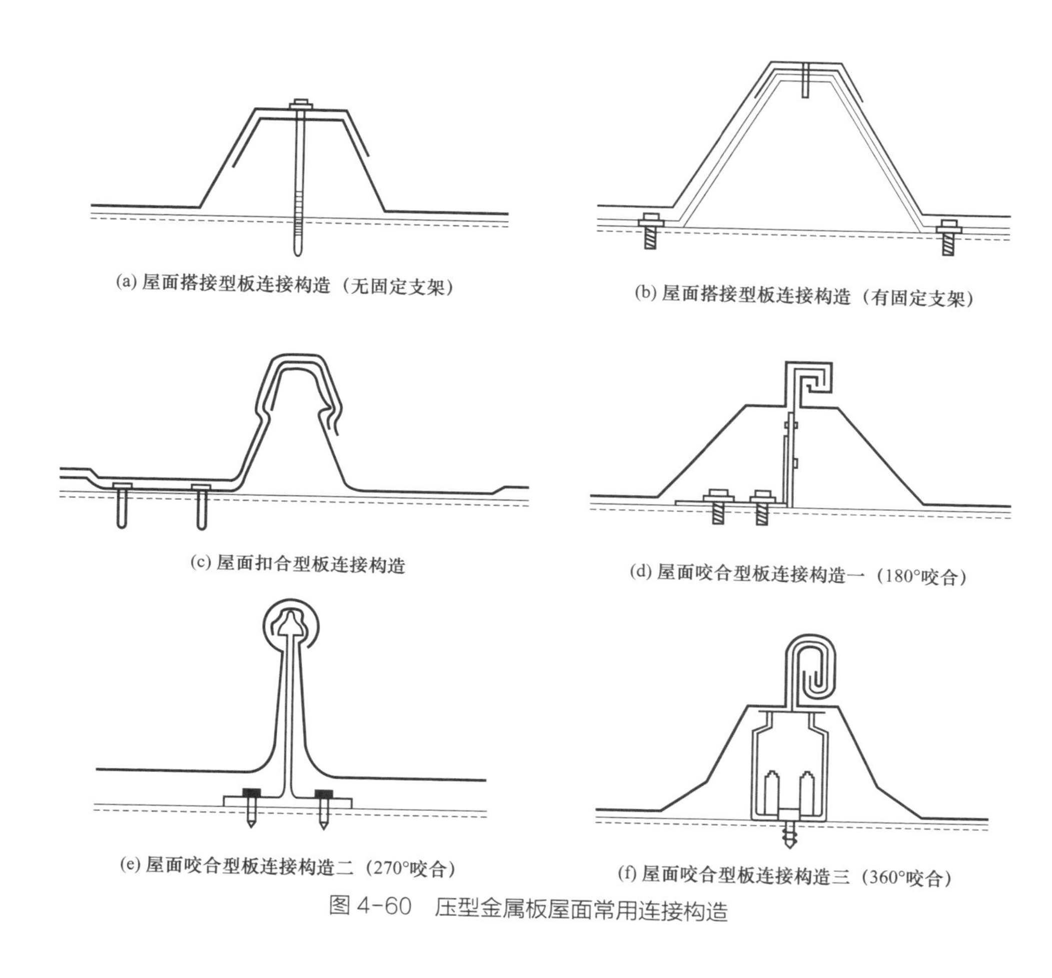

(a) 屋面搭接型板连接构造（无固定支架）

(b) 屋面搭接型板连接构造（有固定支架）

(c) 屋面扣合型板连接构造

(d) 屋面咬合型板连接构造一（180°咬合）

(e) 屋面咬合型板连接构造二（270°咬合）

(f) 屋面咬合型板连接构造三（360°咬合）

图 4-60　压型金属板屋面常用连接构造

(a) 不同角度咬合类型

(b) 咬合实物图

图 4-61　压型金属屋面板连接构造实例

根据变电站实际运行特点，依据《坡屋面工程技术规范》(GB 50693—2011)中的第3.2.17条的相关要求，即使变电站不处于严寒或寒冷地区，但若发生屋面冰雪融坠，仍易对室外母线造成短路。对压型金属坡屋面檐口部位应至少设置一道屋面挡雪装置。挡雪装置如图4-62和图4-63所示。

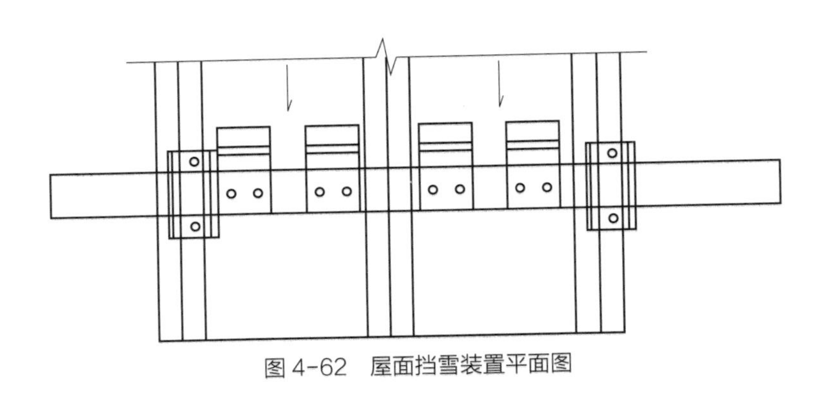

图 4-62　屋面挡雪装置平面图

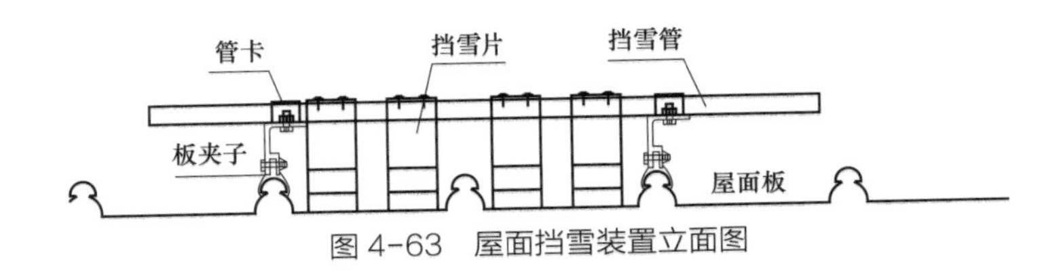

图 4-63　屋面挡雪装置立面图

压型金属屋面板执行《建筑结构荷载规范》(GB 50092—2012)有关规定进行风荷载计算。

4.4.5.3　冷弯薄壁型钢结构主厂房主要节点构造（见图4-64）

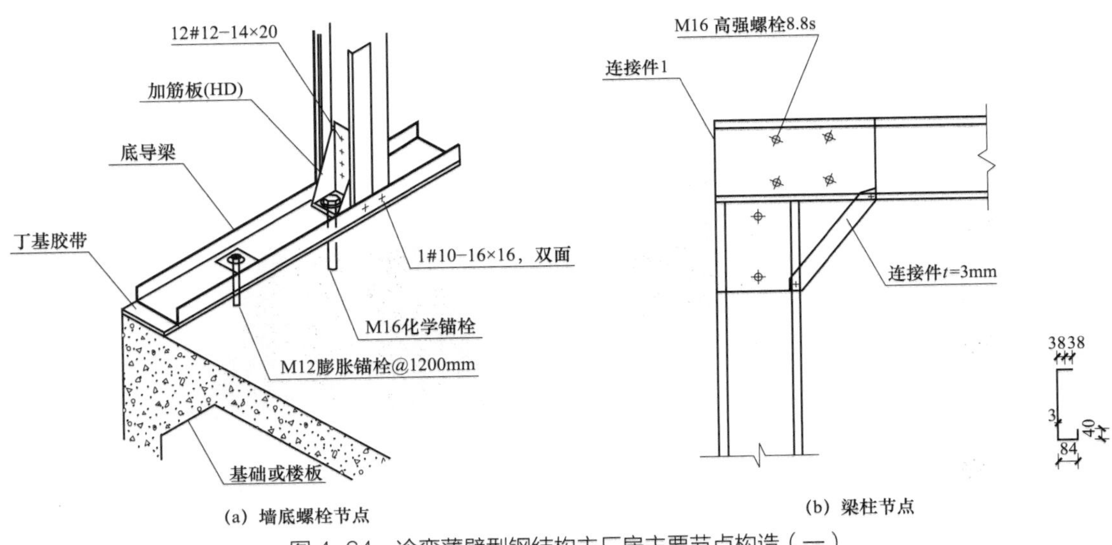

图 4-64　冷弯薄壁型钢结构主厂房主要节点构造（一）

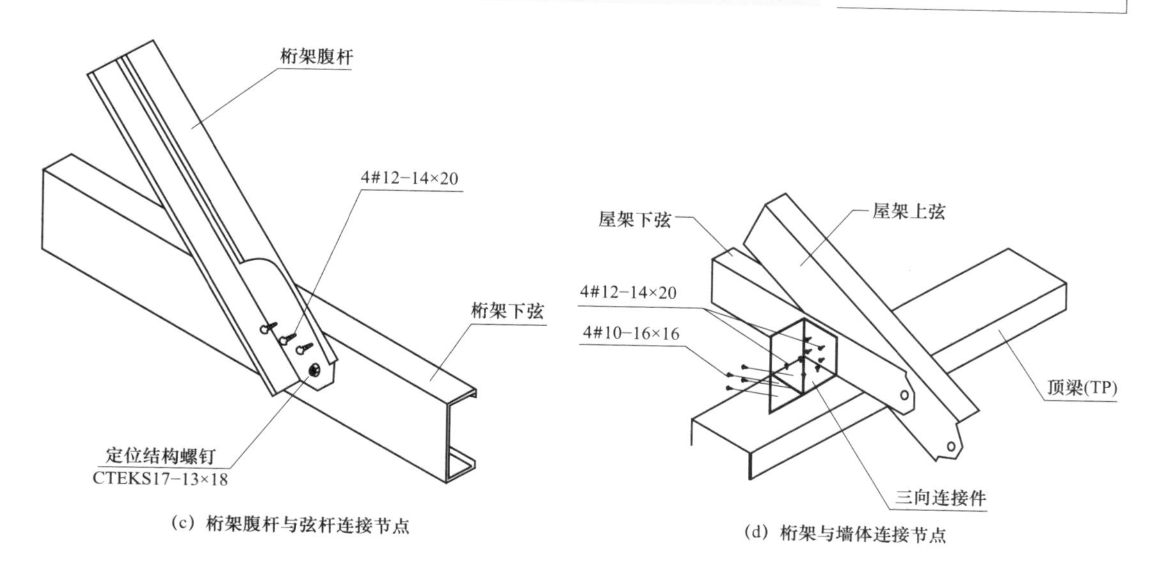

(c) 桁架腹杆与弦杆连接节点

(d) 桁架与墙体连接节点

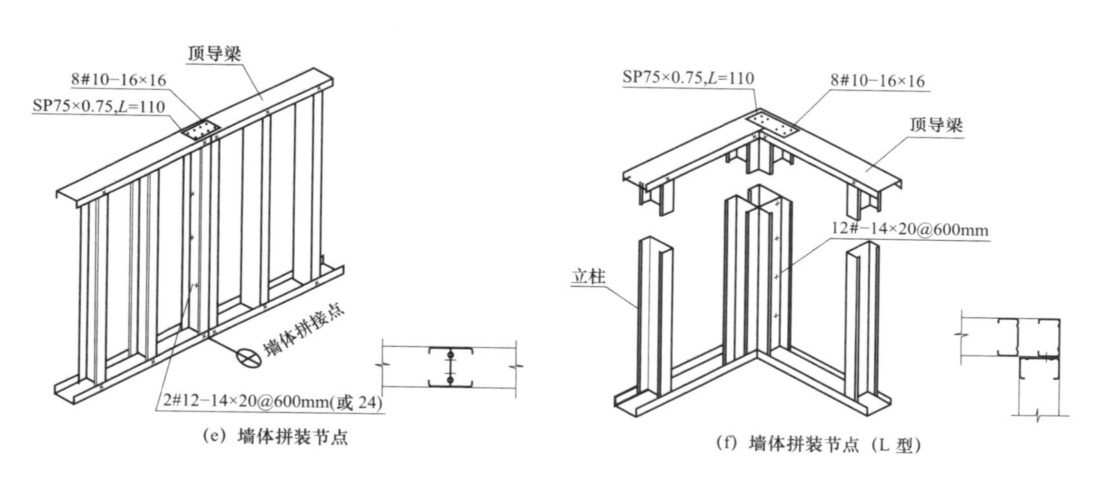

(e) 墙体拼装节点

(f) 墙体拼装节点（L 型）

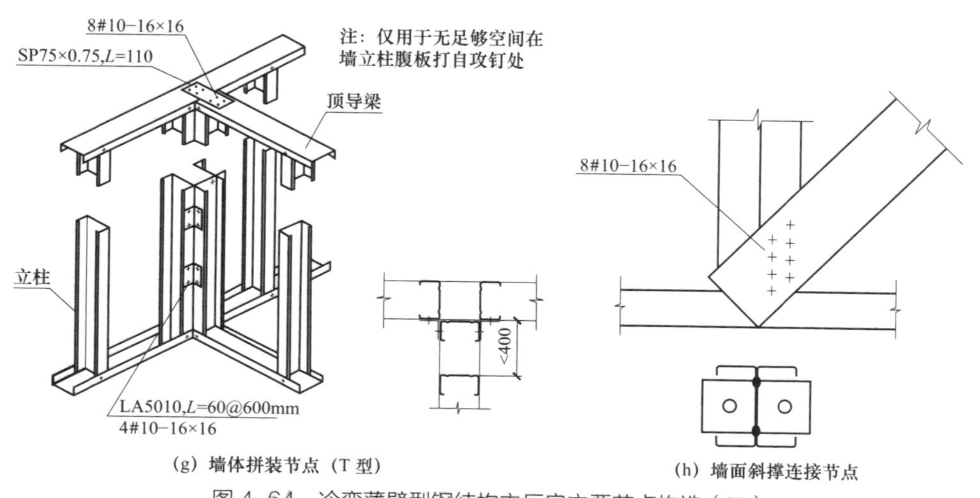

(g) 墙体拼装节点（T 型）

(h) 墙面斜撑连接节点

图 4-64 冷弯薄壁型钢结构主厂房主要节点构造（二）

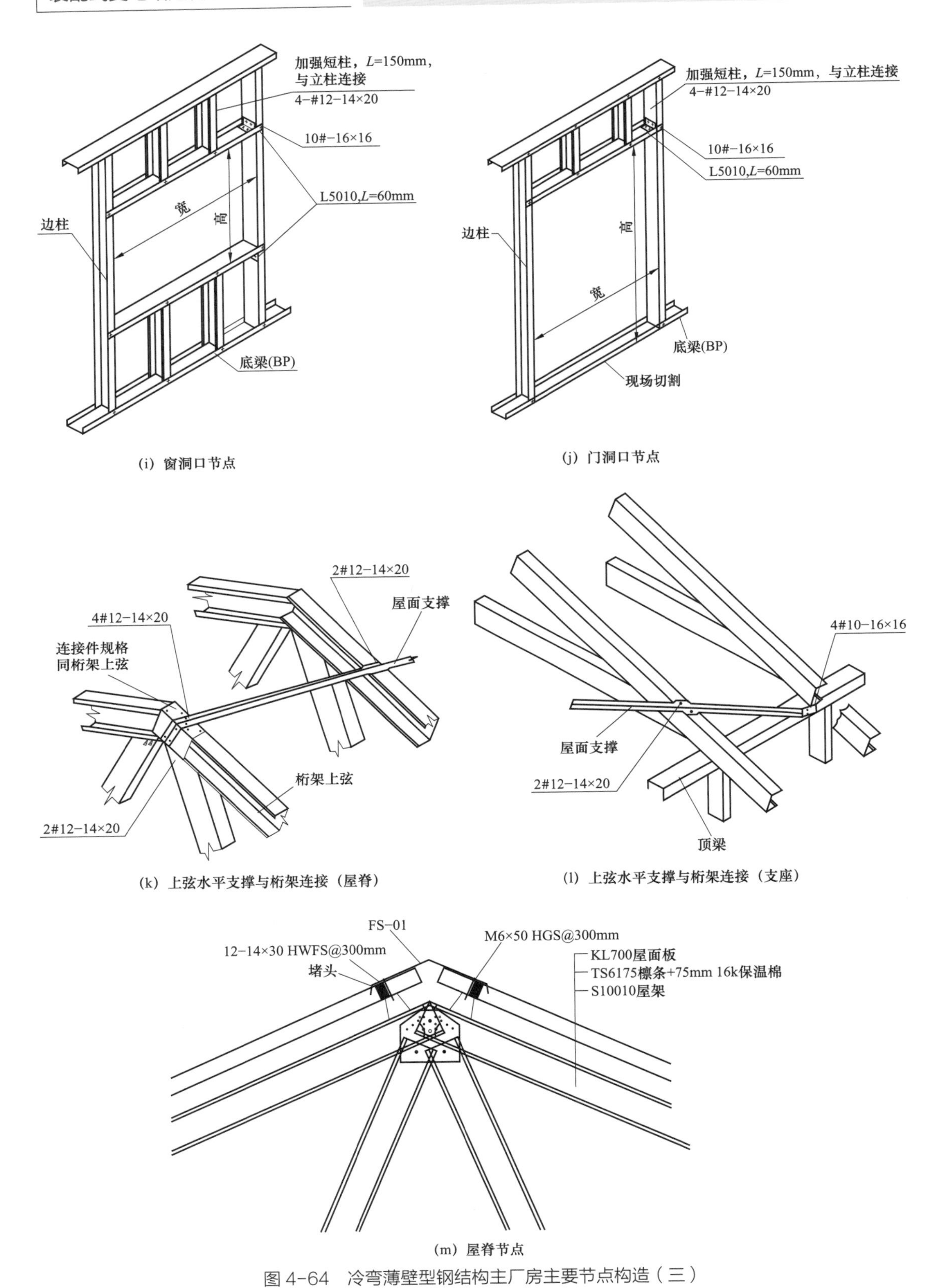

图 4-64　冷弯薄壁型钢结构主厂房主要节点构造（三）

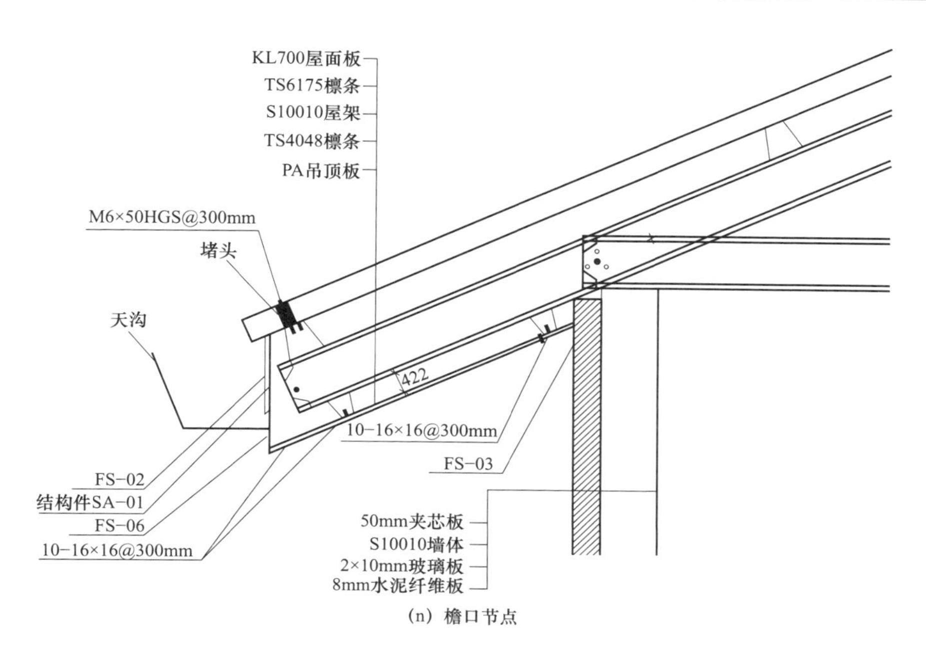

（n）檐口节点

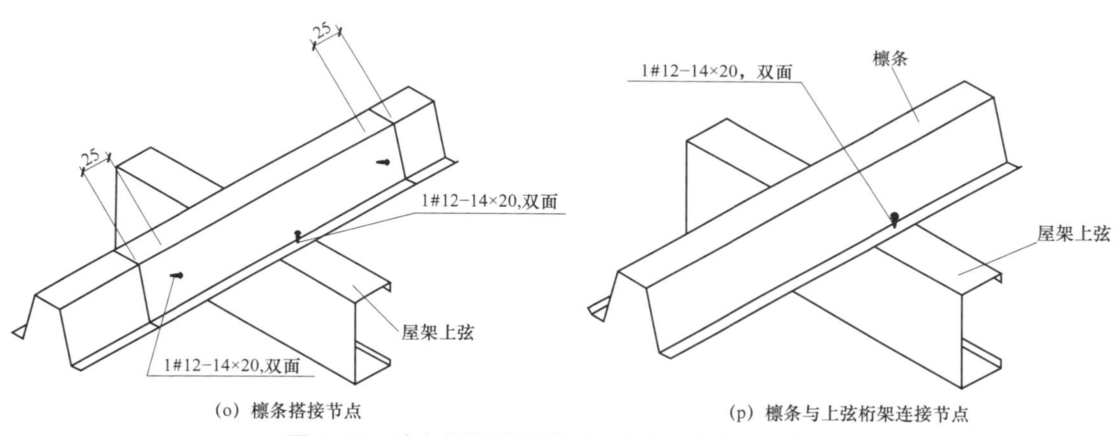

（o）檩条搭接节点

（p）檩条与上弦桁架连接节点

图 4-64 冷弯薄壁型钢结构主厂房主要节点构造（四）

4.4.6 冷弯薄壁型钢构件防腐、保温隔热、防潮与防雷接地要求

冷弯薄壁型钢结构建筑构件应采用节能环保的轻质材料，并应满足现行国家标准对耐久性、适应性、防火性、气密性、水密性和隔声性的要求。

4.4.6.1 防腐

对于一般腐蚀性地区，结构用冷弯薄壁型钢构件镀锌层的镀锌量不应低于 $180g/m^2$（双面）或镀铝锌量不应低于 $100g/m^2$（双面）；对于高腐蚀性地区或特殊建筑物，镀锌量不应低于 $275g/m^2$（双面）或镀铝锌量不应低于 $100g/m^2$（双面），并应满足现行国家或行业标准的规定。

冷弯薄壁型钢结构构件严禁进行热切割。与其他材料之间应使用下列有效隔离措施进行防护，防止两种材料相互腐蚀：

（1）金属管线与钢构件之间应放置橡胶垫圈，避免两者直接接触。

（2）墙体与混凝土基础之间应放置防腐防潮垫。

（3）构件在露天环境中放置时，应避免由于雨雪、暴晒、冰雹等气候环境及其表面镀锌层造成腐蚀。

（4）构件表面镀锌层出现局部破坏时，应进行防腐处理。

变电站金属屋面的防腐处理尤为重要，在表面采用了氟碳涂层，使屋面板具有更好的抗褪色和耐老化性能。为了保证国家电网对于材料使用寿命 60 年的标准，在设计屋面结构时，预留了未来增加一层新屋面板的荷载以及安装空间，且不会影响下面电气设备的正常运行。金属屋面板应用实例如图 4–65 和图 4–66 所示。

(a) 1994 年

(b) 1999 年

(c) 2004 年

图 4–65　金属屋面板应用实例一

(a) 建成时实景图

(b) 使用后实景图

图 4–66　金属屋面板应用实例二

注：位置为美国威斯康辛州。环境：城市，严重酸雨。坡度：2%。房龄：39 年。

4.4.6.2　保温、隔热

外墙保温隔热可在墙体空腔中填充纤维类保温材料或在墙体外铺设硬质板状保温材料。采用墙体空腔中填充纤维类保温材料时，热阻计算应考虑立柱等热桥构件的影响，保温材料宽度应等于或略大于立柱间距，厚度不宜小于立柱截面高度。

屋面保温隔热可采用保温材料沿坡屋面斜铺或在吊顶上方平铺的方法。采用保温材料在顶层吊顶上方平铺的方式时，在顶层墙体顶端和墙体与屋盖系统连接处，应确保保温材料、隔汽层的连续性和密闭性。

4.4.6.3　防潮

外墙及屋顶的外覆材料应符合现行国家或行业标准规定的耐久性、适用性以及防火性的要求。在外覆材料内侧，结构覆面板材外侧，应设置防潮层，其物理性能、防水性能和水蒸气渗透性能应符合设计要求。

门窗洞口周边、穿出墙或屋面的构件周边应以专用泛水材料密封处理，泛水材料可采用自黏性防水卷材或金属板材等。

建筑围护结构应防止不良水汽凝结的发生。严寒和寒冷地区主厂房的外墙、外挑楼板及屋顶如不采取通风措施，宜在保温材料（冬季）温度较高侧设置一层隔汽层。

施工时应确保保温材料、防潮层和隔汽层的连续性、密闭性、整体性。屋面结构板材之间的屋顶空气间层宜采用通风设计，并确保屋顶空气间层中空气流动的通畅。在屋顶保温材料与通风口处设置防止白蚁等有害昆虫进入屋顶通风间层的保护网，室内的排气管宜通至室外，不宜将室内气体排入屋顶通风间层内。

4.4.6.4 防火

冷弯薄壁型钢结构主厂房应执行《火力发电厂及变电站设计防火规范》（GB 50229—2006）和《建筑设计防火规范》（GB 50016—2014）的有关规定。

4.4.6.5 建筑物防雷

按常规变电站敷设屋顶避雷带（网）及避雷小针，避雷带敷设参考《压型钢板、夹芯板屋面及墙体建筑构造》（01J 925—1），并通过专用接地引下线经断接卡与主接地网相连。前提条件是：建筑物各金属部件之间电气贯通，钢柱除经断接卡与主接地网相连外，其他不再与主接地网相连。

4.4.7 冷弯薄壁型钢结构施工

冷弯薄壁型钢结构具有现场施工简单，无湿作业的特点。安装顺序为墙体龙骨拼装 - 屋架安装 - 屋面板安装 - 外墙板安装。构架的连接均采用螺栓连接，现场无焊接。确保了施工精度，施工工期仅有常规钢筋混凝土结构的 1/3。

4.4.7.1 施工准备

拼装和安装工作开始前，首先要仔细阅读安装图以及每片墙体和屋架的拼装图。每个墙和桁架单体都有专门的图纸一一对应，以供结构拼装使用。墙体和桁架的拼装可以在一块较大的平整场地上进行，这片场地可以在将要施工的基础上面或基础的旁边。墙体和桁架的拼装应严格按照拼装图纸进行，应该特别注意使用正确类型和数量的紧固件。

4.4.7.2 墙体的拼装

（1）清捡出墙体拼装所需的构件，在墙体的拼装图上可以查到所需构件的信息。

（2）将顶龙骨和底龙骨背靠背放置，用黑色马克笔标出墙柱的位置，如图 4–67 所示。

（3）将墙柱放入上下龙骨之间并与龙骨的腹板紧密接触，如图 4–68 所示。

图 4–67 钢柱放线定位

图 4–68 墙架预拼装

（4）用 10–16×16 的平头钉将顶板及底板与墙柱固定。

（5）用拉对角线的方法或用直角尺来调整墙体的方正。

（6）参照拼装图加上过梁和支撑（包括钢性支撑和条形支撑）。

（7）参照拼装图安装支撑张紧装置，并将拉带支撑拧到张紧为止。

（8）将墙体翻过来，用螺钉紧固另一面墙体。

（9）根据墙体拼装图，在墙柱上安装抗拔连接件，并使用 18mm 的开孔器或钻头在地龙骨上开好螺栓孔。

（10）用黑色马克笔在顶龙骨正面标上墙体编号及左右方向。

（11）将拼好的墙体堆放在一边或根据安装图上所示的位置将墙体放到将要安装的混凝土基板上。

4.4.7.3 墙体安装

（1）在水泥地板或水泥基础上标出墙板的位置。

（2）在一个外转角的位置竖立两块外墙板。

（3）把相邻两片墙板的墙柱腹板用螺栓连接起来，或用 L 型连接件把墙柱的内翼缘连接起来。

（4）用顶梁连接板把相交的两根顶梁连接起来。

（5）用直角尺把两片墙调整成 90° 位置，并用一根多余的墙柱按对角线方式固定两片墙，保持转角的方正，如图 4–69 所示。

（6）用化学螺栓、混凝土锚固钉或其他指定的紧固件把底梁连接到基础上，如图 4–70 所示。

图 4–69　临时固定

图 4–70　钢柱就位安装

（7）用多余的墙柱作为临时支撑把墙板支撑到地面上或基础上。

（8）从角部开始继续安装外墙板，并用连接板把相邻的顶梁连接起来，把相邻墙柱用六角螺栓连起来。

（9）安装部分内墙板，并让它们与外墙板保持垂直。内墙板还有助于外墙板保持在一条直线上。

（10）在外墙板全部安装完成前，把内墙板都放置到房子的里面。

（11）所有的墙板都完成后，需要进行调整工作，保持墙板的垂直和表面的平整。

（12）按照图纸所述安装所有的地角螺栓和混凝土紧固钉，把墙板固定在基础上。

（13）墙板安装完成后，移去临时支撑，根据建筑物的要求，开始安装屋架或者楼面系统。

4.4.7.4　屋架的安装

（1）按照屋架布置图，把屋架位置画到外墙板的顶梁上。

（2）根据安装图安装三向连接件，连接件的下端尽可能安装在墙板的同一侧。

（3）如果房子有山墙，就从山墙屋架开始；如果是斜脊屋面，就从中间屋架开始。

（4）把山墙屋架竖立到墙板的顶端，并使它与底下钢制墙板的外边平齐。用多余的墙柱临时固定屋架，使它和地面保持垂直。

（5）用图纸所述的 L 型连接件，把山墙屋架连接到墙板的顶梁上。

（6）把第一片普通屋架竖立起来，并用螺栓把下弦杆的腹板连接到三向连接件上。在安装所有的螺栓前，根据图纸的尺寸来调整屋架的悬挑距离。如果需要，检查和调整墙面的垂直度，如图 4–71 所示。

（7）用一些多余的挂瓦条固定到屋架的上弦，使屋架保持适当的间距和垂直度。临时支撑非常重要，可以避免屋架被风吹倒。

（8）重复以上步骤，直到所有的屋架安装完毕，如图 4–72 所示。

（9）接下来可以安装屋面对角线拉带支撑、封檐板和天沟。

（10）屋面檩条、拉杆安装，如图 4–73 所示。

图 4–71　屋架下弦杆固定

图 4–72　屋架安装

图 4–73　屋面檩条安装

4.5　装配式钢结构建筑防火与防腐

4.5.1　防火

装配式钢结构建筑的抗火性能较差，其原因主要有两个方面：①钢材热传导系数很大，火灾下钢构件升温快；②钢材强度随温度升高而迅速降低，致使钢结构不能承受外部荷载、作用而失效破坏。无防火保护的钢结构的耐火时间通常仅为 15 ~ 20min，且极易在火灾下破坏。因此，为了防止和减小建筑钢结构的火灾危害，必须对钢结构进行科学的抗火设计，采取安全可靠、经济合理的防火保护措施。

4.5.2　防腐

钢结构防腐蚀设计应遵循安全可靠、经济合理的原则，综合考虑环境中介质的腐蚀性、环境条件、施工和维修条件等因素，因地制宜。综合选择防腐蚀方案或其防腐蚀涂料：

（1）耐候钢。耐候钢指的就是那些表面具有防腐薄膜的钢材，耐候钢具有较强的抗腐蚀能力，耐候钢不再需要涂装处理，广泛应用于露天钢结构。耐候钢的成本投入要比普通钢材高，受到成本的限制耐候钢在我国的应用还不是十分广泛。

（2）热浸镀锌防腐。热浸镀锌技术指的就是将钢材放入600℃到的锌液当中，这样就会使得钢材的表面形成一层涂有锌的保护层，热浸镀锌防腐技术是最有效的防腐方法。

（3）热喷铝（锌）复合涂层防腐。热喷铝涂层具体做法为：①对钢结构进行表面除锈处理；②对钢材表面进行喷铝处理，所用的设备是乙炔－氧焰或电弧。喷铝操作结束之后，铝的厚度在80～100μm之间；③填充铝层表面的空隙，所用的填充材料是环氧树脂或氧丁橡胶漆等。热喷铝技术是一种应用范围十分广的防腐蚀方法，首先该技术对所处理的钢材大小没有要求，其次在使用该技术时不用担心产生热变形。

（4）涂装防腐。在建（构）筑物的构件表面采用涂料进行防护，是比较常见的防腐蚀技术。

碳钢基层涂装前应符合《涂覆涂料前钢材表面处理表面清洁度的目视评定　第1部分：未涂覆过的钢材表面和全面清除原有涂层后的钢材表面的锈蚀等级和处理等级》（GB/T 8923.1—2011）和《涂覆涂料前钢材表面处理表面清洁度的目视评定　第2部分：已涂覆过的钢材表面局部清除原有涂层后的处理等级》（GB/T 8923.2—2008）的有关规定。碳钢表面的除锈等级，应根据涂料品种、施工条件、构件的重要程度确定。

防腐蚀涂层构造可由底涂层、中间涂层、面涂层或底涂层、面涂层组成。涂层间应相互结合良好，具有相容性。建筑构配件表面防腐蚀涂层的使用年限，宜分为2～5年、5～10年、10～15年和大于15年，共4个年限。涂层的使用年限应根据建筑构配件的重要性、维修难易程度以及建设工程要求等因素综合确定。

钢构件的防腐蚀涂层厚度，应根据介质的腐蚀特性、腐蚀性等级、涂层使用年限、所处环境以及涂料品种等因素综合确定。

4.6 建筑构造设计

4.6.1 门窗标准化模数及大样图

变电站门窗标准化规格，门尺码根据不同需求采用900mm×2100mm，1200mm×2400mm，2400mm×2700mm三个固化模数，如图4–74所示。

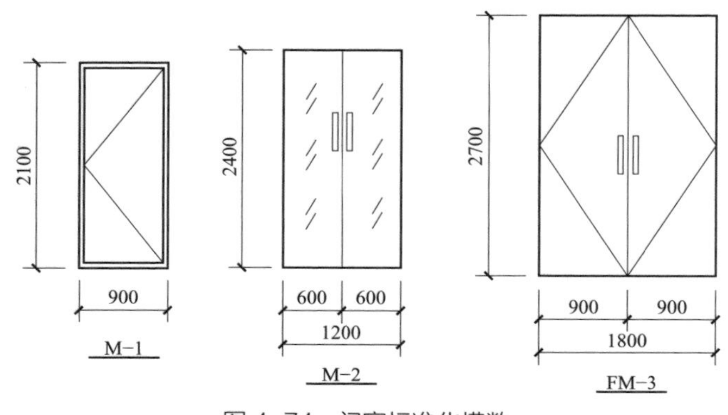

图4–74　门窗标准化模数

变电站外窗应优先选用标准化外窗。窗尺码根据不同需求采用 900mm × 1500mm，1200mm × 900mm，1500mm × 1500mm 三个固化模数，如图 4-75 所示。

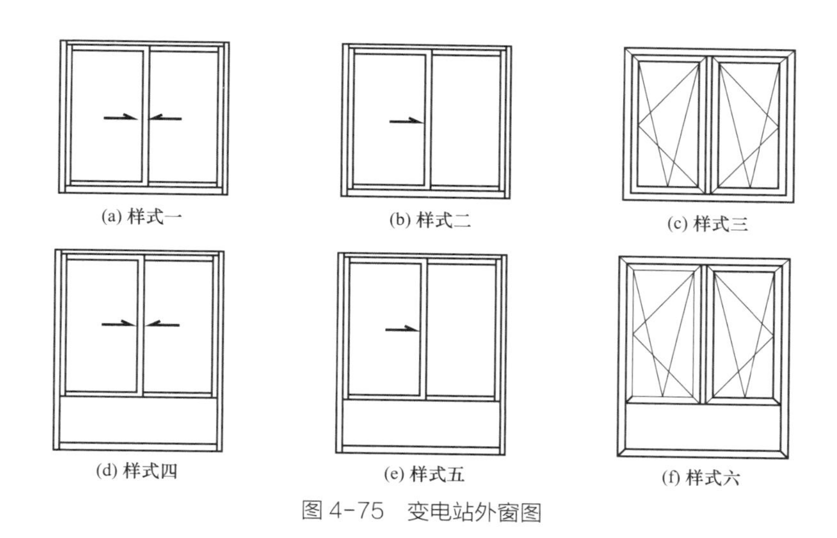

图 4-75 变电站外窗图

变电站外窗产品必须在明显位置设置永久性标识，内容至少应包括生产企业名称、联系电话，产品品种系列规格。满足对外窗质量、安全方面的可追溯性。

变电站外窗的安装方式为干法安装。首先在墙体外窗洞口安置节能型标准化附框并对墙体缝隙进行填充和防水密封处理，待墙体洞口表面装饰作业全部完成后，将外窗固定在附框上。

门窗节点安装如图 4-76 ~ 图 4-79 所示。

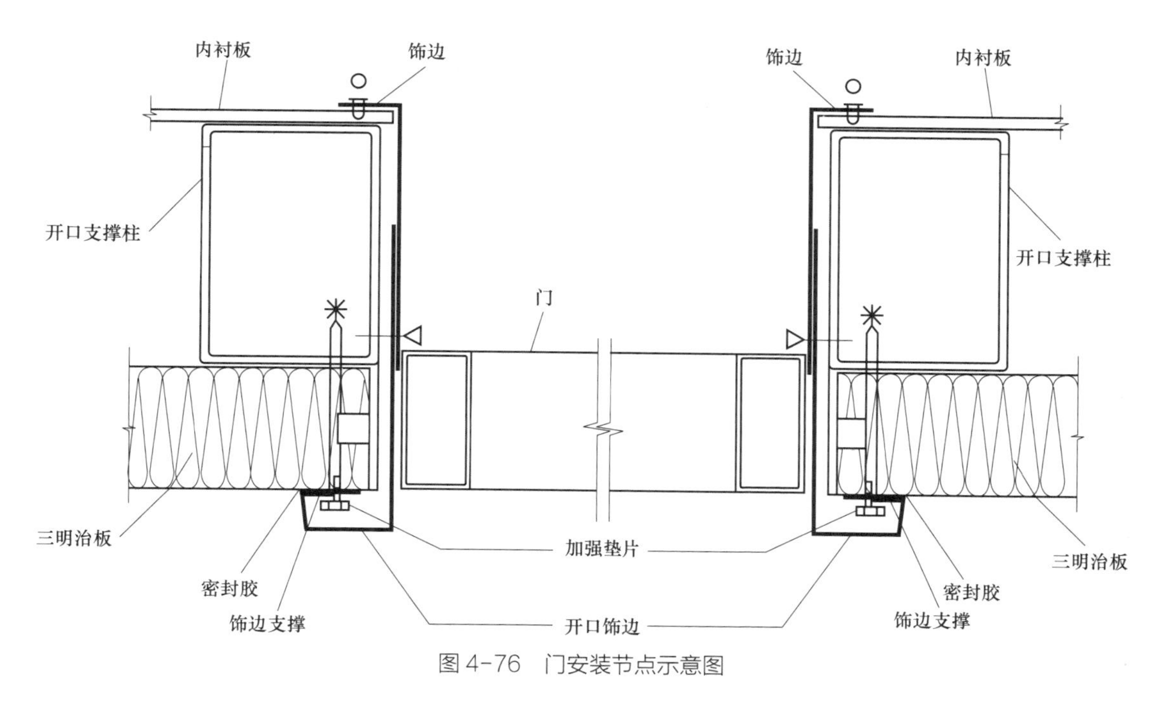

图 4-76 门安装节点示意图

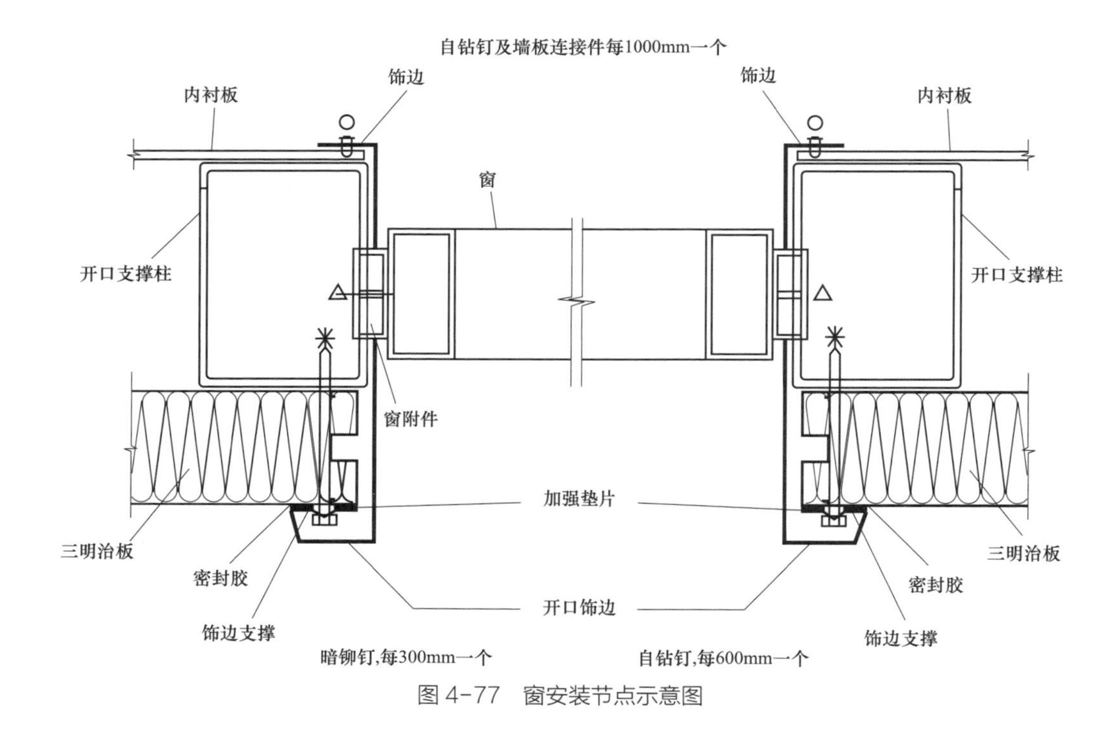

图 4-77　窗安装节点示意图

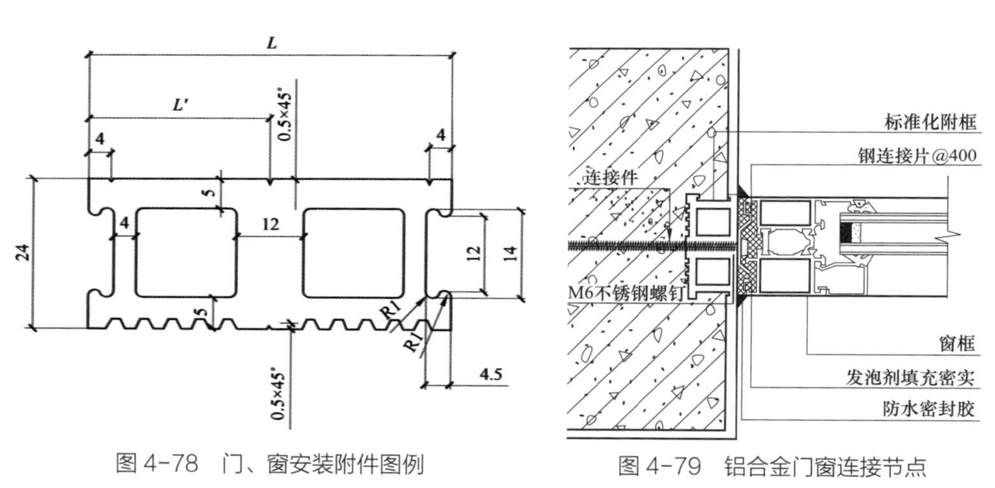

图 4-78　门、窗安装附件图例

图 4-79　铝合金门窗连接节点

4.6.2　滴水、排水、泛水构造设计

屋面板应采用防水性能较好的板型。金属屋面板有长向连接和侧向连接两种。长向连接一般是搭接，也就是上坡板压下坡板的方式，搭接处应设专用压条及防水密封胶，而侧向连接主要有搭接式、暗扣式、咬合暗扣式三种。

同时，还应选用适合于金属屋面板的防水材料；如具有较高的黏结强度、耐候性极佳的丁基橡胶防水密封黏结带，作为金属板屋面的配套防水材料。选用质量信得过的厂家的材料，加以合理、规范的施工可以很大程度上减少漏水的发生。

1）天沟设计要求。在相关的国家标准和规范中对金属屋面排水天沟的设计都有明确规定。结合实际经验，排水天沟槽的设计应该考虑以下一些内容：①排水天沟采用防腐性能好的金属材料，不锈钢板的厚度不应小于2.5mm。②防水系统应采用两道以上的防水构造，其应具备吸收金属材料因温度变化等所产生的位移的能力。③排水天沟的截面尺寸应根据排水计算确定，并在长度方向上考虑设置伸缩缝。天沟连续长度不宜大于30m。④汇水面积大于5000m^{2}的屋面，应设置不少于2组独立的屋面排水系统，并采用虹吸式屋面雨水排水系统。⑤天沟底板的排水坡度应大于1%。在天沟内侧设置柔性防水层，最好在两侧立板的一半高度以上和底板的全部加一道柔性防水层。

2）排水天沟溢流口的设计。溢流口是当降雨量超过系统设计排水能力时，用来溢水的孔口或装置；溢流系统是排除超过设计重现期雨量的雨水系统。溢流系统可以是重力系统或虹吸系统，溢流系统不得与其他系统合用。在排水天沟内，如果出现排水口不畅、水量过大等特殊情况，为保证天沟能将水排出，比较好的办法是在天沟内设置溢流口。

当天沟水位到达一定高度时，水经过溢流口溢出，被有组织地排入落水管内，或直接排到屋外。屋面排水天沟在工作状态时其环境较为复杂，很有可能因异物进入使落水口的排水量减少或失去排水功能，或因水量过大无法及时排出而造成水从天沟的边缘溢出，进入屋面的保温层使保温失效或由于水的重量引起屋顶支撑结构的安全问题。因此，溢流口的作用不可小视。溢流口的形式可以根据工程项目的特点而定，可采用在天沟侧面立板或端部立板面上开口的作法（见图4-80）；也可以采用台式溢流口的设计（见图4-81）。

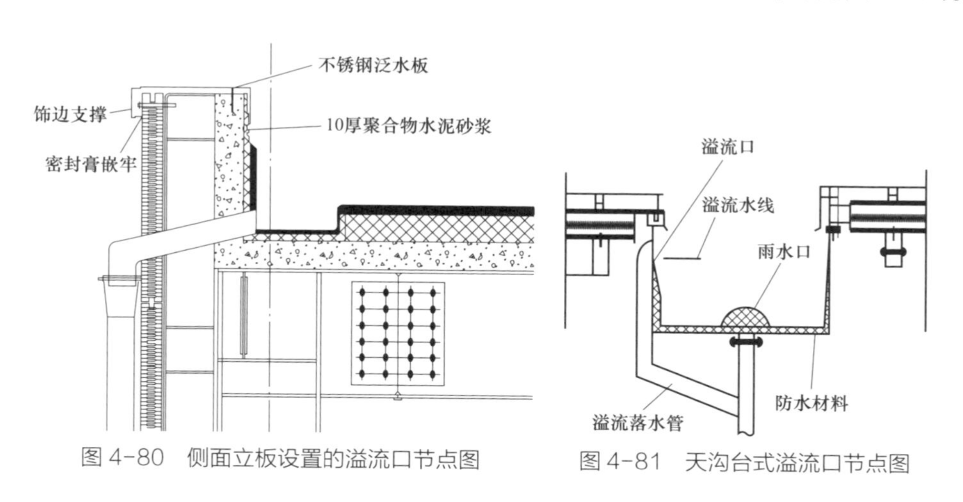

图4-80 侧面立板设置的溢流口节点图　　图4-81 天沟台式溢流口节点图

3）排水天沟端头和长度方向接头的设计。排水天沟的截面尺寸应根据计算确定，并在长度方向上考虑设置伸缩缝。由于天沟纵向有着温度变形的影响，所以长度不宜过大。按照国家标准的规定，天沟连续长度不宜大于30m，这是一个参考尺寸，可根据实际情况对特定的项目提出要求。连续长度尺寸的确定主要是考虑天沟在工作状态时，由于环境温度的变化引起的天沟纵向长度尺寸变形是否在可控范围内。计算时温度变化值（温差）应考虑在100℃以上。天沟端头和接头形式也应根据每个实际工程情况和要求进行设计。

4）天沟槽应与其支撑结构之间有相对位移的空间。天沟施工时，不得将天沟的板边缘直接锚固（焊）在天沟的支撑结构上。因为天沟与天沟的支撑结构在工作状态时一般不在同一个温度场内，在温度急剧变化时会出现较大的温度差，在天沟槽的纵向方向上天沟与支撑结构之间会出现较大的相对变形。如果天沟槽被固定限制其变形，将会在此部位出现很大的温度应力从而遭到破坏。不锈钢天沟的材质一般为奥氏体型不锈钢，其在20 ~ 300℃时的线膨胀系数为17.5；而支撑结构为碳钢材料，其在20 ~ 300℃时的线膨胀系数约为11.3 ~ 13。奥氏体型不锈钢与碳钢相比，线膨胀系数比碳钢大35% ~ 55%，出现温度变化时即使天沟与其支撑结构的温度一致，也会由于材质的不同出现很大的应力而产生温度变形。所以，在天沟和支撑结构设计时应充分考虑到其有相对位移的特点，采取必要措施确保其良好的工作状态。

5）大坡度排水天沟应设置阻水挡板、水平落水斗。屋面设计大坡度天沟时，应考虑到排水天沟在使用时的可靠性，设置好不锈钢天沟的支承系统，使其安全稳固。在大坡度的天沟内设置雨水斗时，应充分考虑到雨水的流速，根据其斜度来确定是否需要增设阻水挡板。在斜度大于15%时，在不锈钢排水天沟内宜考虑设置阻水挡板装置，来降低雨水在斜形天沟内的水流速,斜度越大阻水挡板的数量应越多。阻水挡板除了能有效控制水的流速外，还能有效阻止异物进入排水口。斜型天沟内的雨水斗应设置集水槽，将雨水收集到集水槽中排出；集水槽的底部应水平设置，不得将雨水斗倾斜安装在斜型天沟的底部。纵向倾斜的天沟集水槽应设置在斜型天沟的下半部位，并在集水槽的下短边边缘设置阻水挡板。

4.6.3 外挂墙板墙脚构造设计

（1）建筑外墙，如同外衣，需要满足防寒隔热、挡风遮雨、隔声防噪、防火的基本建筑功能，也要满足美观合理的景观功能，保证可靠的安全结构性能。不同于普通外衣可常更换，建筑体外墙板皮一穿就是几十年，特别是高层建筑，外墙设计希望与建筑体有可靠连接，其耐久性能宜与建筑使用周期相同。

外墙作为承重构件，支撑上部楼层及屋面时，墙体多采用较为密实的砌块墙体或混凝土浇筑墙体。作为围护构件的外墙体可选用的材料更为灵活多样化，但主要倾向选择轻质材料作为外围护墙板材料，如选用轻质砌块填充墙体、金属墙板、石材墙板、玻璃墙板，或多种形式组合墙板。墙面通风采光部分设置玻璃窗除外，其他墙面可采用全玻璃墙板、玻璃板与金属板组合墙板、石材幕墙与玻璃组合墙板等，金属铝板幕墙、石材墙板多为含内衬墙的组合墙体。

玻璃幕墙板在钢结构建筑中被大量使用，其优点是质量轻，玻璃板透光，室内视野开阔，其缺点是材料热阻值小，节能建筑中的玻璃板造价尤其高，大量玻璃立面容易造成光污染，且玻璃易热爆，存在安全隐患。

金属墙板多为饰面板，室内侧还需设背衬墙体，并在金属板背面加保温岩棉，金属热阻值更小，保温与隔热设计主要依靠保温材料，造价相对高。

石材墙板通常有现场干挂、湿贴或预嵌于预制混凝土墙板构件的面层，干挂石材墙板也多为饰面板层，室内侧一般需设置背衬墙体，墙体上加保温板。湿贴的石材墙板，基墙为混凝土墙或砌块砌体墙，预嵌石材预制混凝土墙板为饰面与混凝土墙一体成形装配式外墙。

积极推广绿色建筑和建材，大力发展钢结构和装配式建筑，提高建筑工程标准和质量，

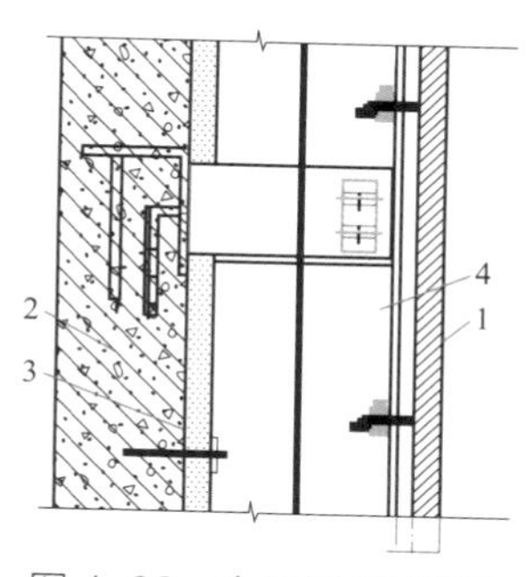

图 4-82 金属与石材墙板节点示意图

1—墙板；2—衬墙（基墙）；3—保温层；4—钢骨架

这是对建筑业发展提出的新要求。PC 外挂墙板采用系统化设计、模块化拆分、工厂制造、现场装配的方式建造，能更好地实现建造质量、施工工期、人工用量和成本方面的控制。由于施工技术手段的改变，可以有效避免传统建造方式下的人工作业误差、保证建筑质量，减少现场施工产生的能耗和污染，还可以降低人力成本，提高生产效率。这无疑是解决当下产业转型、提质增效等问题的有效手段，也符合新型工业化、机械化的发展要求。金属与石材墙板节点示意图如图 4-82 所示；墙板与墙梁连接如图 4-83 所示。

目前，市场上主流的外挂墙板大致分为三类：三明治夹芯保温外挂墙板；玻璃纤维保温外挂墙板；装配式轻钢结构复合外墙板。

1）三明治夹心保温外挂墙板：是由内、外叶混凝土墙板、夹心保温层和连接件组成的预制混凝土外墙板。连接件是用于连接装配整体式预制夹芯外墙板中内、外叶混凝土墙板，使内、外叶墙板形成整体的连接器，连接件材料采用纤维增强塑料或不锈钢。保温层可分为无机类保温和有机类保温材料。预制夹芯外墙板的混凝土强度等级不低于 C30。与建筑物主体结构现浇部分连接的混凝土强度等级不低于预制夹芯外墙板的设计混凝土强度等级。

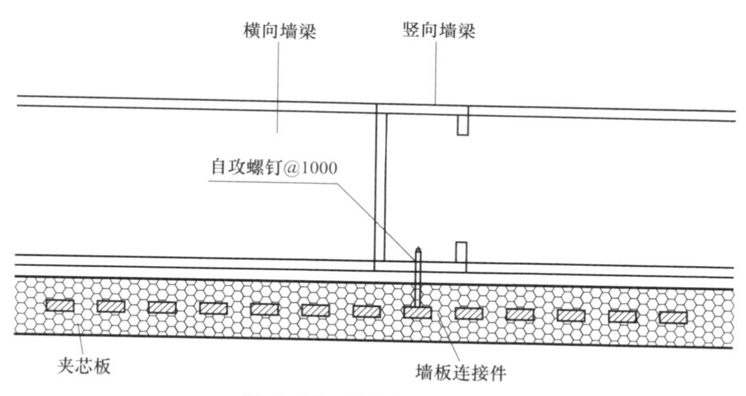

图 4-83 墙板与墙梁连接

2）玻璃纤维保温外挂墙板：是玻璃纤维增强水泥板（简称 GRC 板）与菱镁板的统称。用于外维护墙体的夹芯墙板，其室外侧面板也称外叶板，为 GRC 板；其室内侧面板也称内叶板，可为 GRC 板或菱镁板。用于室内隔墙的夹芯墙板，其两侧面板可均为菱镁板。玻璃纤维保温外挂墙板可以根据应用部位与使用环境，选择不同面板搭配，其夹芯保温材料也可根据需要选择聚氨酯板、挤塑聚苯板、模塑聚苯板、岩棉板、无机保温砂浆板等。

3）装配式轻钢结构复合外墙板：是由断桥轻钢结构连接 ECC 材料外饰层和内饰层并填充保温材料组合而成，一般用于非承重围护结构的装配式新型墙板。其中 ECC 材料为工程用水泥基复合材料是由胶凝材料、集料、外加剂、纤维、聚合物及水等一种或几种材料搅拌而成。断桥轻钢结构用有断桥功能的圆头焊钉连接面层板的轻钢结构。焊钉可 360° 旋转释放应力。此外，外饰面还可以采用反打工艺：外墙陶土板（石材）反打工艺就是先将陶板（石材）铺设在模具内，再浇筑混凝土，将陶板（石材）与外墙连接成一体的制作工艺，从而可提供真实、丰富的外立面效果。夹芯板承插型墙体（横向排版）构造如图 4-84 所示。

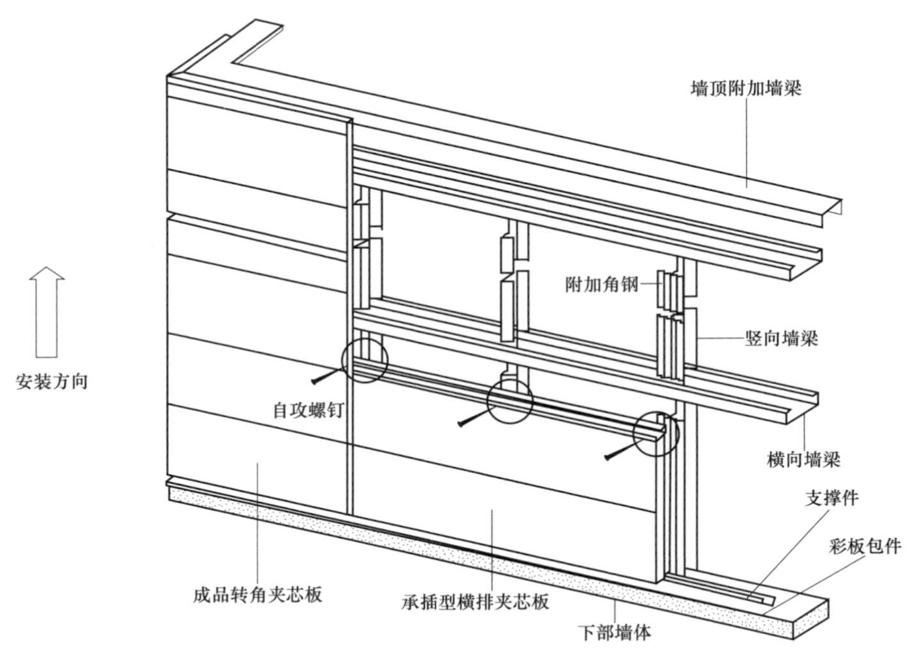

图 4-84　夹芯板承插型墙体（横向排版）构造

（2）建筑物外墙的墙脚即勒脚，即建筑物的外墙与室外地面或散水部分的接触墙体部位的加厚部分。是为了防止雨水反溅到墙面，对墙面造成腐蚀破坏，结构设计中对窗台以下一定高度范围内进行外墙加厚，这段加厚部分称为勒脚。

勒脚的作用是防止地面水、屋檐滴下的雨水的侵蚀，从而保护墙面，保证室内干燥，提高建筑物的耐久性。也能使建筑的外观更加美观。墙板底部节点图如图 4-85 所示。

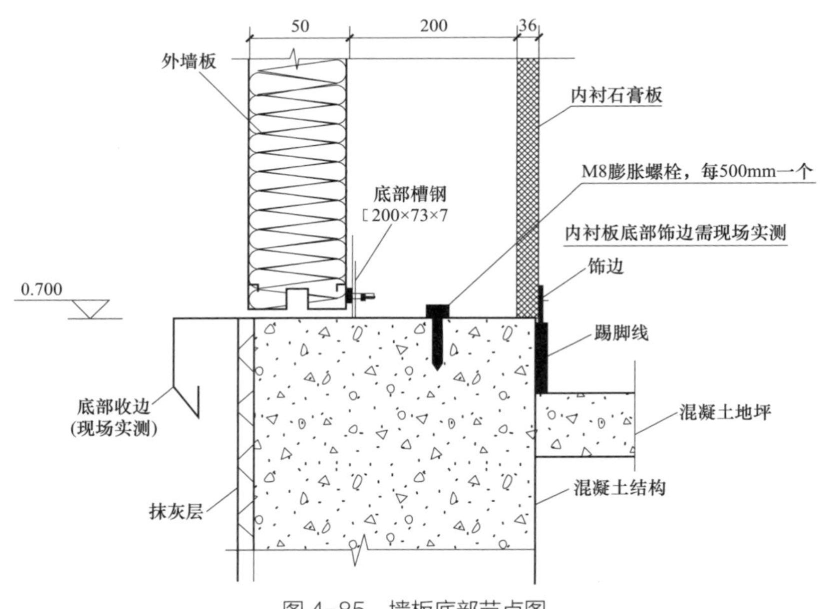

图 4-85　墙板底部节点图

勒脚的高度不低于700mm。勒脚部位外抹水泥砂浆或外贴石材等防水耐久的材料，应与散水、墙身水平防潮层形成闭合的防潮系统。

外墙板底部设计为勒脚墙板，勒脚墙板与柱的连接和墙身主要部分墙板相同，两端搭放在基础垫块上，勒脚板下的回填土要虚铺而不夯实，或者留出一定的空隙。勒脚墙板建筑构造示例如图4-86所示。

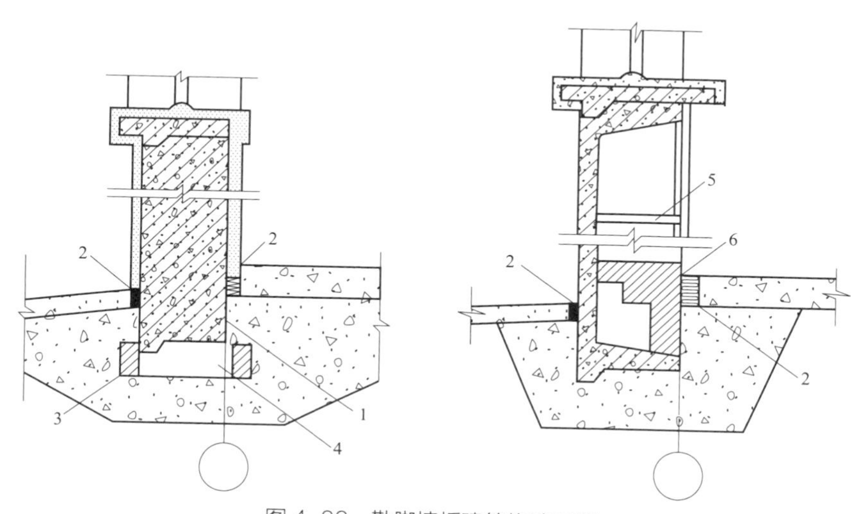

图4-86 勒脚墙板建筑构造示例

1—表面刷热沥青；2—沥青麻丝填缝；3—砌砖；4—空隙；5—工具柜板；6—砖砌工具柜底

4.6.4 预制墙板接缝构造设计

钢结构建筑具有强度高、自重轻、抗震性能好、能满足大跨度等特点，同时钢结构材料能够循环再利用，因此钢结构建筑被称为"绿色建筑"并得到广泛应用。钢结构建筑通过装配化的安装施工形成建筑的结构体系，可以增加建筑使用面积、减少建筑综合造价、加快工程施工进度、实现建筑的产业化。因此，要求钢结构建筑围护结构除具有一般围护结构的性能要求外，还应具有保温隔热性能以及适应于装配化施工的特点。

建筑围护结构中建筑外墙占全部建筑围护结构的60%以上，通过外墙的耗热量约占建筑物全部耗热量的40%，因此提高外墙保温隔热性能对建筑节能具有重要意义。对于钢结构建筑，预制装配化复合墙板通过多种材料的复合实现了墙体保温隔热、结构、装饰等功能要求，同时装配化的施工满足钢结构建筑产业化的发展要求。现阶段预制装配化复合墙体根据复合的材料的不同包括：钢丝网夹芯复合板、金属面聚氨酯夹芯板、金属面岩棉夹芯板（EPS）、LCC-C轻质保温复合墙板、玻璃纤维增强水泥复合板（GRC板）等。它们具有质量轻、强度高、绝热性好、施工方便、可多次拆卸、重复安装使用等特点。对于复合墙体，其接缝的设计施工是影响墙体保温隔热、气密性、水密性的关键因素，因此对钢结构建筑复合墙体接缝的研究有助于推动钢结构建筑节能和复合墙体自身的发展，如图4-87和图4-88所示。

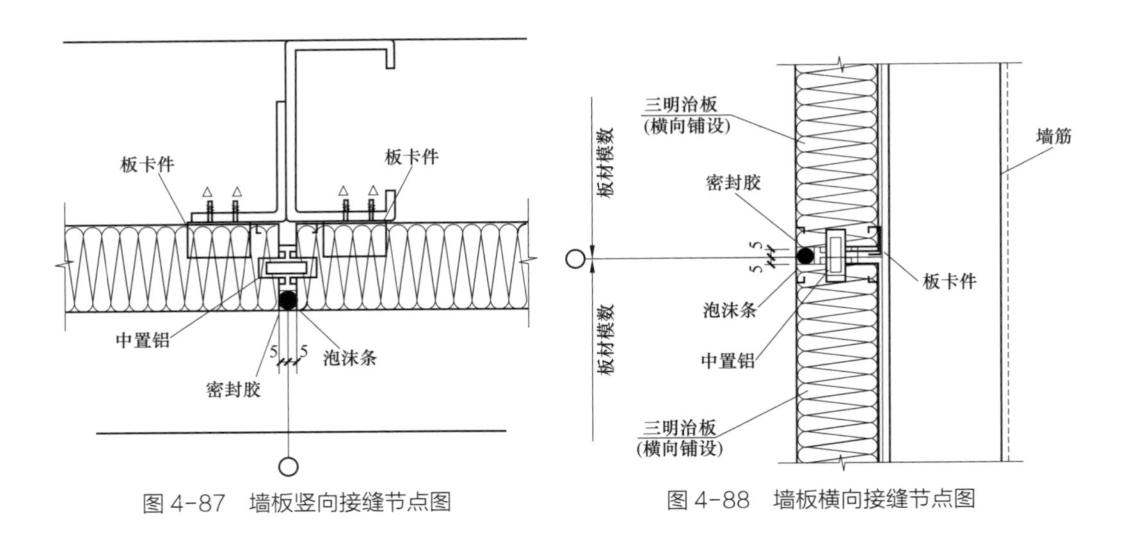

图 4-87　墙板竖向接缝节点图　　图 4-88　墙板横向接缝节点图

（1）接缝性能要求及现状。

1）预制墙板的接缝性能要求。墙板接缝由于受温度变化、构件及填缝材料收缩、结构受力后变形及施工等影响，在接缝处经常出现变形和裂缝，因此，必须从构造设计上采取有效措施，以满足墙体结构、保温隔热、防水、防火、隔声及建筑装饰等要求。

a. 保温隔热性。接缝是墙板间的连接部位，由于保温材料的不连续，容易使接缝成为热桥而降低墙体整体的热工性能。

因此为保证墙体的热工性能符合设计和标准的要求，需要对接缝进行保温隔热的处理，其设计和施工的关键是保证保温隔热材料在接缝处的连续性，利用保温隔热材料提高墙体整体热工性能的要求。

b. 气密性。气密性是指围护结构在正常闭合时，阻止空气渗透的能力。冷热空气渗透进入室内增加了空调负荷，会造成能源浪费。围护结构气密性直接影响其保温隔热的效果。对于围护结构来说，接缝是影响其气密性的关键部位，节能建筑复合墙体接缝必须满足气密性的要求。接缝在压力差为 10Pa 时的单位缝长空气渗透量和单位面积空气渗透量应满足相关的设计标准及规范。

c. 水密性。水密性是指围护结构在正常闭合情况下，阻止雨水渗漏内侧的能力。雨水一旦渗透进入室内，一方面会增加建筑能耗；另一方面会对围护结构造成破坏，影响建筑功能。复合墙体的接缝应采取密闭措施，如采取填缝防水、构造防水、弹性物盖缝防水等方法使其具有良好的水密性。水密性的分级根据建筑外门窗水密性能分级如表 4-45 所示。

表 4-45　　建筑外门窗水密性能分级表　　Pa

分级	1	2	3	4	5	6
分级指标 ΔP	100 ~ 150	150 ~ 250	250 ~ 350	350 ~ 500	500 ~ 700	≥ 700

2）墙板接缝的处理技术现状。复合墙体接缝的设计和施工必须满足保温隔热、气密性和水密性要求。接缝必须按柔性缝设计，一般缝宽 20mm，其构造从内向外一般为：聚

苯板填充条、聚氨酯中组分发泡填充剂、泡沫塑料填充棒、嵌缝胶体等多种材料，如图 4–89 所示。墙板外侧缝缺楞掉角的部位，用聚合物砂浆补好，在接缝处加一层玻纤网格布，每边不少于 150mm。为确保接缝的保温隔热性能，现阶段主要是通过在接缝中填入保温隔热材料，以获得符合设计要求的热工性能。同时还必须对接缝进行防水构造，设计主要的构造做法形式有材料填缝防水、构造防水以及弹性物盖缝防水三种。材料填缝防水法是采用耐久性、隔热性、抗冻性、黏结性、抗裂性等满足设计要求的防水材料对接缝进行填充的防水形式。

构造防水接缝形式是通过企口缝、高低缝、槽口等构造形式减缓雨水在重力、气压差、毛细作用等作用下的渗透，达到防水的目的。构造防水的水平缝节点处理，如图 4–90 所示，一般采用空腔企口缝或空腔高低缝的形式。构造防水的垂直缝一般有封闭式和开敞式 2 种。封闭式的垂直缝构造防水处理宜采用双直槽缝，雨水少的地方可采用单斜槽缝，如图 4–91 所示。

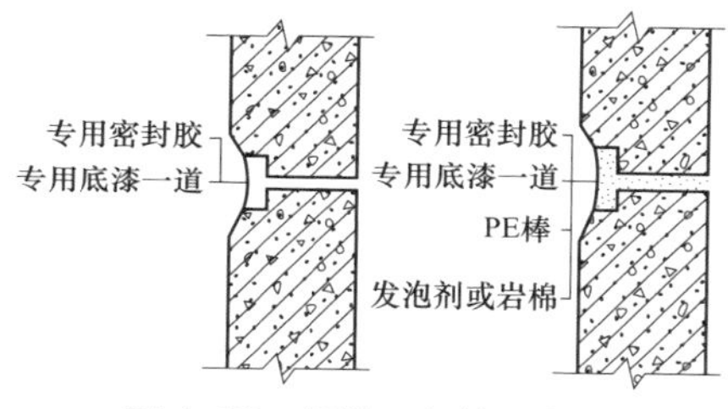

图 4–89 板缝一般处理方法

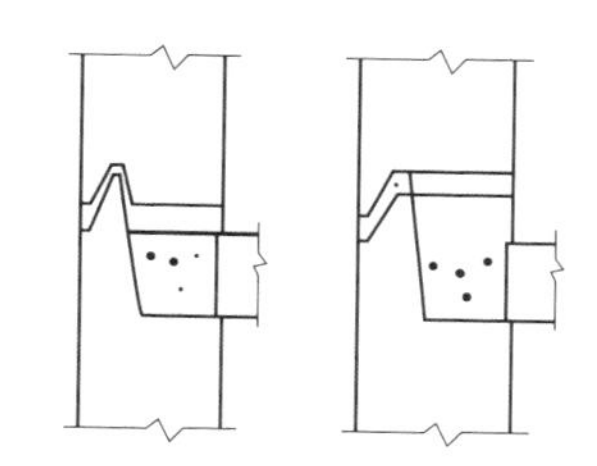
图 4–90 构造防水水平缝做法

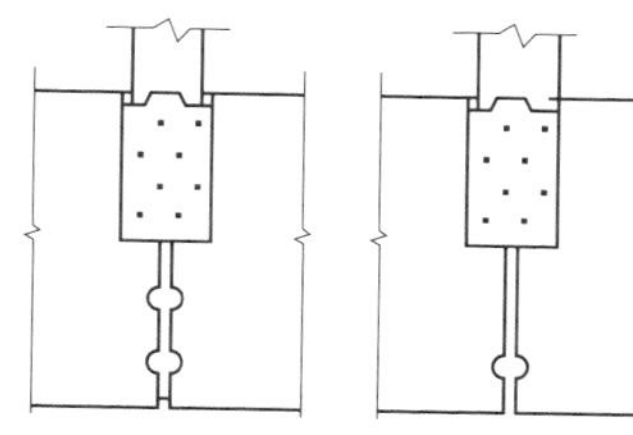
图 4–91 构造防水垂直缝做法

弹性物盖缝防水是以金属弹性卡具、塑料弹性物盖缝或嵌缝达到防水要求的防水形式，如图 4–92 所示，用于水平缝和垂直缝空腔。对于水平缝，还可以采用弹性物填缝做法。

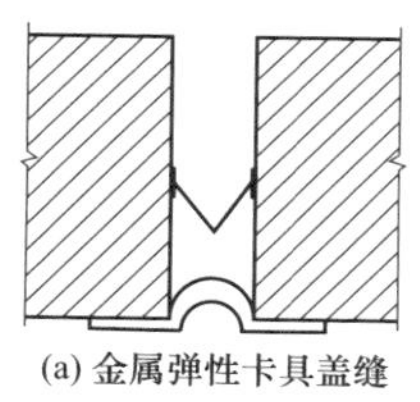
(a) 金属弹性卡具盖缝

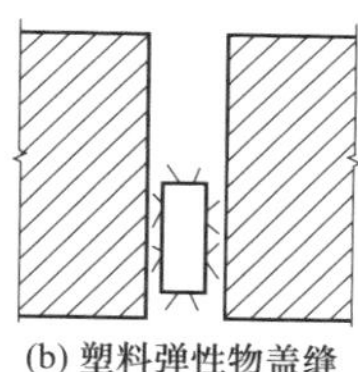
(b) 塑料弹性物盖缝

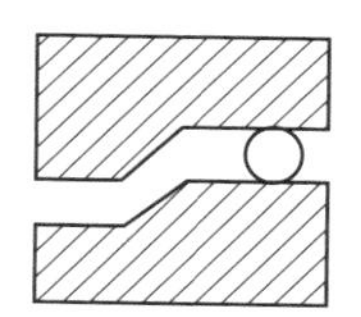
(c) 水平缝弹性物填缝

图 4–92 弹性物盖缝防水构造

（2）预制墙板接缝设计。

1）墙板接缝构造方案。根据钢结构节能建筑及装配式复合墙板的设计施工要求、复合板接缝的性能要求，结合现阶段接缝的设计构造，提出了一种新型的接缝设计方案，包括保温隔热设计方案和防水隔气方案。方案设计图如图 4–93 所示。

接缝对压型钢板的连接处采用 360° 卷边咬合并填充密封胶的形式实现防水的要求；利用聚氨酯企口加板端堵头并利用双面胶固定的形式实现接缝的保温隔热处理。

2）墙板接缝保温隔热性能。利用防护热箱法对接缝的保温隔热性能进行检测。检测的对象是尺寸大小为 1.5m × 1.5m 的密肋龙骨复合板材 + 外墙保温装饰夹芯板墙体，试验对象的构造图如图 4–94 所示。

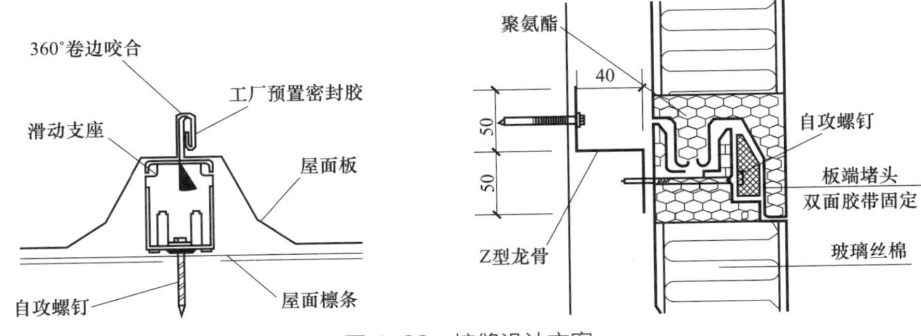

图 4-93　接缝设计方案

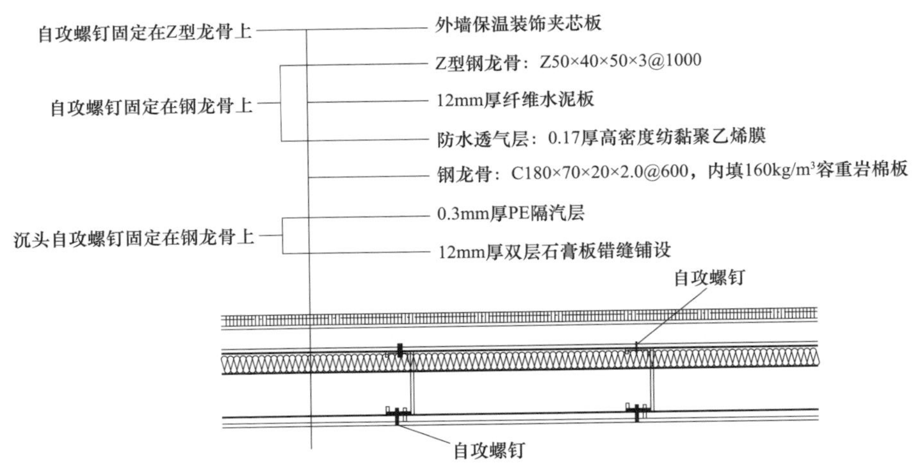

图 4-94　密肋龙骨复合板材 + 外墙保温装饰夹芯板墙体构造图

其中外墙保温装饰夹芯板是 50mm 厚玻璃丝绵夹芯板，同时在距构件边缘 250mm 处设立两条接缝。通过对其试验得到其整体传热系数为 0.493W/（m^2・K）。其理论计算值为 0.39W/（m^2・K），由此可见该接缝对整体的传热系数影响较小，符合保温隔热的要求。

3）墙体接缝水密性、气密性能。依据幕墙《建筑幕墙气密、水密、抗风压性能检测方法》（GB/T 15227—2007），对构件进行了水密性和气密性试验。试验构件构造图如图 4-95 所示。试件的尺寸为 2m × 3.6m，沿长度方向布置 3 条接缝，接缝间距为 600mm。对其进行试验，结果如表 4-46 所示。

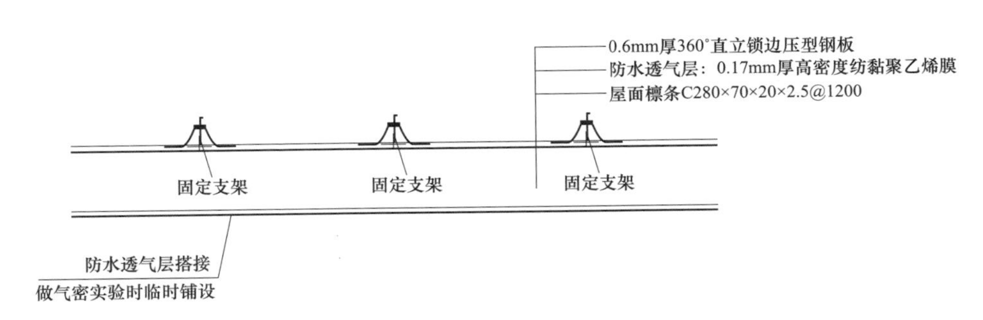

图 4-95　水密性、气密性试验构件构造图

表 4-46 气密性试验结果

压力差（Pa）	附加渗透量（m³/h）			总渗透量（m³/h）			渗透量（m³/h）试件整体
	升压	降压	平压	升压	降压	平压	
50	62.75	81.04	71.90	68.04	85.45	76.74	4.85
100	93.65	116.88	105.26	98.92	126.10	112.51	7.24
150	115.10	115.10	115.10	122.24	122.24	122.24	7.14
-50	73.84	89.34	81.59	71.60	92.65	82.12	0.53
-100	106.95	124.15	115.55	103.93	135.43	119.68	4.12
-150	129.27	129.27	129.27	134.03	134.03	134.03	4.74
结论	标准状况下 100Pa 转化为 10Pa 渗透量试件整体（$m^3/m^2 \cdot h$）正压 0.19；负压 0.11						

标准状态 100Pa 转化为 10Pa 状态下墙板构件的渗透量整体为 $0.19m^3/(m^2 \cdot h)$，达到国家设计 7 级要求；试验构件在压力达到 1500Pa 时，构件四周未出现渗漏，符合水密性要求。

复合墙板的接缝是影响墙板保温隔热、气密性和水密性等功能要求的关键部位，从钢结构节能建筑对复合墙板接缝的性能要求的角度，接缝设计的原则以及现阶段的接缝处理技术可以满足保温隔热、气密性及水密性的要求。

4.6.5 构件细部构造设计

作为钢结构建筑细部设计的重要组成部分，节点构造占据着极为关键的地位。钢结构节点构造有三强设计原则，主要包括强节点弱结构原则、强柱弱梁原则、强焊缝原则，遵从三强原则对于钢结构框架支撑的承载力有强化的作用，从另一个角度说也可以有效防止建筑遭到破坏时节点的损坏先于构件，确保整体性更加稳固。从设计的实际情况出发也不能让节点太强，要留出一定的空间确保建筑遭遇地震时板件能够承载一定的变形，通过提高韧性确保建筑的安全性，强柱弱梁原则就是遵从建筑结构的屈服原则，通过提高架构韧性的方式提高建筑的重力荷载。通常情况下，一层的框架能够承载一层楼的重量，框柱则需要承载盖层建筑及之上的重力，因此提高框架柱的承载力有利于提高结构整体的稳定性，这就要求我们在进行构件焊缝时做到"强焊缝弱钢材"原则,实现焊缝承载力高于板材构件，能够有效促使构件屈服面顺利避开焊缝，坚固的嵌于钢板中，这样整个框架的延展性增强。除此之外，为了提高侧力构件的抗震性，要格外注重构件出现的意外状况，如塑性铰部位的转动力与耗能，要防止竖向钢经受侧力作用时支撑斜杆发生弯曲，在反复外力作用下多次弯曲会导致刚度退化，再如要注意节点螺栓的连接，连接韧性要强于焊缝，在重要构件与节点连接时要选用高强度螺栓。

钢结构连接节点的设计是钢结构设计中重要的内容之一，在结构分析前，就应该对节点的形式有充分思考与确定，有时出现的一种情况是，最终设计的节点与结构分析模型中使用的形式不完全一致，如果你不能确信这种不一致带来的偏差在工程许可范围内 5%，就必须想办法避免。

钢结构连接节点的分类和形式：

（1）按连接性质分为刚接、铰接和半刚性连接，如图 4-96 所示。

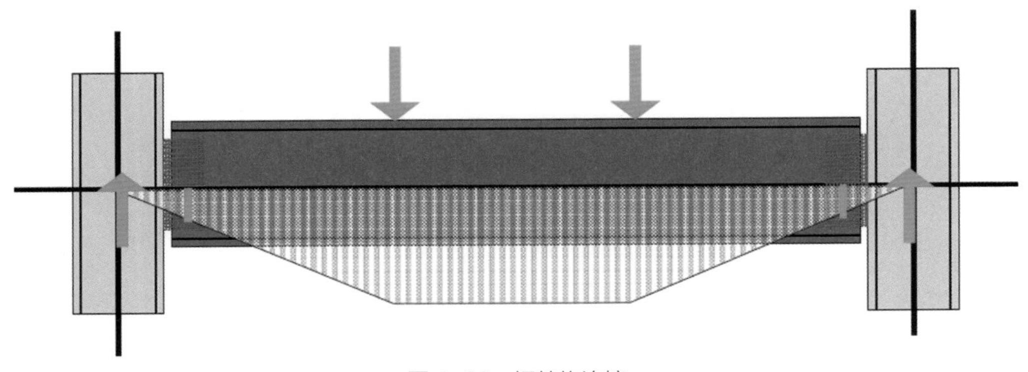

图 4-96　钢结构连接

（2）按连接方式分为焊接、螺栓连接、栓焊混合连接；如图 4-97 所示。

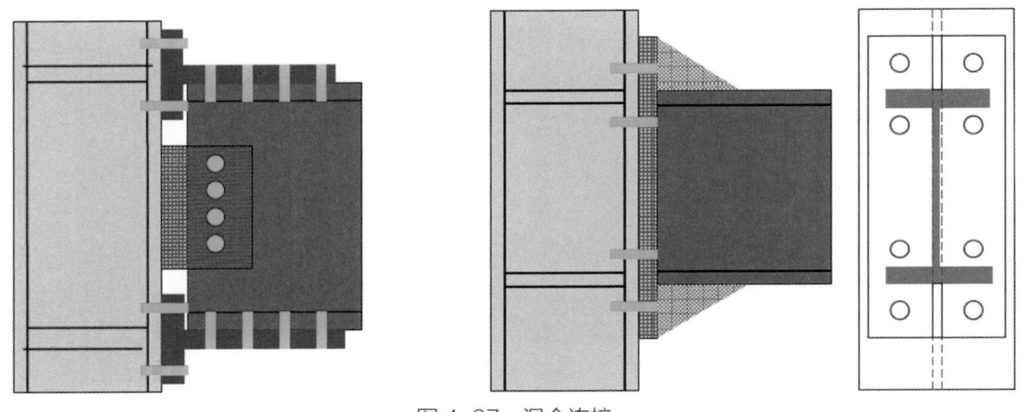

图 4-97　混合连接

（3）按材料类别分为铸钢、锻钢节点。

（4）按构造特点分为加劲板式、相贯式、端板式、球形节点。

（5）按结构体系分为平面、空间节点。

设计宜选择可以简单定量分析的，常用的参考书有丰富的推荐的节点做法及计算式，钢结构节点连接的不同对结构影响甚大。比如，有的刚接节点虽然承受弯矩没有问题，但会产生较大转动，不符合结构分析中的假定，最终会导致实际工程变形大于计算数据等的不利结果。

钢结构连接节点有等强设计和实际受力设计两种常用的方法，可偏安全性选用前者，设计手册中通常有焊缝及螺栓连接的表格等供设计查用，比较方便，也可以使用结构软件的后处理部分来自动完成。

具体设计主要包括以下内容：

（1）焊接：钢结构焊接连接是传力最充分的，有足够的延性；对焊接焊缝的尺寸及形式等，规范有强制规定，应严格遵守，焊条的选用应和被连接金属材质适应，E43 对应 Q235，E50 对应 Q345，Q235 与 Q345 连接时，应该选择低强度的 E43，而不是 E50。

焊接设计中不得任意加大焊缝，焊缝的重心应尽量与被连接构件重心接近，其他详细内容可查相关规范关于焊缝构造方面的规定。

（2）拴接：高层钢结构承重构件的高强度螺栓连接应采用摩擦型。高强度螺栓连接施工方便，但连接尺寸过大，因而造价较高，且在大震下容易产生滑移。

铆接形式，在建筑工程中，现已很少采用。

普通螺栓抗剪性能差，可在次要结构部位使用，高强螺栓，使用日益广泛，常用 8.8S 和 10.9S 两个强度等级，根据受力特点分承压型和摩擦型，两者计算方法不同，高强螺栓最小规格 M12，常用 M16 ~ M30，超大规格的螺栓性能不稳定，应慎重使用。

自攻螺栓用于板材与薄壁型钢间的次要连接，在低层墙板式住宅中也常用于主结构的连接，难以解决的是自攻过程中防腐层的破坏问题。

（3）连接板：需验算栓孔削弱处的净截面抗剪等，连接板厚度可简单取为梁腹板厚度加 4mm，则除短梁或有较大集中荷载的梁外，常不需验算抗剪。

（4）梁腹板：应验算栓孔处腹板的净截面抗剪，承压型高强螺栓连接还需验算孔壁局部承压。

（5）钢结构的节点设计是结构设计的重要环节，一般应遵循以下原则：

1）节点传力应力求简洁明了，受力的计算分析模型应与节点的实际受力情况一致，节点构造应尽量与设计计算的假定相符合；

2）保证节点连接有足够的强度和刚度，避免由于节点强度或刚度不足而导致整体结构破坏；

3）节点连接应具有良好的延性，避免采用约束程度大和易产生层状撕裂的连接形式，以利于抗震；

4）尽量简化节点构造，以便于加工、安装时的就位和调整，并减少用钢量；

5）尽可能减少工地拼装的工作量，以保证节点质量并提高工作效率。

（6）钢结构节点设计还应考虑制造厂的工艺水平，比如钢管连接节点的相贯线的切口可能需要数控机床等设备才能完成。

4.7 集成设计

集成设计是指建筑结构系统、外围护系统、设备与管线系统、内装系统一体化的设计。在系统集成的基础上，装配式建筑强调集成设计，突出在设计的过程中，应将建筑结构系统、外围护系统、设备与管线系统以及内装系统进行综合考虑，一体化设计。

集成设计应考虑不同系统、不同专业之间的影响，包括：在结构构件和围护部品上预埋或预先焊接连接件；在结构构件上为设备管线留孔洞；围护部品预留、预埋的设备管线；结构构件与内装部品的接口条件；围护部品为内装部品需要吊挂处的加强等方面。要完成集成设计，应做到下列要求：

1）采用通用化、模数化、标准化设计方式，宜采用建筑 BIM 技术。

2）各项建筑功能及细节构造应在生产制造和施工前确定。

3）主体结构、围护结构、设备与管线及内装等各模块之间的协同设计，应贯穿设计全过程。

4）应按照建筑全寿命期的要求，落实从部品部件生产、施工到后期运营维护全过程的绿色体系。

装配式变电站钢结构的集成设计，其结构系统、外围护系统、内装系统集成设计技术已较成熟，设备与管线系统的集成设计应是今后重点关注及大力发展的方向。

设备与管线系统的集成设计原则：

1）小管让大管，越大越优先。如空调通风管道、轴流风机管道等由于是大截面、大直径的管道，占据的空间较大，如发生局部返弯，施工难度大，施工成本大，应优先作布置。

2）有压管道让无压管道。如雨水管道、空调冷凝水排水管等都是靠重力进行排水，因此，水平管段必须保持一定的坡度，这是排水顺利的充分必要条件。有压管道主要指给水管道，有压管道与无压管道交叉时，有压管道应尽量避让无压管道。

3）强、弱电分开设置。由于弱电线路，如通信、门禁系统、红外双鉴、遥视安防和其他智能辅控线路等易受动力线路电磁场的干扰，因此强电线路与弱电线路不宜敷设在同一个电缆槽内。

4）同等情况下造价低让造价高的。对于不属于以上几条的管线，如发生位置冲突应以那种管线改造所产生的成本低作为避让的依据。

5）根据钢结构装配式建筑特点，照明、开关、插座、智能辅控系统及火灾报警系统的埋管，均通过三维技术预排精准策划，提前预排，消除各系统埋管的相互交叉和相互妨碍，同时埋管有图可查，方便将来变电站运行维护。

6）线槽、管道敷设。构架房屋安装完成后，内墙板施工前应对动力电缆和照明线路进行敷设，现浇地面以下和内墙板里面的照明线路应穿管，横平、竖直整齐排列。施工前电缆线槽和管道位置必须与相关专业的施工图严格复核，综合会审后施工，防止与其他管线或水管相碰。

7）管线安装。动力用线管需弯曲时，其弯曲半径不得小于管外径的10倍；保护管口做成喇叭型，管口边缘锉光滑；电缆穿管完毕，管口要用防火填料作妥善密封处理。

8）预留孔洞及预埋件的施工应根据管线施工详图要求，在封闭内外墙板前将预埋模盒及套管用点焊或钢丝绑扎在钢梁或龙骨上，尺寸位置检验后进行墙板安装。管模内采用纸团堵塞，安装岩棉板及墙板时设专人看护，防止移位或及时复位。

9）优化配电装置室室内照明、事故、动力配电箱及控制室消防报警主机安装位置，35 ~ 220kW 电压等级变电站工程在二次设备室内单独设置1面屏柜，500kW 变电站工程在二次设备室内单独设置 2 ~ 3 面屏柜，通组屏方式将照片、事故、动力及消防报警主机分层集中安装在屏柜内规范管理，有助于室内布线简洁、美观。

10）智能辅助系统以下相关子系统管线布设应综合考虑实现与监控后台的联动功能：

a. 门禁系统：门禁、读卡器、开门按钮、电磁锁。

b. 安全警卫系统：红外双鉴探测器。

c. 环境检测系统：温湿度传感器、风速传感器、水浸探测器、SF_6 探测器、空调控制器。

d. 智能灯光控制系统：LED 内嵌式吊顶灯、LED 吊杆灯、壁灯。

e. 辅助灯光：事故照明和疏散照明。

f. 通风系统：风机控制、百叶窗控制。

g. 遥视系统：室内模拟中速球、室内网络中速球、模拟固定摄像机。

h. 消防系统：消防控制器、声光报警、消防主机报警。

可以采用包含 BIM 技术在内的多种技术手段开展三维管线综合设计，对各专业管线在钢构件上预留的套管、开孔、开槽位置尺寸进行综合及优化，形成标准化方案，并做好精细设计以及定位，避免错漏碰缺，降低生产及施工成本，减少现场返工。

5 装配式混凝土结构建筑

5.1 装配式混凝土结构建筑概述

5.1.1 装配式混凝土结构概念

装配式混凝土结构是由预制混凝土构件通过各种可靠的连接方式装配而成的混凝土结构。装配式混凝土结构从连接方式上来讲可以分为装配整体式混凝土结构和预应力拼装建筑。

目前，大量应用的装配式建筑大多采用装配整体式混凝土结构，例如，武汉吴家山110kV变电站以及大量的民用装配式住宅；近两年也有一些项目尝试应用新型预应力拼装建筑体系，例如，武汉东西湖走马岭同馨花园幼儿园北楼项目。

装配整体式混凝土结构是由预制混凝土构件通过可靠的方式进行连接并与现场后浇混凝土、水泥基灌浆料形成的整体的装配式混凝土结构。目前，湖北地区变电站应用的主要是装配整体式混凝土结构，其主要由竖向承重和水平抗侧力体系构件组成。

水平方向构件有：预制楼板、叠合梁、后浇叠合层。

竖直方向构件有：预制或现浇剪力墙、水平现浇带或圈梁，预制柱。

装配整体式混凝土结构的特点主要有以下三个：①节点区域的钢筋构造与现浇结构相同；②节点区域的混凝土后浇或者纵筋采用灌浆套筒连接、浆锚搭接连接；③采用叠合楼盖。

新型预应力拼装建筑体系是弹性建筑体系，和装配整体式混凝土结构最大的区别在侧向力作用下，其预应力拼装部分变形可恢复，构件不破坏。其结构体系由以下几部分组成：基础 + 预应力、预制柱 + 预应力、预制梁 + 预应力、梁柱压着节点、其他耗能构件、叠合楼板或钢筋桁架楼承板。

5.1.2 装配式混凝土结构分类及组成

装配式建筑分为装配式框架结构、装配式剪力墙结构、装配式框剪结构三类（均指装配整体式混凝土结构）。另外，早期的一些装配式建筑主体结构现浇外墙也有的采用装配式非承重式外挂板的装配形式，例如武汉琴台大剧院。

装配式框架结构和装配式框剪结构主要由预制柱、预制梁、女儿墙、叠合板、阳台板、空调板、楼梯系统、隔墙板、装饰挂板、坡屋面、檐口等组成。其中坡屋面、檐口主要应用于低多层装配式建筑中。

装配式剪力墙结构主要由内外墙、女儿墙、叠合板、阳台板、空调板、楼梯系统、隔墙板、PCF 外墙模板、装饰挂板等组成。

装配式非承重外挂板主要有夹芯保温挂板、石材瓷砖挂板、清水混凝土挂板等。

5.1.3 装配式混凝土结构设计原则

2014 年 2 月 10 日，发布了《装配式混凝土结构技术规程》（JGJ 1—2014），到 2017 年 1 月 10 日，又发布了《装配式混凝土建筑技术标准》（GB/T 51231—2016）。这两本是关于装配式混凝土结构设计的最重要的规范。装配式混凝土结构设计原则的相关内容主要来源于这两本规程规范。

（1）装配式混凝土建筑应采用系统集成的方法统筹设计、生产运输、施工安装，实现全过程的协同。同非装配式设计最大的区别在需要统筹考虑生产运输和施工安装。未考虑到这两个方面的装配式设计只是拆分设计不能称之为装配式设计。

（2）装配式混凝土建筑设计应按照通用化、模数化、标准化的要求，以少规格、多组合的原则，实现建筑及部品部件的系列化和多样化。因为装配式建筑部品部件开模生产需要成本，按照这样的原则实施不仅能提高经济性，还能提高部品部件的性能质量。

（3）部品部件的工厂化生产应建立完善的生产质量管理体系，设置产品标识，提高生产精度，保障产品质量。对于生产环节而言最重要的是把好质量关。

（4）装配式混凝土建筑应综合协调建筑、结构、设备和内装等专业，制定相互协同的施工组织方案，并应采用装配式施工，保证工程质量，提高劳动效率。在施工环节，同样需要统筹协调，指定的施工组织方案应进行全专业评审，达到全专业协同。

（5）装配式混凝土建筑应实现全装修，内装系统应与结构系统、外围护系统、设备与管线系统一体化设计建造。对于装配式变电站来说，不仅是内装系统还包括设备基础和安装接口，均要一体化设计建造，如此才能体现装配式建筑的意义。当然这对生产、设计、施工提出了更高的要求。

（6）装配式混凝土建筑宜采用建筑信息模型（BIM）技术，实现全专业、全过程的信息化管理。目前湖北省在全省范围内推广三维设计，这一大举措与装配式建筑的发展是互相呼应相得益彰。

（7）装配式混凝土建筑宜采用智能化技术，提升建筑使用的安全、便利、舒适和环保等性能。目前在变电站中应用比较多的是智能辅控技术，未来可以大力发展的方向是物联网技术和数据化平台一体化设计施工技术。

（8）装配式混凝土建筑应进行技术策划，对技术选型、技术经济可行性和可建造性进行评估，并应科学合理地确定建造目标与技术实施方案。目前装配式混凝土建筑发展如火如荼，从工法到连接到制造各种创新层出不穷，国家从政策层面鼓励创新，但同时也得保证安全，对于变电站建设来说安全更是一票否决。所以制定科学合理的建筑目标与技术实施方案尤为重要。

（9）装配式混凝土建筑应满足适用性能、环境性能、经济性能、安全性能、耐久性能等要求，并应采用绿色建材和性能优良的部品部件。

5.1.4 设备与管线系统设计相关规定

5.1.4.1 一般规定

（1）装配式混凝土建筑的设备与管线宜与主体结构相分离，应方便维修更换，且不应影响主体结构安全。

（2）装配式混凝土建筑的设备与管线宜采用集成化技术，标准化设计，当采用集成化新技术、新产品时应有可靠依据。

（3）装配式混凝土建筑的设备与管线应合理选型，准确定位。

（4）装配式混凝土建筑的设备和管线设计应与建筑设计同步进行，预留预埋应满足结构专业相关要求，不得在安装完成后的预制构件上剔凿沟槽、打孔开洞等。穿越楼板管线较多且集中的区域可采用现浇楼板。

（5）装配式混凝土建筑的设备与管线设计宜采用建筑信息模型（BIM）技术，当进行碰撞检查时，应明确被检测模型的精细度、碰撞检测范围及规则。建议装配式混凝土建筑设计采用三维设计软件，应用数据化平台设计施工一体化策划设计实施。

（6）装配式混凝土建筑的部品与配管连接、配管与主管道连接及部品间连接应采用标准化接口，且应方便安装使用维护。变电站建设中推广通用设计通用设备为装配式建筑的标准化接口打下了坚实的基础。

（7）装配式混凝土建筑的设备与管线宜在架空层或吊顶内设置。由于变电站设备房间均不设吊顶可优先考虑架空层方案。

（8）公共管线、阀门、检修口、计量仪表、电表箱、配电箱、智能化配线箱等，应统一集中设置在专用区域，例如可以考虑集成到二次屏柜中。

（9）装配式混凝土建筑的设备与管线穿越楼板和墙体时，应采取防水、防火、隔声、密封等措施，防火封堵应符合《建筑设计防火规范》（GB 50016—2014）的有关规定。

（10）装配式混凝土建筑的设备与管线的抗震设计应符合《建筑机电工程抗震设计规范》（GB 50981—2014）的有关规定。

5.1.4.2 给水排水

（1）装配式混凝土建筑冲厕宜采用非传统水源，水质应符合《城市污水再生利用城市杂用水水质》（GB/T 18920—2002）的有关规定。

（2）装配式混凝土建筑的给水系统设计应符合下列规定：

1）给水系统配水管道与部品的接口形式及位置应便于检修更换，并应采取措施避免结构或温度变形对给水管道接口产生影响；

2）给水分水器与用水器具的管道接口应一对一连接，在架空层或吊顶内敷设时，中间不得有连接配件，分水器设置位置应便于检修，并宜有排水措施；

3）宜采用装配式的管线及其配件连接；

4）敷设在吊顶或楼地面架空层的给水管道应采取防腐蚀、隔声减噪和防结露等措施。

（3）装配式混凝土建筑的排水系统宜采用同层排水技术，同层排水管道敷设在架空层时，宜设积水排出措施。

（4）装配式混凝土建筑应选用耐腐蚀、使用寿命长、降噪性能好、便于安装及维修的管材、管件，以及连接可靠、密封性能好的管道阀门设备。

5.1.4.3 通风、空调

（1）装配式混凝土建筑的室内通风设计应符合《民用建筑供暖通风与空气调节设计规范》（GB 50736—2012）和《建筑通风效果测试与评价标准》（JGJ/T 309—2013）的有关规定。

（2）装配式混凝土建筑应采用适宜的节能技术，降低建筑能耗，减少环境污染，并充分利用自然通风。

（3）装配式混凝土建筑的通风和空调等设备均应选用能效比高的节能型产品，以降低能耗。

（4）当墙板或楼板上安装空调设备时，其连接处应采取加强措施。

（5）装配式混凝土建筑的暖通空调、防排烟设备及变电站本体设备管线等系统应协同设计，并应可靠连接。

5.1.4.4 装配式变电站配电装置、电气和智能化

装配式变电站的配电装置设计的相关原则详见国网及省公司相关设计要求，本章中提到的配电装置仅指与建筑物本体发生嵌入关系的设备，而电气则指照明和通信等弱电电气。

（1）配电装置、电气和智能化设备与管线的设计，应满足预制构件工厂化生产、施工安装及使用维护的要求。

（2）配电装置、电气和智能化设备与管线设置及安装应符合下列规定：

1）配电装置、电气和智能化系统的竖向主干线应在电气竖井或专用电缆通道内设置；

2）配电箱、智能化配线箱不宜安装在预制构件上；

3）当大型灯具、桥架、母线、配电设备等安装在预制构件上时，应采用预留预埋件固定；

4）设置在预制构件上的接线盒、连接管等应做预留，出线口和接线盒应准确定位；

5）不应在预制构件受力部位和节点连接区域设置孔洞及接线盒，隔墙两侧的电气和智能化设备不应直接连通设置。

（3）装配式混凝土建筑的防雷设计应符合下列规定：

本章中的防雷仅指装配式变电站建筑物本体的防雷。

1）当利用预制剪力墙、预制柱内的部分钢筋作为防雷引下线时，预制构件内作为防雷引下线的钢筋，应在构件接缝处做可靠的电气连接，并在构件接缝处预留施工空间及条件，连接部位应有永久性明显标记；

2）建筑外墙上的金属管道、栏杆、门窗等金属物需要与防雷装置连接时，应与相关预制构件内部的金属件连接成电气通路；

3）设置等电位连接的场所，各构件内的钢筋应作可靠的电气连接，并与等电位连接箱连通。

5.1.5 装配式混凝土结构相关规程规范

最近几年政府出台了各种政策主导装配式建筑的发展，并编制了一系列的规程和标准规范装配式建筑的设计、生产、施工和检验。装配式混凝土结构建筑相关的主要有现行《装配式混凝土建筑技术标准》（GB/T 51231）、《装配式混凝土结构技术规程》（JGJ 1）、《钢筋套筒

灌浆连接应用技术规程》(JGJ 355)、《多层装配式混凝土技术标准》(即将发布)、《装配式建筑密封胶应用技术规程》(即将发布)、《装配式混凝土结构连接节点构造》(G 310—1 ~ 2)、《预应力混凝土双 T 板》(09SG432—2)、《预制混凝土外墙挂板(一)》(16J110—2、16G333)、《预制混凝土剪力墙外墙板》(15G365—1)、《预制混凝土剪力墙内墙板》(15G365—2)等。

5.2 外墙围护系统

5.2.1 外围护系统种类及附件

外围护系统从组成上可分为两类：实心墙体和现场组装骨架外墙。清水混凝土挂板、GRC 复合外墙板、陶粒混凝土墙板等都属于实心墙体。而预制夹芯墙板、夹芯保温挂板都属于现场组装骨架外墙。

实心墙体又可分为三类：一类是常规的预制混凝土墙体；二类是新型的轻质材料制造的墙体，目前应用比较多的有陶粒混凝土、珍珠岩混凝土等；而第三类称为复合墙体，即前面的两类复合。此类墙体在变电站和其他一些层高较高的公用建筑中应用较多。现场组装骨架外墙在寒冷地区应用比较广泛，不适用于湖北地区，本书在此不做进一步介绍。

在民用住宅采用的装配式剪力墙和装配式框剪结构中，外墙围护系统一般采用预制剪力墙，是竖向承重构件。而在变电站采用的装配式混凝土结构是装配式框架结构，其外墙围护系统一般采用装配式非承重外挂板。属于实心墙体中的第一类。考虑到新型材料更加绿色环保，变电站工程的外围护系统也倾向于采用新型轻质材料制成的墙体。

但由于变电站的层高比一般民用建筑高，经过设计计算，仅单层轻质材料不能满足其受力要求。所以目前更多应用地是第三类复合墙体。例如，材质为陶粒微孔混凝土 + 普通混凝土（C10+C30）的预制复合外挂板，此种外挂板厚度有多重规格可选，在变电站中应用较多的厚度是 200mm，此种规格材料密度约为 $15kN/m^3$，仅为预制混凝土实心墙体的 60%。

外挂墙板及装修层（内外墙面）在工厂可以全部生产完成，现场直接拼装墙体即可，无需要再进行粉刷和面层施工。但是拼接缝处的连接需要现场处理，不仅如此拼接缝隙与建筑外立面造型应结合考虑。

5.2.1.1 预制外墙的要求

（1）预制外墙用材料的要求：

1）预制混凝土外墙板用材料应符合现行《装配式混凝土结构技术规程》(JGJ 1）的规定；

2）拼装大板用材料包括龙骨、基板、面板、保温材料、密封材料、连接固定材料等，各类材料应符合国家现行相关标准的规定；

3）整体预制条板和复合夹芯条板应符合国家现行相关标准的规定。

（2）露明的金属支撑件及外墙板内侧与主体结构的调整间隙，应采用燃烧性能等级为 A 级的材料进行封堵，封堵构造的耐火极限不得低于墙体的耐火极限，封堵材料在耐火极限内不得开裂、脱落。

（3）防火性能应按非承重外墙的要求执行，当夹芯保温材料的燃烧性能等级为 B 1 或

B 2 级时，内、外叶墙板应采用不燃材料且厚度均不应小于 50mm。

（4）块材饰面应采用耐久性好、不易污染的材料；当采用面砖时，应采用反打工艺在工厂内完成，面砖应选择背面设有黏结后防止脱落措施的材料。

（5）预制外墙接缝应符合下列要求：

1）接缝位置宜与建筑立面分格相对应；

2）竖缝宜采用平口或槽口构造，水平缝宜采用企口构造；

3）当板缝空腔需设置导水管排水时，板缝内侧应增设密封构造；

4）宜避免接缝跨越防火分区；当接缝跨越防火分区时，接缝室内侧应采用耐火材料封堵。

（6）蒸压加气混凝土外墙板的性能、连接构造、板缝构造、内外面层做法等要求应符合现行《蒸压加气混凝土建筑应用技术规程》（JGJ/T 17）的相关规定，并符合下列规定：

1）可采用拼装大板、横条板、竖条板的构造形式；

2）当外围护系统需同时满足保温、隔热要求时，板厚应满足保温或隔热要求的较大值；

3）可根据技术条件选择钩头螺栓法、滑动螺栓法、内置锚法、摇摆型工法等安装方式；

4）外墙室外侧板面及有防潮要求的外墙室内侧板面应用专用防水界面剂进行封闭处理。

5.2.1.2 外门窗

（1）外门窗应采用在工厂生产的标准化系列部品，并应采用带有批水板等的外门窗配套系列部品。

（2）外门窗应可靠连接，门窗洞口与外门窗框接缝处的气密性能、水密性能和保温性能不应低于外门窗的有关性能。

（3）预制外墙中外门窗宜采用企口或预埋件等方法固定，外门窗可采用预装法或后装法设计，并满足下列要求：

1）采用预装法时，外门窗框应在工厂与预制外墙整体成型；

2）采用后装法时，预制外墙的门窗洞口应设置预埋件。

（4）铝合金门窗的设计应符合现行《铝合金门窗工程技术规范》（JGJ 214）的相关规定。

（5）塑料门窗的设计应符合现行《塑料门窗工程技术规程》（JGJ 103）的相关规定。

5.2.2 各外围护系统的组成及特性

5.2.2.1 清水混凝土挂板

清水混凝土是直接利用混凝土成型后的自然质感作为饰面效果的混凝土。可分为普通清水混凝土、饰面清水混凝土和装饰清水混凝土。普通清水混凝土是指表面颜色无明显色差，对饰面效果无特殊要求的清水混凝土。饰面清水混凝土是指表面颜色基本一致，由有规律排列的对拉螺栓眼、明缝、蝉缝、假眼等组合形成的、以自然质感为饰面效果的清水混凝土。装饰清水混凝土表面形成装饰图案、镶嵌装饰片或彩色的清水混凝土。

我国清水混凝土尚处于发展阶段，属于新兴的施工工艺，真正掌握此类建筑的设计和施工的单位不多。清水混凝土墙面最终的装饰效果，60% 取决于混凝土浇筑的质量，40% 取决于后期的透明保护喷涂施工，因此，清水混凝土对建筑施工水平是一种极大的挑战。所以目前采用的清水混凝土预制内墙和外墙都非真正意思上的清水混凝土，而只是预制混凝土，均进行过二次粉刷和装修。

目前，湖北省已实施的装配式框架结构的建筑共两栋，均采用预制混凝土实心墙体。如吴家山 110kV 变电站采用预制混凝土外挂墙体。

目前，考虑到我国的施工过程中的起重能力、运输能力和施工水平，不易将构件做的过高过大。因为主体的结构的层间位移对过长或过高的外墙挂板内力将产生较大影响，必要时还要考虑构件的 $P\text{–}\Delta$ 效应。另外，外挂墙板还受到平面外风荷载和地震作用的双向作用，在配筋方面应考虑相应因素的影响。所以对于外挂墙板应该满足以下几个基本的构造要求：①外挂墙板的高度不宜大于一个层高，厚度不宜小于 100mm。②外挂墙板宜采用双层、双向配筋，竖向和水平钢筋的配筋率均不应小于 0.15%，且钢筋直径不宜小于 5mm，间距不宜大于 200mm。③外挂墙板门窗洞口边由于应力集中，应采取防止开裂的加强措施。门窗洞口周边、角部应配置加强钢筋。④挂墙板的饰面可以有多种做法，应针对不同做法确定钢筋混凝土保护层的厚度，如对石材或面砖饰面，不应小于 15mm；对清水混凝土，不应小于 20mm；对露骨料装饰面，应从最凹处混凝土表面计起，且不应小于 20mm。

5.2.2.2　陶粒混凝土外墙板

陶粒混凝土又称为轻骨料混凝土。陶粒混凝土它是由胶凝材料和轻骨料配制而成的，容重不大于 1900kg/m^3。可分为全轻混凝土（用轻砂）与砂轻混凝土（用普通砂）。陶粒混凝土墙板如图 5–1 所示。

图 5–1　陶粒混凝土墙板

轻骨料混凝土的耐热、防火性能较普通混凝土的好，但弹性模量则较低。以陶粒为粗骨料，以普通砂或陶砂为细骨料的轻骨料混凝土称为陶粒混凝土。结构用陶粒混凝土的强度可大于 40MPa，保温及耐热性能较好。可用于房屋建筑、桥梁、船及窑炉基础等。陶粒混凝土俗称“轻质混凝土”，解决了普通混凝土表干密度选择余地小的缺陷，使混凝土表干密度选择范围更加完善。陶粒轻混凝土的密度等级分为 800、900、1000、…、1800、1900kg/m^3。

陶粒混凝土特点：

（1）陶粒混凝土重量轻，其干容重为 800 ~ 1900kg/m^3，比普通混凝土轻 2/3 ~ 1/5，标号可达 CL5 ~ CL60，由于自重轻，可减少基础荷载，因而可使整个建筑物自重减轻。

（2）陶粒混凝土保温性能好，热损失小。陶粒混凝土导热系数一般为 0.2 ~ 0.7KCAL/M.0C.N，比普通混凝土低一半以上，因此可减薄墙体厚度，相应地增加室内宽阔度，在等同墙厚条件下，可大大改善房间保温隔热性能。陶粒混凝土由于自重轻，弹性模量较低，允许变化性能较大，所以抗震性能较好。

（3）陶粒混凝土抗渗性好。陶粒表面比碎石粗糙，具有一定吸水能力，所以陶粒与水泥砂浆之间的粘结能力较强，因而陶粒混凝土具有较高的抗渗能力和耐久性。

（4）陶粒混凝土耐火性好。防火试验结果表明，它的耐火极限温度可达 3h 以上。而普通混凝土的耐火极限温度一般为 1.5 ~ 2h。

（5）陶粒混凝土具有施工适应性强的特点，它不仅可根据建筑物的不同用途和功能，配制出不同容重和强度的混凝土材料（根据其用于保温隔热的结构或承重结构而变），而且施工简便，适应于各种施工方法进行工业化生产，它不仅可采用预制工艺制作各种类型的构件（如板、块、梁、柱等）且可采用现浇机械化施工。陶粒混凝土施工适应性强是任何其他轻质建筑材料（如加气等）所不能比拟的。

5.2.2.3　GRC 复合外墙板

GRC 复合外墙板是以低碱度水泥砂浆为基材，耐碱玻璃纤维做增强材料，制成板材面层，内置钢筋混凝土肋，并填充绝热材料内芯，以台座法一次制成的新型轻质复合墙板。

由于采用了 GRC 面层和高热阻芯材的复合结构，因此 GRC 复合墙板具有高强度、高韧性、高抗渗性、高防火与高耐候性，并具有良好的绝热和隔声性能。

生产 GRC 复合外墙板的面层材料与其他 GRC 制品相同。芯层可用现配、现浇的水泥膨胀珍珠岩拌和料，也可使用预制的绝热材料（如岩棉板、聚苯乙烯泡沫塑料板等）。一般采用反打成型工艺，成型时墙板的饰面朝下与模板表面接触，故墙板的饰面质量效果好较高。墙板的 GRC 面层一般用直接喷射法制作。

根据墙板型号，GRC 复合外墙板可分为单开间大板和双开间大板两类；按所用绝热材料分类，有水泥珍珠岩复合外墙板、岩棉板复合外墙板或聚苯乙烯泡沫板复合外墙板等。

GRC 复合外墙板规格尺寸大、自重轻、面层造型丰富、施工方便，故特别适用于框架结构建筑，尤在高层框架建筑中作为非承重外墙挂板使用。

5.2.2.4　预制夹芯墙板

夹芯墙板分为非组合受力夹芯墙、组合受力夹芯墙、部分组合受力夹芯墙三类，由于我国城市建筑以高层建筑为主，《装配式混凝土结构技术规程》（JGJ 1—2014）推荐采用“非组合受力夹芯墙”，主要是为了释放外叶墙温度应力、避免产生温度裂缝、受力计算简单。

预制夹芯墙体应用的种类分南北两种不同的做法，南北分界以是否需要采暖为标准。

在北方需要采暖的地区采用预制夹芯墙板，俗称三明治墙体，就是把保温材料夹在两层混凝土之间的墙体。这样的做法既增强了保温材料寿命，同时又杜绝了火灾危险，长期效益佳。保温装饰一体化三明治墙板宜采用非组合受力形式，否则外叶墙产生开裂会影响装饰层的美观和使用寿命。保温装饰一体化三明治墙板是在墙板生产时，把内叶墙、保温板、外叶墙、装饰层集成在一起的多层复合构造形式，装饰做法包括 GFRC、石材、瓷砖、装饰混凝土等材质，一般采用反打成型，如果外装饰为平面，采用正打工艺生产效率很高。

在南方地区则取消中间的保温材料，仅采用双叶墙。（注：双叶墙不同于上文中提到的实心墙体第三类复合墙体，其内外两层是分开的，中间留有空隙。）但在实际应用中南方地区则普遍采用单层外挂墙体。

5.2.3　外围护系统设计相关要求

（1）装配式混凝土建筑应合理确定外围护系统的设计使用年限，变电站建筑的外围护系统的设计使用年限应与主体结构相协调。

（2）外围护系统的立面设计应综合装配式混凝土建筑的构成条件、装饰颜色与材料质感等设计要求。

（3）外围护系统的设计应符合模数化、标准化的要求，并满足建筑立面效果、制作工艺、运输及施工安装的条件。

（4）外围护系统设计应包括下列内容：

1）外围护系统的性能要求；

2）外墙板及屋面板的模数协调要求；

3）屋面结构支承构造节点；

4）外墙板连接、接缝及外门窗洞口等构造节点；

5）阳台、空调板、装饰件等连接构造节点。

（5）外围护系统应根据装配式混凝土建筑所在地区的气候条件、使用功能等综合确定抗风性能、抗震性能、耐撞击性能、防火性能、水密性能、气密性能、隔声性能、热工性能和耐久性能要求，屋面系统尚应满足结构性能要求。

（6）外墙系统应根据不同的建筑类型及结构形式选择适宜的系统类型；外墙系统中外墙板可采用内嵌式、外挂式、嵌挂结合等形式，并宜分层悬挂或承托。外墙系统可选用预制外墙、现场组装骨架外墙、建筑幕墙等类型。

（7）外墙系统中外挂墙板应符合《装配式混凝土结构技术规程》（JGJ 1—2014）第10章相关规定，其他类型的外墙板应符合下列规定：

1）当主体结构承受50年重现期风荷载或多遇地震作用时，外墙板不得因层间位移而发生塑性变形、板面开裂、零件脱落等损坏；

2）在罕遇地震作用下，外墙板不得掉落。

（8）外墙板与主体结构的连接应符合下列规定：

1）连接节点在保证主体结构整体受力的前提下，应牢固可靠、受力明确、传力简捷、构造合理。

2）连接节点应具有足够的承载力。承载能力极限状态下，连接节点不应发生破坏；当单个连接节点失效时，外墙板不应掉落。

3）连接部位应采用柔性连接方式，连接节点应具有适应主体结构变形的能力。

4）节点设计应便于工厂加工、现场安装就位和调整。

5）连接件的耐久性应满足使用年限要求。

（9）外墙板接缝应符合下列规定：

1）接缝处应根据当地气候条件合理选用构造防水、材料防水相结合的防排水设计；

2）接缝宽度及接缝材料应根据外墙板材料、立面分格、结构层间位移、温度变形等因素综合确定；所选用的接缝材料及构造应满足防水、防渗、抗裂、耐久等要求；接缝材料应与外墙板具有相容性；外墙板在正常使用下，接缝处的弹性密封材料不应破坏；

3）接缝处以及与主体结构的连接处应设置防止形成热桥的构造措施。

5.2.4 外挂墙板和主体结构的连接

外挂墙板与主体框架之间的连接是装配式混凝土结构设计及施工中的一个重要内容。首先外挂墙板的设计应保证满足基本的构造要求；同时与主体结构的连接应符合相应的原则；另外，接缝处还应体现良好的建筑物理性能和变形性能。

外挂墙板和主体结构之间的连接一方面要保证牢固可靠；另一方面要允许施工安装后

有调整的可能，因此在设计中应该满足以下的一些原则：①外挂墙板与主体结构的连接节点应采用预埋件（见图 5-2 和图 5-3），不得采用后锚固的方法。②用于固定连接件的预埋件与预埋吊件、临时支撑用预埋件不宜兼用，例如，用于连接节点的预埋件一般不同时作为用于吊装外挂墙板的预埋件；当兼用时，应同时满足各种设计工况要求。③外挂墙板与主体结构采用点支承连接时，连接件的滑动孔尺寸，应根据穿孔螺栓的直径、层间位移值和施工误差等因素确定。④根据日本和台湾地区的工程实践经验，点支承的连接节点一般采用在连接件和预埋件之间设置带有长圆孔的滑移垫片，形成平面内可滑移的支座（见图 5-4 和图 5-5）；当外挂墙板相对于主体结构可能产生转动时，长圆孔宜按垂直方向设置；当外挂墙板相对于主体结构可能产生平动时，长圆孔宜按水平方向设置。

目前工程上已实施的连接方式主要有以下三种，如图 5-6 ~ 图 5-8 所示。

（1）为现行装配式建筑通常建造方法，外挂板外包主体结构，上下层挂板均在框架梁上连接。外挂板上部节点预留粗糙面和锚筋，利用锚筋与梁现浇部分连接；其下部节点则

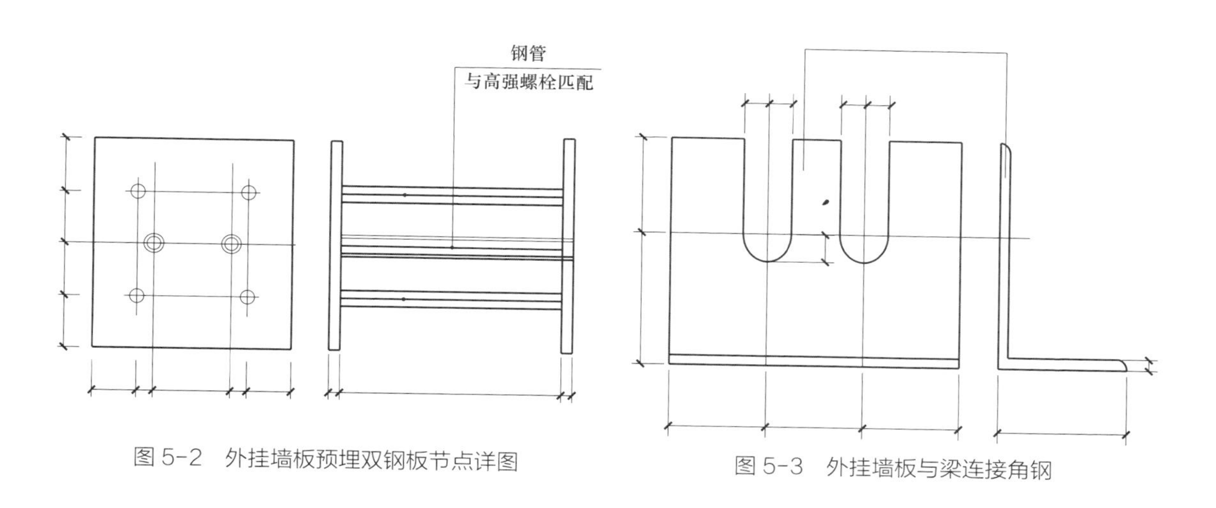

图 5-2 外挂墙板预埋双钢板节点详图

图 5-3 外挂墙板与梁连接角钢

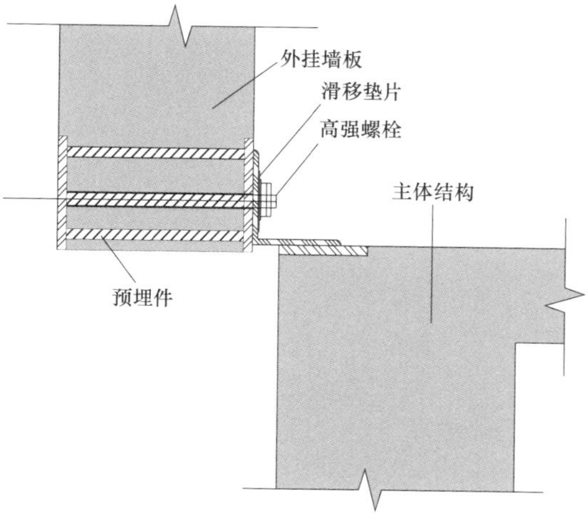

图 5-4 外挂墙板与下部梁连接节点

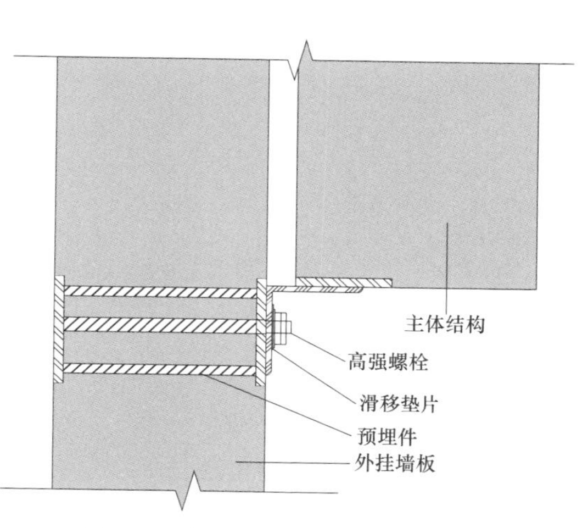

图 5-5 外挂墙板与上部梁连接节点

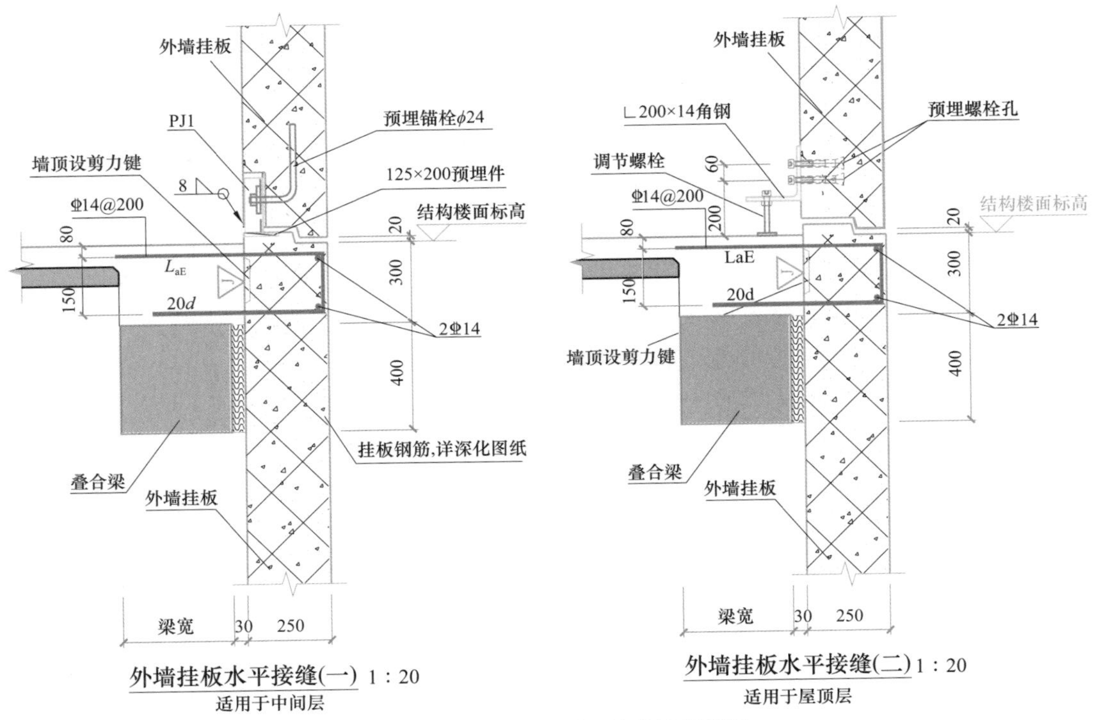

图 5-6　外挂墙板与主体现浇连接示意图一

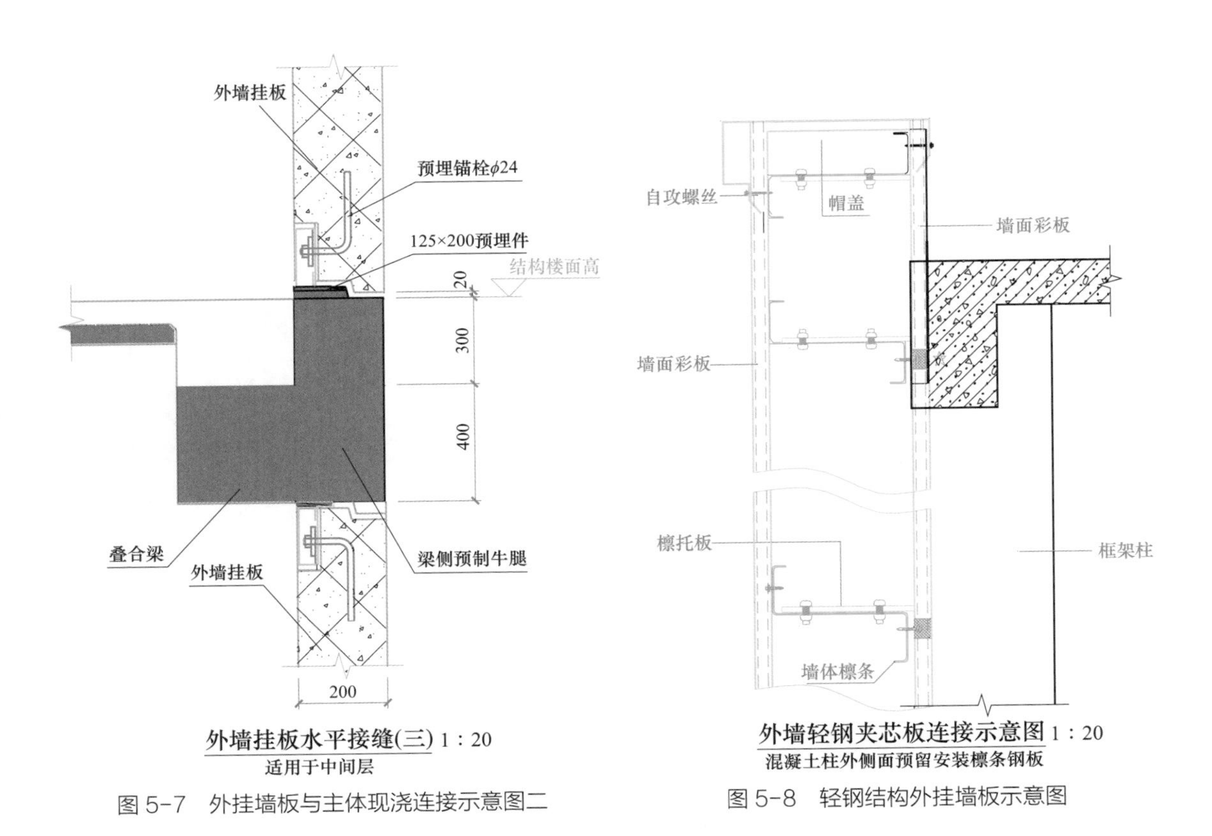

图 5-7　外挂墙板与主体现浇连接示意图二

图 5-8　轻钢结构外挂墙板示意图

利用预埋件和螺栓固定在框架梁面上。

此种连接方案，优点是连接节点安全、技术成熟可靠，缺点是有一定湿作业工作量，安装过程中调整困难，安装精度不高。

（2）外挂墙板与主体结构外平齐，且上下层挂板在框架梁断开分别用预埋件和螺栓与框架梁相连。此种连接方式适用于多层结构，墙体安装全部是干作业。优点是安装现场无湿作业，缺点是预埋作业较多，节点相对复杂、预制精度要求高、安装难度大。

（3）外墙采用轻钢檩条外挂夹芯墙面板，墙面板与檩条通过螺栓连接，檩条搁置在预埋钢板檩托上。此种方案在钢结构中最为常见，优点是拆卸方便，安装速度快，无湿作业；但缺点是耐用性较差，使用周期最多 25 年，外墙立面颜色、花纹单一，装饰美观性不强，且仅适用于外挂夹芯墙面板的安装。

在实际工程中可根据连接的具体需求选择合适的连接方案。

5.3 内墙围护系统

内墙围护系统分为砌体砌筑类和板材拼装类两种，其承载力计算与普通现浇结构无差异，但在工程实践中积极运用新材料新工艺，因此内墙围护系统主要以新型板材拼装为主流。

5.3.1 砌块砌筑隔墙

干黏法工艺砌筑精确砌块内隔墙，吴家山 110kV 变电站采用此种内围护结构做法。

蒸压砂加气混凝土精确砌块，其尺寸误差仅为 ±1mm，砌筑后的墙面平整，可免去传统水泥砂浆粉刷，有效解决粉刷层易开裂、空鼓等质量通病。精确砌块（见图 5-9）可锯可裁，根据现场需要可改成各种规格尺寸，预留构造柱钢筋绑扎（见图 5-10）。之所以将此精确砌块与传统的砌筑砌块区分是因为

图 5-9 精确砌块

(a) 门洞边构造柱

(b) 墙中部构造柱

图 5-10 预留构造柱钢筋绑扎

其砌筑是采用干黏法，用专用黏结剂粘贴砌筑，而并非常规意义上的水泥砂浆。施工完成后效果如图 5-11 所示。

(a) 粉刷墙体效果　　(b) 清水墙效果

图 5-11　施工完成后效果图

但是采用此种内维护系统还需要解决预埋管线、开关插座、洞口等问题，有现场开槽、开孔的作业量。另外一个缺点就是其完成质量受砌筑工人工艺水平影响较大，但由于其砌筑速度快，平整度高，已在住宅建筑中普遍应用。

5.3.2　轻质隔墙

轻质隔墙又有陶粒混凝土轻质隔墙、蒸压轻质加气混凝土板内隔墙（见第 4 章相关内容）、GRC 珍珠岩空心隔墙条板等多种新型轻质材料。

轻质隔墙表面顺直平滑、平整度高，较砌筑墙体垂直公差小、安装精度高、速度快节约人工，美观性好，并且可根据需求设计成夹芯墙，解决管线预埋的问题。轻质隔墙的缺点在于单价高，经济性较精确砌块差。

5.3.2.1　陶粒混凝土轻质隔墙

陶粒混凝土密度等级分为 800、900、1000、…、1800、1900kg/m^3。所以，既可用于外墙维护系统也可调整配合比和容重后用于内维护系统。其特点和优点详见 5.2 节相关内容。

5.3.2.2　GRC 珍珠岩空心隔墙条板

GRC 复合墙板是指以低碱度水泥砂浆为基材，耐碱玻璃纤维做增强材料，制成板材面层，经现浇或预制，与其他轻质保温绝热材料复合而成的新型复合墙体材料。

GRC 珍珠岩空心隔墙条板是轻质环保竖向条板，具有强度高，调节幅度大，耐水性好，管线及开孔可以在工厂预留，现场不需要再开槽、开孔。但是原材料质量要求高，成本较高，并且现场需要粉刷及面层施工。其连接方式和现场完成后效果如图 5-12 所示。

5.3.3　预制清水混凝土内墙

清水混凝土预制内墙和外墙在材质特性上基本一致，详见第 5.2 节部分介绍。

由于其自重大，连接方式较其他轻质墙体复杂，且清水工艺难以实现仍需二次粉刷，所以目前在内墙维护结构中应用并不多。

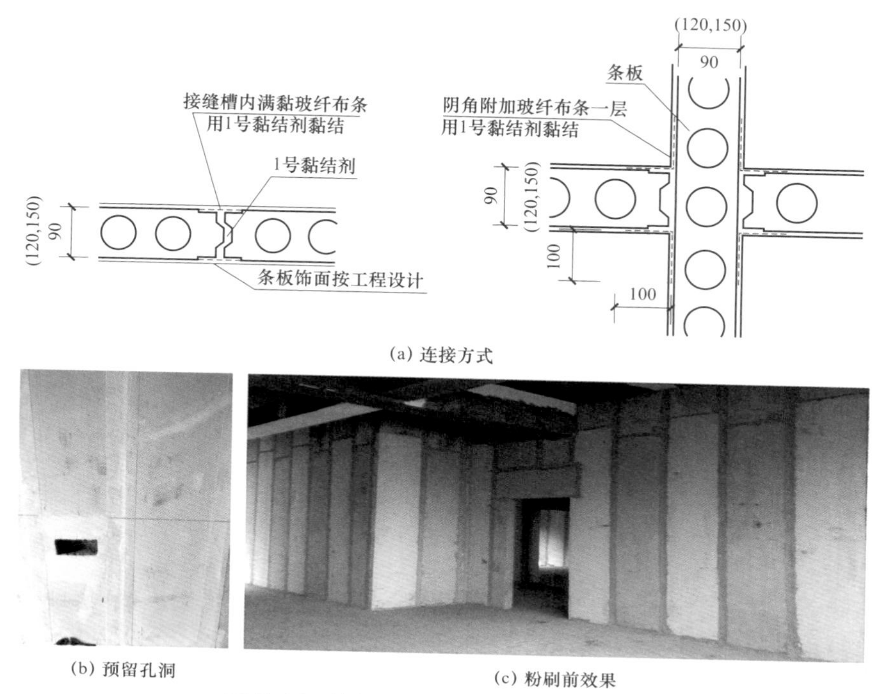

(a) 连接方式

(b) 预留孔洞

(c) 粉刷前效果

图 5-12 连接方式和现场完成后的效果图

5.3.4 内装系统设计

5.3.4.1 规范相关规定

（1）装配式混凝土建筑的内装设计应遵循标准化设计和模数协调的原则，宜采用建筑信息模型（BIM）技术与结构系统、外围护系统、设备管线系统进行一体化设计。

（2）装配式混凝土建筑的内装设计应满足内装部品的连接、检修更换和设备及管线使用年限的要求，宜采用管线分离。

（3）装配式混凝土建筑宜采用工业化生产的集成化部品进行装配式装修。

（4）装配式混凝土建筑的内装部品与室内管线应与预制构件的深化设计紧密配合，预留接口位置应准确到位。

（5）装配式混凝土建筑应在内装设计阶段对部品进行统一编号，在生产、安装阶段按编号实施。

（6）装配式混凝土建筑的内装设计应符合现行《建筑内部装修设计防火规范》（GB 50222）、《民用建筑工程室内环境污染控制规范》（GB 50325）、《民用建筑隔声设计规范》（GB 50118）和《住宅室内装饰装修设计规范》（JGJ 367）等的相关规定。

5.3.4.2 内装部品设计选型

（1）装配式混凝土建筑应在建筑设计阶段对轻质隔墙系统、吊顶系统、墙面系统、集成式卫生间、内门窗等进行部品设计选型。

（2）内装部品应与室内管线进行集成设计，并应满足干式工法的要求。

（3）内装部品应具有通用性和互换性。

（4）轻质隔墙系统设计应符合下列规定：

1）宜结合室内管线的敷设进行构造设计，避免管线安装和维修更换对墙体造成破坏；

2）应满足不同功能房间的隔声要求；

3）应在吊挂空调等部位设置加强板或采取其他可靠加固措施。

（5）吊顶系统设计应满足室内净高的需求，并应符合下列规定：

1）宜在预制楼板（梁）内预留吊顶、桥架、管线等安装所需预埋件；

2）应在吊顶内设备管线集中部位设置检修口。

（6）墙面系统宜选用具有高差调平作用的部品，并应与室内管线进行集成设计。

（7）集成式卫生间设计应符合下列规定：

1）宜采用干湿分离的布置方式；

2）应在给水排水、电气管线等连接处设置检修口；

3）应做等电位连接。

5.3.4.3 接口与连接

（1）装配式混凝土建筑的内装部品、室内设备管线与主体结构的连接应符合下列规定：

1）在设计阶段宜明确主体结构的开洞尺寸及准确定位；

2）宜采用预留预埋的安装方式；当采用其他安装固定方法时，不应影响预制构件的完整性与结构安全。

（2）内装部品接口应做到位置固定，连接合理，拆装方便，使用可靠。

（3）轻质隔墙系统的墙板接缝处应进行密封处理；隔墙端部与结构系统应有可靠连接。

（4）门窗部品收口部位宜采用工厂化门窗套。

（5）集成式卫生间采用防水底盘时，防水底盘的固定安装不应破坏结构防水层；防水底盘与壁板、壁板与壁板之间应有可靠连接设计，并保证水密性。

5.4 楼屋面设计

《装配式混凝土结构技术规程》（JGJ 1—2014）第 6.6 条规定：装配整体式结构的楼盖宜采用叠合楼盖。结构转化层、平面复杂或开洞较大的楼层、作为上部结构嵌固部位的地下室楼层宜采用现浇楼盖。同时第 6.6.2 条规定：当跨度大于 3m 的叠合板，宜采用桁架钢筋混凝土叠合板；当跨度大于 6m 的叠合板，宜采用预应力混凝土预制板；当板厚大于 180mm 的叠合板，宜采用混凝土空心板。

叠合楼板是预制和现浇混凝土相结合的一种较好结构形式。预制预应力薄板（厚 5 ~ 8cm）与上部现浇混凝土层结合成为一个整体，共同工作。薄板的预应力主筋即是叠合楼板的主筋，上部混凝土现浇层仅配置负弯矩钢筋和构造钢筋。预应力薄板用作现浇混凝土层的底模，不必为现浇层支撑模板。薄板底面光滑平整，板缝经处理后，顶棚可以不再抹灰。这种叠合楼板具有现浇楼板的整体性、刚度大、抗裂性好、不增加钢筋消耗、节约模板等优点。由于现浇楼板不需支模，还有大块预制混凝土隔墙板可在结构施工阶段同时吊装，从而可提前插入装修工程，缩短整个工程的工期。

5.4.1　预制桁架钢筋混凝土叠合板

预制钢筋桁架叠合板由预制部分和现浇部分组成，预制部分在施工的时候起模板作用，完毕后和现浇部分形成整体，是装配整体式结构体系的一部分。预制薄板上表面设有钢筋桁架，用以加强薄板施工时的刚度，减少薄板下面架设的支撑。

其特点如下：

（1）从受力上看，相对于全预制装配楼板而言，可提高结构的整体刚度和抗震性能，在配置同样的预应力筋时，相对于全截面的荷载作用受拉边缘而言，在预制截面上建立的有效预应力较大，从而提高了结构的抗裂性能。在同样抗裂性能的前提下，则可以节省预应力筋的用量。

（2）从制作工艺上看，叠合楼板的主要受力部分在工厂制造，机械化程度高，易于保证质量，采用流水作业生产速度快，并且可以提前制作，不占工期，而且预制部分的模板可以重复使用。后浇混凝土以预制底板做模板，较全现浇楼板可以减少支模的工作量，减少施工现场湿作业，改善施工现场条件，提高施工效率，尤其是在高空作业或支模困难的条件下效果更是明显，并且工厂预制易于实现较复杂的截面形式的制作，对于开发构件承载潜力，降低结构自重具有明显的优势。同时大跨度叠合板还符合变电站楼盖的特征。

（3）长期的科学实验和工程实践结果表明，混凝土结构工程中采用叠合楼板可以取得十分明显的效益，当结合采用高强度钢筋时，钢筋用量大大降低。当结合采用空腹预制截面时，还可以节省混凝土用量，工期也相应地缩短，它的不足之处在于增加了预制加工和运输吊装环节。

（4）混凝土叠合楼板截面由预制和现浇两部分组成，它们共同的工作性能依赖于新旧叠合面的抗剪性能，因此叠合面抗剪设计是非常重要的部分，可见混凝土叠合楼板对施工技术含量也有较高的要求，特别在施工质量管理方面向使用单位提出了更严格的要求。

钢筋桁架。上弦钢筋、下弦钢筋与腹杆钢筋通过电阻点焊接连接而成的桁架，如图 5-13 所示。

图 5-13　钢筋桁架

（1）确定叠合板的计算条件。当长边与短边长度之比小于 3.0 时，宜按双向板计算，也可按沿短边方向受力的单向板计算；当长边与短边长度之比不小于 3.0 时，宜按沿短边方向受力的单向板计算。根据叠合板的受力情况确定边界条件。确定计算简图。双向板、单向板拼缝构造如图 5–14 和图 5–15 所示。

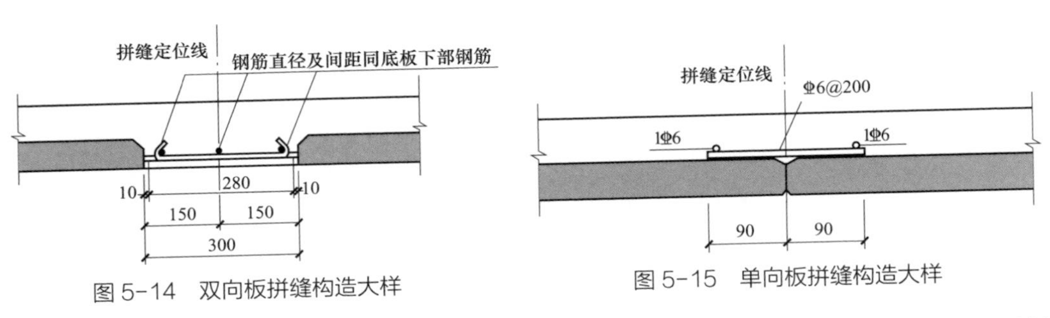

图 5–14　双向板拼缝构造大样

图 5–15　单向板拼缝构造大样

（2）确定叠合楼板厚度，对叠合楼板进行承载能力极限状态和正常使用极限状态设计。

承载能力极限状态计算：按板承受均布荷载，荷载基本组合的效应设计值进行正截面及斜截面承载力设计。

正常使用极限状态计算：按荷载准永久组合的效应设计值计算板的挠度，并考虑荷载长期作用影响，挠度值不大于 1/250。按荷载标准组合的效应设计值计算板的裂缝，板的裂缝控制等级为三级，裂缝宽度不应大于 0.3mm。

根据以上计算分析结果确定叠合板配筋。

5.4.2　带叠合层的预应力空心板

大跨度预应力空心板是采用先张法长线台座缓慢放张工艺生产的混凝土空心板。特点：成本低；跨度大，布置灵活；常规荷载可免支撑施工，现场非实体性用料少。

适用于环境类别为一类及二 a 类的工业与民用建筑，抗震设防烈度不大于 8 度及非抗震设计房屋的楼、屋面板，用于高层建筑时尚应符合《高层建筑混凝土结构技术规程》（JGJ 3—2010）第 3.6.2 条的规定。采用的混凝土等级为 C40、C45、C50；叠合层为 C30。预应力钢筋采用低松弛的螺旋肋钢丝或 1×7 钢绞线，预应力钢筋性能符合《预应力混凝土用钢丝》（GB/T 5223—2014）、《预应力混凝土用钢绞线》（GB/T 5224—2014）的有关规定，其主要性能见表 5–1。

预应力空心板的规格和编号见表 5–2。

表 5–1　　GLY 板预应力钢筋主要性能及参数

类别	符号	类别代号	公称直径（mm）	公称截面面积（mm^2）	抗拉强度标准值（N/mm^2）	抗拉强度设计值（N/mm^2）	弹性模量（N/mm^2）	理论重量（kg/m）
螺旋肋钢丝	ϕ^H	A	5	19.63	1570	1110	205000	0.154
		B	7	38.48	1570	1110	205000	0.302
1×7 钢绞线	ϕ^N	C	9.5	54.8	1860	1320	195000	0.430
		D	12.7	98.7	1860	1320	195000	0.775

注　1. 预应力钢筋的均匀伸长率宜为 5% ~ 6%，但不得采用断口伸长率。
2. 弹性模量宜进行实测，其偏差为 ±7%。

表 5-2 GLY 空心板规格

板高（mm）	标志宽度（mm）	标志跨度（mm）
150	600、900、1200	4200 ~ 7500
180	600、900、1200	5400 ~ 9000
200	900、1200	6000 ~ 10200
250	900、1200	7200 ~ 12600
300	900、1200	9000 ~ 15000
380	900、1200	10200 ~ 18000

以实际 110kV 变电站工程为例，若结构布置时取消次梁，则板跨度基本在 9m 左右，选用 180mm 厚预应力空心板（见图 5-16）即可满足要求。

取消次梁后，采用的楼板设计方案是：截面尺寸 180 厚预应力空心板 +60 厚叠合层，60 厚叠合层可满足接地扁铁和各种二次辅控、给排水消防暖通等专业的管线预埋，板梁连接构造如图 5-17 所示。

图 5-16 预应力空心板外观

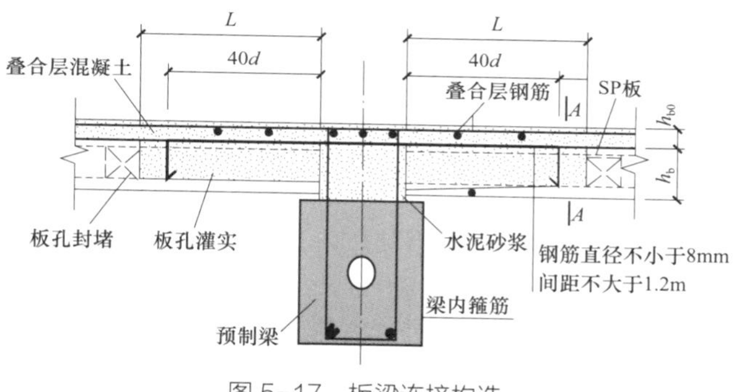

图 5-17 板梁连接构造

5.4.3 预应力混凝土双 T 板

预应力混凝土双 T 板受压区截面较大，中和轴接近或进入面板，受拉主钢筋有较大的力臂。具有良好的结构力学性能，明确的传力层次，简洁的几何形状（见图 5-18 和图 5-19），是一种可制成大跨度、大覆盖面积的比较经济的承载构件。

预应力混凝土双 T 板广泛应用于工业建筑和民用建筑中，构件具有环保、美观、防火抗震，简化建筑结构，安装方便等优点，大大地缩短了工期，降低工程综合造价。构件使用年限 50 年，终身保质无须维修，在热带湿润气候地区及盐碱腐蚀严重的环境中使用，更显其耐腐、耐湿之优势。

当屋面设计为坡屋面时，可选用预应力混凝土双 T 板。预应力混凝土双 T 板一般采用先张法工艺生产，适用于非抗震设计和抗震设防烈度不大于 8 度的地区。环境类别为一类或者二 a 类的一般工业与民用建筑。采用的混凝土等级为 C40、C45、C50，当环境类别为二 a 类时，双 T 坡板的混凝土等级为 C50。预应力钢筋采用低松弛的螺旋肋钢丝或 1×7 钢绞线，其主要性能见表 5-3。

图 5-18　双 T 板

图 5-19　双 T 板安装实例

表 5-3　　　　预应力钢筋主要性能参数

预应力钢筋类型代号	类别	符号	公称直径（mm）	公称截面面积（mm^2）	抗拉强度标准值（N/mm^2）	抗拉强度设计值（N/mm^2）	弹性模量（N/mm^2）	理论重量（kg/m）
a	螺旋肋钢丝	ϕ^H	7	38.48	1570	1110	205000	0.302
b	1×7 钢绞线	ϕ^S	12.7	98.7	1860	1320	195000	0.774
			15.2	139	1860	1320	195000	1.101

双 T 板的承载能力极限状态计算、正常使用极限状态验算根据《混凝土结构设计规范》（GB 50010—2010）有关规定，并符合下列条件：

（1）裂缝控制等级二级；

（2）计算跨度为 $L_0=L-0.2$（m），L 为双坡板的标志长度；

（3）双 T 坡板的挠度按荷载效应标准组合并考虑荷载长期作用影响的刚度进行计算，挠度限值取 $L_0/400$；

（4）肋梁中最外层预应力钢筋中心距板底的距离分别为 35mm（预应力筋为螺旋钢丝）、40mm（预应力筋为 1×7 钢绞线）、板面钢筋网片上保护层厚度为 20mm；

（5）计算板面钢筋网片时，肋梁外侧翼板按悬挑板计算，肋梁间的板面跨中最大弯矩设计值按（$qc^{2/8}-qa^{2/2}$）和 $qc^{2/10}$ 中的较大值确定。其中 q 为扣除肋梁自重（荷载设计值）双 T 坡板基本组合荷载限值；c 为肋梁间净距，a 为翼板悬挑长度。

现行预应力混凝土双 T 板相关图集有《预应力混凝土双 T 板（平板，宽度 2.0、2.4、3.0m）》（09SG432-2）、《预应力混凝土双 T 板（坡板，宽度 3.0m）》（08SG432-3）、《预应力混凝土双 T 板（坡板，宽度 2.4m）》（06SG432-1）等。在实践应用设计计算和安装方便快捷。双 T 预制板安装留缝不宜小于 25mm，吊模灌缝。若缝太窄，小石子卡住，缝灌不密实。灌缝三天内不宜上施工荷载，或有措施保证不致单块受力，否则裂纹，将来才看见一条条裂缝，再无法修好了。

5.5　结构设计

5.5.1　装配整体式混凝土结构设计理念

目前我国装配整体式混凝土结构采用“等同现浇”的设计方法，其实现途径主要有以下几点：

（1）结构设计以《装配式混凝土结构技术规程》（JGJ 1—2014）为主要设计依据；

（2）在各种设计状况下，装配整体式结构可采用与现浇混凝土结构相同的方法进行结构分析；

（3）节点区域的钢筋构造（纵筋的锚固、连接以及箍筋的配置等）与现浇结构相同；

（4）纵向钢筋采用机械连接、焊接、钢筋灌浆套筒连接或者采用浆锚搭接连接；

（5）连接区域混凝土后浇，楼盖采用刚性楼盖做法，如叠合楼盖等；

（6）预制柱或预制墙底接缝采用水泥基灌浆料填实，并应确保密实。

5.5.2 装配整体式框架结构体系组成

现阶段在我国应用的装配整体式式混凝土结构主要是以下两种改进的装配式混凝土框架结构体系：

（1）装配整体式框架结构体系Ⅰ（见图5-20）。

(a) 梁、柱构件节点

(b) 叠合梁、板节点

(c) 装配施工现场

图5-20 装配整体式框架结构体系Ⅰ

该结构体系的组成：①预制柱构件；②预制叠合梁构件；③预制叠合板构件；④装配整体式构件连接节点——现浇梁柱节点、预制梁板搭放和后浇梁板上部节点。该结构体系传力路径明确，但需采用可靠的现浇梁柱节点构造保障节点承载力和延性不低于整体式现浇结构的节点；预制构件形式简单、规则，易于标准化和工厂化生产。

（2）装配整体式框架结构体系Ⅱ（见图5-21）。

1）该结构体系的组成1：①梁柱节点－叠合梁整体预制构件；②预制独立柱构件；③预制叠合楼、屋面板构件；④预制柱构件与梁柱节点－叠合梁整体预制构件的连接节点；⑤叠合梁与叠合板连接节点。

2）该结构体系的组成2：①梁柱节点－柱－叠合梁整体预制构件；②预制叠合楼、屋面板构件；③梁、柱反弯点处的连接节点；④叠合梁与叠合板连接节点。这类结构体系中，梁柱节点与梁或柱整体预制，预制构件拼缝设在结构受力较小部位，节点整体性好，受力合理，但因预制构件多为二维或三维空间构件，不利于标准化设计和工厂生产、运输和堆放。

应对比分析不同拆分方案的装配整体式框架结构体系的受力性能，综合考虑预制构件工厂的生产、运输和施工现场的堆放条件，选用适合变电站建造条件的结构体系。

(a) 梁柱节点整体预制

(b) 柱反弯点处的连接节点

图 5-21　装配整体式框架结构体系Ⅱ

在进行装配整体式框架结构深化设计时,可考虑借鉴在装配式剪力墙结构中应用的“插入式预留孔钢筋浆锚搭接连接”技术，有效降低钢筋连接部分的工程造价。

5.5.3　装配整体式框架结构体系节点构造

装配整体式框架结构体系节点连接是保证结构整体性的关键技术。节点部位的钢筋与钢筋之间应有可靠连接，除有一般的搭接方式外，节点及接缝处的纵向钢筋连接常常根据接头受力、施工工艺等要求选用套筒灌浆连接（见图 5-22），以确保连接质量。钢筋套筒灌浆连接技术是将套筒一端的钢筋在预制工厂通过螺纹完成机械连接，另一端钢筋在施工现场通过灌浆进行连接。此项技术的要点在于：①套筒的强度应满足要求；②灌浆料应满足高强、早强和无收缩要求；③套筒、灌浆料与被连接钢筋之间应相容与匹配。同时，纵向钢筋采用套筒灌浆连接时应注意：①接头应满足《钢筋机械连接技术规程》（JGJ 107—2010）中Ⅰ级接头的性能要求，并应符合国家现行有关标准的规定；②预制柱中钢筋接头处套筒外侧箍筋的混凝土保护层厚度不应小于 20mm；③套筒之间的净距不应小于 25mm。

装配整体式框架结构体系构件间的节点连接形式主要包括以下几个方面：梁—梁节点、柱—柱节点、梁—柱节点，以及梁—柱键槽节点。

(a) 套筒连接件

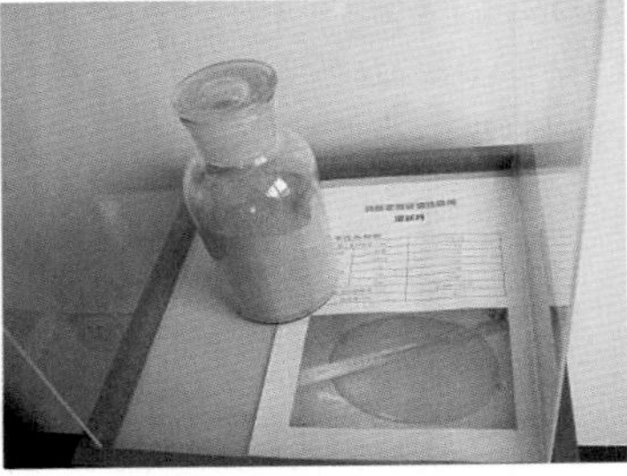

(b) 套筒灌浆料

(c) 套筒连接施工实物

图 5-22　套筒灌浆连接

5.5.3.1　叠合梁 - 梁节点构造

叠合梁 - 梁之间的节点连接包含两种形式，在单梁中段的对接连接和主次梁交汇区连接。

（1）对接连接（见图 5-23）。对于梁的长度过长的大跨结构形式，可采用分段运输，现场拼接的方式。为了保证其性能等同于现浇梁或非拼接的梁，需要满足如下的构造要求：①连接处应设置后浇段，后浇段的长度应满足梁下部纵向钢筋连接作业的空间需求；②梁下部纵向钢筋在后浇段内宜采用机械连接、套筒灌浆连接或焊接连接；③后浇段内的箍筋应加密，箍筋间距不应大于 $5d$（d 为纵向钢筋直径），且不应大于 100mm。

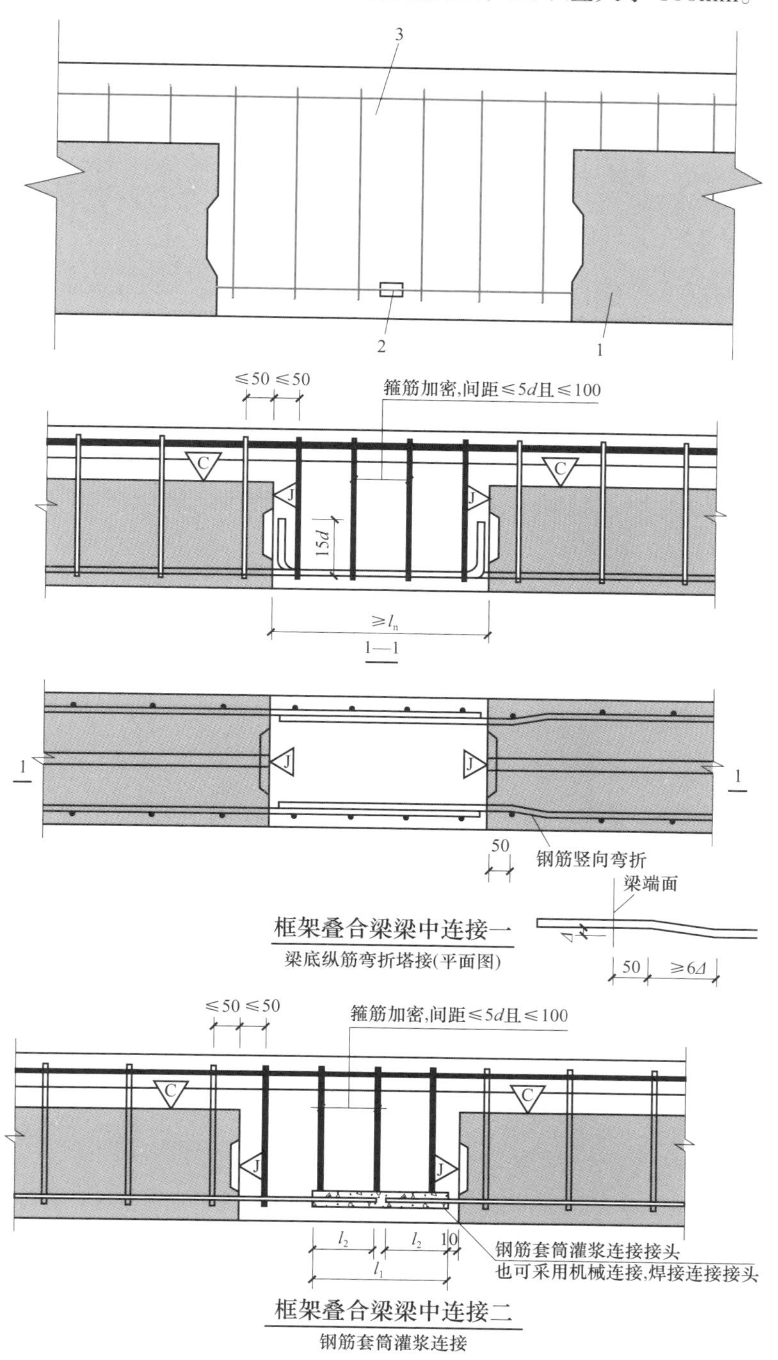

图 5-23 叠合梁连接节点示意图

1—预制梁；2—钢筋连接接头；3—后浇段

（2）主次梁连接（见图 5–24）。针对主、次梁的交汇部位，采用后浇段连接时，在构造上应该满足以下的要求：①在端部节点处，次梁下部纵向钢筋伸入主梁后浇段内的长度不应小于 12d。次梁上部纵向钢筋应在主梁后浇段内锚固。当采用弯折锚固 [见图 5–24（a）] 或锚固板时，锚固直段长度不应小于 0.6l_{ab}；当钢筋应力不大于钢筋强度设计值的 50% 时，锚固直段长度不应小于 0.35l_{ab}；弯折锚固的弯折后直段长度不应小于 12d（d 为纵向钢筋直径）。②在中间节点处，两侧次梁的下部纵向钢筋伸入主梁后浇段内长度不应小于 12d（d 为纵向钢筋直径）；次梁上部纵向钢筋应在现浇层内贯通 [见图 5–24（b）]。

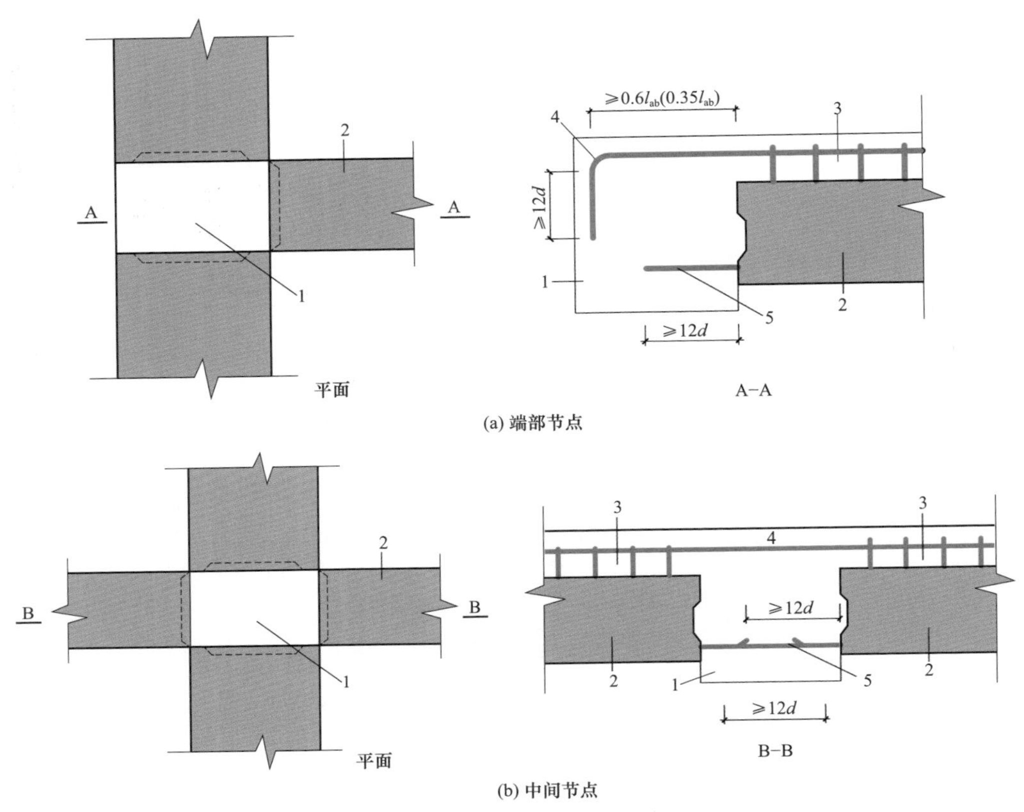

图 5–24　主次梁连接节点构造示意图

1—主梁后浇段；2—次梁；3—后浇混凝土叠合层；4—次梁上部纵向钢筋；5—次梁下部纵向钢筋

实际工程中有以下几个连接做法：

（1）缺口梁做法如图 5–25 所示。

（2）牛腿搁置示意如图 5–26 所示。

（3）牛腿搁置配筋如图 5–27 所求。

（4）梁端 U 型槽搭接如图 5–28 所示。

（5）钢牛担板安装如图 5–29 所示。

5.5.3.2　预制柱 – 柱节点构造

为便于预制构件的运输和施工，预制柱可现场拼长，常在反弯点处进行节点连接。预制柱的设计应符合《混凝土结构设计规范》（GB 50010—2010）的要求，构造上满足以

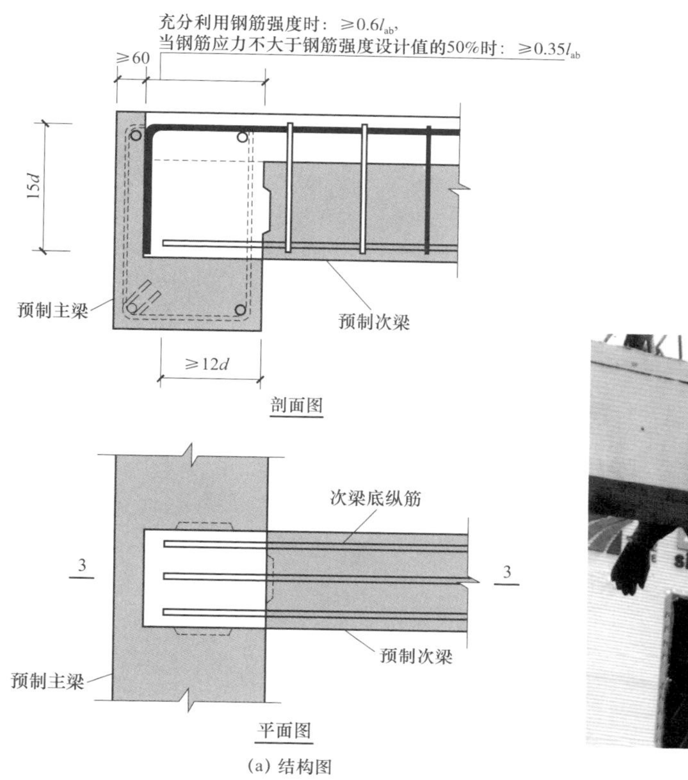

(a) 结构图

(b) 施工图

图 5-25 缺口深

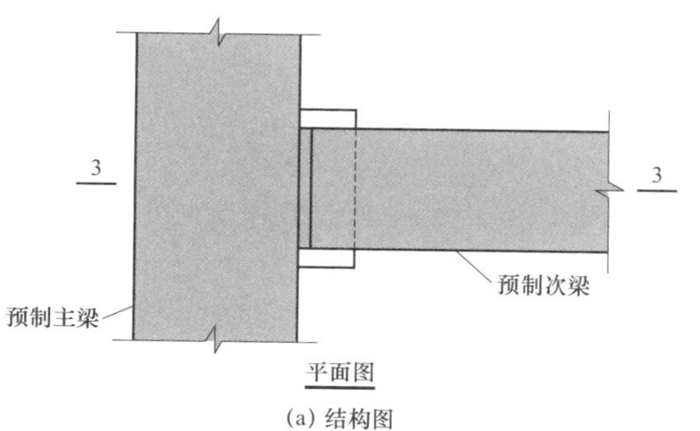

(a) 结构图

(b) 施工图

图 5-26 牛腿搁置示意图

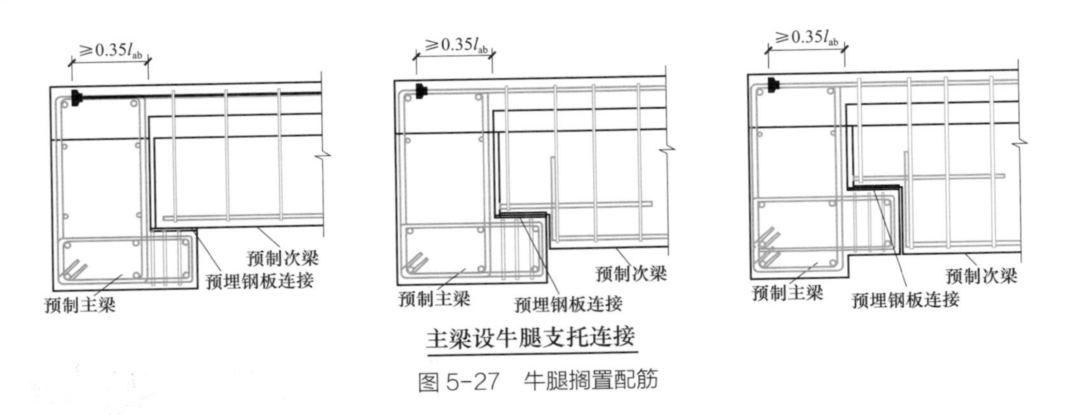

图 5-27　牛腿搁置配筋

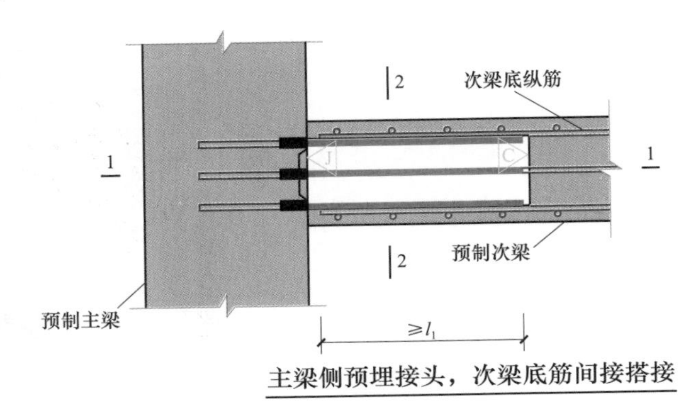

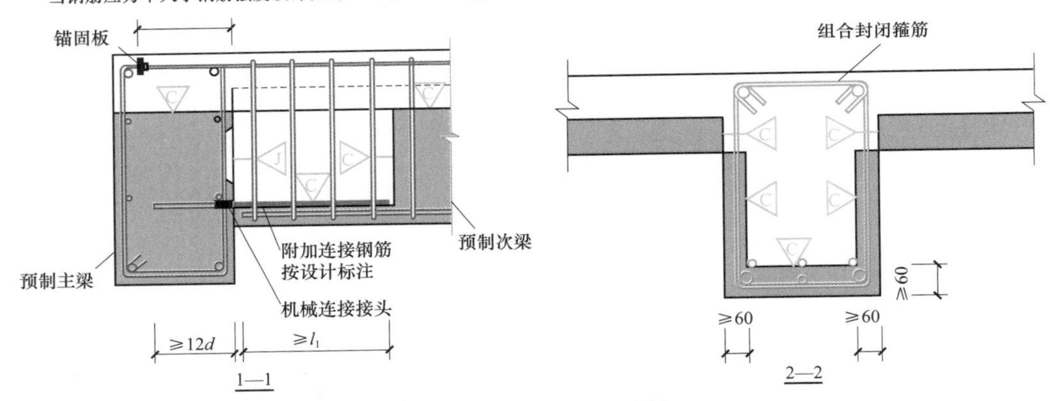

图 5-28　梁端 U 型槽搭接

下要求：①柱纵向受力钢筋直径不宜小于 20mm；②矩形柱截面宽度或圆柱直径不宜小于 400mm，且不宜小于同方向梁宽的 1.5 倍；③柱纵向受力钢筋在柱底采用套筒灌浆连接时，柱箍筋加密区长度不应小于纵向受力钢筋连接区域长度与 500mm 之和；套筒上端第一道箍筋距离套筒顶部不应大于 50mm（见图 5-30）。

在实际工程中我们这样设计框架柱连接节点：框架柱与基础连接，柱中连接如图 5-31、图 5-32 所示。

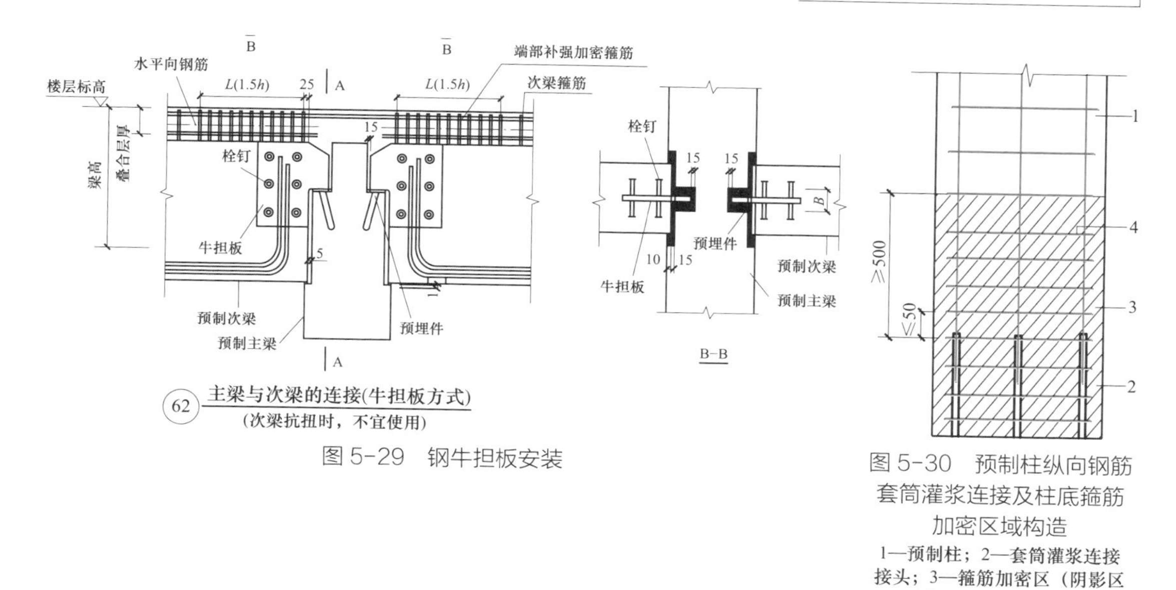

图 5-29　钢牛担板安装

图 5-30　预制柱纵向钢筋套筒灌浆连接及柱底箍筋加密区域构造

1—预制柱；2—套筒灌浆连接接头；3—箍筋加密区（阴影区域）；4—加密区箍筋

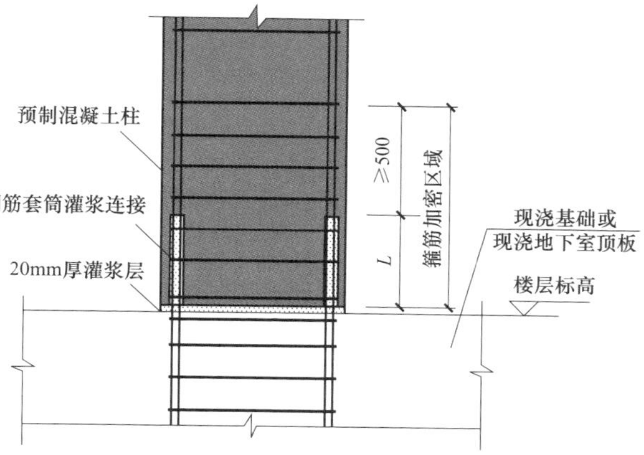

图 5-31　框架柱与基础连接大样

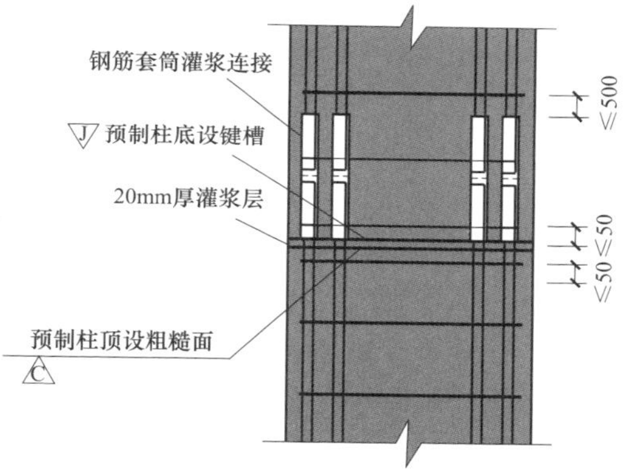

图 5-32　柱中连接大样

5.5.3.3　预制柱 - 叠合梁节点构造

（1）柱底接缝如图 5-33 所示。为便于预制构件的运输、施工，柱底接缝宜设置在楼面标高处，但应该通过以下的构造措施保证连接性能：①后浇节点区混凝土上表面应设置粗糙面；②柱纵向受力钢筋应贯穿后浇节点区；③柱底接缝厚度宜为 20mm，并应采用灌浆料填实。

（2）梁纵向受力钢筋节点区的锚固如图 5-34 ~ 图 5-43 所示。梁纵向受力钢筋必须在节点区域具备足够的锚固长度，才能保证梁—柱连接的性能。对于框架有中间层和顶层、节点部位又分中节点和端节点，因此以下分别对各种组合情况的连接提出以下的设计要求：

1）对框架中间层中节点，节点两侧的梁下部纵向受力钢筋宜锚固在后浇节点区内 [见图 5-34（a）]，也可采用机械连接或焊接的方式直接连接 [见图 5-34（b）]；梁的上部纵向受力钢筋应贯穿后浇节点区。

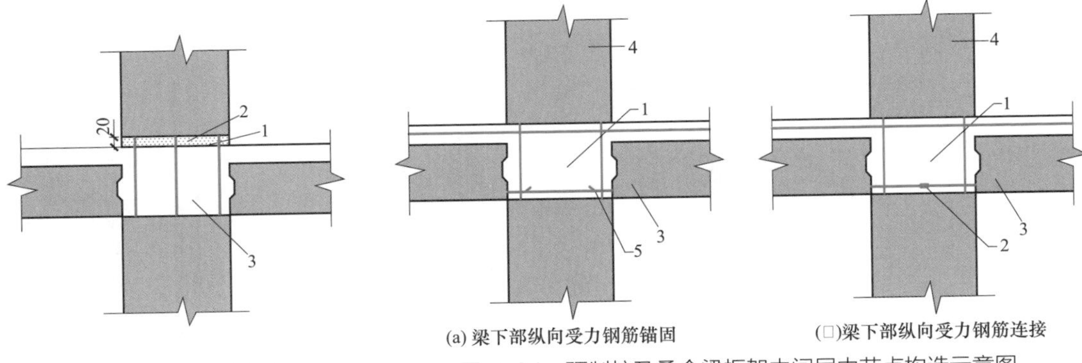

图 5-33　预制柱底接缝构造示意图

1—后浇节点区混凝土上表面层粗糙面；2—接缝灌浆层；3—后浇区

(a) 梁下部纵向受力钢筋锚固　　(b) 梁下部纵向受力钢筋连接

图 5-34　预制柱及叠合梁框架中间层中节点构造示意图

1—后浇区；2—梁下部纵向受力钢筋连接；3—预制梁；4—预制柱；5—梁下部纵向受力钢筋锚固

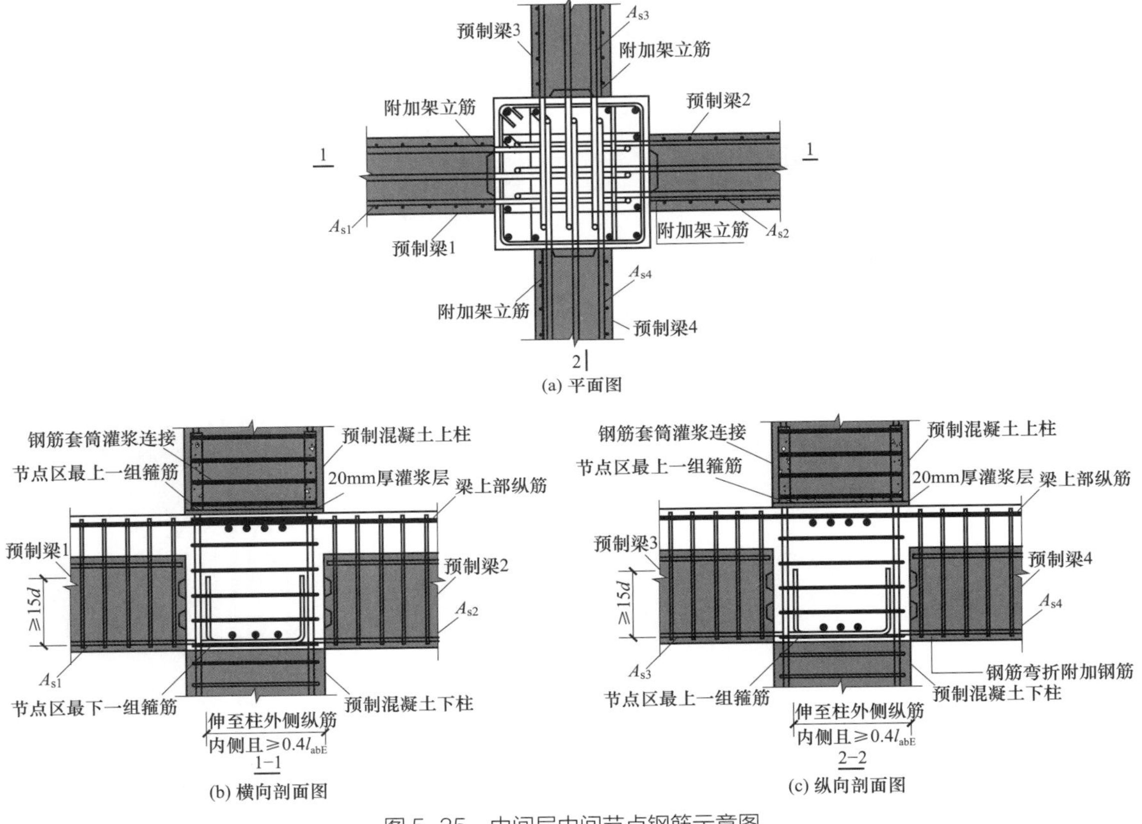

(a) 平面图

(b) 横向剖面图　　(c) 纵向剖面图

图 5-35　中间层中间节点钢筋示意图

2）对框架中间层端节点，当柱截面尺寸不满足梁纵向受力钢筋的直线锚固要求时，宜采用锚固板锚固（见图 5-36），也可采用 90° 弯折锚固。

3）对框架顶层中节点，梁纵向受力钢筋同中间层中节点的梁纵向受力钢筋构造要求一样。柱纵向受力钢筋宜采用直线锚固；当梁截面尺寸不满足直线锚固要求时，宜采用锚固板锚固（见图 5-39）。

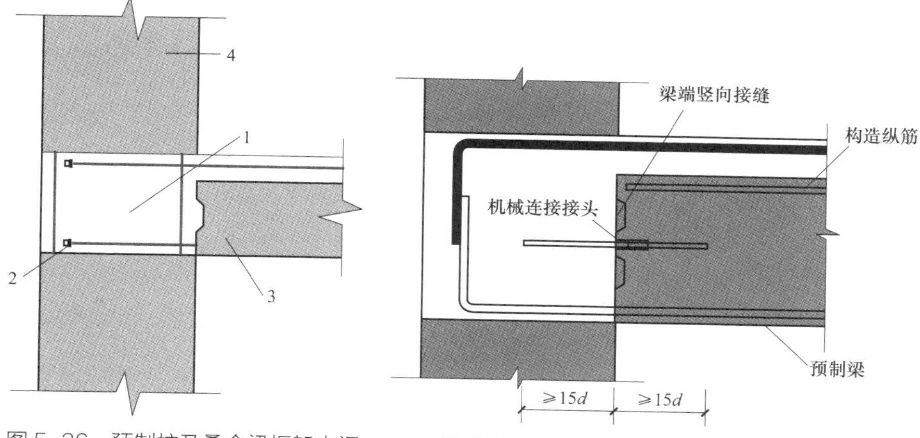

图 5-36 预制柱及叠合梁框架中间层端节点构造示意图

1—后浇区；2—梁纵向受力钢筋锚固；3—预制柱；4—预制柱

图 5-37 梁腹侧面钢筋可不伸进框架节点

注：梁柱节点梁端竖向接缝抗剪钢筋构造。

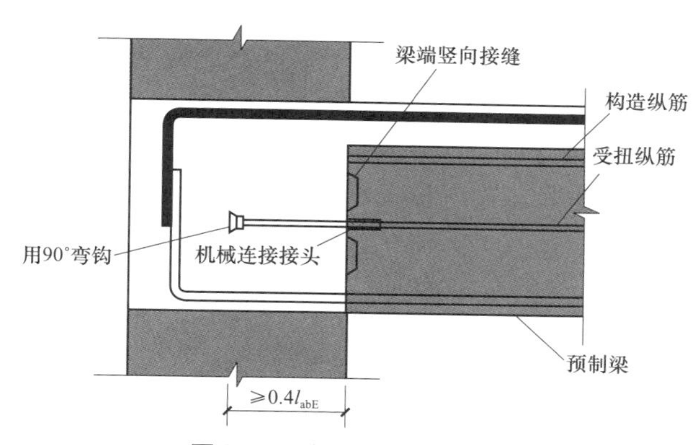

图 5-38 梁腹侧面抗扭钢筋

注：梁柱节点梁端受扭纵筋锚固构造。

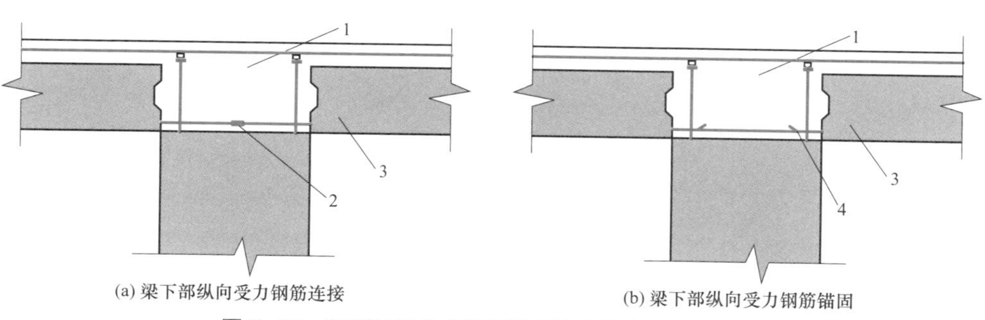

(a) 梁下部纵向受力钢筋连接

(b) 梁下部纵向受力钢筋锚固

图 5-39 预制柱及叠合梁框架顶层中节点构造示意图

1—后浇区；2—梁下部纵向受力钢筋连接；3—预制梁；4—梁下部纵向受力钢筋锚固

4）对框架顶层端节点，梁下部纵向受力钢筋应锚固在后浇节点区内，且宜采用锚固板的锚固方式；梁、柱其他纵向受力钢筋的锚固按下列两种方式进行设计：①柱宜伸出屋面并将柱纵向受力钢筋锚固在伸出段内 [见图 5-40（a）]，伸出段长度不宜小于 500mm，伸出段内箍筋间距不应大于 5*d*（*d* 为柱纵向受力钢筋直径），且不应大于 100mm；柱纵向钢筋宜采用锚固板锚固，锚固长度不应小于 40*d*；梁上部纵向受力钢筋宜采用锚固板锚固；②柱外侧纵向受力钢筋也可与梁上部纵向受力钢筋在后浇节点区搭接［见图 5-40（b）］，其构造要求应符合《混凝土结构设计规范》（GB 50010—2010）中的规定；柱内侧纵向受力钢筋宜采用锚固板锚固。顶层边柱节点做法如图 5-41 所示。

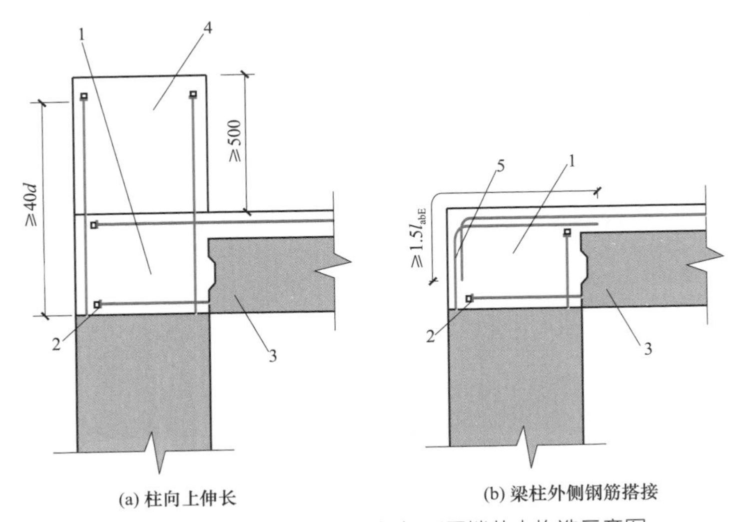

图 5-40　预制柱及叠合梁框架顶层端节点构造示意图

1—后浇区；2—梁下部纵向受力钢筋锚固；3—预制梁；4—柱延伸段；5—梁下部纵向受力钢筋锚固

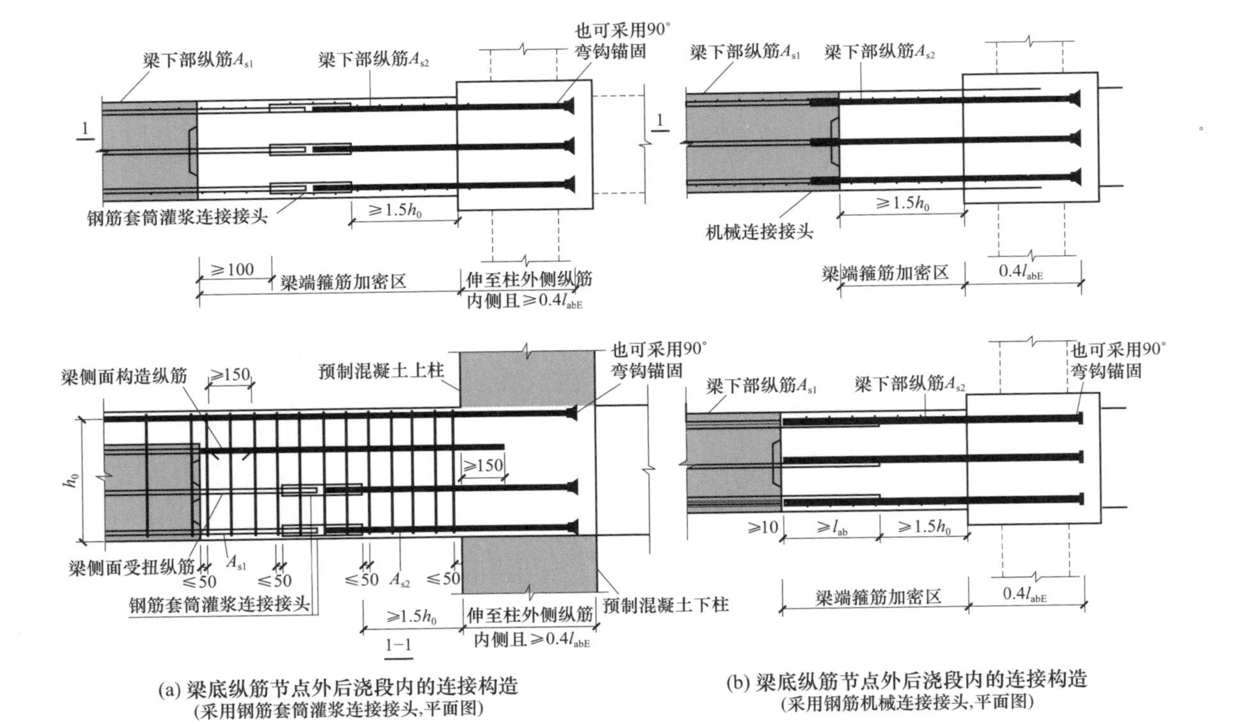

图 5-41　顶层边柱节点做法（一）

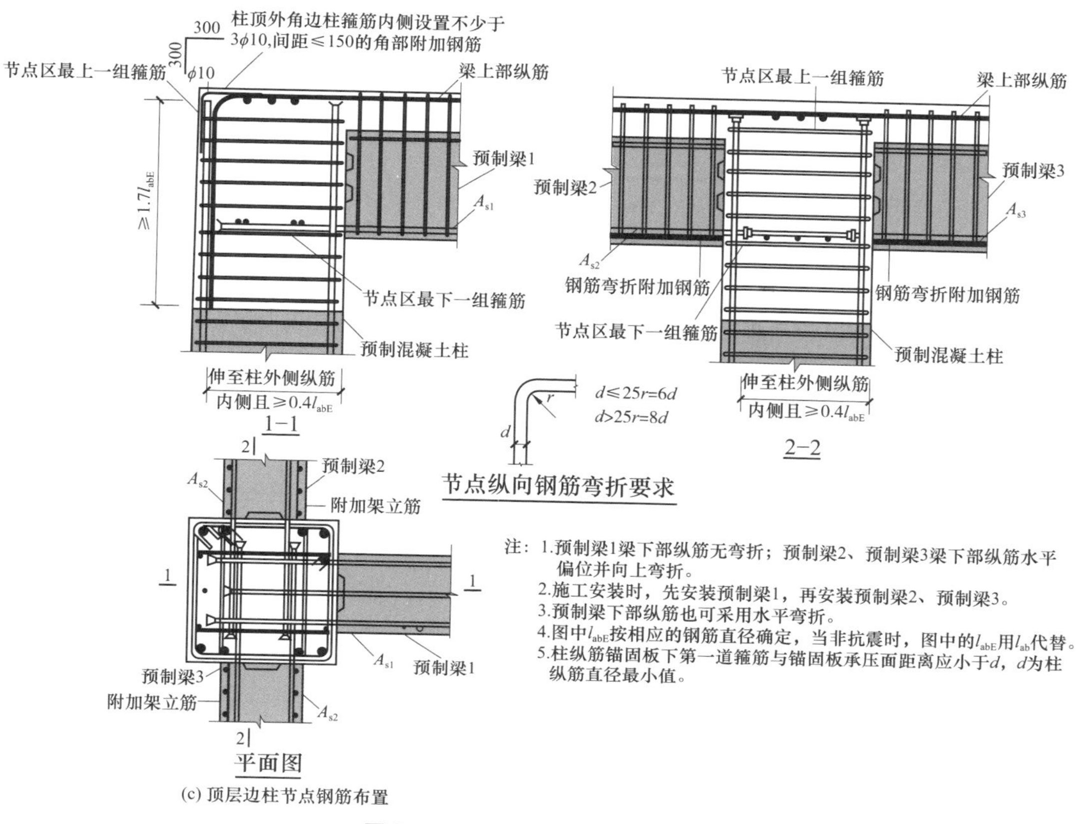

(c) 顶层边柱节点钢筋布置

图 5-41 顶层边柱节点做法（二）

（3）梁纵向受力钢筋在后浇节点区外的连接（见图 5-42 和图 5-43）。梁下部纵向受力钢筋也可伸至节点区外的后浇段内连接，连接接头与节点区的距离不应小于 1.5 倍梁截面有效高度。

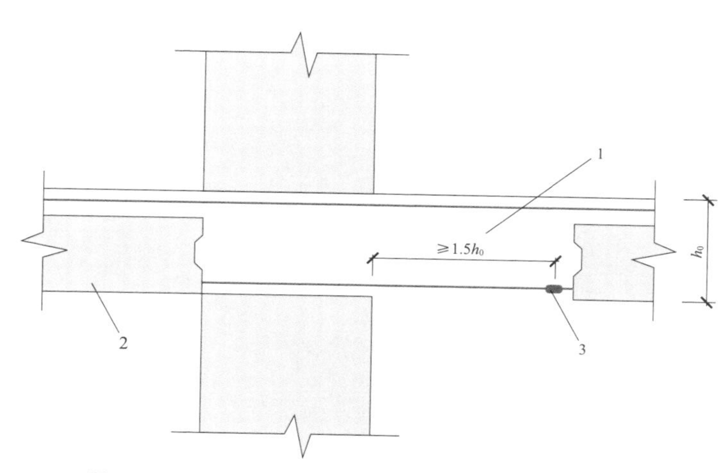

图 5-42 梁纵向钢筋在节点区外的后浇段内连接示意图

1—后浇段；2—预制梁；3—纵向受力钢筋连接

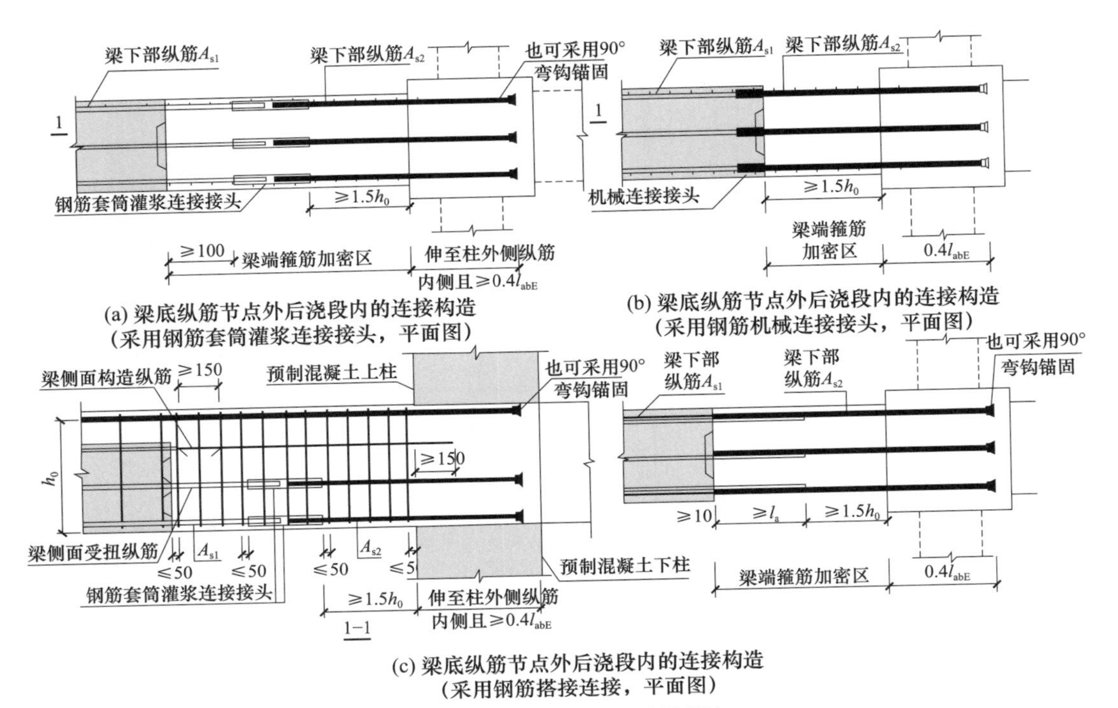

(a) 梁底纵筋节点外后浇段内的连接构造
（采用钢筋套筒灌浆连接接头，平面图）

(b) 梁底纵筋节点外后浇段内的连接构造
（采用钢筋机械连接接头，平面图）

(c) 梁底纵筋节点外后浇段内的连接构造
（采用钢筋搭接连接，平面图）

图 5-43　节点外现浇段连接做法

注：图中 l_{abE} 和 l_{ab} 按相应的钢筋直径确定，当非抗震时。

5.5.3.4　梁－柱键槽节点构造

针对于预应力混凝土装配式框架，柱与梁的连接可采用键槽节点（见图 5-44）。键槽的 U 型钢筋直径不应小于 12mm、不宜超过 20mm。键槽内钢绞线弯锚长度不应小于 210mm。当预留键槽壁时，壁厚宜取 40mm；当不预留键槽壁时，现场施工时应在键槽位置设置模板，安装键槽部位箍筋和 U 型钢筋后方可浇筑键槽混凝土。U 型钢筋在边节点处钢筋水平长度未伸过柱中心时不得向上弯折。

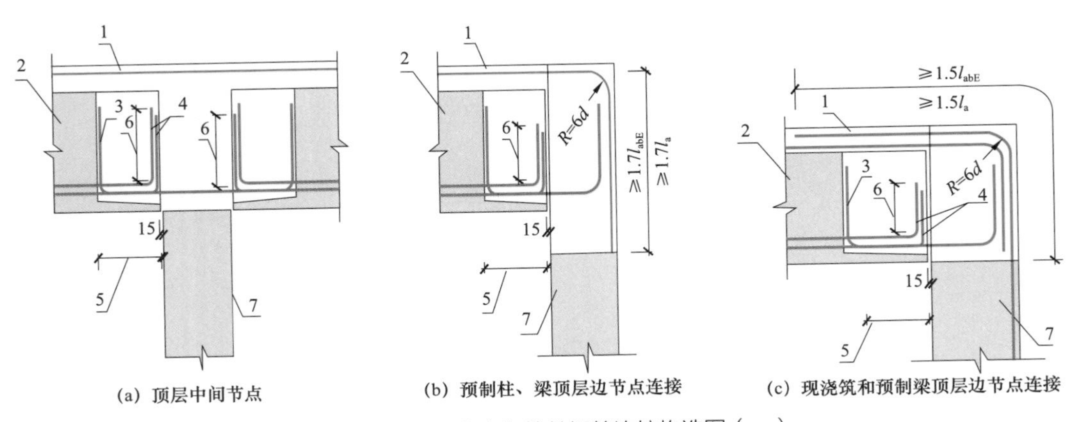

(a) 顶层中间节点　(b) 预制柱、梁顶层边节点连接　(c) 现浇筑和预制梁顶层边节点连接

图 5-44　梁柱节点浇筑前钢筋连接构造图（一）

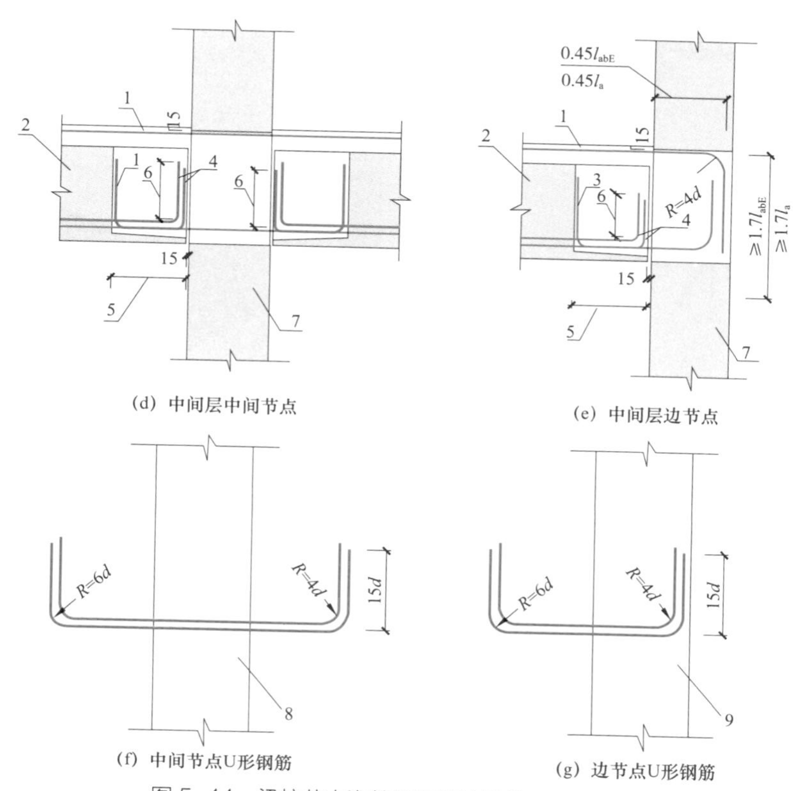

(d) 中间层中间节点　(e) 中间层边节点

(f) 中间节点U形钢筋　(g) 边节点U形钢筋

图 5-44　梁柱节点浇筑前钢筋连接构造图（二）

1—叠合层；2—预制梁；3—U 形钢筋；4—预制梁中伸出、弯折的钢绞线；5—键槽长度；6—钢绞线弯锚长度；7—框架柱；8—中柱；9—边柱；l_{abE}—受拉钢筋抗震锚固长度；l_a—受拉钢筋锚固长度

5.5.4 装配整体式框架建造

装配整体式框架建造过程如图 5-45 ~ 图 5-53 所示。

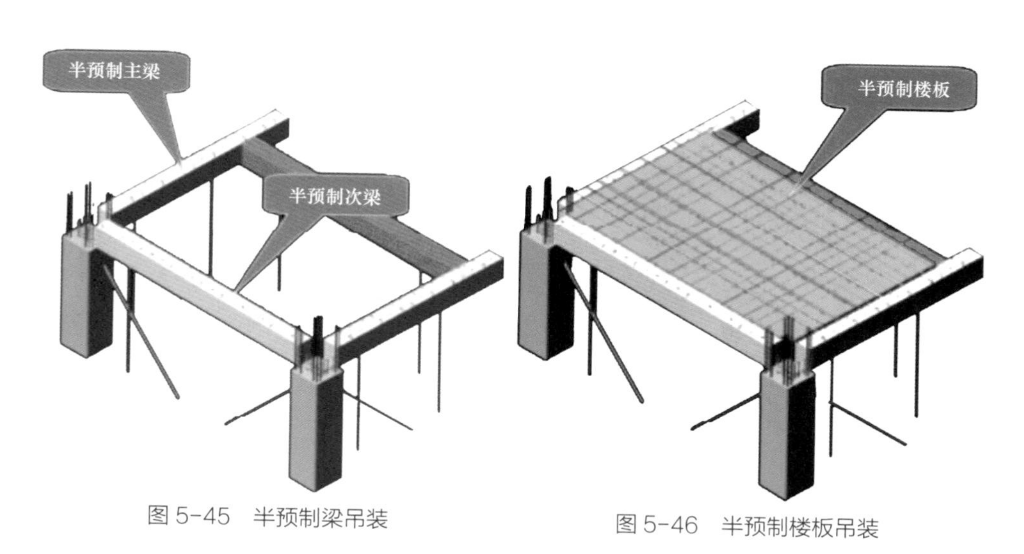

图 5-45　半预制梁吊装　　图 5-46　半预制楼板吊装

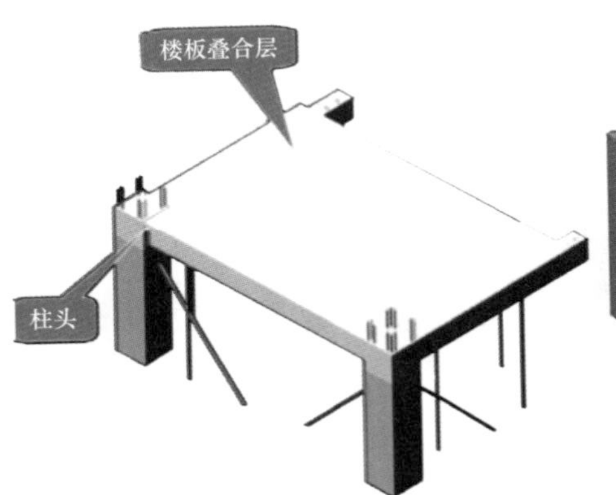

图 5-47　浇筑柱头及楼板叠合层混凝土

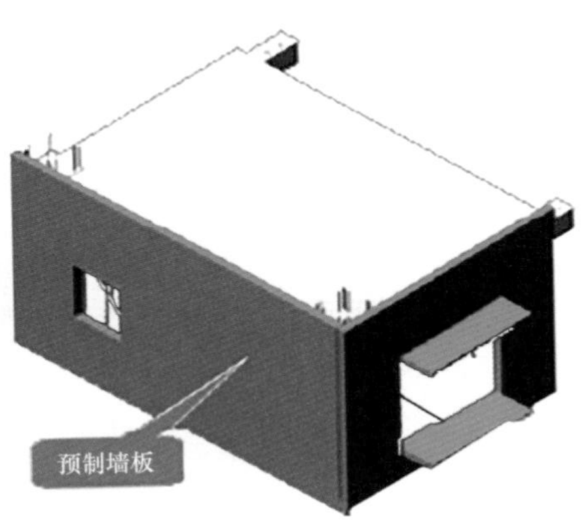

图 5-48　预制墙板吊装

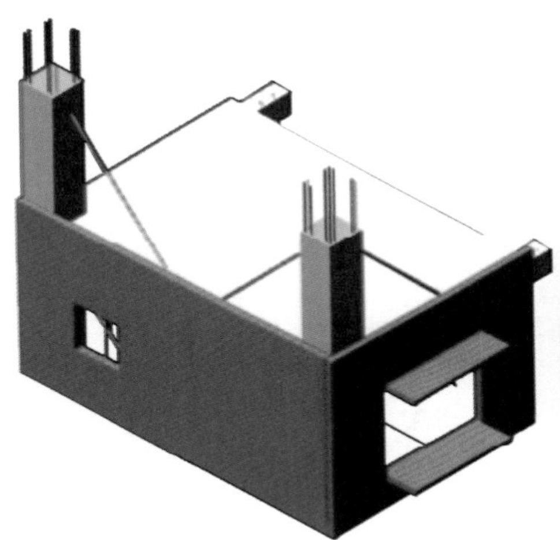

图 5-49　二层预制柱吊装

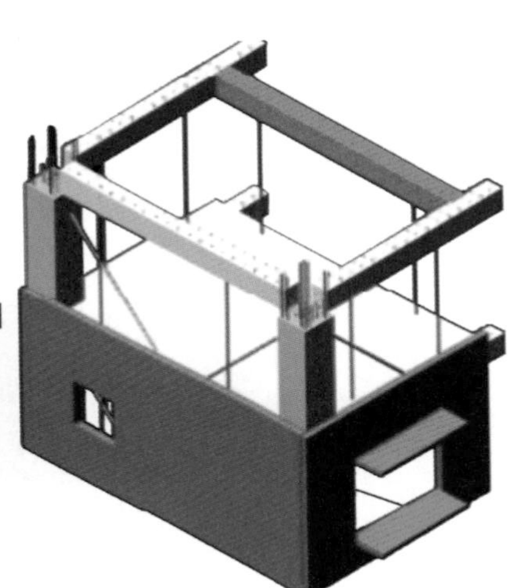

图 5-50　二层预制梁吊装

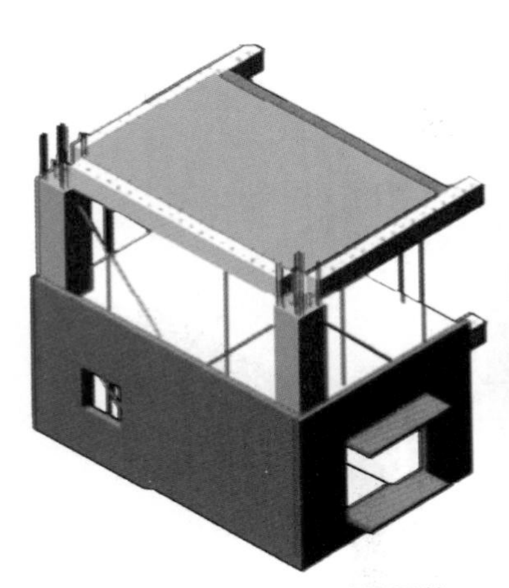

图 5-51　二层预制楼板吊装

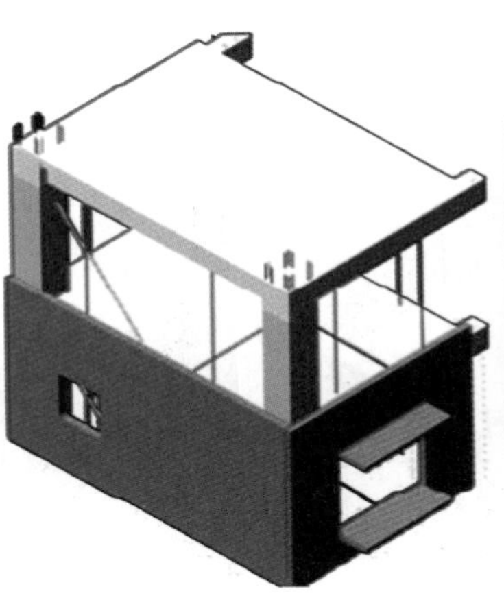

图 5-52　浇筑二层柱头及楼板叠合层混凝土

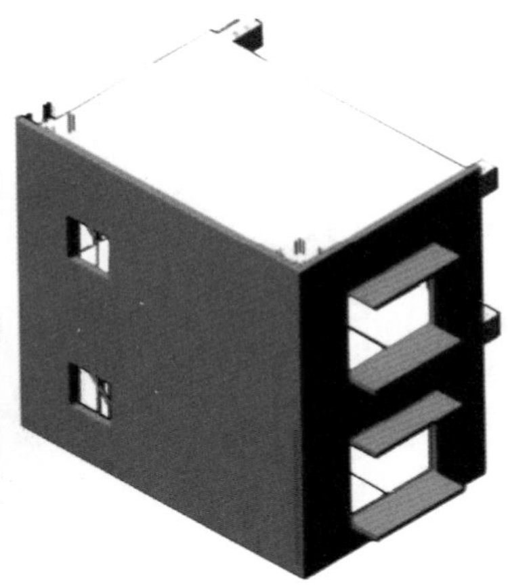

图 5-53　二层预制墙板吊装

5.5.5　新型预应力装配建筑体系

我国装配式建筑经过这些年的发展和实践，逐渐暴露出很多问题和不足，传统装配式工法的问题主要有以下几个方面：

（1）现场湿作业多、工期慢。梁、柱、墙等预制构件的连接区域采用现场浇筑的方式，湿作业较多，存在大量的绑筋支模工作，外加混凝土龄期的要求，严重制约建造速度。

（2）现场施工复杂。墙体等二维构件需要在两个维度考虑构件拼装，结合面较长，需对孔的钢筋数量多、装配复杂、拼装精度要求高。

（3）建造品质难以控制。灌浆连接质量受操作工人技能影响较大，品质难以控制。

（4）伪装配。梁、柱、墙连接节点整体浇筑，可装配不可拆卸。

（5）经济效益差。各种构造措施导致钢筋用量增多，构件截面增大。

行业内一直在针对这些问题进行改进和研究，同时也不断借鉴欧美和日本等先进国家建造的经验。目前，中国建筑标准院和中建总公司的科研团队都推荐一种新型装配式建筑体系，即预应力装配建筑体系。

5.5.5.1　新型预应力装配建筑体系

新型预应力装配建筑体系如图 5-54 所示。

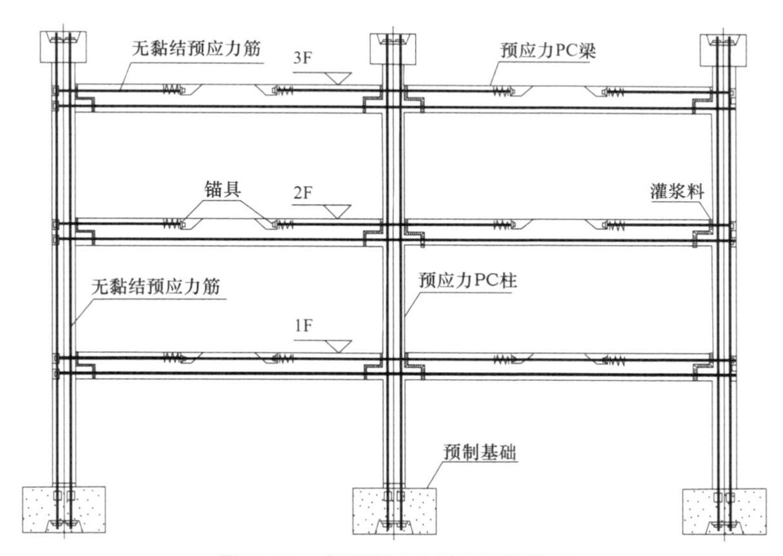

图 5-54　新型预应力装配建筑体系

新型预应力装配建筑体系优势及特点主要有以下几点：

（1）建造工期大幅缩短。结构构件采用预应力干式压着连接，像搭积木拧螺钉一样盖房子，施工效率大幅提升。建造工期最快只需要传统建造方式的 1/3。

（2）建筑品质大幅提升。高强度混凝土以及高强度钢材的使用，可以大幅提升构件的品质和建筑物的耐久性。预应力技术的应用可全面防止建筑后期使用裂缝的产生。

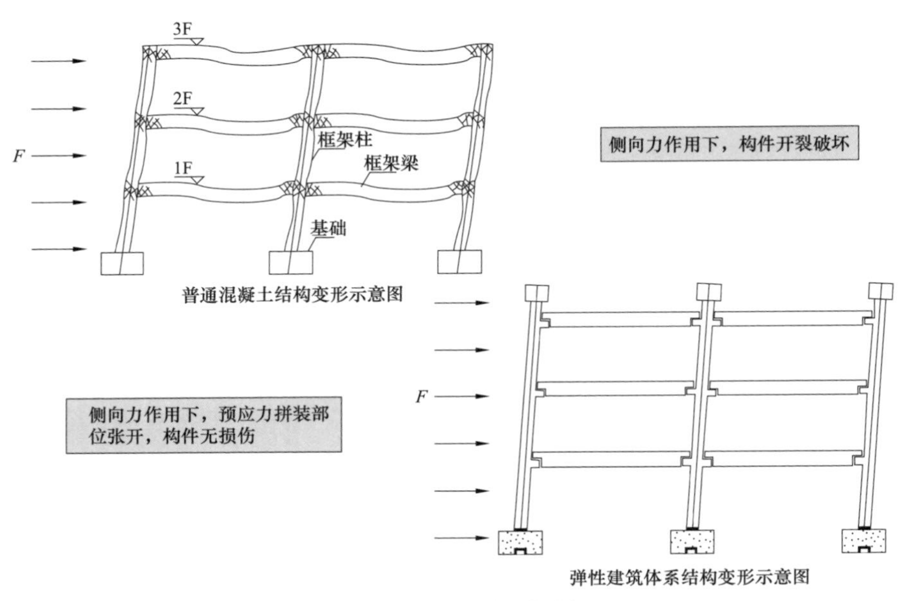

图 5-55　结构变形机制

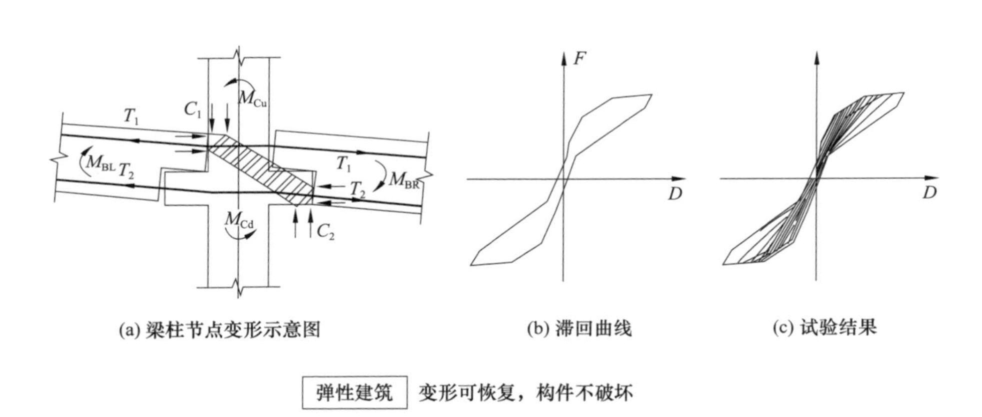

图 5-56　节点变形机制

（3）无可比拟的抗震性能。结构体系采用预应力拼装，地震作用导致的结构变形可通过预应力完全恢复，无论多大地震建筑永远处于弹性状态，可有效保全资产价值。

（4）自由的建筑空间布局。通过预应力技术的应用，可实现 16m 左右的大跨柱网和更小的梁柱截面，极大增加使用空间布局的灵活性。

（5）环保节材。建造过程基本干法作业，无需大量使用模板、水泥、砂子等材料，构件可装配也可拆卸，环保节材优势显著。

5.5.5.2　预制预应力高效建造框架结构

预制预应力高效建造框架结构（中建 PPEFF 体系）整个结构体系由预制梁、预制柱、SP 板构成，如图 5-59 所示。

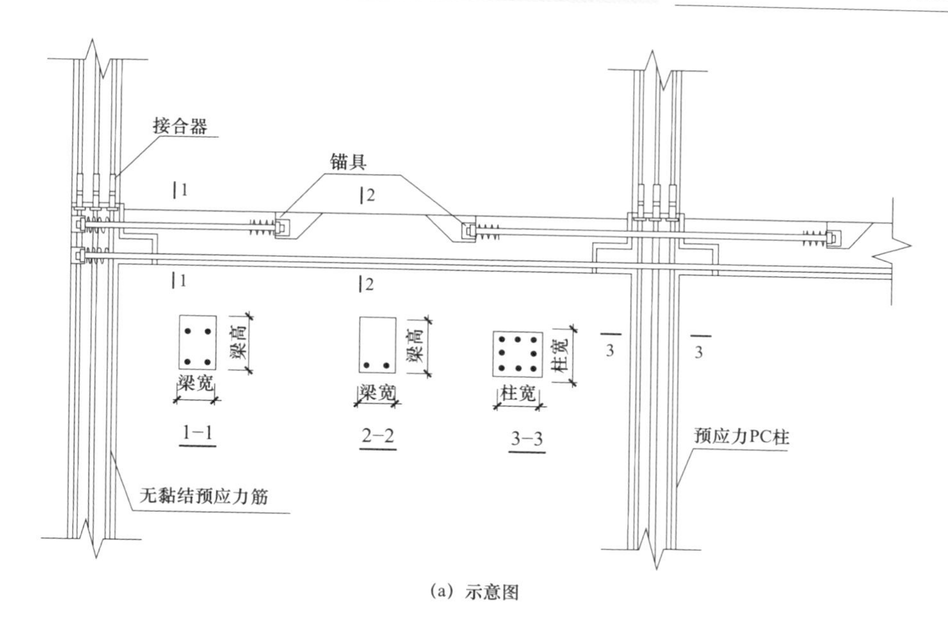

(a) 示意图

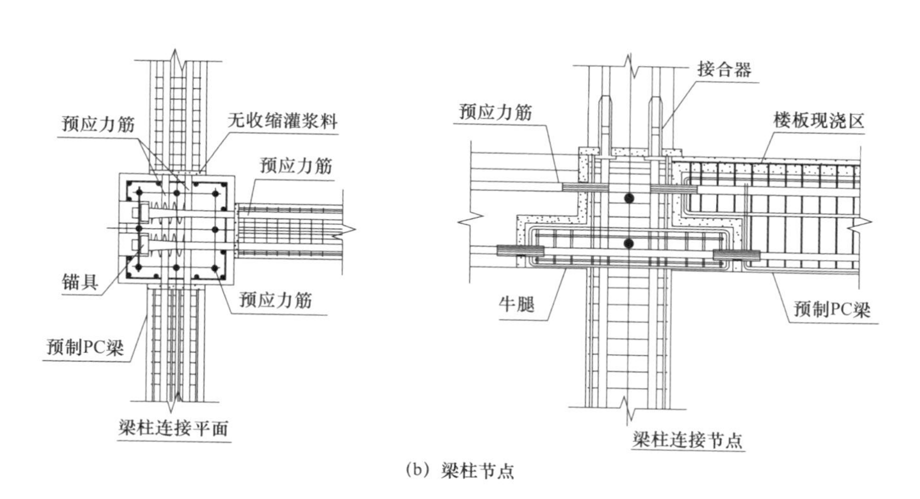

(b) 梁柱节点

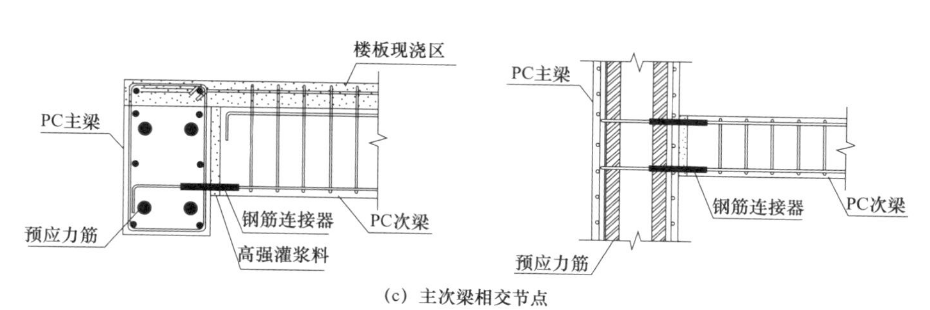

(c) 主次梁相交节点

图 5-57 预制预应力梁柱连接示意图

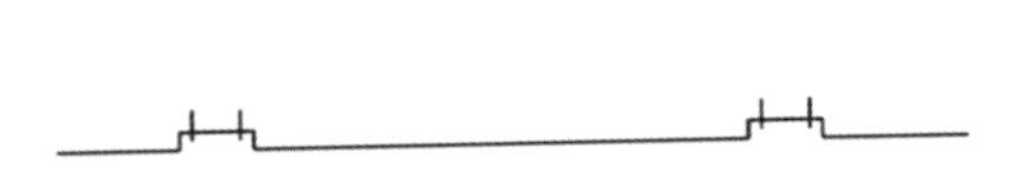

①基础及柱预应力筋锚固

②柱定位及预应力筋的连接

③柱脚部缝隙高强混凝土灌浆料灌浆

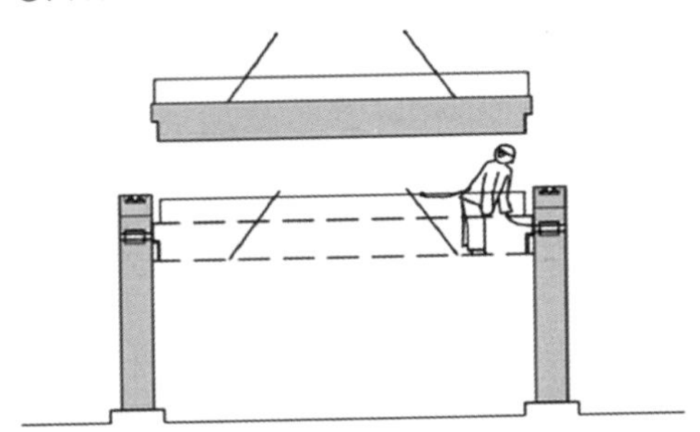

④ PC 梁吊装架设到位
PC 梁预应力筋插入

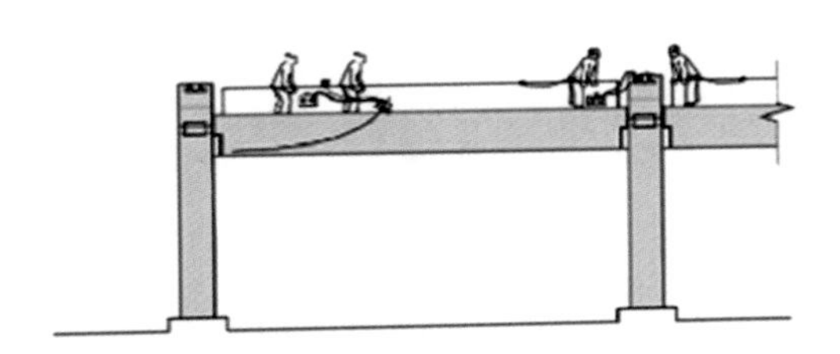

⑤梁预应力筋张拉
柱预应力筋张拉

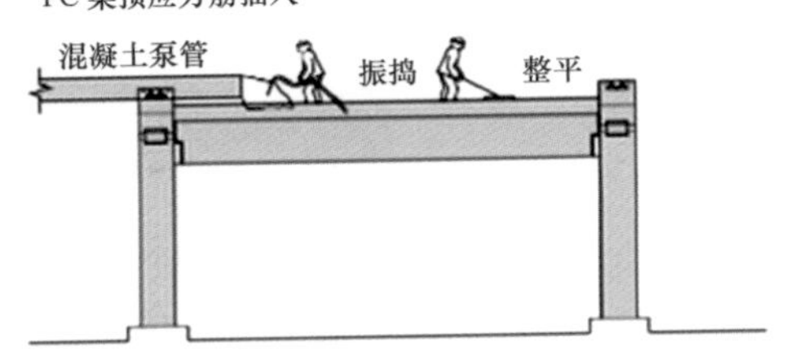

⑥叠合楼板顶部钢筋铺设
浇筑叠合楼板混凝土

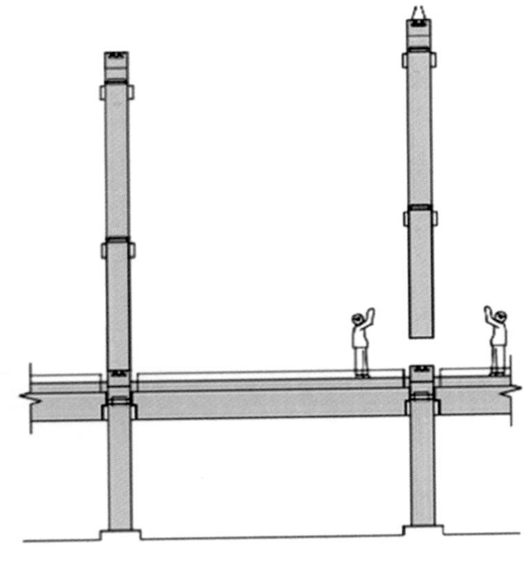

⑦预制柱吊装
柱预应力筋连接
布置架设梁用的站立支架

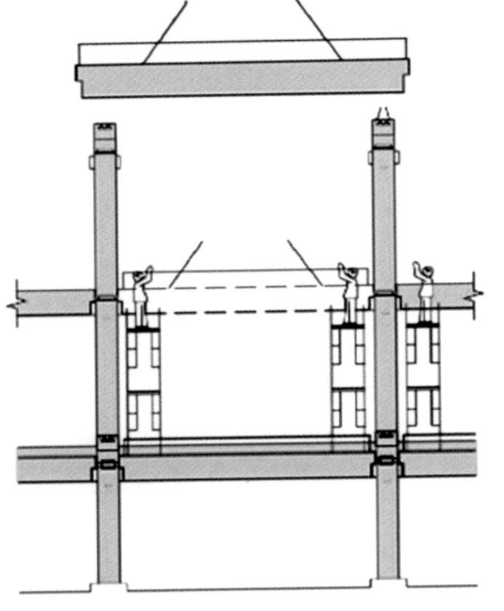

⑧预制梁吊装
梁预应力筋张拉

图 5-58　建造方法

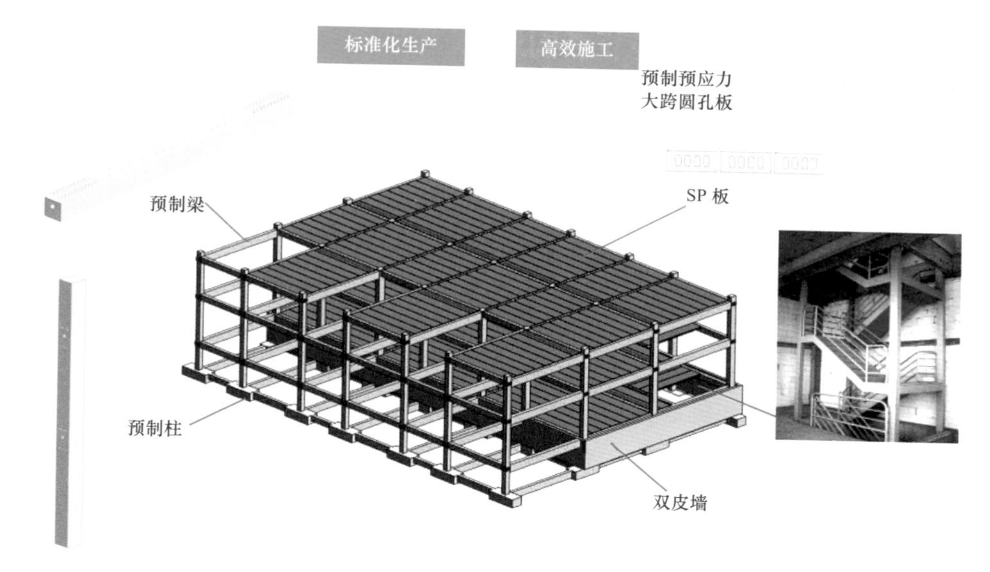

图 5-59　预制预应力高效建造框架结构

三层通高柱一体成型，无现浇无外露筋；无牛腿，矩形，易于标准化自动流水生产。柱脚采用集中灌浆新工艺，生产安装高效便捷。预制梁梁端不出筋，加工模板简单，现场吊装无钢筋碰撞问题，易于标准化自动流水生产。

5.5.6　装配整体式混凝土结构地下室设计

在变电站地下室结构设计一般宜采用现浇混凝土结构，其整体性和防水性能好。

在变电站地下室结构设计中，可考虑采用半预制的叠合剪力墙板作为地下室外墙，可提高地下室装配化程度，缩短地下室结构施工工期。但此种方案实践中应用很少，可用于室外地面以上部分。

变电站地下室也可采用双皮墙（见图 5-60），现场免支模，易于标准化、自动化流水生产。双皮墙的作用实际上相当于现浇混凝土结构中的模板和钢筋，现场只需将双皮墙内侧用素混凝土灌实即可。

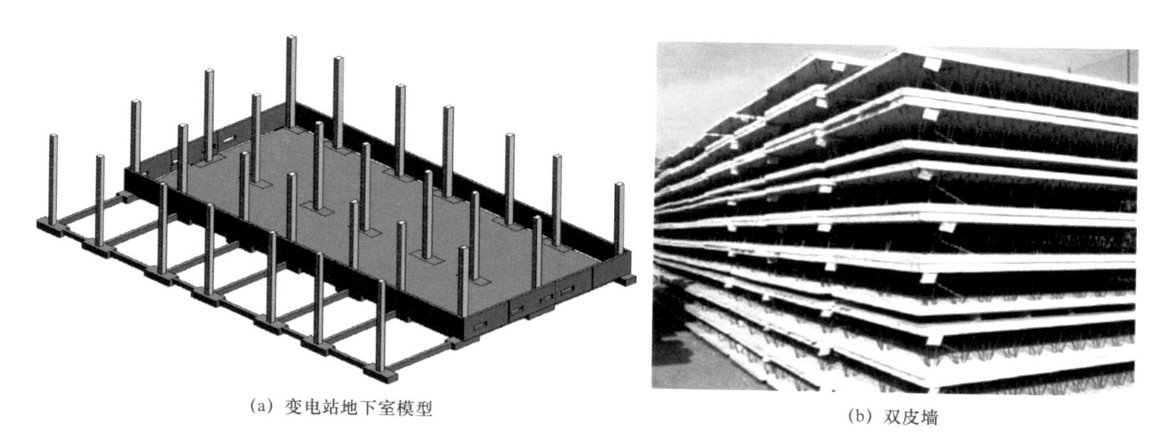

(a) 变电站地下室模型　　(b) 双皮墙

图 5-60　变电站地下室结构

5.6 装配式混凝土建筑连接节点构造

5.6.1 装配式混凝土建筑连接节点分类及要求

装配整体式混凝土框架结构连接节点分为主体结构与地基基础连接节点、主体结构构件连接节点、围护系统与主体结构连接节点、围护系统间连接节点四大类，另外就是雨棚等建构筑物的安装节点。其中前两类已在第 5.5 节详细介绍，本节仅介绍围护系统与主体结构连接节点大样和围护系统间连接大样以及小型构筑物安装节点。

主体结构与地基基础连接节点、主体结构构件连接节点，这两类连接节点的要求简单概括就是“等同现浇”。

围护系统与主体结构连接节点应满足结构受力要求，并且连接节点要满足防水、抗渗、防火和防腐的要求。围护系统间连接节点则也要满足防水、抗渗、防火和防腐的四大要求。简单说来采取的节点连接技术使连接拼缝等同于无缝就是其终极目标。

5.6.2 装配式混凝土建筑连接材料

依据《装配式混凝土结构技术规程》（JGJ 1—2014）第 4.2 条、第 4.3 条对连接材料做了具体规定和要求。

钢筋锚固板的材料应符合《钢筋锚固板应用技术规程》（JGJ 256—2011）的规定。

受力预埋件的锚板及锚筋材料应符合《混凝土结构设计规范》（GB 50010—2010）的有关规定。若采用专用预埋件则应符合国家现行有关标准的规定。

连接用焊接材料，螺栓、锚栓和铆钉等紧固件的材料应符合《钢结构设计标准》（GB 50017—2017）、《钢结构焊接规范》（GB 50661—2011）和《钢筋焊接及验收规程》（JGJ 18—2012）等的规定。

（1）夹芯外墙板中的内外叶墙板的拉结件应符合下列规定：

1）金属及非金属材料拉结件均应具有规定的承载力、变形和耐久性能，并应经过试验验证；

2）拉结件应满足夹心墙板的节能性能要求。

（2）外墙板接缝处的密封材料应符合下列规定：

1）密封胶应与混凝土具有相容性，以及规定的抗剪切和伸缩变形能力；密封胶尚应具有防霉、防水、防火、耐候等性能；

2）硅酮、聚氨酯、聚硫建筑密封胶应分别符合《硅酮和改性硅酮建筑密封胶》（GB/T 14683—2017）、《聚氨酯建筑密封胶》（JC/T 482—2003）、《聚硫建筑密封胶》（JC/T 483—2006）的规定。

5.6.3 装配式混凝土建筑连接节点计算及具体做法

5.6.3.1 主要连接方式计算

节点计算按行业标准《装配式混凝土结构技术规程》（JGJ 1—2014）第 6.2 条和第 6.5 条相关规定进行计算，下面是吴家山变电站外挂板连接计算及具体做法示例：

（1）工程概况。主要是变电站用房，地上 2 层，每层层高 5m。本工程建筑结构的安全等级二级。基础设计等级乙级，抗震设防类别为重点设防类，场地基本烈度为 6 度，抗震设防烈度为 6 度，按 6 度抗震计算，7 度抗震设防，设计基本地震加速度值为 0.05g，设计地震分组为第一组，框架抗震等级三级。

（2）荷载统计。本工程基本风压 W_0=0.35kN/m^2；地面粗糙度：B 类；基本雪压 S=0.50kN/m^2。本次设计针对外墙板连接节点进行设计，其中外墙板最大宽度为 3m，最大高度 6.2m。由于控制荷载为恒载，则恒载组合系数为 1.35，风荷载组合系数为 1.4×0.6=0.84。风荷载体系系数取 0.8。

单片墙体自重为 N_k=6.2×3×0.18×26=72.5（kN），设计值为 98kN；

风荷载 W_k=0.35×0.8×1=0.28（kN/m^2），即水平剪力设计值 V=0.28×3×6.2×0.84=4.4（kN）。

（3）节点详情（见图 5-61）。

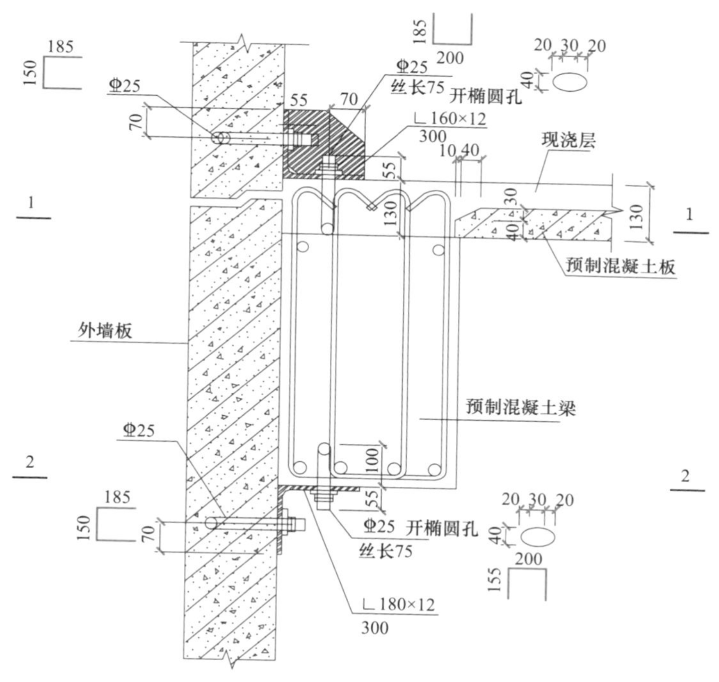

图 5-61 外墙于梁连接节点

每片墙体设置上下各 2 组预埋件，采用下节点承重形式设计。

则墙体偏心距 e=0.09+0.075=0.165（m）

单节点受力：N=49（kN），V=2.2（kN），M=0.185×49=9（kN） 。

角钢选择∟160×12，应力强度：σ=105（N/mm^2）≤ f=215（N/mm^2），满足受弯强度要求。

墙体及梁上预埋件上均预留 2 根 25 钢筋。

墙体一侧钢筋验算：

σ =（N^2+V^2）^0.5/2/A=50（N/mm^2）≤ f=360（N/mm^2），满足设计要求。

梁一侧钢筋强度验算：

σ = [（M/e）^{2}+V^2]^0.5/2/A=51（N/mm^2）≤ f=360（N/mm^2）满足设计要求。

钢筋锚固深度验算，有

折减系数：σ/f_y=0.14

三级抗震锚固长度为 34*d*，即需要长度为 0.14×34×25=119（mm），直锚长度为 119×0.4=48（mm），由于钢筋为 U 型，则总计算锚固长度为 340mm，实际长度为 130×2+200=460（mm），满足设计要求。

5.6.3.2　玻璃雨棚安装节点做法

玻璃雨棚安装节点做法如图 5-62 所示。

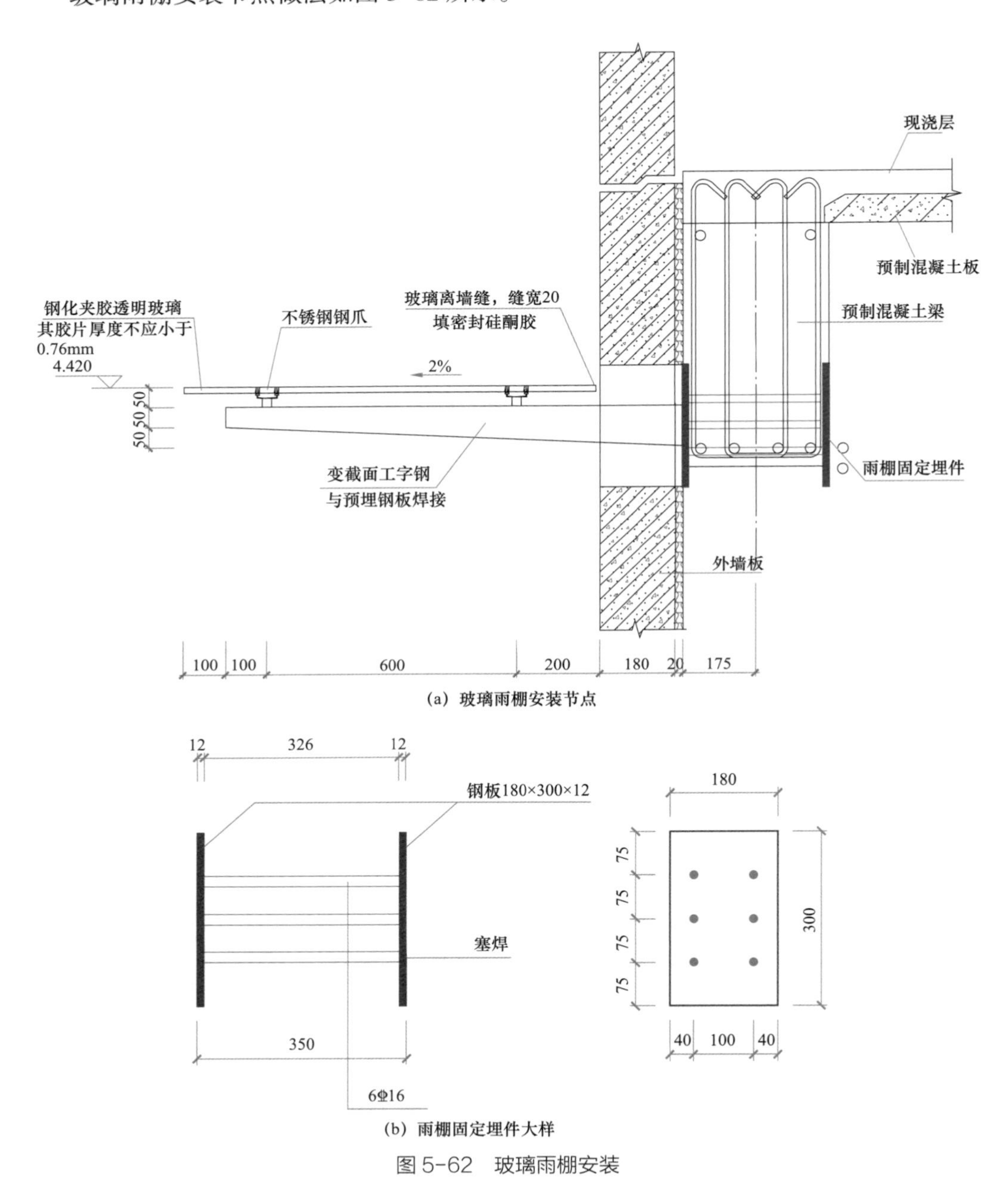

(a) 玻璃雨棚安装节点

(b) 雨棚固定埋件大样

图 5-62　玻璃雨棚安装

5.6.3.3　外挂板与主体结构连接节点

外挂板与主体结构连接节点如图 5-63 所示。

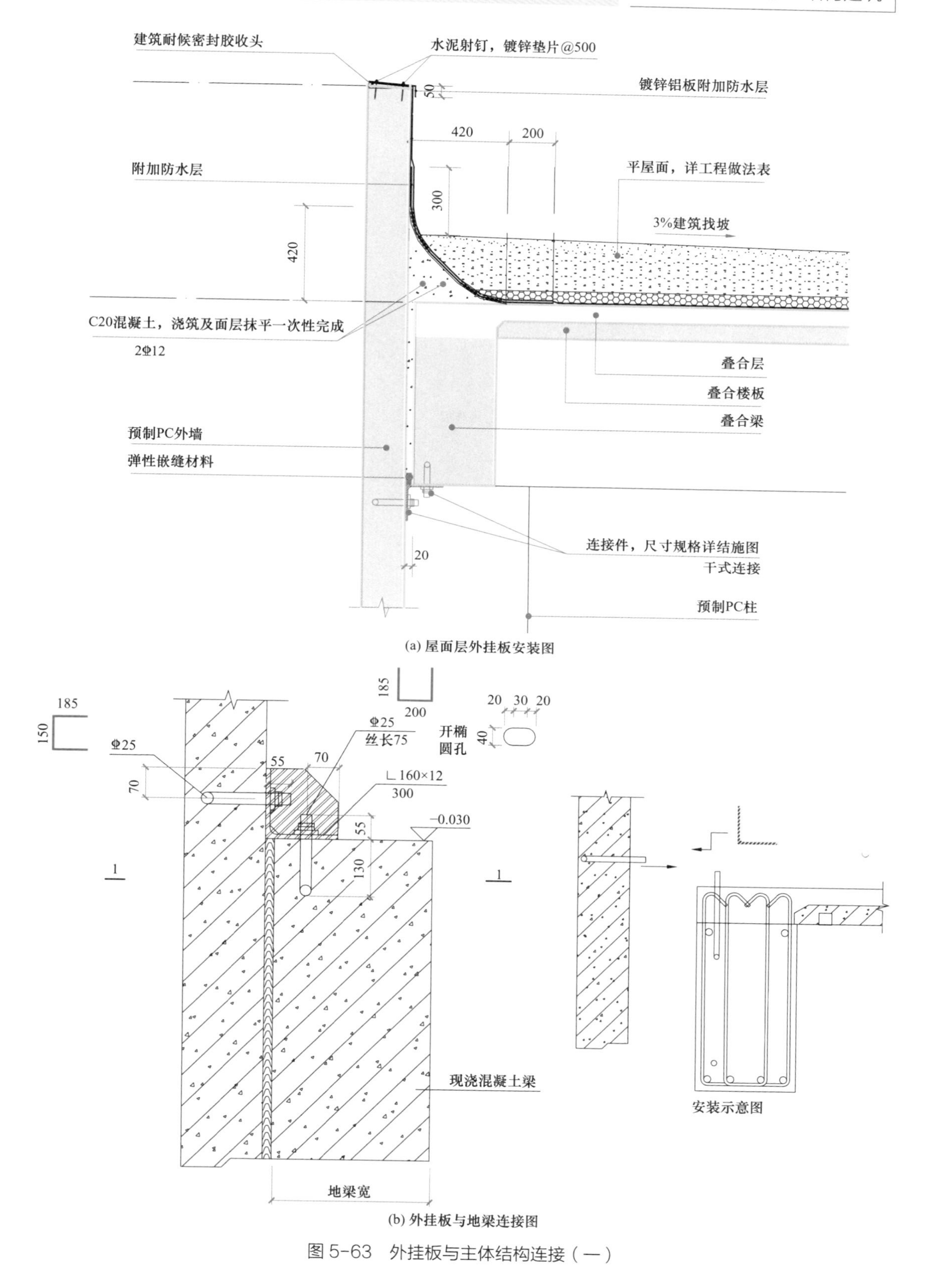

(a) 屋面层外挂板安装图

(b) 外挂板与地梁连接图

图 5-63 外挂板与主体结构连接（一）

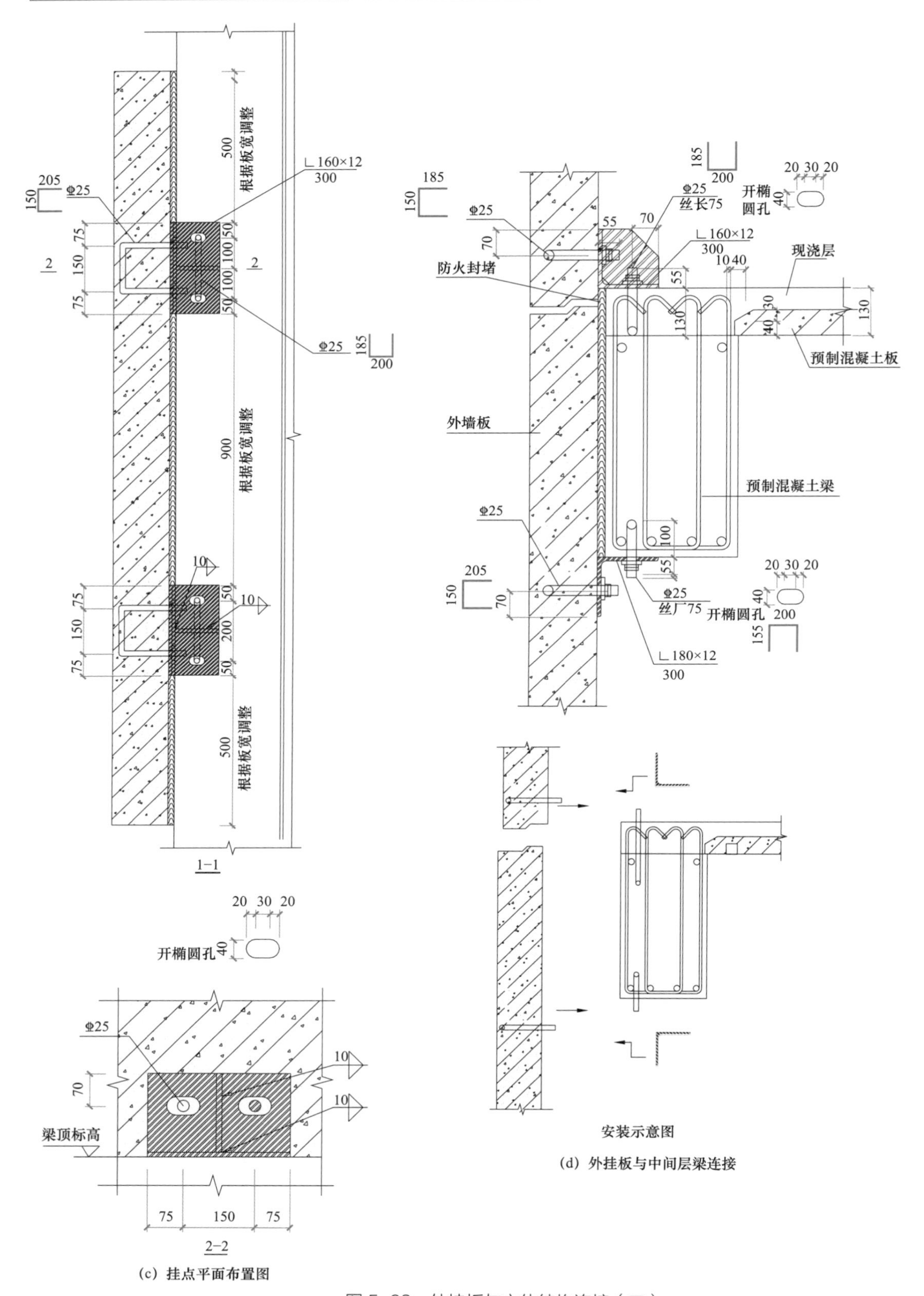

图 5-63　外挂板与主体结构连接（二）

5.6.3.4 外挂板间连接节点

外挂板间连接节点示意如图 5-64 所示。

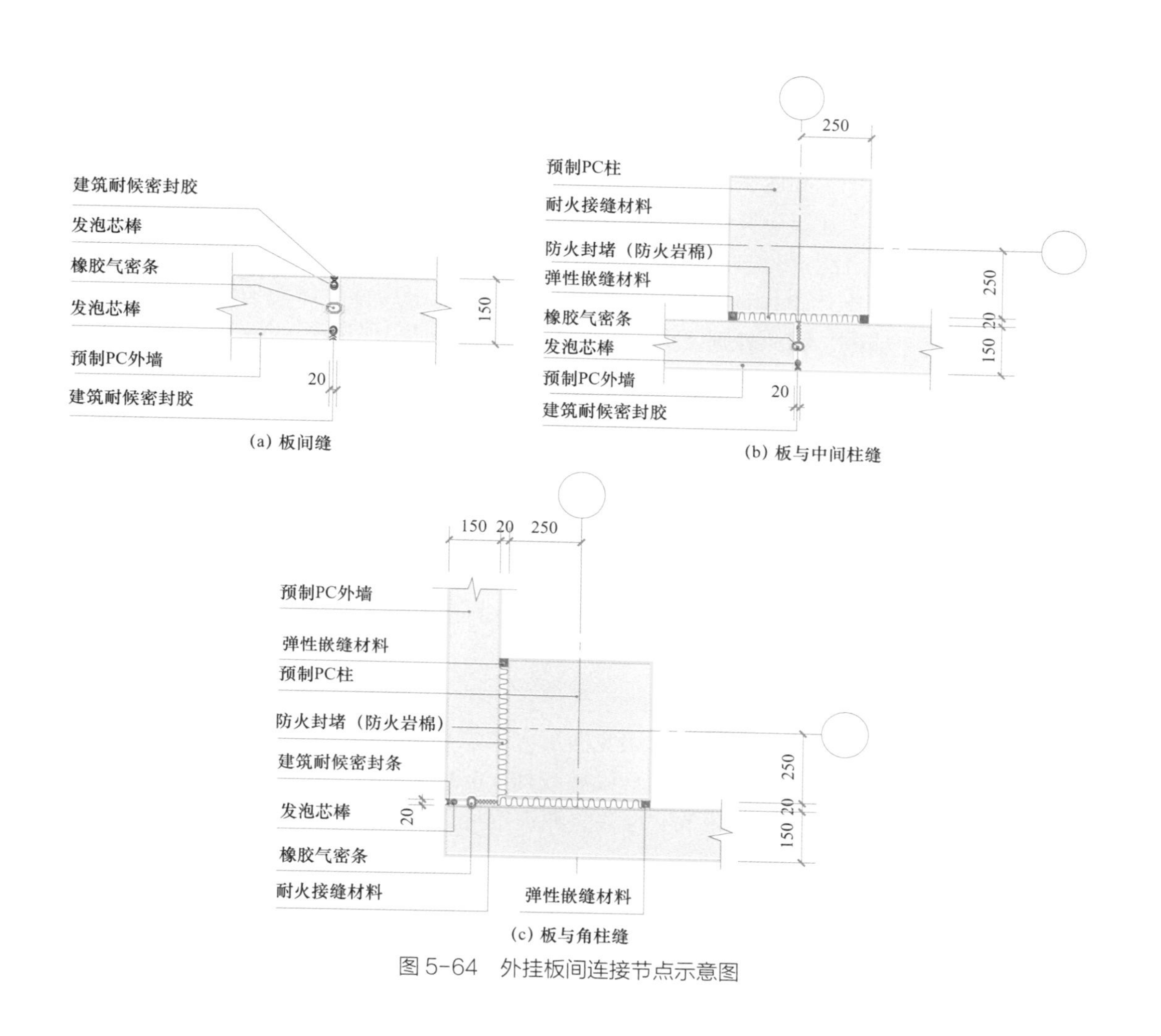

图 5-64 外挂板间连接节点示意图

5.7 集成设计

装配式建筑的质量问题大多数发生在主体结构、建筑围护、内装修和设备管线的集成、整合和协同上。另外，装配式建筑缺乏部品部件的标准化设计和多样化组合设计的思想。装配式建筑遵循工业化生产的设计理念，推行模数协调和标准化设计。标准化和多样化是装配式建筑固有的一对矛盾，这对矛盾解决的好坏，是评价装配式建筑的重要因素，也是装配式建筑技术体系中的重要方面。

2017 年 6 月 1 日起实施的《装配式混凝土建筑技术标准》（GB/T 51231—2016），创新性构建了工业化建造方式装配式建筑。是一个全专业全过程的系统集成，是以工业化建造方式为基础，实现结构系统、外围护系统、设备与管线系统、内装系统等四大系统一体化，以及策划、设计、生产与施工一体化的过程。

装配式混凝土建筑集成设计应从模数协调、标准化设计以及将结构系统、外围护系统、设备与管线系统和内装系统进行集成三个方面来进行协同设计。

5.7.1 一般规定

（1）装配式混凝土建筑应模数协调，采用模块组合的标准化设计，将结构系统、外围护系统、设备与管线系统和内装系统进行集成。

（2）装配式混凝土建筑应按照集成设计原则，将建筑、结构、给水排水、暖通空调、电气、智能化和燃气等专业之间进行协同设计。

（3）装配式混凝土建筑设计宜建立信息化协同平台，采用标准化的功能模块、部品部件等信息库，统一编码、统一规则，全专业共享数据信息，实现建设全过程的管理和控制。

（4）装配式混凝土建筑应满足建筑全寿命期的使用维护要求，宜采用管线分离的方式。

（5）装配式混凝土建筑应满足现行国家标准有关防火、防水、保温、隔热及隔声等要求。

5.7.2 模数协调

装配式混凝土建筑设计应符合《建筑模数协调标准》（GB/T 50002—2013）附录 D、E 的有关规定。

装配式建筑的开间与柱距、进深与跨度、门窗洞口宽度等宜采用水平扩大模数数列 2nM、3nM（n 为自然数）。

装配式建筑的层高和门窗洞口高度等宜采用竖向扩大模数数列 nM。

梁、柱、墙等部件的截面尺寸宜采用竖向扩大模数数列 nM。

构件节点和部件的接口尺寸宜采用分模数数列 nM/2、nM/5、nM/10。

装配式混凝土建筑的开间、进深、层高、洞口等优选尺寸应根据建筑类型、使用功能、部品部件生产与装配的要求确定。对于变电站设计，在满足设备房间功能要求的基础上进行开间、进深、层高三个维度的协调设计。

装配式混凝土建筑的定位宜采用中心定位法与界面定位法相结合的方法。对于部件的水平定位宜采用中心定位法，部件的竖向定位和部品的定位宜采用界面定位法。

部品部件尺寸及安装位置的公差协调应根据生产装配要求、主体结构层间变形、密封材料变形能力、材料干缩、温度变形、施工误差等确定。

5.7.3 标准化设计

装配式混凝土建筑应采用模块和模块组合的设计方法，遵循少规格，多组合的原则。

变电站在电气方案模块化、标准化的基础上，还可进一步深化卫生间和楼梯的标准化设计。

装配式混凝土建筑的部品部件应采用标准化接口。

装配式混凝土建筑平面设计应符合下列原则：

（1）应采用大开间大进深、空间灵活可变的布置方式；

（2）平面布置应规则，承重构件布置应上下对齐贯通，外墙洞口宜规则有序；

（3）设备及管线宜集中设置，并应进行管线综合设计。

装配式混凝土建筑立面设计应符合下列规定：

1）外墙、阳台板、空调板、外窗、遮阳设施及装饰等部品部件宜进行标准化设计；

2）装配式混凝土建筑宜通过建筑体量、材质肌理、色彩等变化，形成丰富多样的立面效果；

3）预制混凝土外墙的装饰面层宜采用清水混凝土、装饰混凝土、免抹灰涂料和反打面砖等耐久性强的建筑材料。

装配式混凝土建筑应根据建筑功能、主体结构、设备管线及装修等要求，确定合理的层高及净高尺寸。

5.7.4 集成设计

装配式混凝土建筑的结构系统、外围护系统、设备与管线系统和内装系统均应进行集成设计，提高集成度、施工精度和效率。

各系统设计应统筹考虑材料性能、加工工艺、运输限制、吊装能力等要求。

（1）结构系统的集成设计应符合下列规定：

1）宜采用功能复合度高的部件进行集成设计，优化部件规格；

2）应满足部件加工、运输、堆放、安装的尺寸和重量要求。

（2）外围护系统的集成设计应符合下列规定：

1）应对外墙板、幕墙、外门窗、阳台板、空调板及遮阳部件等进行集成设计；

2）应采用提高建筑性能的构造连接措施；

3）宜采用单元式装配外墙系统。

（3）设备与管线系统的集成设计应符合下列规定：

1）给水排水、暖通空调、电气智能化、消防系统等设备与管线应综合设计；

2）宜选用模块化产品、接口应标准化，并应预留扩展条件。

（4）内装系统的集成设计应符合下列规定：

1）内装设计应与建筑设计、设备与管线设计同步进行；

2）宜采用装配式楼地面、墙面、吊顶等部品系统。

（5）接口及构筑设计应符合下列规定：

1）结构系统部件、内装部品部件和设备管线之间的连接方式应满足安全性和耐久性要求；

2）结构系统和外围护系统宜采用干式工法连接，其接缝宽度应满足结构变形和温度变形的要求；

3）部品部件的连接应安全可靠，接口及构筑设计应满足施工安装与使用维护的要求；

4）应确定适宜的制作公差和安装公差设计值；

5）设备管线接口应避开预制构件受力较大部位和节点连接区域。

6 装配式围墙和防火墙

变电站围墙主要起到防御和隔离的作用。从防御的角度来说，变电站围墙主要是防止周围的大小动物进入变电站，避免造成电气设备的损坏引起事故；同时也有防止周围不了解高压危险性的非工作人员进入变电站而造成设备损坏和人身伤害的作用；从隔离的角度来说，变电站围墙对变电站内的噪声向站界外传播能起到一定的阻挡作用。适当的围墙形式对变电站有很好的美化作用，在围墙上加上不同企业的企业文化元素及特性，还可以起到一个企业的标示作用。

目前，在变电站中常用的围墙形式主要有清水砖墙围墙、装配式围墙、通透式围墙、组合大钢模板围墙等，如图 6–1 所示。

(a) 清水砖墙围墙

(b) 装配式围墙

(c) 通透式围墙

(d) 组合大钢模板围墙

图 6–1　变电站的围墙形式

目前，变电站已应用的装配式围墙形式主要有以下几种：预制混凝土柱加预制墙板实体围墙、型钢柱加预制墙板实体围墙、预制混凝土柱加挤压水泥纤维板围墙、预制混凝土柱加玻璃纤维增强水泥板围墙，如表 6–1 所示。

表 6–1　变电站装配式围墙形式

	型钢柱 + 蒸压轻质加气混凝土板围墙

续表

	预制混凝土柱 + 清水混凝土板围墙
	预制混凝土柱 + 挤压水泥纤维板围墙
	预制混凝土柱 + 玻璃纤维增强水泥板围墙

6.1 装配式混凝土围墙

装配式混凝土围墙采用"预制混凝土柱 + 预制清水混凝土板"装配而成，视压顶的高度不同可有两种作法：平顶围墙、高低顶围墙，如图 6–2 所示。

(a) 平顶围墙

(b) 高低顶围墙

图 6–2 装配式混凝土围墙

装配式墙板、围墙柱及压顶采用清水混凝土施工工艺，工厂化制作。预制混凝土围墙各构件混凝土强度等级均为 C30。混凝土保护层厚度：柱 25mm，梁 25mm，板 15mm。

装配式围墙单体工程施工前应做好施工策划，通常柱间中心距为 3000mm，非标准尺寸由设计人员根据现场情况进行调整，预制墙板长度一般为 2600 ~ 3200mm，如图 6–3 所示。

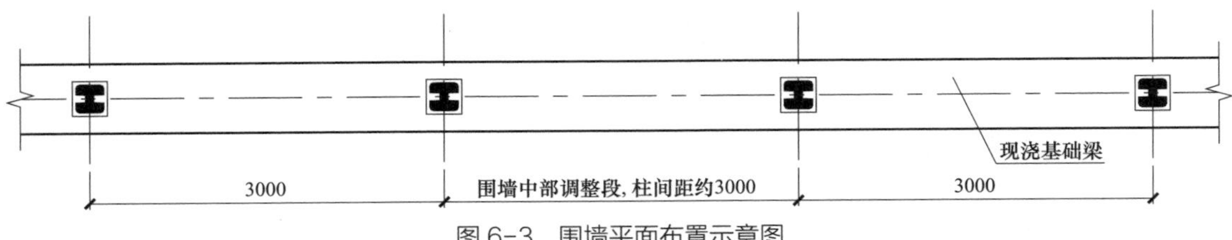

图 6-3　围墙平面布置示意图

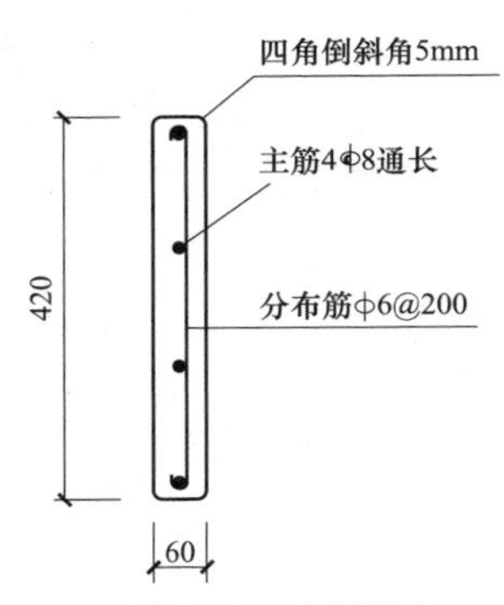

图 6-4　墙板规格

墙板规格为 2900mm × 420mm × 60mm（长 × 高 × 厚）（预制混凝土实体板）。在墙板四角倒斜角 5mm，安装就位后，涂硅酮耐候胶密封，如图 6-4 所示。

围墙柱尺寸采用 240 × 240H 型柱、150 × 240U 型柱、240 × 240 门口柱、300 × 300 转角柱。预制混凝土柱常用型号如图 6-5 所示。

压顶类别如图 6-6 所示。

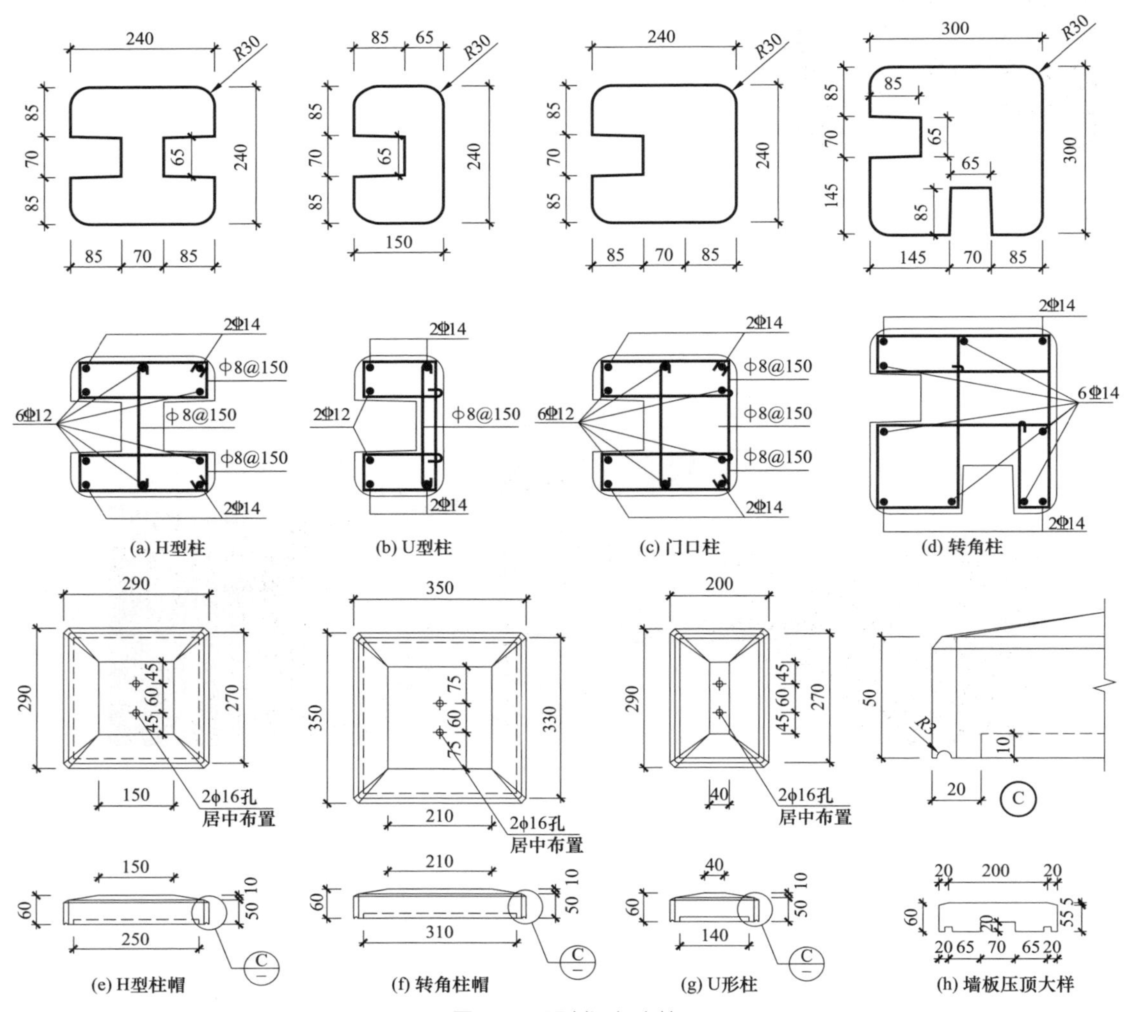

图 6-5　预制混凝土柱

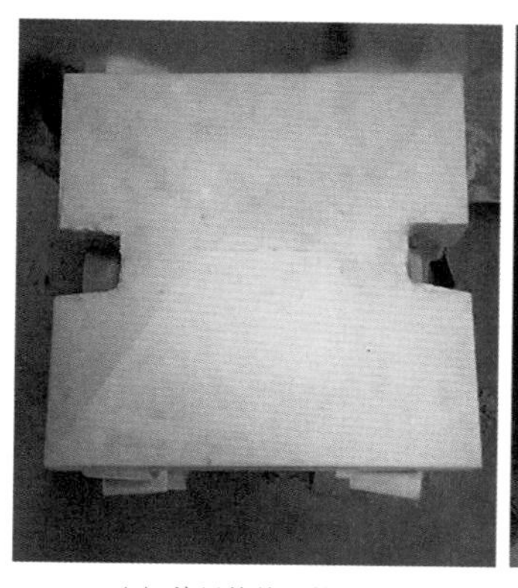

(a) 抗风柱柱帽俯视图

(b) 抗风柱柱帽仰视图

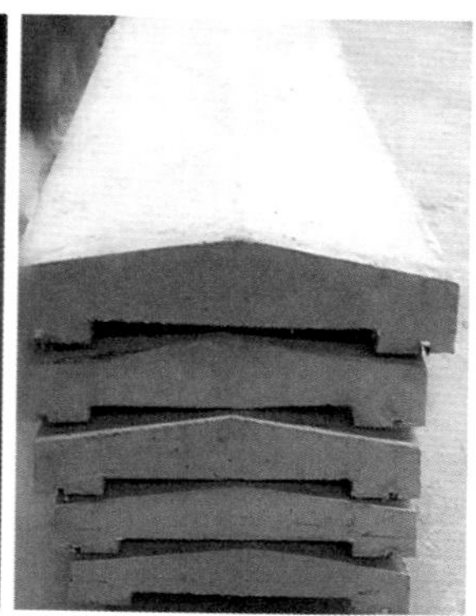

(c) 围墙压顶图

图 6-6 压顶类别

围墙地梁每 30m 左右设置一道变形缝，缝宽 25mm，采用硅酮玻璃胶或沥青挤塑板塞缝；地质条件变化处地梁设沉降缝处，围墙结构采用双 U 型柱方式。围墙地梁变形缝的设置位置应与下部挡土墙变形缝相统一。

围墙电子围栏固定在围墙柱帽上，电子围栏支架底部与柱顶部预留插筋焊接，预制柱帽顶部预留 2ϕ16 孔作为安装孔。围墙转角柱及门口柱需预埋穿线管。

预制大门门柱比围墙压顶高约 300 ~ 400mm，在工厂需预留门禁系统、遥视设备孔位和管线槽，门柱之间通过预制压顶连接。预制大门如图 6-7 所示。

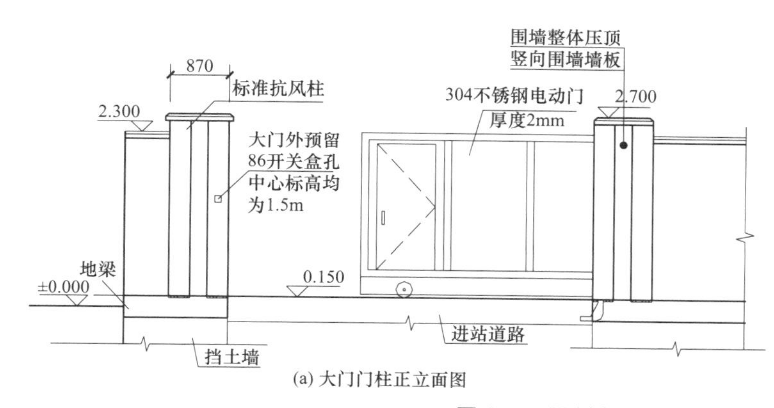

(a) 大门门柱正立面图

(b) 实物图

图 6-7 预制大门

围墙柱常见安装方式有焊接、螺栓连接、杯口插入式连接三种。

（1）焊接方式：将抗风柱底部的预置钢板和基础的预埋钢板焊接固定，焊接时应先点焊固定，然后进行垂直度、间距等尺寸校核。校核准确后再满焊固定，焊缝高度 $h_f \geq 8$mm。埋件及焊缝做环氧富锌底漆两道、面漆两道防锈处理。

（2）螺栓连接方式（见图 6-8）：在基础梁内预留 4M18 地脚螺栓和 16mm 钢板，混凝土凝固后，柱角四个孔与螺栓对孔插入，拧紧螺母，然后用混凝土进行二次浇筑。

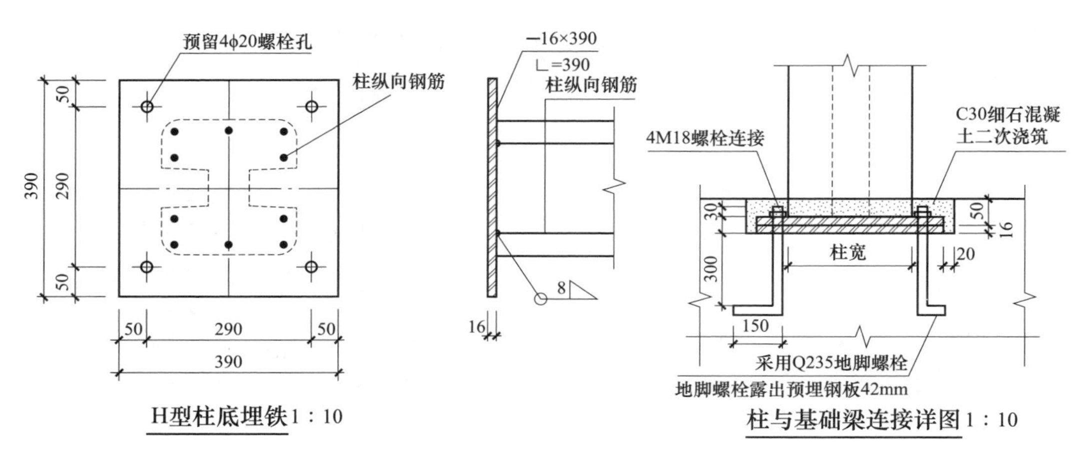

图6-8　螺栓连接

（3）杯口插入式连接方式：现场浇筑杯口基础和基础梁，插入抗风柱，二次浇灌强度等级高一级的细石混凝土。

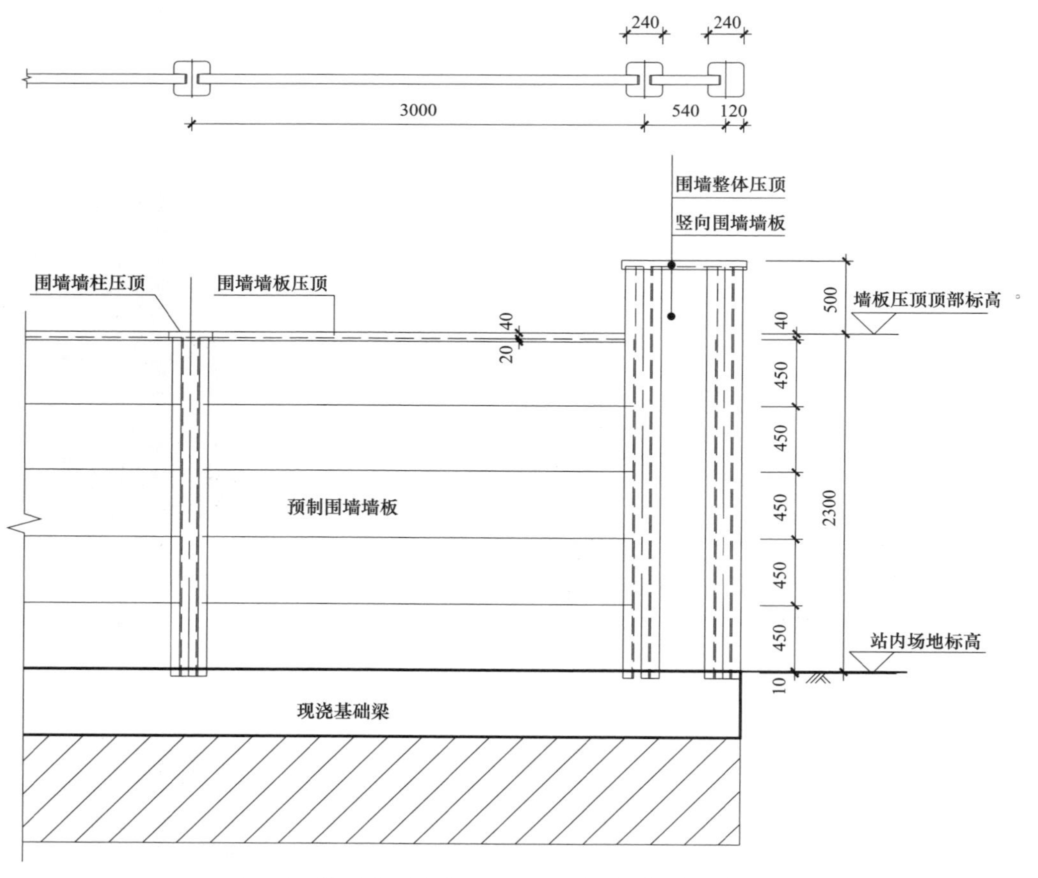

图6-9　装配式围墙做法一（±0.000是基础地梁标高）

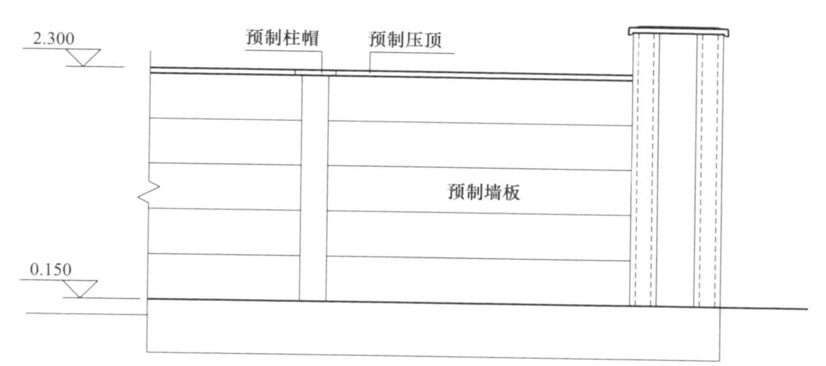

图 6-10　装配式围墙做法二（±0.000 是碎石地坪标高）

三种连接方式各有优劣：杯口插入式最为可靠，但柱基础稍大；螺栓连接装配化程度最高，但对基础预留螺栓的精度要求较高；焊接连接需在现场焊接施工，并需现场防腐处理。

大门的门柱也体现了装配式，仅改变墙板安装方向，横向改为竖向，安装简单，产品利用程度高。相关规定要求围墙高度为 2.3m，在工程设计中有两种做法：①认为 ±0.000 是基础地梁标高（见图 6-9）；②认为 ±0.000 是碎石地坪标高（见图 6-10）。

6.2　金属围墙

6.2.1　组成及材料选择

金属围墙系统结构由基础及预埋螺栓、抗风型钢柱、墙面压型钢板、压顶包边配件组成，如图 6-11 和图 6-12 所示。

图 6-11　围墙抗风柱螺栓预埋

图 6-12　围墙面板安装

钢柱和钢梁均采用热镀锌 Q235 钢材，其厚度为 6mm，符合现行《钢结构设计标准》（GB 50017），抗拉、抗压和抗弯强度设计值为 215N/mm^2，抗剪强度设计值为 125N/mm^2，墙面为环保 320 型烤漆彩钢瓦。

围墙抗风柱采用 100mm × 100mm × 6mm 方形钢柱，与基础预留螺栓连接；墙梁采用 100 × 50 × 6 方形钢梁，压顶采用 C250 × 75 × 3.0 热镀锌型钢外包。

6.2.2 结构特点

（1）高效率。结构为装配式，与传统方式相比，装配式钢结构围墙的构件可以在工厂实现，产业化的生产，质量容易得到保证，构件就相当于标准的产品，而运到现场就可以直接进行安装，既方便，又快捷，在争分夺秒抢工期的电力建设领域，有无可比拟的优越性；工厂生产不受恶劣天气等自然环境的影响，工期更为可控，且生产效率远高于手工作业，可大幅降低对人工的依赖。

（2）工期短。和变电站其他形式围墙相比工期可缩短 70% 以上，工序如下（以施工长度 200m 计）：预埋件安装（2 天）、钢结构骨架安装（3 天）、墙板安装（3 天），合计 9 天。

（3）精度高。装配式建筑误差达毫米级，构件工厂化生产，质量大幅提高。

（4）抗震性能好。

（5）施工现场交叉作业影响最小化。由于构件的切割、焊接、压型制作等半成品已提前在车间制作完成，最大限度地减少占用有限的施工区时间，现场施工人员减少 80% 以上，降低施工现场安全隐患。

（6）环境效益明显提升。由于改变了传统工艺方式，大量工序在标准化工厂制作，现场施工大大降低了粉尘、噪声、污水的排放，环境效益获得显著提升。

（7）经济效益。同传统工艺相比，无砖砌围墙存在的质量通病，避免了质量问题发生的处理费用。一次成型，无后期维护费用。在改扩建项目中拆除费用低，拆除材料可重复使用。

（8）外形美观。外部造型多样新颖，色彩鲜艳耐久，结构美观，可以改变结构形式、不同色彩装饰，较好地与建筑、工程环境相适应。

（9）强度高、耐久性强。

（10）社会效益。符合国家“两型一化”和“绿色施工”的要求，提高效率、提高质量，减少用工，节能减排，对提高建设和质量水平有比较好的示范意义。

6.2.3 构件防腐

围墙由专业钢结构围墙生产厂家进行二次深化设计、制作、安装，表面平整、整齐，拼缝严密，注胶均匀牢固，并严格做好墙身搭接部位的防水、防锈工作。

围墙结构采用热镀锌防腐，防腐层厚度不小于 86μm。

（1）涂漆：所有钢构件材料均为热镀锌材质钢材经除锈处理后，立即用刷子或无油无水压缩空气清除灰尘和锈垢，钢构表面涂防锈底漆一道，中间漆一道，面漆一道。

（2）除锈：所有钢结构构件在涂刷防锈蚀涂料前，将构件表面的毛刺、铁锈、油污及附着物清除干净，使钢材的表面露出银灰色，除锈方法采用喷洒或抛丸除锈。

6.2.4 构件节点大样

钢结构围墙主要节点及构造大样如图 6-13 所示。

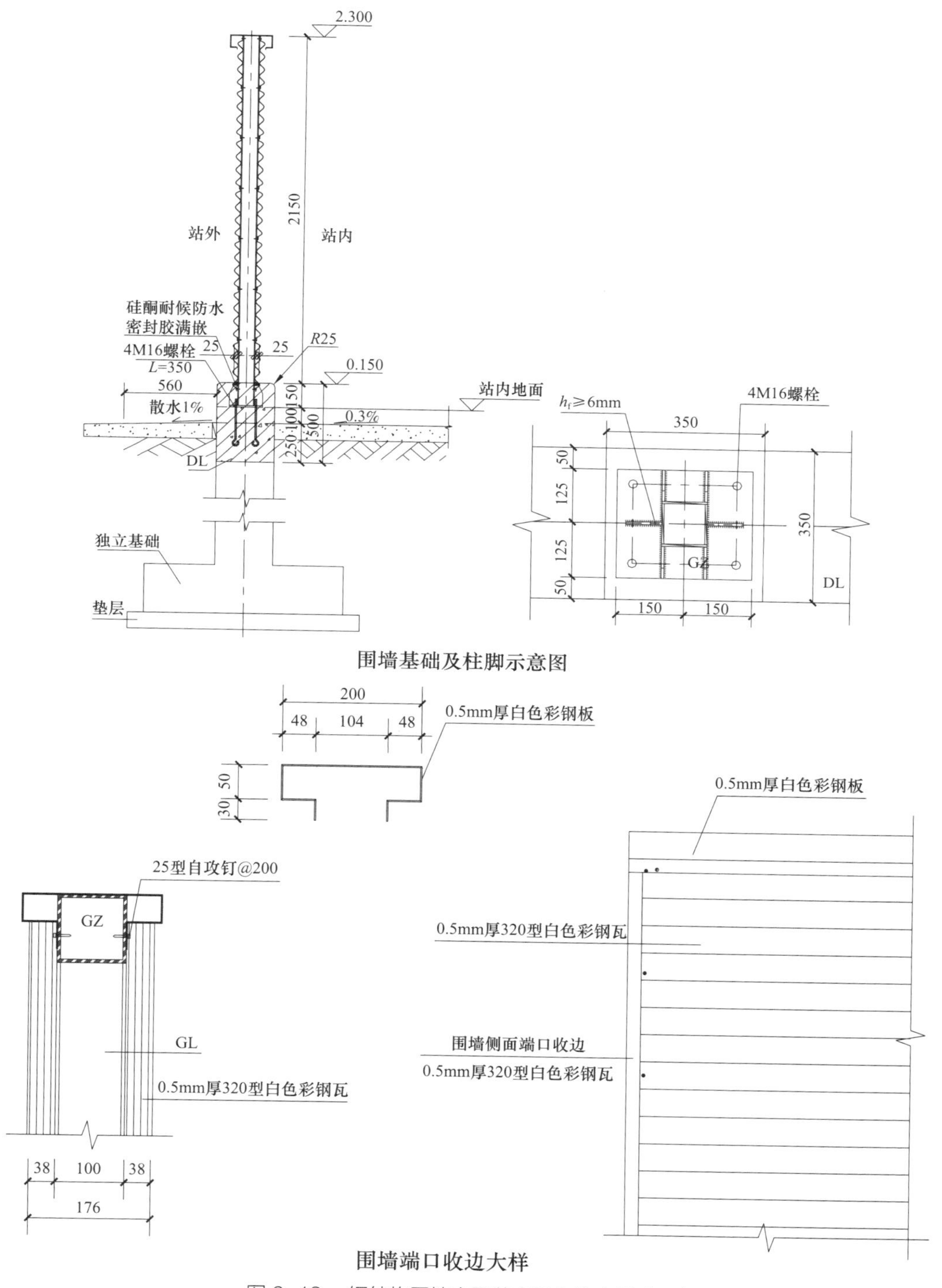

图 6-13　钢结构围墙主要节点及构造大样（一）

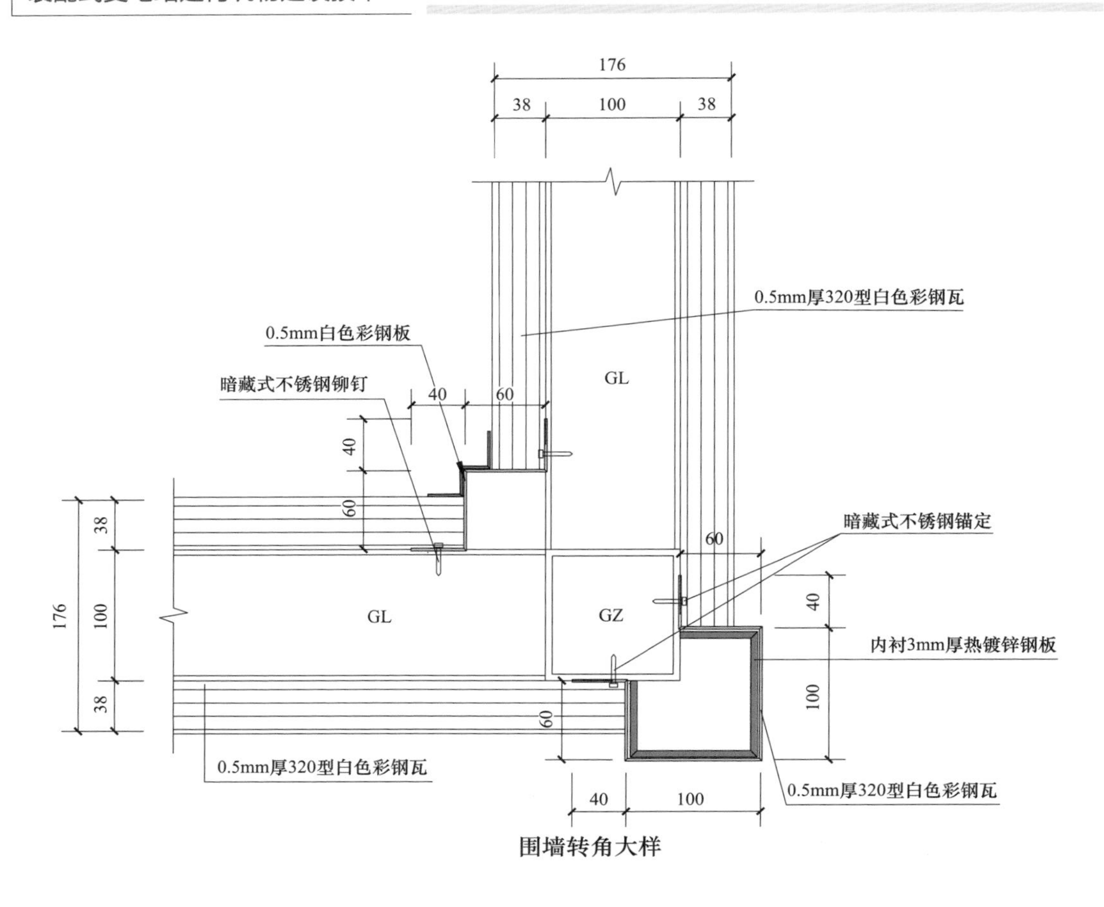

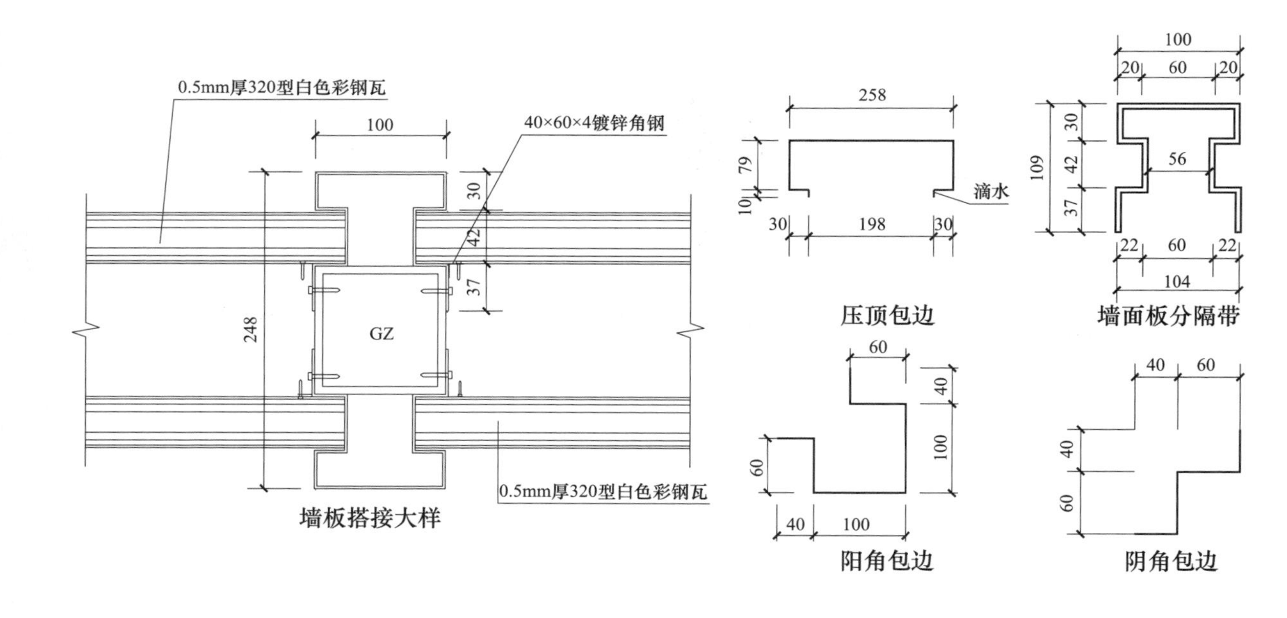

图 6-13 钢结构围墙主要节点及构造大样（二）

6.3 装配式防火墙

主变压器防火墙是设置在变压器设备之间，用于满足设备间防火要求的重要构筑物。变电站各建构筑物在生产过程中的火灾危险性分类及其耐火等级和最小防火间距，应符合《火力发电厂与变电站设计防火标准》（GB 50229—2019）的有关规定。变电站的防火墙应符合：

（1）防火墙应具有不少于 3.0h 耐火极限的非燃烧性墙体。

（2）防火墙上不应开设门窗洞口，当必须开设时，应设置能自动关闭的甲级防火门窗。

（3）防火墙上不宜通过管道，当必须通过时，应采用防火堵料将孔洞周围的空隙紧密堵塞。

（4）设计防火墙时，防火墙上支承的构架或防火墙一侧支撑的建筑物梁、板在遭遇火灾影响时，应确保防火墙的整体稳定而不至倒塌。

屋外油浸变压器、油浸电抗器、集成式电容器之间无防火墙时，其防火间距应满足《火力发电厂与变电站设计防火标准》（GB 50229—2019）第 11.1.7 条、第 11.1.9 条和第 11.1.10 条的规定。由于变电站用地或总体方案，变压器、电抗器等设备间的防火距离不满足上述要求时需设置防火墙。

防火墙的结构型式有混凝土框架清水砌体防火墙、现浇混凝土防火墙、砂浆饰面防火墙、混凝土装配式防火墙等。

混凝土框架防火墙的做法一般是先浇筑混凝土独立基础，然后浇筑上部的框架梁和框架柱，最后用节能环保砖填充框架内部，如图 6-14 所示。

现浇混凝土防火墙的做法通常是先浇筑混凝土条形基础，然后对墙身钢筋混凝土面板一次性浇筑施工。由于墙体较高，混凝土要分层连续浇筑，分层高度一般均小于 1m，如图 6-15 所示。

图 6-14　混凝土承插框架防火墙

图 6-15　现浇混凝土板式防火墙

装配式防火墙，采用层插式安装方式，具有结构简单、安装方便、安全系数高、自洁力强、免维护时间长等优点。装配式防火墙的构件主要是基础、预制柱、预制梁、预制墙板及柱顶连接件，如图 6-16 所示。

6.3.1 连接节点

（1）现浇装配式梁柱节点（湿连接）。传统装配式结构梁柱节点的连接中，梁柱中的钢筋在节点处为焊接或搭接，并现场浇筑部分混凝土（湿连接），常见的连接方式简介如下。

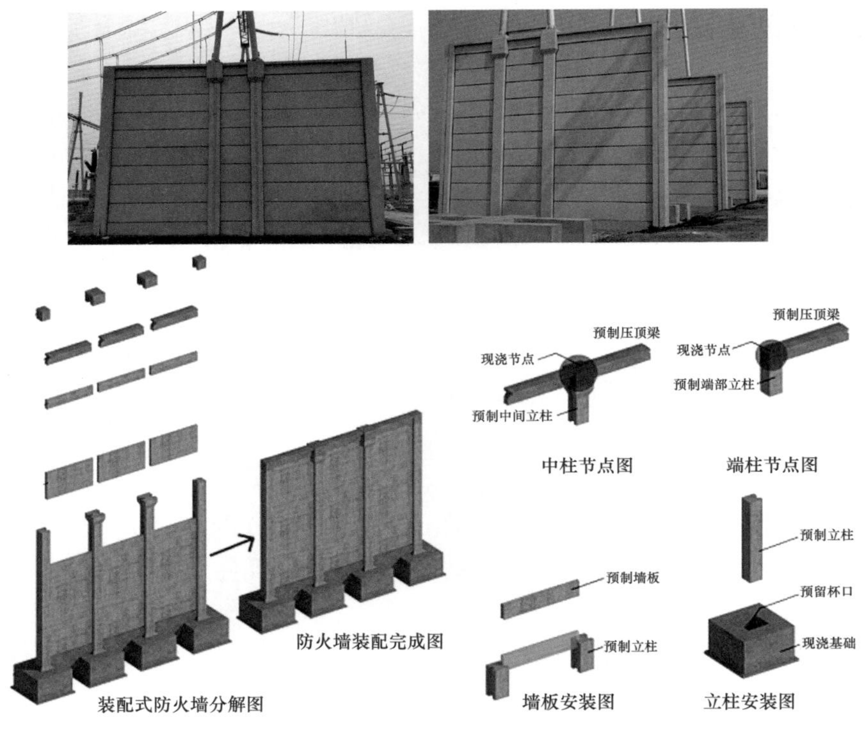

图 6-16　装配式防火墙

1）整浇式节点。整浇式梁柱节点是指在节点区利用现场后浇混凝土，将预制梁和柱连接成为整体框架节点的一种连接构造。这种连接方式是在柱和梁节点处预留现浇空间，梁顶预留现浇叠合层，楼板也采用叠合现浇结构，这种节点具有梁柱构件外形简单、制作和安装方便、节点整体性能良好等特点，主要适用于民用建筑和多层轻工业建筑。整浇式梁柱节点按构造可分为两类：

a. 整浇式 A 型节点，梁端下部纵向钢筋在节点内采用焊接连接，如图 6–17 所示。

b. 整浇式 B 型节点，梁端下部纵向钢筋不宜多于二根，直径不宜大于 25mm。梁端下部纵向钢筋在节点内采用搭接弯折锚固的做法，如图 6–18 所示。

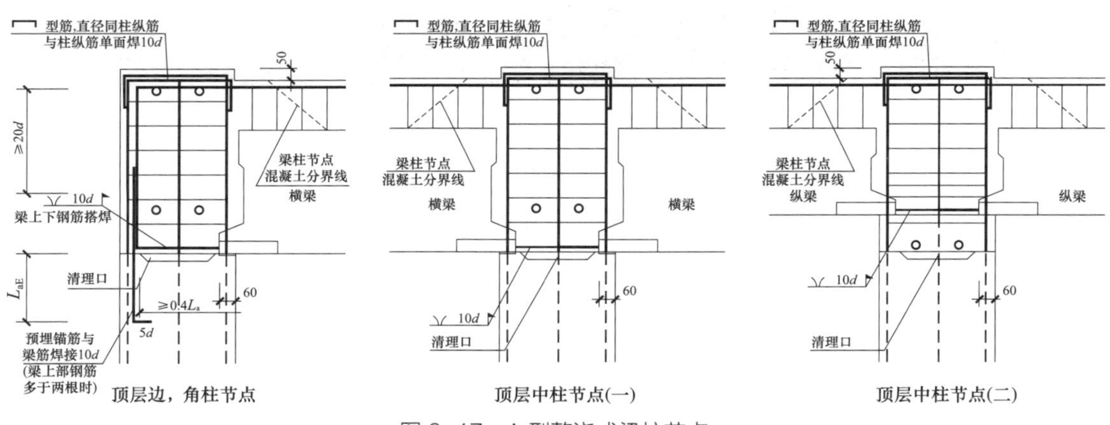

图 6-17　A 型整浇式梁柱节点

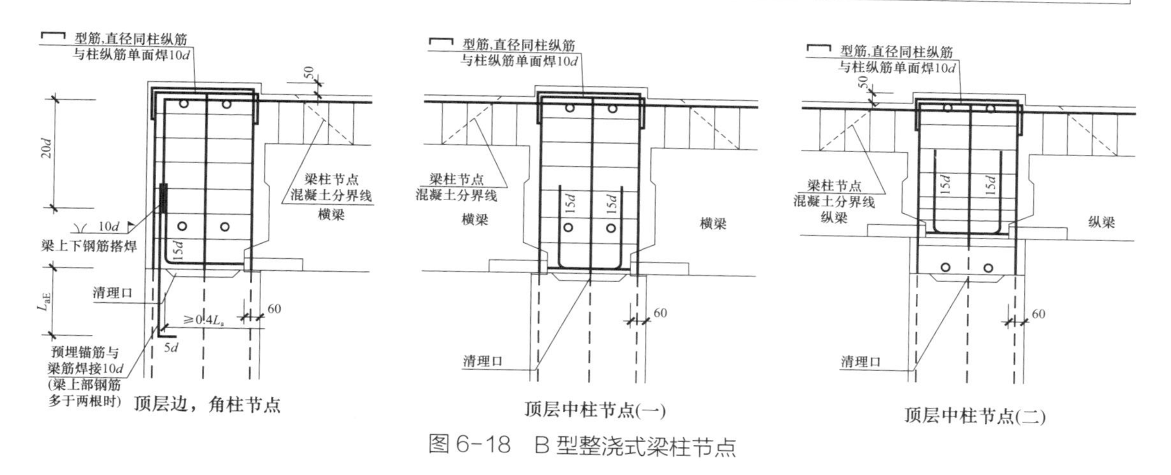

图 6-18　B 型整浇式梁柱节点

2）现浇柱预制梁节点。现浇柱预制梁节点将柱在现场和节点一起浇筑，是装配式结构的一种发展。由于节点与柱在现场同时浇筑混凝土，节点的整体性较全装配框架有很大改善。现浇柱预制梁节点按构造分为两类：

a. 现浇柱预制梁 A 型节点，梁端下部纵向钢筋在节点内采用焊接连接，如图 6-19（a）所示。

b. 现浇柱预制梁 B 型节点，梁端下部纵向钢筋不宜多于二根，直径不宜大于 25mm。梁端下部纵向钢筋在节点内采用搭接弯折锚固的做法，如图 6-19（b）所示。

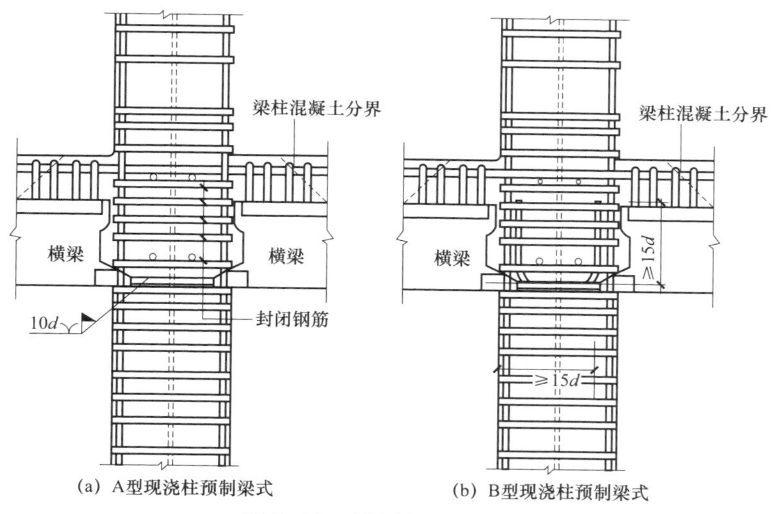

图 6-19　现浇柱预制梁节点

（2）装配式钢筋混凝土结构的干连接。干连接是一种新型连接方式，其主要特点是结构构件连接时不需要浇筑混凝土，而是采用预应力筋等新型连接方式直接进行拼装。干性连接主要目的是将结构的非线性变形集中于连接区域，而结构的其他部分基本保持弹性。预制装配式结构采用干性连接后，因损伤集中在连接部位，所以较传统的现浇结构易修复，更为重要的是采用预应力作为装配手段后，预制装配结构在经历较大的反复非线性变形后，因预应力筋的回弹，具有良好的自恢复能力，即最终的残余变形很小。干连接根据节点形式的不同可分为多种连接方式。

1）预应力连接。装配式框架结构通过张拉预应力筋施加预应力把预制梁和柱连接成整体，这种连接就是预应力装配式连接，可简称预应力连接。

预应力连接的构造如图 6–20 所示。在预制梁和柱中预留孔道，预应力筋穿入孔道，梁与柱之间通过灌浆封实接缝。预应力连接的一个突出特点是梁上的剪力可通过梁与柱之间的摩擦力传递到柱。此时要求预应力筋的初始应力不能太高，使预应力筋在经历地震引起的较大位移反应时仍保持弹性，避免因预应力筋的塑性变形而引起预应力损失，从而影响梁与柱的接触面处的摩擦抗剪能力。

2）混合连接。前期的研究表明，全预应力节点的耗能较少，为改善预应力连接的耗能能力，适应高烈度抗震设防区对结构的要求，在预应力连接的基础上增加普通钢筋，利用其屈服来耗能，这样就形成了预应力钢筋和普通钢筋混合配筋的连接，简称混合连接。

混合连接的构造如图 6–21 所示。梁和柱均为预制，梁的端部为矩形截面（顶部和底部设预留孔道），中部则在梁的顶部和底部分别设槽而呈 H 型截面，以便穿入普通钢筋。梁柱连接借助于灌浆的普通钢筋和后张预应力筋来实现。普通钢筋分别穿入梁顶和底及柱中的预留孔道，并在柱子两表面以外的一小段长度内设不黏结区，以防地震时普通钢筋过早断裂。预应力筋为无黏结或在梁跨中部分黏结。

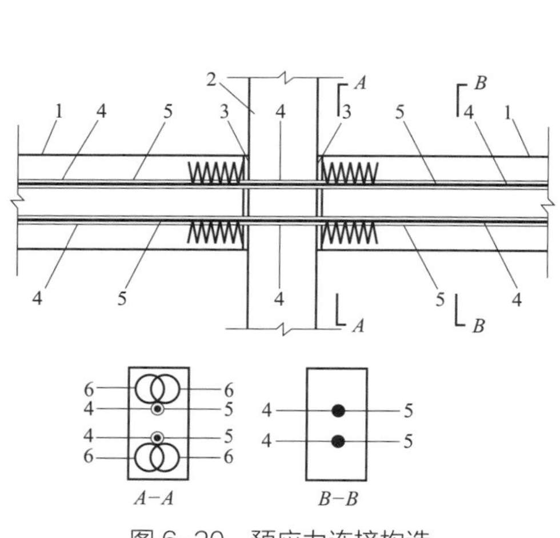

图 6–20　预应力连接构造

1—预制梁；2—预制柱；3—砂浆；4—预留孔道；5—无黏结预应力筋；6—螺旋钢筋

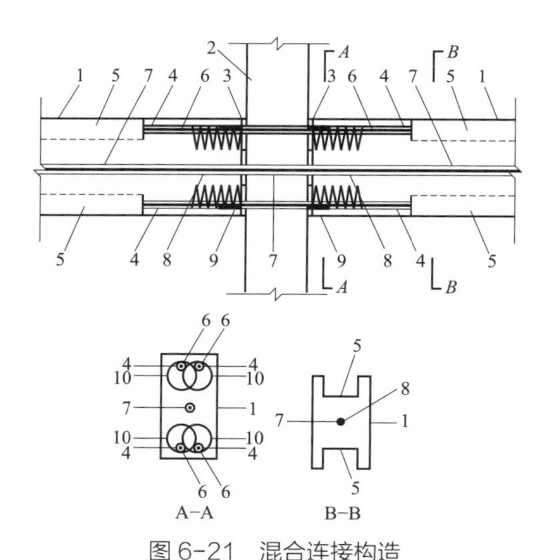

图 6–21　混合连接构造

1—预制梁；2—预制柱；3—砂浆；4—普通钢筋的预留孔道；5—槽；6—普通钢筋；7—无黏结预应力筋的预留孔道；8—无黏结预应力筋；9—不黏结区；10—螺旋钢筋

3）明牛腿连接。预制装配式钢筋混凝土多层厂房中，广泛采用明牛腿节点。这种节点承载力大，受力可靠，节点刚性好，施工安装方便。装配式施工方法的早期，梁的支座连接常常应用由柱子伸出的明牛腿，如图 6–22 所示。这种应用明牛腿的作法不仅允许铰接，也可以刚接，构造细节是不同的。但是，明牛腿的作法由于建筑上影响美观和占用空间，应用不是很普遍，它只是应用于对美观要求不高的房屋建筑和用于吊车梁支承。

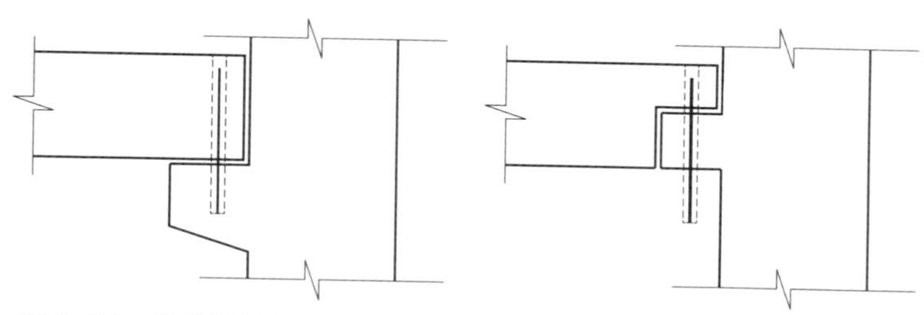

图 6-22 钢筋混凝土明牛腿构造　　图 6-23 钢筋混凝土暗牛腿构造

4）暗牛腿连接。为了避免影响空间利用和建筑美观，把柱子的牛腿做成暗牛腿，如图 6-23 所示，同时使得连接处的外形构造和设备使用等创造了良好的条件。但是用暗牛腿的作法给结构性能带来了缺点，特别是不利于静力和动力性能的设计，所以不是所有的这样设计的节点连接都是适用的。若使梁的一半高度能够承受剪力，则另一半梁高能够用于做出柱子的牛腿，而要使牛腿的轮廓不突出梁边，则梁端和牛腿的配筋是比较复杂的。

5）焊接连接。焊接连接方法如图 6-24 所示，该连接的抗震性能不太理想，主要原因是该连接方法中无明显的塑性铰设置，在反复地震荷载作用下焊缝处容易发生脆性破坏，所以其能量耗散性能较差。但是焊接连接的施工方法避免了现场现浇混凝土，也不必进行混凝土的养护，可以节省工期。塑性铰设置良好的焊接接头的优越性还是相当明显的，开发变形性能较好的焊接连接构造也是当前干式连接构造的发展方向。在施工中为了使焊接有效和减小焊接的残余应力，应该充分安排好相应构件的焊接工序。

预制装配式框架预应力柱脚节点，如图 6-25 所示。

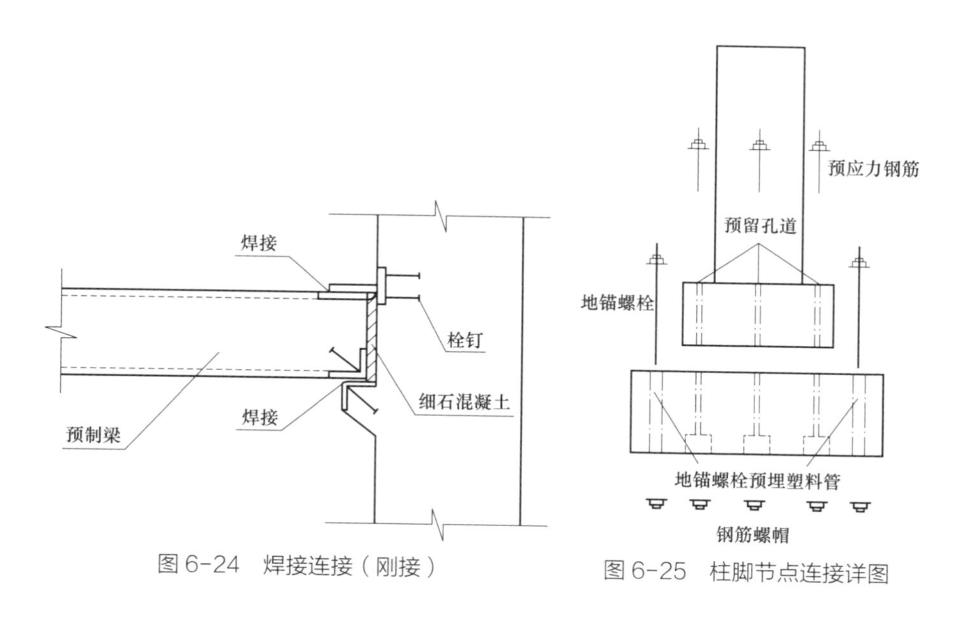

图 6-24 焊接连接（刚接）　　图 6-25 柱脚节点连接详图

6.3.2 设计方案

（1）主变压器防火墙结构尺寸及装配式防火墙方案。

1）主变压器防火墙结构尺寸。图 6-26 为某 500kV 变电站主变压器防火墙三维透视图，

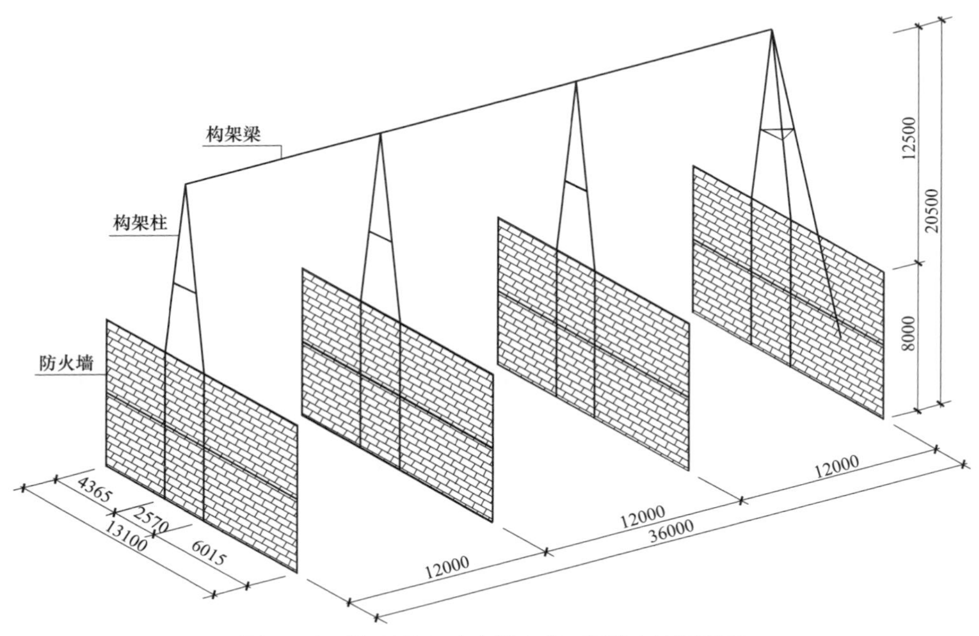

图 6-26　某 500kV 变电站主变压器防火墙透视图

防火墙高 8m，宽 13.1m，墙顶设构架，构架柱脚对应防火墙位置设置钢筋混凝土柱。

2）装配式防火墙初步方案。常用的装配式结构有装配式钢结构、装配式钢筋混凝土结构。由于装配式钢结构不满足防火墙 3h 耐火极限要求，涂刷防火涂层或外包防火板维护工作量大，影响主变压器运行，且钢结构刚度较小，由于防火墙平面外无支撑，若采用钢结构，用钢量较常规结构多，造价相对较高，故不考虑装配式钢结构防火墙。装配式钢筋混凝土防火墙方案需要考虑以下几个关键因素：

a. 节点装配式方案：装配式钢筋混凝土防火墙梁柱节点要求安全可靠、施工方便。根据前述装配式混凝土结构节点装配方式，较成熟的装配式节点方案为现浇装配式节点方案（湿连接）。考虑到施工减少模板和脚手架工程量，选用预制柱预制梁的整浇式节点方案。

b. 装配式防火墙结构布置：装配式防火墙作为框架结构，需要在墙顶设置框架梁将框架柱连接成一个整体；墙板需要梁作为支撑，故在地面处设置一道基础梁，作为预制墙板的基础；考虑到减少施工工序，节约工期，装配式防火墙取消常规框架式防火墙中间标高处框架梁，仅在墙顶和墙底设置框架梁，以减小节点数量和构件数量。

c. 基础梁做法：考虑到施工方便可靠，基础梁采用预制梁，且基础梁处不设置框架节点，将基础梁置于钢筋混凝口基础顶部，这样可以减少节点数量和施工工序。

根据上述方案点，结合防火墙的结构特点，柱采用全段整体预制柱，基础采用钢筋混凝土现浇杯口基础，杯口顶部设一道基础梁，墙顶设一道墙顶梁，基础梁和墙顶梁采用预制结构，基础梁采用预制结构，梁柱节点采用现浇节点。

（2）柱的做法。柱采用基底到墙顶全段整体预制方式。中间柱采用工字型截面，边柱采用槽型截面（见图 6-27）；工字型及槽型柱凹槽用于安装梁、墙板。柱顶预留顶梁高范围用于节点现浇，柱顶纵向钢筋按锚固要求预留锚固长度，现浇节点时锚入梁内。

（3）柱与基础连接方式。基础采用现浇杯口式基础，柱下端插入杯口后用细石混凝土浇灌，如图 6–28 所示。

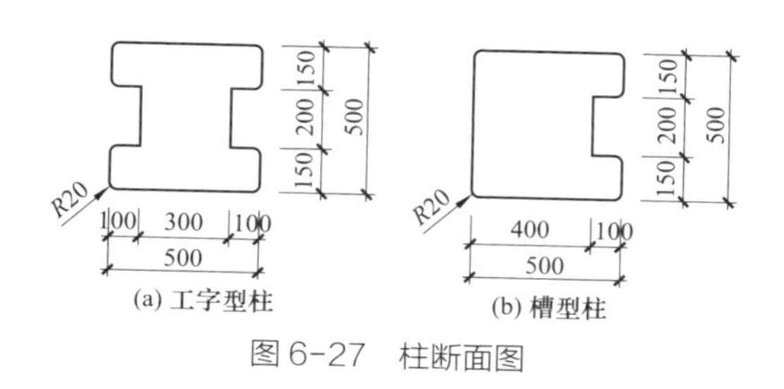

图 6–27　柱断面图

图 6–28　预制钢筋混凝土柱独立基础示意图

（4）梁柱节点处理方式。防火墙在 2 个标高处设置梁，分别为基础梁和墙顶梁，两种梁分别采用两种施工方式。

1）基础梁。基础梁采用预制钢筋混凝土结构，安装于基础杯口处。柱安装就位、基础回填后，将预制基础梁置于基础杯口上。基础梁计算时按简支梁考虑，不参与结构的整体计算，仅作为墙板的支撑，如图 6–29 所示。

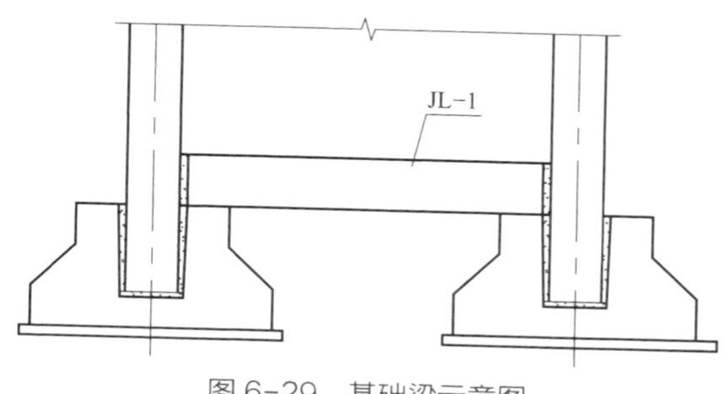

图 6–29　基础梁示意图

2）墙顶梁。墙顶梁以柱为节点采用分段预制梁（图 6–30 ~ 图 6–32），梁端每边超出柱边 100mm（搁置长度）。安装时梁、柱钢筋按抗震要求锚固至节点区，柱顶预埋铁需按要求进行预埋。梁、柱节点混凝土在以上工作完成后浇筑。

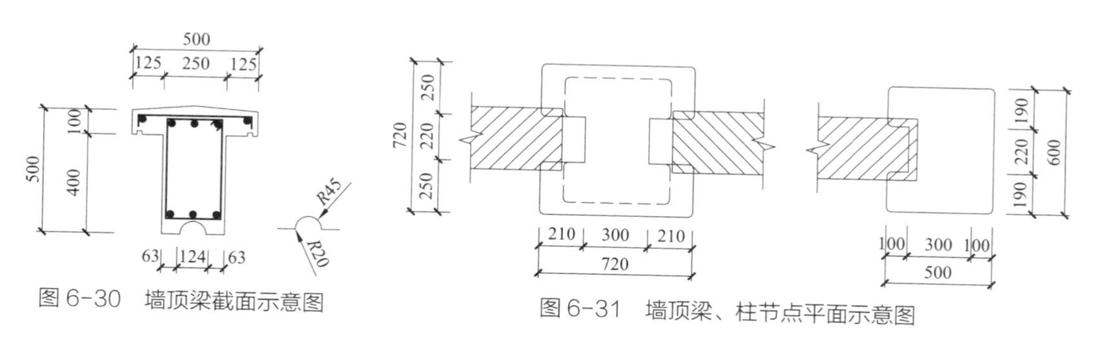

图 6–30　墙顶梁截面示意图

图 6–31　墙顶梁、柱节点平面示意图

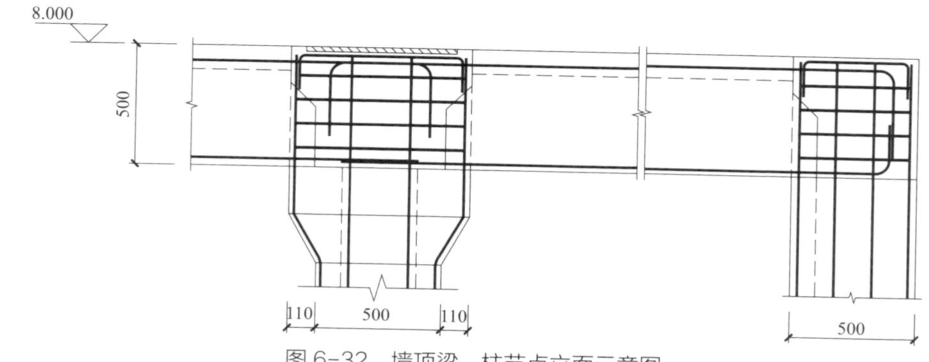

图 6–32　墙顶梁、柱节点立面示意图

（5）墙板做法。墙板采用预制钢筋混凝土墙板，防火墙应具有不小于3.0h耐火极限的非燃烧性墙体。根据《建筑设计防火规范》（GB 50016—2014），防火墙墙板厚度取180mm。

墙板采用预制钢筋混凝土板结构。墙板施工时吊装至柱顶，对准柱预留插槽装入设计位置并调平后填缝固定即可。

墙板及顶梁的底部预留凹槽，墙板的底部预留凸缘，安装时凸缘插入凹槽内，并采用防火泥进行填充，以保证墙板和板墙之间、墙和梁之间的密封性能。安装时要求保证施工精度，构件之间不发生碰撞，防止对结构产生损伤。墙板结构断面如图6-33所示。

装配式防火墙立面结构布置，如图6-34所示。

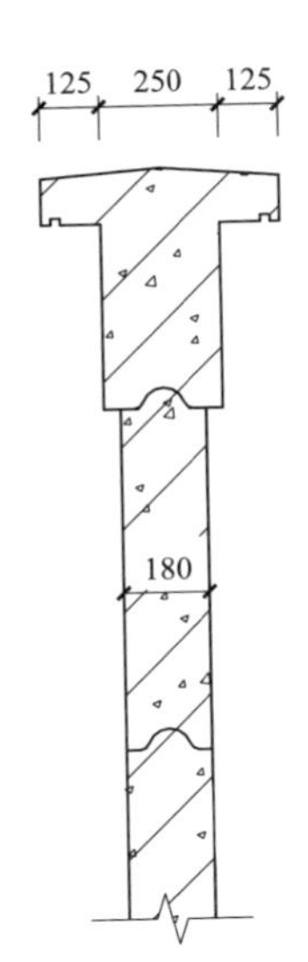

图6-33 墙板断面示意图

6.3.3 受力分析及验算

（1）设计输入条件。设计荷载和主要技术指标按设计规范进行取值。

1）设计活荷载取值（标准值）：

基本风压：w_0=0.35kN/m^2。

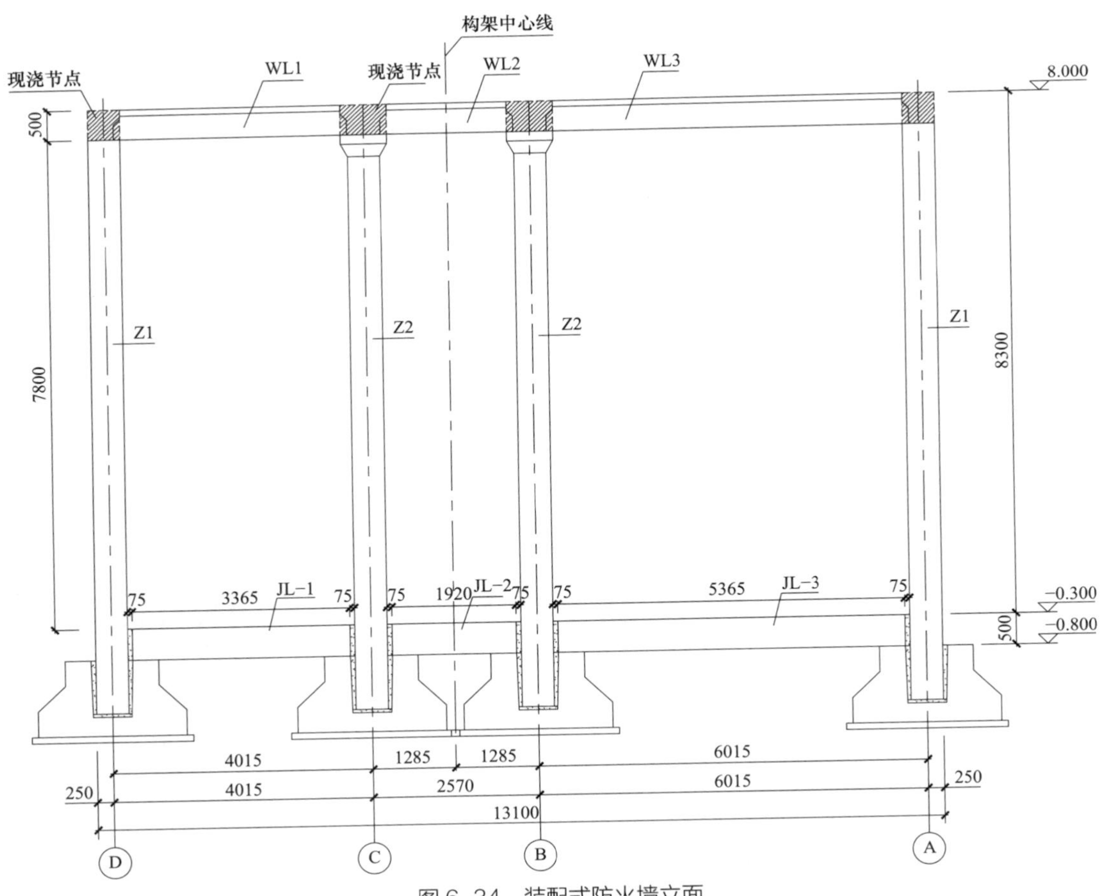

图6-34 装配式防火墙立面

导线荷载：根据电气专业提供资料确定导线荷载，如表 6-2 所示。

表 6-2

导线荷载

导线型号安装位置	档距 / 弧垂	风力（kg）	温度（℃） 垂直张力（kg）	最高温度 70℃	覆水 10mm	最大风速 30m/s	最低温度 -10℃	检修上人 100kg	检修上人 150kg
2×NAHLGJQ-1440 主变压器构架	33.5m 2.00m	239.8	H1（沿导线水平方向）	2392	2729	2486	2881	2819	3524
			R1A（垂直方向）	876	1050	846	924	925	998
			R1B（垂直方向）	804	960	865	956	957	1194
2×NAHLGJQ-1440 主变压器 220kV 过渡构架	51m 2.20m	262.2	H2（沿导线水平方向）	2050	2934	2649	2323	2432	2569
			R2A（垂直方向）	1004	1287	1160	1031	1049	1068
			R2B（垂直方向）	476	539	485	446	530	611

2）设计主要技术指标：

设计使用年限：50 年；

建筑结构安全等级：二级；

建筑抗震设防分类：丙类；

建筑抗震设防标准：6 度（0.05*g*），其他地震烈度时专门计算；

地面粗糙度：B 类。

3）建筑材料：

构架钢材采用 Q235B、Q355B 型钢，预制防火墙框架及墙板采用 C30 混凝土，湿连接节点区域采用 C35 细石混凝土。

（2）建模计算。构件截面积如表 6-3 所示。

表 6-3

构件截面积

构件名称	材料	截面积	备注
防火墙柱	C30 钢筋混凝土	500×500	矩型 / [型 / 工型
墙顶梁	C30 钢筋混凝土	250×500	矩形
构架人字柱	Q235 钢	ϕ300×10	焊接钢管
构架斜撑	Q235 钢	ϕ350×10	焊接钢管
构架钢梁	Q355 钢	ϕ430×10	焊接钢管

采用三维有限元软件 Midas Gen 对防火墙及构架进行建模分析，建立钢筋混凝土装配式防火墙及钢结构构架模型，模型如图 6-35 所示。

（3）荷载。根据规范要求及电气资料输入导线荷载、风荷载及墙板荷载，并根据规范要求进行荷载组合。作用在结构上的荷载如图 6-36 所示。

（4）计算结果。经过 Midas Gen 对模型进行计算分析，经后处理后可得出主变压器钢结构构架的应力及防火墙钢筋混凝土框架的内力。

图 6-35　装配式防火墙及钢结构构架有限元模型

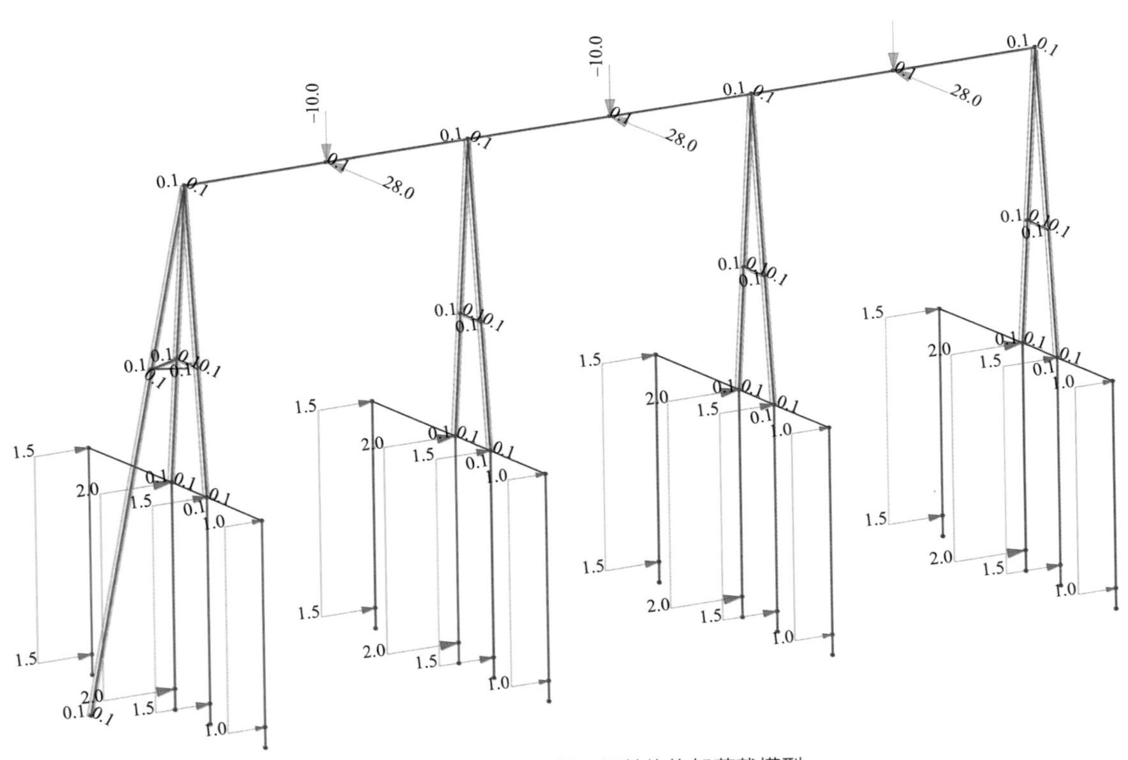

图 6-36　装配式防火墙及钢结构构架荷载模型

1）构架应力。由图 6-37 中的构架应力图可知，构架最大组合应力为 57.37< 215N/mm^2，满足要求。

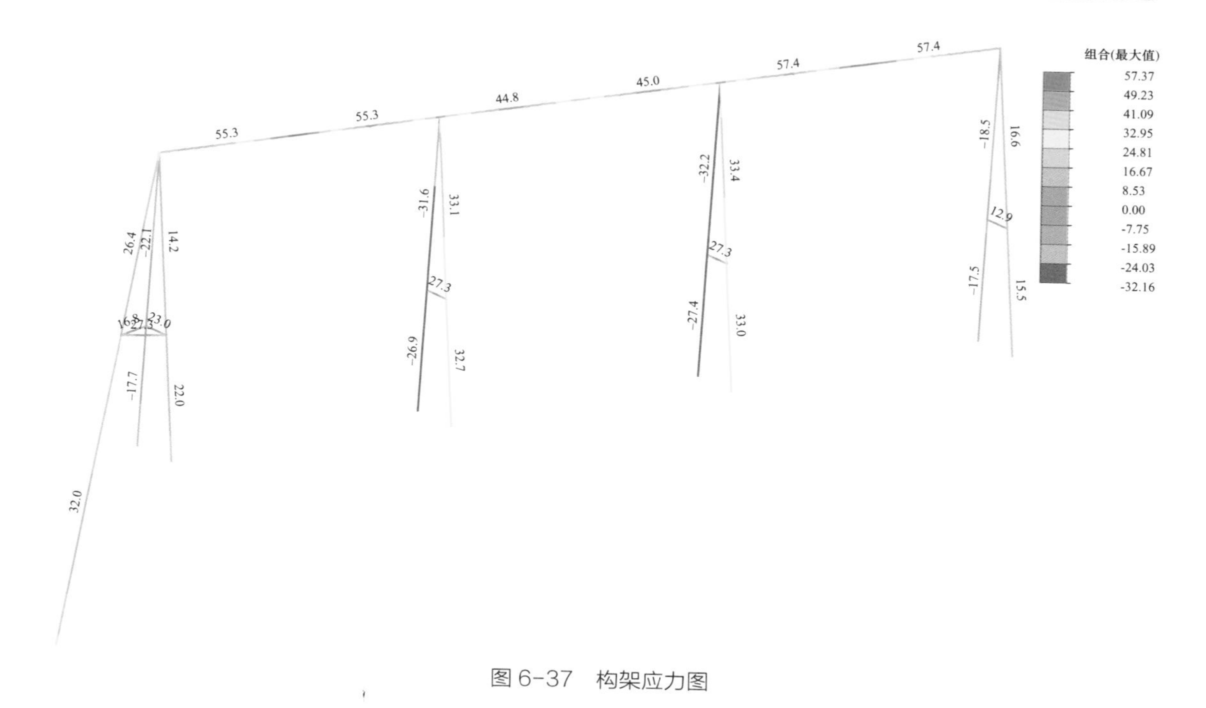

图 6-37 构架应力图

2）构架稳定性验算。利用 Midas Gen 的后处理模块：钢结构截面验算对构架特征截面进行验算，输出验算结果如表 6-4 所示，由表可知验算结果都满足要求。

表 6-4　　给出验算结果

midas Gen - Steel Code Checking | GB50017-03 | Version 800

*.项目 :
*.单位体系 : kN, m

| GB50017-03 | 截面验算表格 --- 在分析模型中选择构件。

CHK	单元 COM	截面 SHR	截面名称 材料	Fy	LCB	Len Lu	Ly Lz	Bmy Bmz	N Nr	Mb Mrb	My Mry	Mz Mrz
OK	18 0.23	1 0.00	P 300X10 Q235	235000	1	7.04006 7.04006	7.04006 7.04006	1.00 1.00	-245.82 1486.75	9.06193 0.00000	9.06193 137.441	0.00000 137.441
OK	8 0.14	4 0.02	P 140X8 Q235	235000	2	1.68152 1.68152	1.68152 1.68152	1.00 1.00	-2.6039 652.087	3.01601 0.00000	3.01601 22.2743	0.00000 22.2743
OK	27 0.22	5 0.02	P 430x10 Q345	345000	1	6.00000 6.00000	6.00000 6.00000	1.00 1.00	-1.7965 3522.15	93.6025 0.00000	93.6025 419.737	0.00000 419.737
OK	12 0.14	6 0.04	P 250x8 Q235	235000	1	1.50000 1.50000	1.50000 1.50000	1.00 1.00	-0.3200 1277.49	10.9455 0.00000	10.9455 76.6653	0.00000 76.6653
OK	1 0.14	8 0.01	P 350x10 Q235	235000	2	13.2971 13.2971	13.2971 13.2971	1.00 1.00	98.9994 2296.50	20.3319 0.00000	20.3319 189.790	0.00000 189.790

3）框架内力。图 6-38 为计算所得的框架弯矩图。框架柱最大弯矩设计值为 98.3kN · m，对应轴力设计值 300kN。

墙顶梁最大弯矩设计值为 42kN · m。

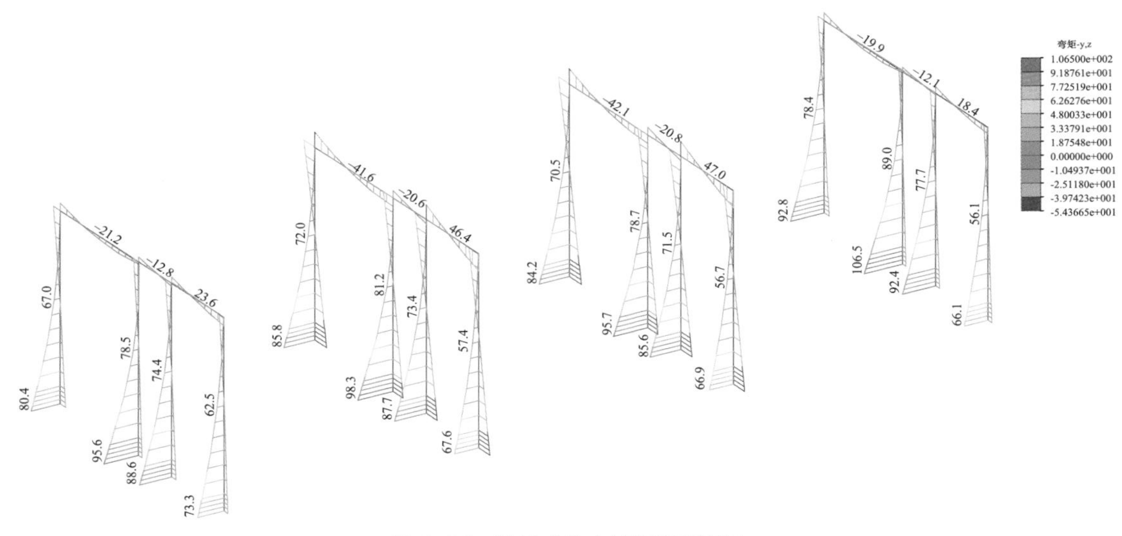

图 6-38　装配式防火墙框架弯矩图

基础梁直接搁置于基础杯口上，按简支梁考虑，不参与框架结构整体受力，经计算可得基础梁最大弯矩为 132kN · m。

柱截面选用 500 × 500（局部根据墙板安装需要设凹槽），基础梁选用 250 × 500，墙顶梁选用 250 × 500，所选梁、柱截面经配筋计算后均可满足结构受力要求。

4）柱顶位移。图 6-39 为框架柱顶的水平位移图。

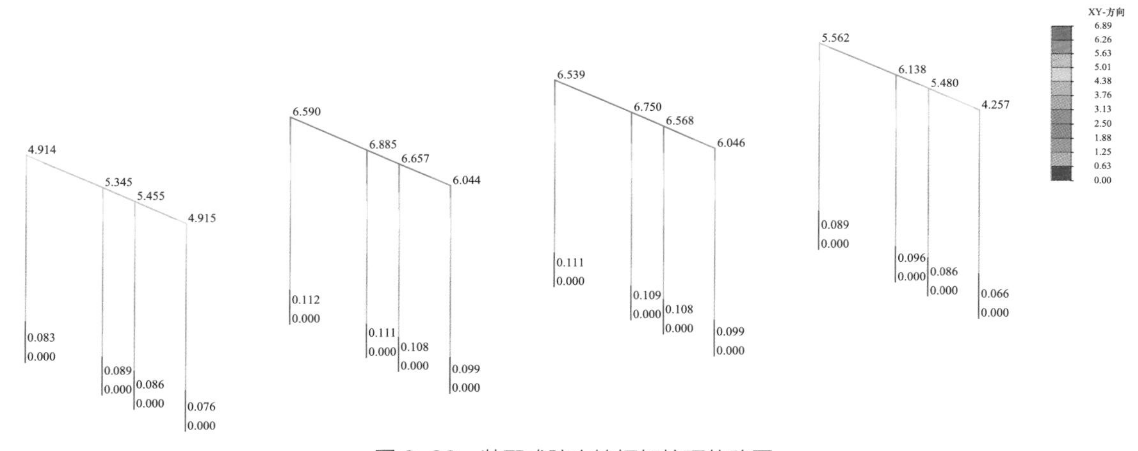

图 6-39　装配式防火墙框架柱顶位移图

柱顶最大位移为 6.9mm，柱顶位移角为 6.9/8000=1/1160<1/500，满足《建筑抗震设计规范（2016 年版）》（GB 50011—2010）的要求。

（5）与常规框架式防火墙对比分析。

建立常规框架式防火墙的模型，进行计算分析，并与装配式防火墙的计算结果进行对比分析，比较二者的区别。

常规框架式防火墙结构布置图如图 6-40 所示。

用 Midas Gen 软件建立常规框架式防火墙模型，对模型进行计算分析。模型如图 6–41 所示。

由于与常规框架式防火墙相比，墙上构架的结构及受力是一样的，故只比较防火墙的受力。

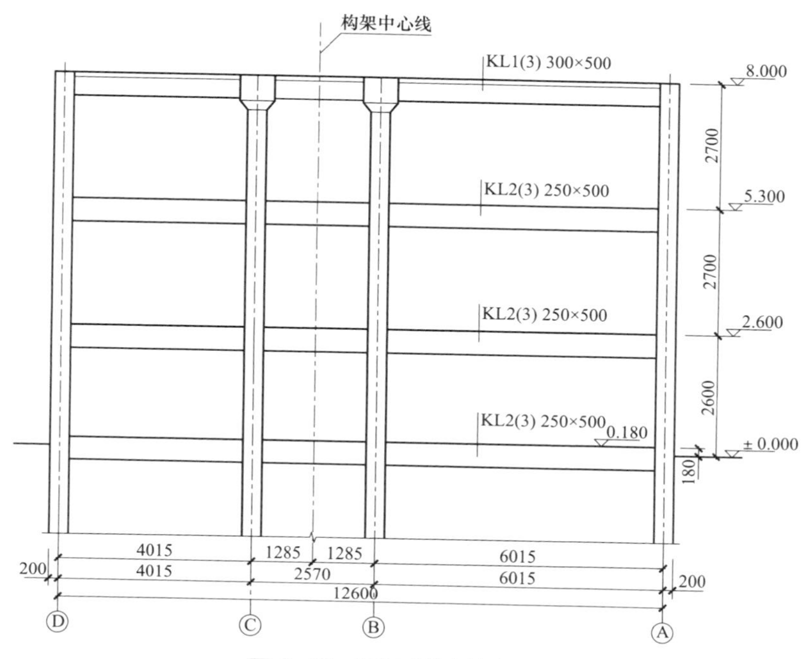

图 6–40　框架式防火墙立面图

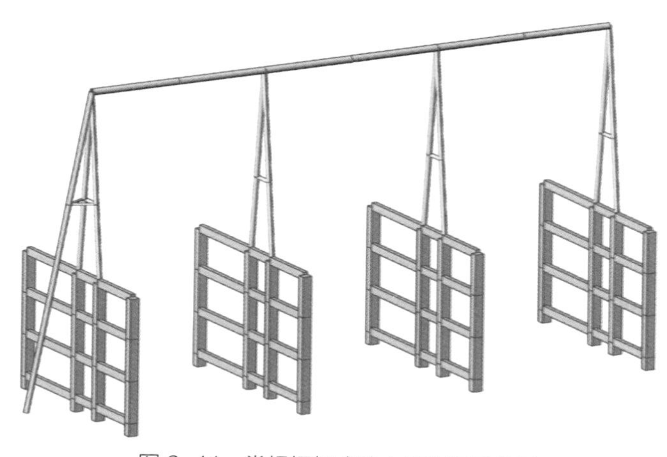
图 6–41　常规框架式防火墙有限元模型

1）框架内力。图 6–42 为计算所得的框架弯矩图。

框架柱最大弯矩设计值为 102kN · m，与装配式防火墙柱最大弯矩设计值 98kN · m 基本相同；弯矩相同的原因是风荷载对墙体的弯矩起控制作用，由于两个结构风荷载相同，作用方向垂直于墙体，柱在垂直于墙体方向的结构体系相同，故受力也相同。

对应轴力设计值 580kN，大于装配式防火墙柱轴力设计值 300kN，轴力不同的主要原

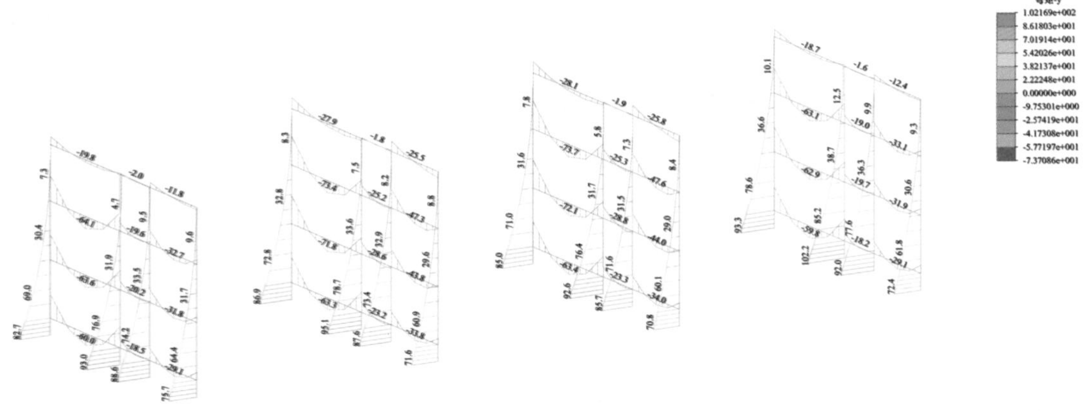

图 6-42　常规框架式防火墙框架弯矩图

因是框架式防火墙墙体的荷载通过中间层的梁传至柱上，而装配式防火墙墙体的荷载直接通过基础梁传至基础，无荷载作用到柱上。

墙顶梁最大弯矩设计值为 28kN · m，小于装配式防火墙墙顶梁最大弯矩设计值 42kN · m，主要原因是框架式防火墙中间增加了梁，结构在沿墙体的方向整体刚度大于装配式防火墙，故柱顶弯矩小于装配式防火墙，但两种结构的弯矩值都比较小。

2）柱顶位移。图 6-43 为计算所得的框架式防火墙柱顶位移。框架式防火墙柱顶最大位移为 5.5mm，小于装配式防火墙柱顶最大位移 6.9mm。其主要原因是框架式防火墙由于中间梁的作用，刚度要大于装配式防火墙，但二者的位移均满足《建筑抗震设计规范（2016 年版）》（GB 50011—2010）的要求。

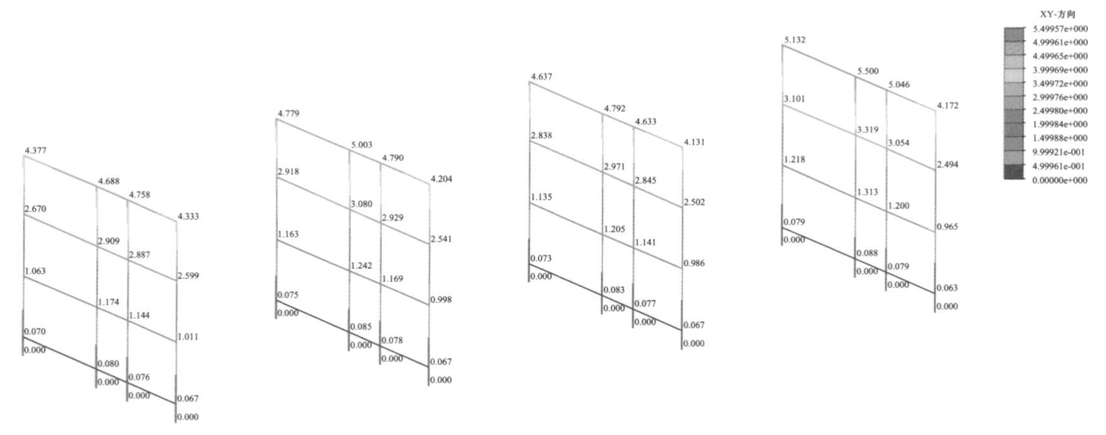

图 6-43　常规框架式防火墙框架柱顶位移图

通过以上对比分析可以发现，由于框架式防火墙中间设置了两道梁，而装配式防火墙只在柱顶设置了一道梁，使得两种结构在墙体荷载传递、结构沿墙体方向刚度有所不同，从而导致柱轴力、梁弯矩和柱顶位移存在一定的差别。但总体来说两种结构都能满足在荷载作用下的受力要求。

预制墙板宽度 760mm，根据通用设备要求，装配式主变压器防火墙典型立面图如图 6-44 ~ 图 6-49 所示。

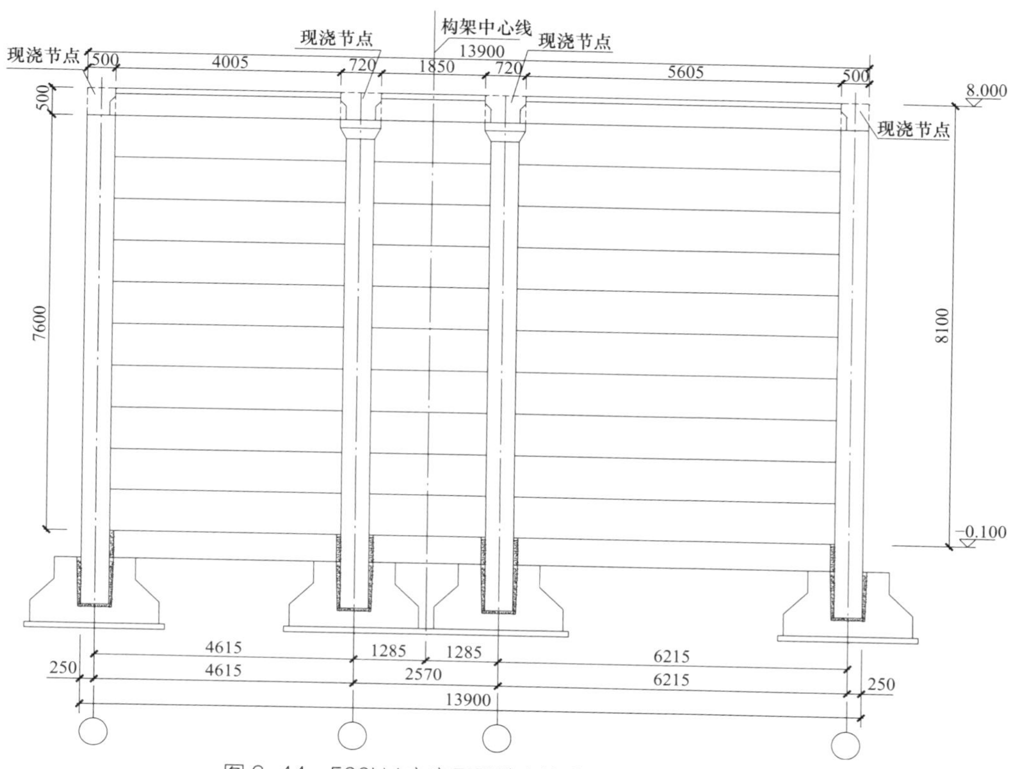

图 6-44 500kV 主变压器防火墙典型立面图（带构架）

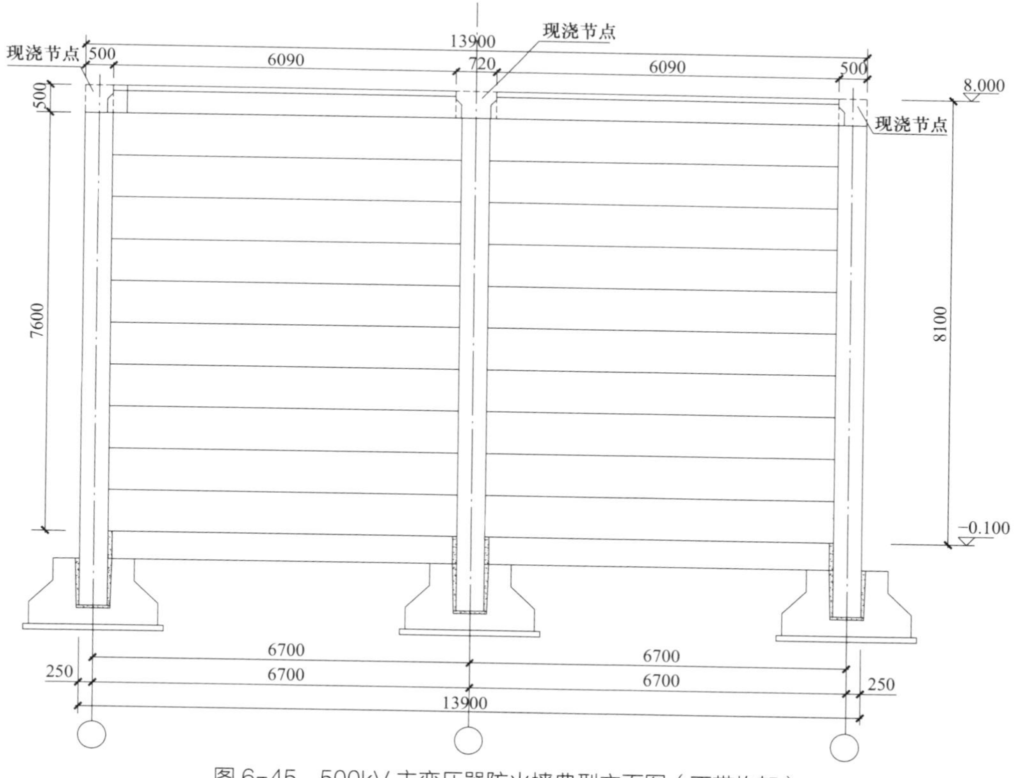

图 6-45 500kV 主变压器防火墙典型立面图（不带构架）

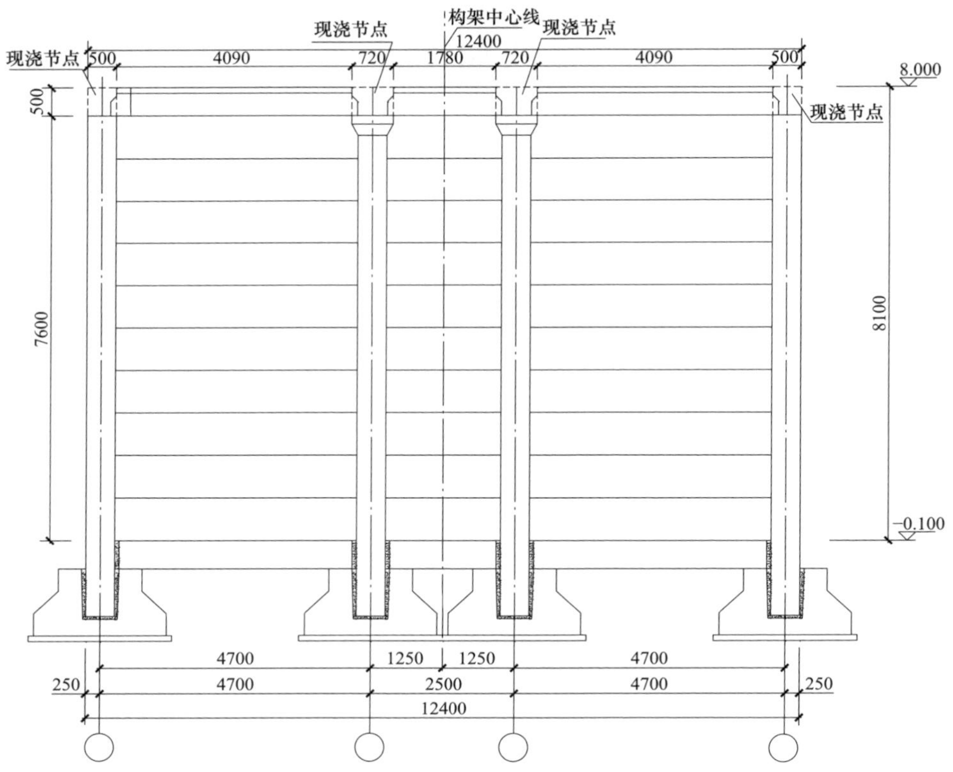

图 6-46　220kV 主变压器防火墙典型立面图（带构架）

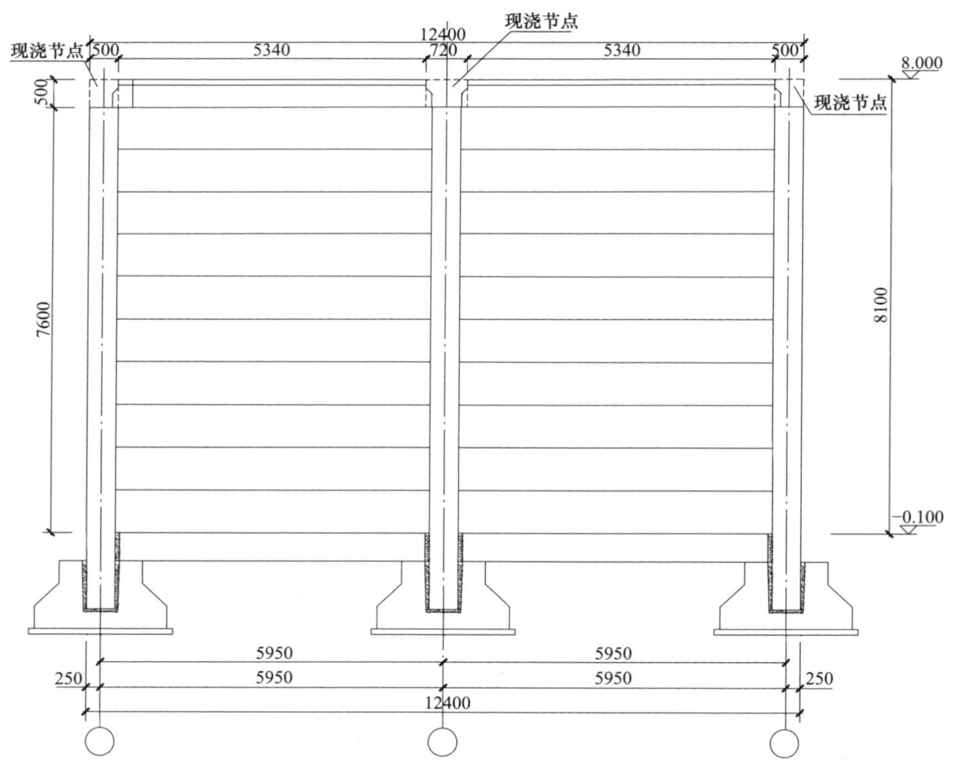

图 6-47　220kV 主变压器防火墙典型立面图（不带构架）

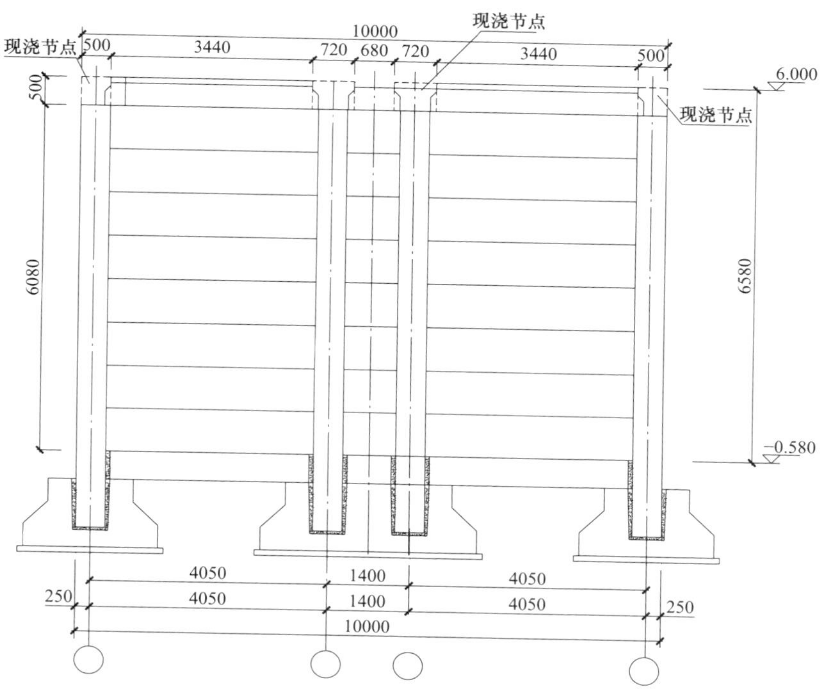

图 6-48　110kV 主变压器防火墙典型立面图（带构架）

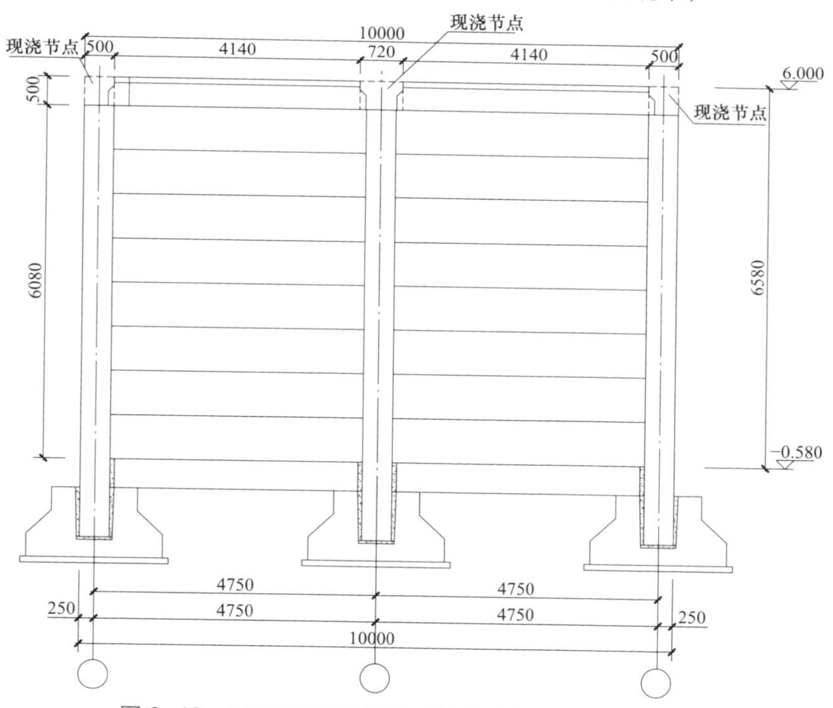

图 6-49　110kV 主变压器防火墙典型立面图（不带构架）

根据应用情况，装配式混凝土防火墙实体强度高、不易破损、表面光洁、工艺成熟，可实现“标准化管理、工厂化加工、机械化安装、专业化施工”，具有推广性。

装配式电缆沟和槽盒

电缆沟为有盖板的沟道，通常将电缆沟盖板兼作部分巡视及操作小道。电缆沟一般采用混凝土或砖砌结构，其顶部用盖板覆盖。在下列条件下，一般宜采用钢筋混凝土电缆沟：

（1）在严寒地区、湿陷性黄土以及地下水对砖砌体有腐蚀作用的地区，宜采用钢筋混凝土电缆沟。

（2）当电缆沟需过道路并有车辆通行，宜采用钢筋混凝土电缆沟或排管。

（3）当沟深大于1000mm或离路边距离小于1000mm时，沟体宜采用现浇混凝土。

混凝土电缆沟一般要求：

（1）电缆沟截面选择。配电装置区不设电缆支沟，可采用电缆埋管、电缆排管或成品地面槽盒系统。除电缆出线外，电缆沟宽度宜采用600、800、1000、1200mm等尺寸。

（2）电缆沟沟壁（含压顶）比室外地面高100mm，以防止雨水进入电缆沟。

（3）沟内将电缆分层搁置在支架上，电缆支架可根据敷设电缆的数量装在电缆沟的单侧或两侧。两侧支架之间或支架与电缆沟侧壁（单侧支架）之间留有一定宽度的通道。

7.1 预制式电缆沟

7.1.1 预制式电缆沟的发展

电缆沟是变电站、开关站等建筑工程的重要组成部分。电缆沟施工无论是砖砌还是现浇，其现场的施工工期都相对较长。在一些低温阴雨、扩建工程、工期短等特殊环境下施工更是受到诸多制约。钢筋混凝土预制式电缆沟具有施工工期短、质量可靠、现场安全文明好控制等优点。

预制式混凝土电缆沟采用混凝土和钢模板施工技术，在工厂对电缆沟结构进行分段预制，然后运抵现场拼装而成。使变电站的建设从传统的土建设计和施工模式开始向“设计标准化、加工工厂化、安装机械化、施工专业化”的模式转变，有利于变电站建设向科技含量高、资源消耗低、环境污染少、建设精细化的方向发展。

在确定预制式电缆沟的结构方案设计阶段，既要系统考虑混凝土电缆沟的安全性、功能适用性要求，又要结合预制式结构的特点，综合考虑基本段沟身及盖板的结构选型、交叉连接和转弯段沟身及盖板的结构选型与处理方式、预制段之间的拼装连接构造与防渗水措施、沟底排水坡度设置等各个方面的技术问题。

7.1.2 预制电缆沟构造

预制式成品电缆沟侧壁、底板均采用 C30 混凝土预制，每段长 1.2、2m，将每段的自重控制在 1500kg 以内，便于运输、安装。600mm × 600mm 预制电缆沟（见图 7–1）沟壁厚度为 60mm，顶部设橡胶压条，底板厚度为 100mm，中间半圆形排水沟 R40mm，横向双坡度 2%。

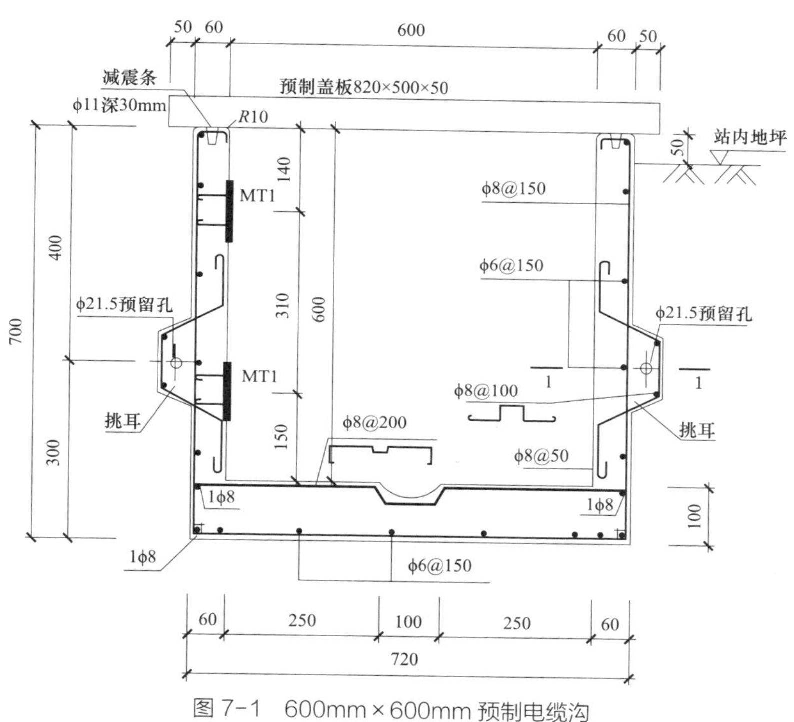

图 7–1 600mm × 600mm 预制电缆沟

800mm × 800mm 预制电缆沟（见图 7–2）沟壁厚度为 80mm，顶部设橡胶压条，底板厚度为 100mm，中间半圆形排水沟 R40mm，横向双坡度 2%。

预制电缆沟实物如图 7–3 所示。电缆沟沟壁连接大样如图 7–4 所示。根据具体工程需要及施工策划，由生产厂家预制不同电缆沟交叉处的“T”“L”及“+”型交叉预制件。电缆沟每段之间采用 M20 螺杆连接，标准段之间防水采用防水密封胶；预制电缆沟中下部预留吊装孔，方便吊装。

电缆沟沟底不找坡，在沟底局部设置排水孔，通过预埋管道，连通至雨水口或集水井。

7.1.3 预制电缆沟的设计原理

（1）沟壁土压力一般采用朗肯理论，也可按库仑理论计算，当填土为黏性土并经分层

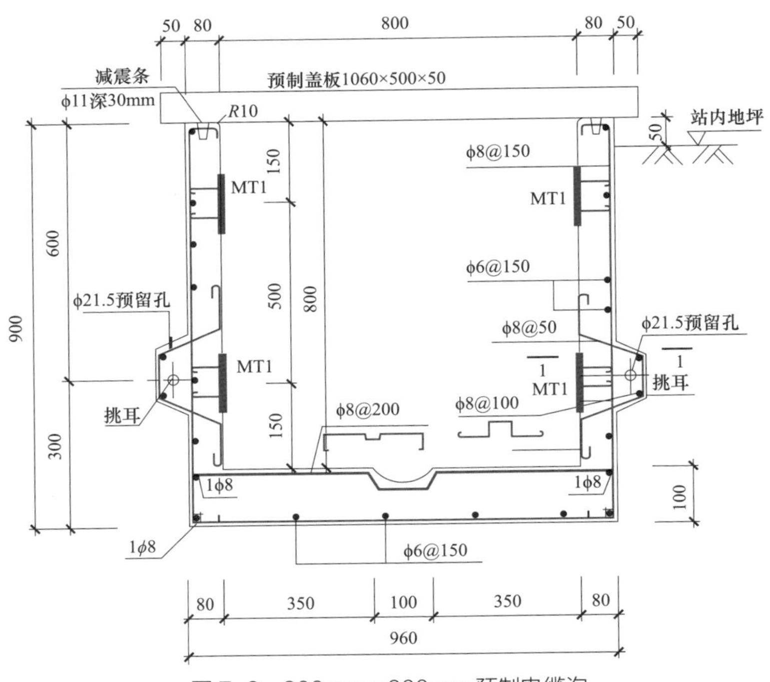

图 7-2　800mm × 800mm 预制电缆沟

(a) 整体图　　(b) 单体图

图 7-3　预制电缆沟实物

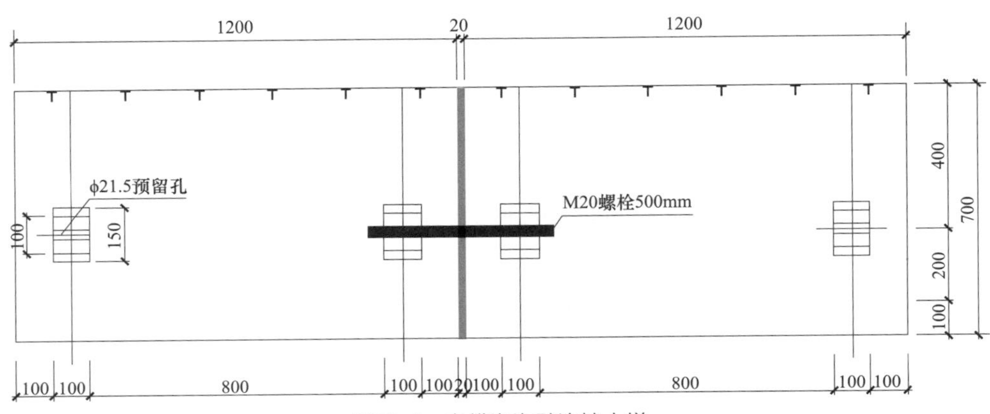

图 7-4　电缆沟沟壁连接大样

夯实时，可采用等值内摩擦角计算，等值内摩擦角值：对一般沟壁（沟壁高度 $H \leqslant 4\text{m}$）在地下水位以上部分可取 25° ~ 30°（考虑土的黏结通常取 30°），在地下水位以下部位可取 20° ~ 25°，土的重度可取湿重度。

（2）内力计算简图不考虑盖板支承工作状态。把墙壁当作悬臂构件计算，底部为固定端，上部为自由端。

（3）当地下水位较高时，需进行电缆沟抗浮稳定性计算。

（4）沟壁需进行施工阶段承载力验算。

7.1.4 预制电缆沟排水及防渗的设计

预制电缆沟受模具的限制，电缆沟尺寸难以连续变化，有明显的分段接缝，在电缆沟排水和渗水处理技术等方面仍处于研究探索阶段。

结合钢筋混凝土预制式电缆沟的自身特点及工艺的要求，比较钢筋混凝土预制式电缆沟排水和防渗的几种处理方式，提出变电站工程预制混凝土电缆沟排水及防渗的技术方案。

（1）预制电缆沟排水设计。电缆沟在变电站内布置范围广泛，纵横交错，常规户外 500kV 变电站电缆沟长度可达 2km。根据行业特点，在变电站运行期间，电缆沟内部不应长期积水，允许雨季有少量雨水进入，但应及时排出。

电缆沟排水方案分为顺场地坡向的电缆沟排水、垂直于场地坡向的电缆沟排水以及场地水需要从电缆沟一侧排向电缆沟另外一侧时沟道顶部过水三个方面。

1）顺场地坡向的电缆沟排水方案。

方案一：电缆沟坡度与场地坡度保持一致，即在预制混凝土电缆沟构件铺设前，顺着场地坡度，在浇筑混凝土垫层时形成沟道纵向排水坡度，沟道排水纵坡与场地坡度保持一致，排水纵坡一般不宜小于 5‰，在局部困难地段不应小于 3‰。

方案二：预制电缆沟安装时按零纵坡控制，通过加密排水口的方式解决沟道排水问题，即允许电缆沟底部凹槽（沟中沟）适量积水，形成水头，让积水向排水口流动。预制电缆沟底部设置半圆形纵向排水槽，半径 40mm。根据试验，排水口间距超过 20m 时，沟内积水会漫过沟底凹槽（沟中沟），在沟底形成积水。因此，考虑在间距不超过 20m 处设置排水口，保证电缆沟的正常使用功能。

方案一排水更为顺畅，但由于场地坡度较小，预制件安装时精度要求高，影响安装工效，方案二排水效果略差，电缆沟凹槽（沟中沟）内可能有少量积水，但安装便于控制。

2）垂直于场地坡向的电缆沟排水方案。

方案一：采取加深电缆沟方式，在安装完成后用水泥砂浆找坡，即预制电缆沟本身是零坡度，安装后在沟底用水泥砂浆找坡形成排水坡度。

方案二：预制电缆沟安装时按零纵坡控制，通过加密排水口的方式解决沟道排水问题，与顺场地坡向的电缆沟排水方案二相同。

方案一的优点是可以形成较好的排水坡度，排水通畅，缺点是增加了现场湿作业的内容，与预制式施工减少现场湿作业的初衷不符。方案二无湿作业，但排水效果不如方案一顺畅。

3）沟道顶部过水问题。电缆沟安装完成后，其顶面高出场地标高 150mm，局部电缆沟切断站区排水通道，需考虑电缆沟顶的过水问题，设置过水装置。为保证电缆沟的有效

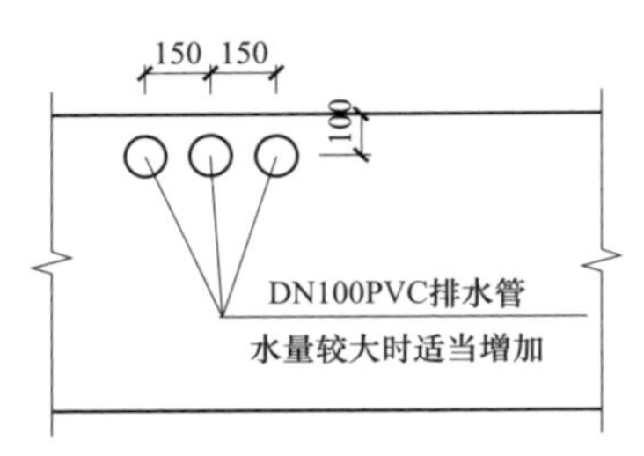

图 7-5 预留过水口详图

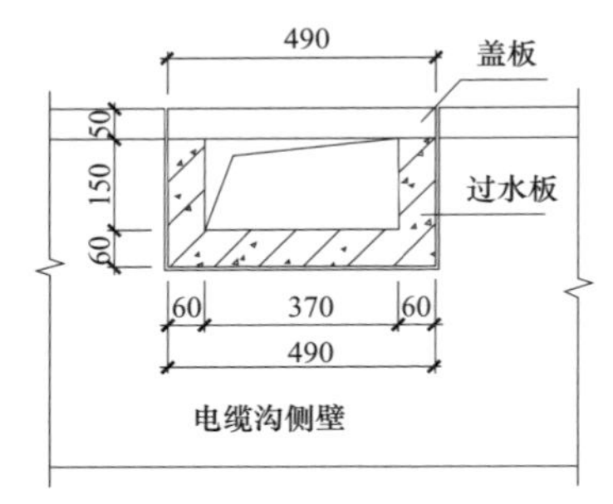

图 7-6 预制过水槽拼装详图

使用净空高度，提出如下两种解决方案：

方案一：在预制电缆沟侧壁上预埋套管，套管内径 110mm，套管数量根据排水流量大小确定。电缆沟预制构件就位及电缆安装完毕后，安装 PVC 过水管，预留过水口详图如图 7-5 所示。过水管与预埋套管之间的缝隙用硅酮耐候胶密封。

方案二：采取预制混凝土 U 型过水槽方式，预制混凝土过水槽宽度 490mm，槽内过水断面净宽度 370mm，过水槽设在电缆沟盖板之下。预制过水槽拼装详图如图 7-6 所示。

在预制电缆沟侧壁顶部预留槽口，待电缆沟预制构件就位及电缆安装完毕后，铺设预制混凝土过水槽，预制混凝土过水槽与预制混凝土沟道壁之间的缝隙采用专用腻子密封，再用硅酮耐候胶勾缝。

方案三：在场地被电缆沟分割、容易积水的地方，增设场地雨水口，规避电缆沟过水的问题。

方案一实施起来更为方便，不影响盖板铺设，相对较好，方案二设计的过水构件重量大，安装不方便，方案三会少量增加排水工程的投资。

（2）电缆沟防渗设计。与砖砌或现浇电缆沟不同，预制电缆沟在分段拼接处存在缝隙渗水问题。在混凝土防渗技术措施的基础上，结合预制混凝土电缆沟的防水要求，提出下述三种预制电缆沟接缝防渗措施，并提出与之适应的电缆沟的细部断面形式。

1）填充发泡剂 + 硅酮耐候胶勾缝止水（见图 7-7）。在每段预制混凝土电缆沟的两端沿端面内外壁边缘（底板下部除外）预留 20mm × 3mm 槽口，考虑制作及施工偏差，拼缝宽度取 5mm，预制电缆沟拼接就位后，在预留槽口内填充发泡剂，后用硅酮耐候胶勾缝形成止水缝。

填充发泡剂除具有一定的止水效果外，其主要作用是一旦外层硅酮耐候防水胶遭到破损时能有效防止沟外泥浆渗入沟道内。

该方法施工简单，没有湿作业，施工速度快，而且经济实用。

2）外侧螺栓拉结 + 止水橡胶条止水（见图 7-8）。每段预制沟的沟壁外侧预设螺栓孔，每一侧安装 2 个对拉螺栓，孔径 20mm，螺栓外径 16 ~ 18mm；预制电缆沟端面中心位置均预设梯形或半弧形公槽或母槽，安装前将 6mm 厚的通长橡胶条固定在每段电缆沟端部的母槽内，构件就位后拧紧外侧对拉螺栓挤压橡胶条形成止水缝。

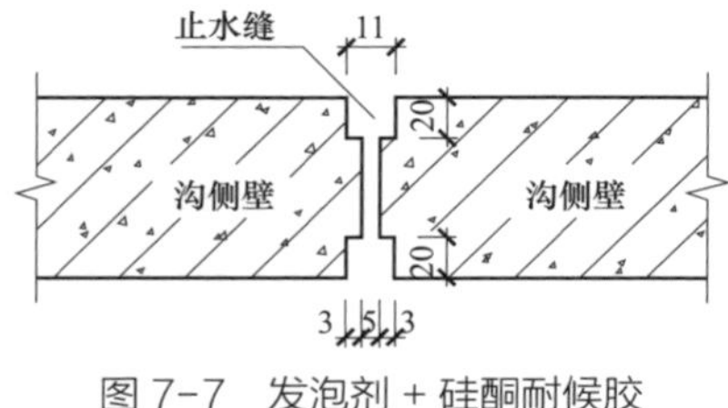

图 7-7 发泡剂 + 硅酮耐候胶止水措施详图

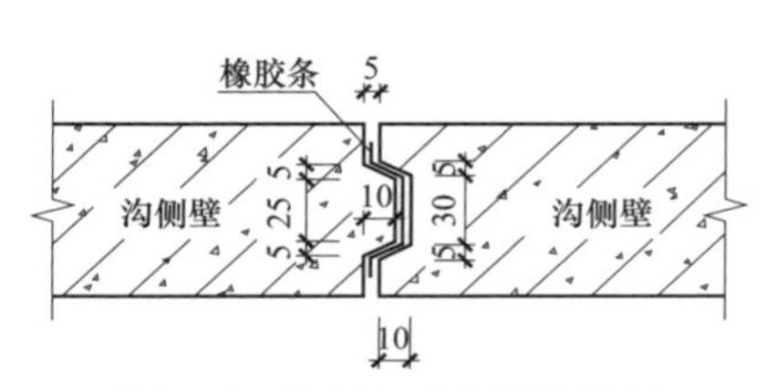

图 7-8 橡胶条止水措施详图

该方法止水效果较为可靠，缺点是需设置螺栓拉结并挤压橡胶条，成本增加，安装时橡胶条容易跑动，增加安装的难度。

3）微膨胀浆料灌缝止水（见图 7-9）。预制电缆沟沟壁端面及底板端面中心位置均预设 1/2 圆弧凹槽，直径 40mm，构件就位后从顶部浇灌微膨胀浆料形成止水缝。

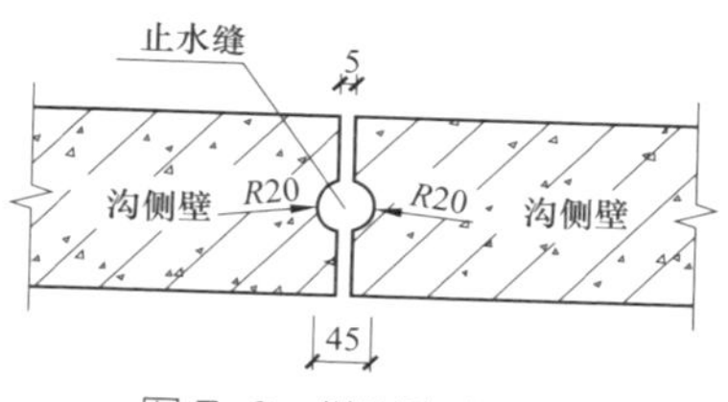

图 7-9 微膨胀灌浆材料止水措施详图

在微膨胀浆料灌缝前，应事先固定好拼缝外侧的专用止浆橡胶条及夹具，以防漏浆。专用止浆橡胶条及夹具制作简单，且可重复使用。

浇灌前应保证孔道及排气孔畅通，必要时可采用钢筋浇捣，以保证灌缝浆料浇灌密实。

该方法施工较为简单，成本不高，缺点是存在湿作业，电缆沟底部存在漏浆的可能。

在实际工程种，需结合地下水位、地基持力层、场地等实际情况，综合采用以上两种或者更多的组合方式，预制钢筋混凝土电缆沟才能取得良好的防水、防渗效果。

7.1.5 工程实践

500kV 某变电站地下水位 -2.0m，电缆沟位于粉质黏土层。根据上述研究成果，结合工程情况，此工程采用预制式电缆沟，采用下述方式进行实施：

（1）采用预制 U 型电缆沟，预制电缆沟每段长 2m，沟底自带横向排水坡度为 2%，并在沟底中部设置半圆形纵向排水槽，半径 40mm。

（2）每 20m 设置一处排水口，排水口尺寸为 250mm × 250mm，预留在预制电缆沟中部（普通预制电缆沟位于 1/2 长度处、T 型和 L 型预制电缆沟位于轴线相交处）底板上，排水口顶面设钢丝网篦子并连接场区排水管。

（3）顺场地坡向和垂直于场地坡向的电缆沟均按零纵坡控制，适当增加沟底排水口数量，控制排水口间距不大于 20m。

（4）在需要过水处的预制电缆沟侧壁上预埋套管，预制电缆沟安装就位且电缆安装完毕后，安装 PVC 过水管解决电缆沟“过水”问题。

（5）本工程地下水较少，电缆沟所在土层透水性不强，故预制电缆沟接缝采用填充发泡剂 + 硅酮耐候胶勾缝的止水方式，成本低，施工方便。

该工程已经投产送电，预制钢筋混凝土电缆沟防水、防渗效果良好。

7.1.6 无底自渗式电缆沟

结合海绵城市建设理念，在山区、岗地等地下水较低而地基土透水性又较好的场地，室外电缆沟可采用无底自渗电缆沟，无底自渗式电缆沟如图 7-10 所示。

无底自渗式电缆沟，沟内不必做排水坡度，通过沟底铺设的透水砖、碎石层自行渗水。沟底应高出地下水位 0.5m 以上。为防止因暴雨或其他特殊原因造成的沟内积水，每 50m 左右可在沟底部增设排水管，排水管接入就近的站区排水管网。

对于装配式电缆沟的材料可进一步进行优化，研究利用工业炉渣、粉煤灰、轻质骨料（发泡聚苯颗粒、轻质陶粒、玻化微珠）等为添加材料，进一步降低装配式电缆沟自重。

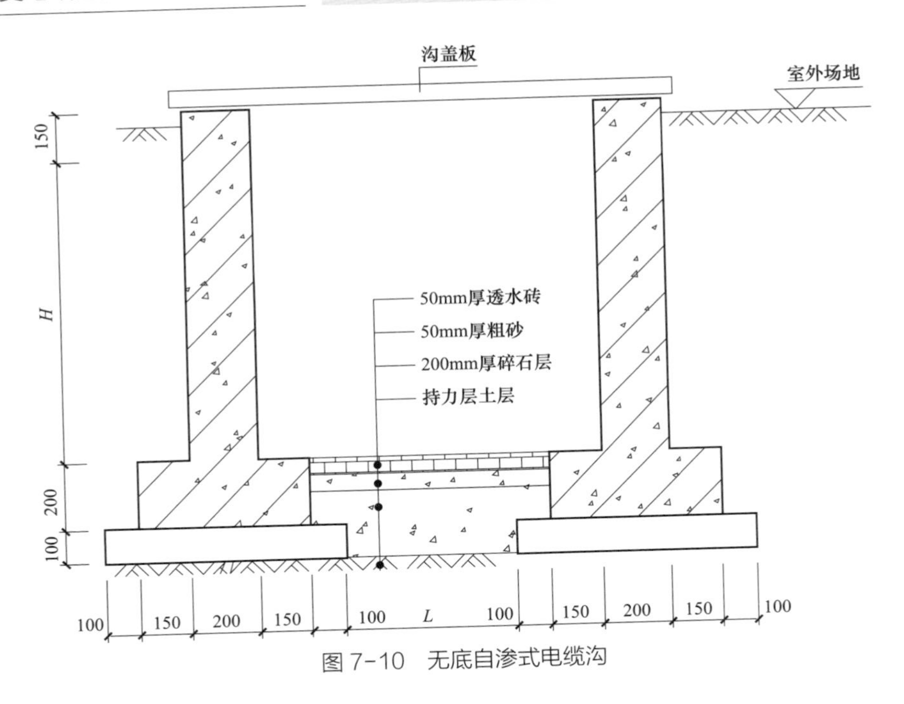

图 7-10　无底自渗式电缆沟

7.2　装配式地面金属电缆槽盒

地面电缆槽盒属于一种特殊工艺类型的新型电缆敷设性材料，主要采用槽式加强型专用型材组装而成，替代传统地面电缆沟及电缆固定支架。地面电缆槽盒包括电缆槽盒、盖板及槽盒固定隔板、电缆槽盒固定支架，其表面采用热浸镀锌处理，起到长期防腐防锈作用，能够很好保护电缆运行不受外界环境伤害。其主要特点如下：

（1）设计简单。由于槽盒质量轻，对地基承载力要求不高，可直接根据场地平面布置、设备定位点和电缆数量就可简单而又全面的设计出整个电缆槽盒的走向、型号规格、数量以及隔板分布位置，而不需要到现场进行详细的测量；槽盒基础可实现全装配式，批量生产预制，现场定位安装即可。装配式电缆槽盒基础支墩如图 7-11 所示。

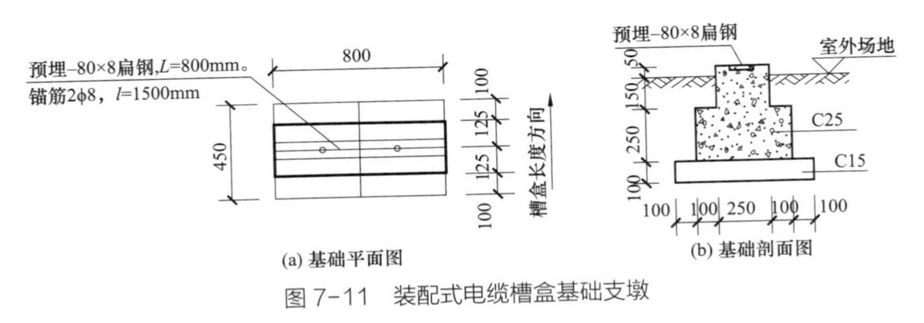

图 7-11　装配式电缆槽盒基础支墩

（2）安装方便。电缆槽盒安装不受气候条件影响，安装周期短，根据槽盒走向图，采用人力和机械相结合的方式，可以很快地完成整个槽盒的安装，而且不像过去那样再受传统混凝土电缆沟保养期影响，直接在地面上施工即可。槽盒所有的组装均采用螺栓铆连，不需要现场重新焊接，可以很好地保证成品表面处理的完整性。

（3）结构灵活新颖，可以根据现场的实际情况进行组装、固定。槽盒底部预留排水和通风口，通风透气性好（见图7-12）。槽盒盖板采用人字花纹防滑钢板制成，采用坡形排水工艺，整体外形美观。侧边采用加强型板材制成，强度高。

图7-12　装配式电缆槽盒通风、防潮

（4）节约成本，与传统的混凝土电缆沟及电缆支架相比，可以节约将近五分之一的成本。地面电缆槽盒不受气候、天气、施工环境等因素影响，而且由于基础做在原土层以下，不会出现下渗的变形，即便是有变形，在地面进行安装整修等工作也比较方便。

（5）绿色环保，电缆槽盒对大地和环境不产生污染，并且在电缆沟废除时所用金属材料可以完全回收，减少成本重复投资。

（6）金属电缆槽盒盖板面采用防滑处理且强度高不易变形，可同时兼做站区巡视通道，方便快捷。全架空的安装方式避免了对场地排水的影响。室外电缆槽盒交叉及转角如图7-13所示。室外电缆槽盒与预制舱连接如图7-14所示。

(a) 十字型接头

(b) L 型接头

图7-13　室外电缆槽盒交叉及转角

图7-14　室外电缆槽盒与预制舱连接

8 构、支架及附属构筑物

变电站配电装置区构架常见有人字柱构成的门型构架、多组门型架组成联合构架等，用于承受导线张力。

人字柱一般采用圆形或多边形钢管、混凝土管，柱脚分开设置，柱顶端合并用钢板电焊连接，两柱中间无横杆为人字柱，有横杆的称为A字柱，柱脚与基础固接或铰接。独立门型架由两组人字柱与柱顶横梁组成，钢梁上安装设备或张拉导线。联合构架则由多组门型构架联合组成，双层或三层，单排或纵横向多跨连接。变电站构架效果图如图8-1所示。

图8-1 变电站构架效果图

8.1 装配式变电站构、支架型式及特点

8.1.1 构、支架型式

变电站构、支架是变电站内最早实现装配式的构件之一，从最早的环形截面钢筋混凝土构架杆到现在的钢管构架。全部是厂家定型加工成型的构件，经涂装、运输至现场组装，

均采用机械化施工。

8.1.1.1 构架

变电站构架按材料分钢结构和混凝土结构。按结构型式分：对柱有格构型式、A字柱及打拉线柱等形式；对梁有格构式和非格构式。构架的型式通常主要有如下几种：焊接普通钢管结构、格构式角钢（钢管）塔架结构、高强度钢管梁柱结构、型钢结构、薄壁离心钢管混凝土结构、钢管混凝土结构、环形截面钢筋混凝土杆结构、预应力环形截面钢筋混凝土杆结构、打拉线结构。

8.1.1.2 支架

变电站设备支架按材料也分钢结构和混凝土结构。按结构型式分：对柱有格构式型钢柱、独立钢柱或传统环形截面混凝土柱等形式；设备支架梁主要采用型钢（槽钢居多）组合梁。

近年来，随着我国的钢材产量的大幅提升，国网公司各电压等级变电站构支架基本全部采用钢结构，取代了传统钢筋混凝土构、支架。在钢材强度选用上，除采用常规的Q235、Q355外、高强度钢材在工程中也得到了广泛应用，取得了一定的效果。

焊接普通钢管结构是目前较常用的结构型式，该结构通常是由焊接普通人字柱和格构钢梁组成。该结构加工工艺成熟，生产厂家比较多，施工方便，外形美观。格构式角钢（钢管）塔架结构由矩形断面格构式柱和矩形断面格构式钢梁组成，柱有自立式和带端撑式两种，其中自立式柱类型居多，格构式结构单根杆件较小，制作、安装、运输比较方便。

8.1.2 构、支架特点

8.1.2.1 受力分析

变电构架的受力主要以受水平荷载为主，承受的主要水平荷载是导线及地线的张力，其次是风力。导线张力的大小与导线的档距、弧垂、导线自重、覆冰厚度、引下线重量和安装导线检修上人等有关，导线弧垂又随温度的变化而变化，因此导线型号和档距虽然相同，在不同气象条件下导线张力也是不同的。

设备支架受力主要以竖向荷载为主，主要承受设备自身重量，特殊设备还要承受设备运行带来操作荷载，同时承受较小的设备及支架整体水平导线张力和水平风力。结构受力相对较简单。

8.1.2.2 连接型式及要求

装配式变电站钢构件常用连接型式可分为焊接和拴接两种。

（1）焊接。

焊接连接是目前钢结构最主要的连接方法之一，它具有不削弱杆件截面、构造简单和加工方便等优点。一般钢结构中主要采用电弧焊。电弧焊利用电弧热熔化焊件及焊条（或焊丝）以形成焊缝。目前应用的电弧焊方法有：手工焊、自动焊和半自动焊。手工施焊灵活，易于在不同位置施焊，但焊缝质量低于自动焊。

钢结构的焊接材料应与被连接构件所采用的钢材相适应。将两种不同强度的钢材相连接时，可采用低强度钢材相适应的连接材料。

手工电弧焊应符合《非合金钢及细晶粒钢焊条》（GB/T 5117—2012）、《热强钢焊条》

（GB/T 5118—2012）规定的焊条，为使经济合理，选择的焊条型号应与构件钢材的强度相适应。选用时可按下列要求确定：对 Q235 钢宜采用 E43 型焊条；对 Q345 钢可采用 E50 型焊条。自动焊接或半自动焊接采用的焊丝和相应的焊剂应与主体金属强度相适应，并应符合《熔化焊用钢丝和焊剂》的规定。

（2）拴接。

普通螺栓可采用符合《碳素钢结构》（GB/T 700—2006）规定的 Q235 级钢制成，并应符合。《六角头螺栓 –C 级》（GB/T 5780—2016）的规定。

粗制螺栓可采用 45 号钢、40Cr、40B 或 20MnTi 钒制作并应符合《拴接结构用紧固件》（GB/T 18230.1 ~ 18230.7—2018）的规定。

锚栓可采用《碳素结构钢》（GB/T 700—2006）中规定的 Q235 钢或《低合金高强度结构钢》（GB/T 1591—2008）中规定的 Q345 钢制成。

螺栓连接的强度设计值见表 8–1。

表 8–1　螺栓连接的强度设计值　N/mm²

螺栓的性能等级 锚栓和构件钢材牌号		镀锌粗制螺栓			锚栓
		抗拉 f_t^b	抗剪 f_v^b	承压 f_c^b	抗拉 f_t^b
镀锌粗制螺栓	4.6 级	200	170		
	4.8 级				
	5.6 级	240	210		
	6.8 级	300	240		
	8.8 级	400	300		
	10.9 级	500	380		
锚栓	Q235				140
	Q345				180
	35 号钢				190
	45 号钢				215
构件	Q235			370	
	Q345			510	
	Q390			530	

螺栓的选用要求：

1）普通螺栓连接主要用在结构的安装连接以及可拆装的结构中。螺栓连接的优点拆装便利，安装时不需要特殊设备，操作较简便。

2）根据以往的工程经验，10.9 级的镀锌螺栓的性能不如 8.8 级螺栓稳定，故在设计时，尽可能不采用 10.9 级镀锌螺栓。

3）在装配式变电站构架结构中的螺栓要求热镀锌处理，热镀锌后，螺栓的表面特性与普通高强螺栓很大的不同，故在施工扭矩和扭矩系数等方面，不能按《钢结构高强度螺栓连接的设计，施工及验收规程》（JGJ 82—2011）中的要求执行。施工时的施工扭矩一般可根据实验确定，在无试验依据时，可参考《110 ~ 500kV 架空电力线路施工及验收规范》中的相应规定执行。

4）锚栓主要应用于构架与基础的连接，锚栓可根据其受力情况选用不同牌号的钢材制成，较多采用 Q235 钢及 45 号钢。

图 8-2 构架梁、柱螺栓连接实景图

8.1.2.3 构、支架连接型式选用

（1）梁柱连接。装配式变电站构架梁与构架柱常用的连接型式为螺栓连接，如图 8-2 所示，构架柱顶设计图如图 8-3 所示。这种连接型式安装方便，易于安装及拆卸。

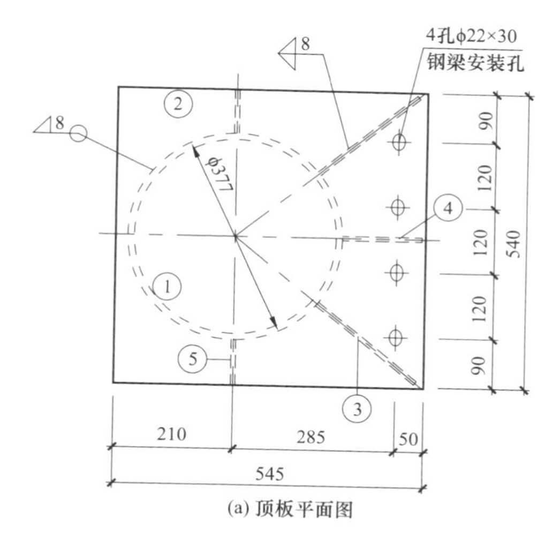

(a) 顶板平面图

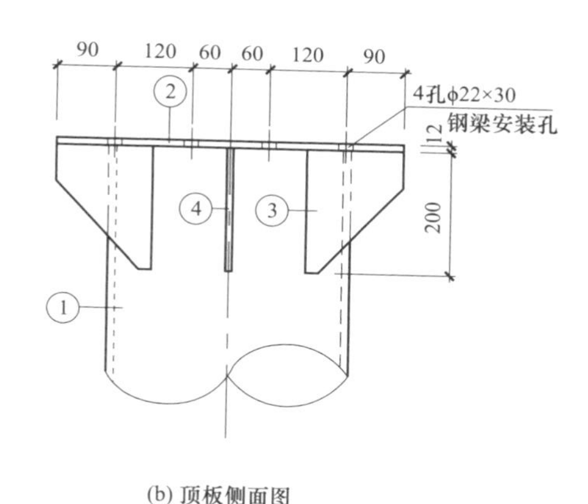

(b) 顶板侧面图

图 8-3 构架柱顶设计图

（2）构、支架柱与基础之间常用连接型式为螺栓连接（见图 8-4），其构、支架柱脚设计图如图 8-5 所示。插入式连接（见图 8-6）。

图 8-4 构、支架柱与基础螺栓连接实景图

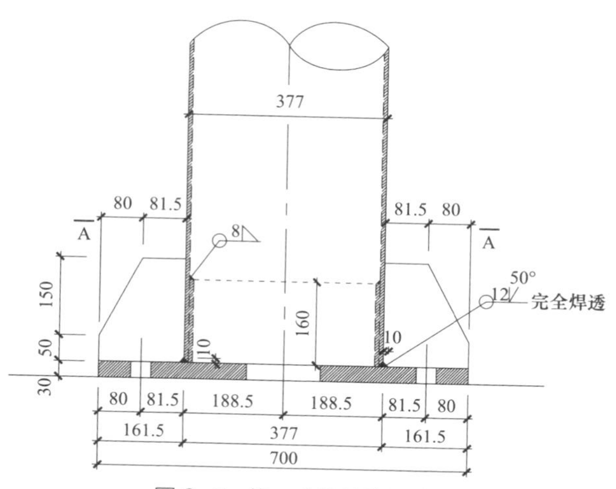

图 8-5 构、支架柱脚设计图

8.1.3 构、支架设计一般要求

（1）变电站构架及设备支架设计应根据配电装置的布置型式、工程重要程度及工程建设环境条件，合理确定结构型式和设计使用年限。变电站屋外构架及设备支架应根据结构破坏可能产生的后果的严重性，采用不同的安全等级和结构重要性系数。500、750kV 屋外配电装置构架及设备支架宜采用一级，结构重要性系数为 1.1，其余构架及设备支架宜采用二级，结构重要性系数为 1.0。

（2）设备支架的结构型式应与构架的结构型式及上部设备相协调。构架及设备支架的设计使用年限不宜低于表 8–2 规定。

图 8–6　构、支架柱与基础插入式连接实景图

表 8–2　　变电站构架及设备支架最低设计使用年限　　年

构架及设备支架类型	变电站电压等级（kV）		
	≤ 110	220	330 ~ 750
一般变电站构架	25	25	50
重要枢纽变电站构架	50	50	50
设备支架	25	25	50

注　临时性结构使用年限不低于 5 年。

（3）变电站构架及设备支架构件与材料的选择应满足使用年限要求，并应适应过程建设环境条件，力求结构合理、构造简单，合理统一构件的尺寸和规格，便于工厂化制作和机械化施工。

（4）布置紧凑的变电站构架宜采用全联合布置方案或局部联合布置方案，在满足联合受力的同时，应满足处理温度应力的要求。

（5）变电站构架宜优先采用人字柱结构或空间桁架结构，在满足运行、安装和检修的条件下，也可采用单杆或单杆打拉线（条）结构。人字柱构架的设计应对有侧移与无侧移两种结构方案进行比较优选。

（6）组成构架柱的结构杆件应减少弯矩效应，当杆件承受较大弯矩时宜采用空间桁架柱结构。

（7）变电站构架、设备支架等露天结构，应根据大气腐蚀介质，采取有效的防腐措施。对通常环境条件的钢结构宜采用热镀锌或喷锌防腐。

（8）人字柱的根开与柱高之比，不宜小于 1/7，打拉线构架平面内柱脚根开与柱高（地面至拉线点的高度）之比，不宜小于 1/5。构架梁的高跨比（高度与跨度之比）：格构式钢梁不宜小于 1/25；钢筋混凝土梁不宜小于 1/20；单钢管梁直径与跨度之比不宜小于 1/40，

单钢管连系梁直径与跨度之比不宜小于1/50，采用单钢管梁时应采取预防微风振动的措施。

（9）变电站构架“A”型柱的主柱与水平横杆的连接，应在平面外有足够的刚度，以保证拉压杆的共同工作。

（10）构架设计应有便利维护检修人员上下的设施。对构架梁应设置必要的维护检修和安装操作的通道。

（11）供维护检修人员上下的直爬梯的设置应满足带电检修的上人条件，梯宽不宜小于0.3m。需上人的单管梁上应设有供维护检修人员挂扣安全带的可靠扶手。

（12）变电站构、支架设备支架结构设计包括以下内容：

1）设计使用年限、主要荷载标准值、防腐措施、抗震设防标准。

2）适用环境，构件与连接的材料牌号、材质标准以及附加保证项目。

3）构件连接型式，安装时的设计温度、结构安装顺序，端面刨平顶紧部位，预拱、预偏、加工精度、质量控制等级和施工验收标准。

4）需要控制的电气挂线及设备安装顺序等施工注意事项。

8.1.4 构架的设计条件

屋外变电站构架根据其在配电装置中的作用及特性，基本上可分为终端构架、中间构架和转角构架。构架应根据其布置情况，并考虑到可能发生的最不利情况，分别按终端构架和中间构架进行设计。

（1）终端构架的设计条件。终端构架的设计应考虑如下三种承载力极限状态情况：

1）运行工况，取最大风或覆冰时对构架及基础最不利的荷载。

2）安装工况，应考虑构架组装，导线紧线及紧线时作用在梁上的人及工具重。

3）检修工况，对于导线带有跨中引下线的构架，应考虑单相带电检修和三相停电检修时导线上人对构架及基础的影响。

（2）中间构架的设计条件。两侧均挂有导线的中间构架应考虑如下两种承载力极限状态情况：①在运行工况（最大风和覆冰）条件下，构架两侧导线所产生的不平衡张力；②在安装或移换导线时所产生的最不利情况，一般可按一侧架线而另一侧不架线的条件仅做强度或稳定计算。

若中间柱在满足上述条件有困难时，根据工程的具体条件也可在安装过程中设置临时拉线或对于导线安装顺序提出要求，但必须在施工图中予以详细说明。

（3）转角构架可以是终端构架，也可以是中间构架，应根据工程的具体条件，分别按终端构架或中间构架设计条件进行设计。

（4）出线构架一般均按终端构架设计，在线路侧一般不考虑导线上人检修的荷载，只有当线路侧装有电气设备并有引下线时才考虑导线单相带电上人作业的荷载（按实际作用位置进行计算）。

（5）母线构架一般应考虑三相同时上人停电检修的工况，但不论是终端构架或中间构架，凡导线跨中无引下线的构架均不考虑导线上人检修的荷载。

（6）对打拉线（条）的单杆结构必须验算在导线未架设的情况下，在最大风作用时柱和基础的强度和稳定性。

（7）中间构架的不平衡张力，即张力差，可按绝对张力差法计算，也可按相对张力差法计算。相对张力差的计算方法可参照《变电站建筑结构设计规程》（DL/T 5457—2012）中附录 A 的规定执行。

（8）全联合构架计算，应考虑联系梁对构架柱的直接支撑作用。计算联合构架内部导线拉力对构架柱作用时，联系梁直接支撑点宜按不动铰支撑设计，计算联合构架外部导线拉力对构架柱作用时，联系梁直接支撑点宜按弹性铰支撑考虑。

（9）全联合构架柱整体结构分析，应分别以不同方向最大风工况作为主要设计条件。

8.2　装配式变电站钢结构构架

装配式变电站钢结构构架结构型式主要有人字钢柱（见图 8-7）和格构式钢柱（见图 8-8），常用的几种型式中人字钢柱中钢管为压弯构件，钢管梁轴力较小，可近似的认为是纯弯结构，而格构式钢柱或钢梁中的桁架杆件一般为轴心受力结构。

图 8-7　人字钢柱

图 8-8　格构式钢柱

8.2.1　一般要求

（1）变电站构架及设备支架可采用格构式钢结构或型钢结构。钢结构的构造应便于制作、运输、安装、围护，并力求简单，使结构受力简单明确，减少集中应力，避免材料三向受拉。以受风载为主的空腹结构，应尽量减少受风面积。焊接结构是否需要采用焊前预热或焊后处理等特殊措施，应根据材质、焊件厚度、焊接工艺、施焊时气温以及结构的性能要求等综合因素来确定，并在设计文件中加以说明。

（2）角钢构件的螺栓准线应尽量靠近重心线，减少传力的偏心。

（3）杆塔构件的最小规格和型号。

1）钢构件的最小厚度（或最小直径），应按照表 8-3 确定。

表 8–3 构架梁、柱构件最小厚度（最小直径）

mm

构件 防腐方式	热镀锌	涂料	备注
主材	4	5	型钢
斜材及辅助材	3	4	型钢
钢板	4	5	
钢管	3		腐蚀严重地区取 4mm
圆钢（柔性腹杆）	12		

2）等边角钢型号不宜小于∟43 × 3。

3）拉线截面不应小于 35mm²。

（4）构件的高（宽）度及长度的划分除应考虑运输车辆的技术要求外，对采用热浸锌（铝）防腐的构件，尚应考虑镀槽规格（几何尺寸）的要求。

（5）在铁塔塔身破变断面处、直接承受扭力断面处和塔顶断面处应设置横隔面。塔身坡度不变段内，横隔面间距一般不大于平均宽度（宽面）的 5 倍。横隔面必须是几何不变体系。

（6）斜材与主材之间的夹角不得小于 15°。

（7）用于变电构架、设备支架和避雷针等构筑物的钢材，应符合现行《钢结构设计标准》（GB 50017）中有关材料选用的规定。冬季温度较低的地区，还应要求钢材具有低温冲击韧性的合格保证。所采用的钢材牌号及钢材的冲击韧性等物理性能指标、强度设计值及焊缝和螺栓连接强度设计值均应按现行《钢结构设计标准》（GB 50017）的规定采用。

（8）圆钢管截面压杆，其径厚比（外径与壁厚之比值 D/t）为

$$D/t \leqslant 100(235f_y) \tag{8-1}$$

式中 f_y——钢材的屈服强度，N/mm²。

多棱钢管压杆，每个边宽与厚度之比值 B/t 不应大于$40\sqrt{235/f_y}$，同时其径厚比（外径与壁厚之比值 D/t）为

$$D/t \leqslant 80(235f_y) \tag{8-2}$$

（9）钢管结构的构架柱段之间的连接可采用法兰螺栓连接，也可采用剖口对接焊。采用剖口对接焊的质量等级不应低于二级，寒冷地区采用剖口对接焊的材质和构造尺寸应满足低温使用环境的要求。

（10）计算下列情况的结构构件或连接时，其设计强度应根据下列的不同工作条件乘以折减系数，当几种情况同时存在时，其折减系数应连乘。λ 为长细比，对中间无联系的单角钢压杆取最小回转半径计算，当 $\lambda < 20$，取 $\lambda=20$。

1）当构架采用单面连接的单角钢时：

a. 按轴心受压计算强度和连接，折减系数取 0.85。

b. 按轴心受压计算稳定性，等边角钢折减系数取 $0.6+0.0015\lambda$，但不大于 1.0；短边连

接的不等边角钢折减系数取 0.5+0.0025λ，但不大于 1.0；长边连接的不等边角钢折减系数取 0.7。

2）当构架采用圆钢桁架结构时：

a. 验算受压杆的单支稳定；当 $d \leqslant 20$mm 时折减系数取 0.85；当 $d > 20$mm 时折减系数取 0.90。

b. 验算受压杆的整体稳定折减系数取 0.90。

c. 验算受拉杆的强度，当 $d \leqslant 20$mm 时折减系数取 0.90；当 $d > 20$mm 时折减系数取 0.95。

3）无垫板的单面焊接对接焊缝强度，折减系数取 0.85。

4）施工条件较差的高空安装焊缝，折减系数取 0.90。

8.2.2 构件强度计算要求

（1）受弯构件、轴心受力构件、拉弯构件和实腹式单向压弯构件的强度、稳定性计算应符合现行的《钢结构设计标准》（GB 50017）的规定。

（2）双向弯曲实腹式压弯构件应同时按以下两式分别验算其整体稳定，有

$$\left.\begin{aligned}\sigma_x &= \frac{N}{\varphi_x A} + \frac{\beta_{mx} M_x}{\gamma_x W_{ix}\left(1-0.8\dfrac{N}{N'_{Ex}}\right)} \leqslant f \\ \sigma_y &= \frac{N}{\varphi_y A} + \frac{\beta_{my} M_y}{\gamma_y W_{iy}\left(1-0.8\dfrac{N}{N'_{Ey}}\right)} \leqslant f\end{aligned}\right\} \tag{8-3}$$

$$\left.\begin{aligned}N'_{Ex} &= \pi^2 EA/(1.1\lambda^2_x) \\ N'_{Ey} &= \pi^2 EA/(1.1\lambda^2_y)\end{aligned}\right\} \tag{8-4}$$

式中 N——轴压力；

A——杆件的毛截面面积；

E——钢材弹性模量；

φ_x、φ_y——分别为对应 x、y 轴的轴心受压稳定系数，根据杆件长细比和截面类型按现行《钢结构设计标准》（GB 50017）的有关规定取用；

M_x、M_y——分别为对应 x、y 轴的方向的弯矩；

W_{ix}、W_{iy}——分别为对应 x、y 轴的方向最大受压纤维的毛截面抵抗矩；

γ_x、γ_y——分别为对应 x、y 轴的截面塑性发展系数，按现行《钢结构设计标准》（GB 50017）有关规定取用；

β_{mx}、β_{my}——分别为对应 x、y 轴方向弯矩作用平面内的等效弯矩系数，按本节 8.2.2.4 条有关规定取用；

N'_{Ex}、N'_{Ey}——分别为对应 x、y 轴方向的欧拉临界力，除以 1.1；

f——钢材的抗压强度设计值；

λ_x、λ_y——分别为对应 x、y 轴方向的长细比。

（3）双向弯曲格构式压弯构件应分别验算其两个主轴方向的整体稳定性，在弯矩作用

平面内的整体稳定性应为

$$\left.\begin{aligned}\sigma_x=\frac{N}{\varphi_x A'}+\frac{\beta_{mx}M_x}{W_{ix}\left(1-\varphi_x\dfrac{N}{N'_{Ex}}\right)}\leqslant f\\ \sigma_y=\frac{N}{\varphi_y A'}+\frac{\beta_{my}M_y}{W_{iy}\left(1-\varphi_y\dfrac{N}{N'_{Ey}}\right)}\leqslant f\end{aligned}\right\}\tag{8-5}$$

式中 φ_x、φ_y、N'_{Ex}、N'_{Ey}——由换算长细比确定；换算长细比按现行《钢结构设计标准》（GB 50017）计算；

A'——格构式柱的弦杆截面面积总和。

除应分别验算两主轴弯矩作用平面内的整体稳定性外，尚应验算分支的稳定性，分支的轴力应按桁架的弦杆计算。

（4）弯矩作用平面内的等效弯矩系数 β_m 可按下列规定采用：

1）有侧移的框架柱及悬臂构件：β_m=1.00。

2）无侧移的框架柱及两端支撑的构件。

a. 无横向荷载作用，有

$$\beta_m=0.65+0.35\frac{M_2}{M_1}\geqslant 0.40\tag{8-6}$$

式中 M_1、M_2——作用于杆端的弯矩，使构件同向弯曲取正号，反之取负号，且 $|M_1|\geqslant|M_2|$。

b. 有端弯矩和横向荷载同时作用使构件产生同向弯曲时 β_m=1.00；使构件产生反向弯曲时 β_m=0.85。

c. 其他情况 β_m=1.00。

（5）两主轴方向最大受压纤维毛截面抵抗矩（W_{ix}、W_{iy}）可按下列公式计算。

对于四边形格构式柱，有

$$\left.\begin{aligned}W_{ix}=2A_1b\\ W_{iy}=2A_2a\end{aligned}\right\}\tag{8-7}$$

式中 A_1、A_2——单支杆件毛截面面积；

a、b——格构式柱截面尺寸。

对于三角形格构式柱，有

$$\left.\begin{aligned}&W_{ix}=A_1b\\ &W_{iy}=2A_1a\ (A_1\text{ 受压})\\ &W_{iy}=A_2a\ (A_2\text{ 受压})\end{aligned}\right\}\tag{8-8}$$

（6）对有可能上人的钢结构杆件，均应验算上人时所产生的局部弯曲应力。对于上人时可能承受轴向压力的杆件，还应验算上人时的压弯稳定。上人荷载可取 P=800N。

（7）对单螺栓连接的杆件和与水平节点板连接的杆件，其弯矩值可取 $M=PL/4$。

（8）对有两个及两个以上螺栓连接的杆件或焊接连接的杆件，其弯矩值为

$$M=PL/6 \tag{8-9}$$

式中　L——杆件计算长度，对于单螺栓连接的杆件为螺栓之间的距离；对于两个及以上螺栓连接的杆件为两端内侧螺栓的距离；对于焊接连接的杆件为两端内侧焊缝之间的距离。当杆件端部通过节点板连接时，应包含节点板的连接长度。

（9）法兰连接可以采用刚性法兰（有加劲板）或柔性法兰（无加劲板）。法兰连接计算简图如图 8-9 所示。

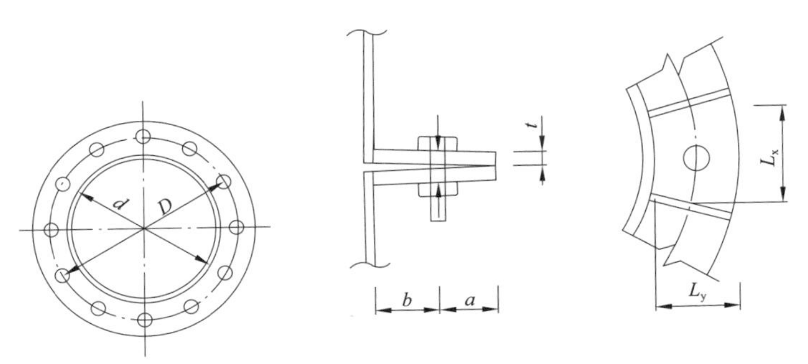

图 8-9　法兰连接计算简图

1）由螺栓确定的刚性法兰的极限承载力为

$$P \leqslant nN_t^b - \frac{nMY_{max}}{\sum Y_i^2} \tag{8-10}$$

式中　P、M——承载力极限拉力和弯矩设计值；

N_t^b——单个螺栓极限承载力设计值；

n——法兰的螺栓数量；

Y_{max}——法兰盘受力最大的螺栓中心到旋转轴的距离；

Y_i——法兰盘每个螺栓中心到旋转轴的距离。

当 $\frac{M}{P} \geqslant \frac{d}{2}$ 时以管外壁切线为旋转轴，否则以钢管中心线为旋转轴。以受压螺栓支撑法兰盘时（法兰盘之间不顶紧），应以钢管中心线为旋转轴。d 为法兰连接的钢管外径。

2）由螺栓确定的柔性法兰的极限承载力为

$$P \leqslant \frac{na}{m(a+b)} N_t^b - \frac{4M}{d} \tag{8-11}$$

式中　a——法兰的螺栓中心到法兰外边缘的距离；

b——法兰的螺栓中心到钢管外壁的距离；

m——法兰盘螺栓受力修正系数，通常可取 $m=0.65$。

（10）刚性法兰的法兰板厚度应按下式计算确定，且不应小于 16mm，有

$$t=\sqrt{\left[0.7-\frac{0.1363}{0.22+(\alpha-0.15)^2}\right]\frac{N_t^b}{\alpha f}} \tag{8-12}$$

式中 α——法兰盘宽度 L_y 与加劲板中心净距 L_x 的比值，通常加劲板中心距宜等于螺栓间距；

f——法兰盘强度设计值。

（11）柔性法兰的法兰板厚度应按下式计算确定，且不应小于 20mm，有

$$\left.\begin{aligned} t&=\sqrt{\frac{2.5bN_t^b}{Sf}} \\ S&=\frac{\pi D}{n} \end{aligned}\right\} \tag{8-13}$$

式中 S——法兰螺栓的间距；

D——法兰螺栓分布圆的直径。

（12）刚性法兰的加劲板厚度不应小于 6mm,并应满足如下计算式；加劲板的高厚比（h/t）应满足下式：

$$\left.\begin{aligned} t&\geqslant\sqrt{\frac{5bN_t^b}{h^2 f}} \\ \frac{h}{t}&\leqslant 13\times\sqrt{\frac{235}{f_y}} \end{aligned}\right\} \tag{8-14}$$

式中 h——加劲板的高度；

f_y——加劲板的钢材屈服强度。

（13）普通螺栓、高强螺栓受剪、受拉极限承载力设计值应按现行《钢结构设计标准》（GB 50017）有关规定计算。

8.2.3 节点连接构造

（1）连接节点的构造应考虑的主要原则。

1）节点承载力不应低于被连接构件承载能力的 1.1 倍，节点刚度应满足计算模型条件的要求。

2）节点构造力求简单，传力明确，整体性好。

3）尽量减少连接的偏心，各构件的重心线应尽量交汇于一点，减少应力集中和次应力。

4）节约材料和方便施工，减少现场焊接工作量。

（2）构架及设备支架钢结构受力构件的规格，不应小于表 8-4。

表 8-4 钢材最小规格

mm

部件	镀锌				非镀锌			
	角钢厚度	圆钢直径	钢管壁厚	钢板厚度	角钢厚度	圆钢直径	钢管壁厚	钢板厚度
弦杆	5	16	4	4	5	18	5	5
腹杆	4	12	3	4	5	12	4	5

（3）采用拉条或拉线结构时，钢绞线截面积不宜小于 35mm^2。

（4）钢桁架结构的构造，应符合下列要求：

1）在矩形截面的桁架结构中，凡在挂线点和变截面处均应设置横隔面，并要求几何不变。

2）构件的高（宽）及长度的划分应满足运输车辆的技术要求外，对采用热浸锌（铝）或热镀锌防腐的构件，尚应满足镀槽几何尺寸的要求。

3）单角钢主材接头的连接，可采用焊接或螺栓连接。单面外包角钢的规格应大于被连接角钢的规格。

4）腹杆宜与弦杆直接连接，当构造难以做到时，也可采用节点板连接。节点板的厚度不应小于被连接构件（腹杆）的厚度，且不应小于 6mm。

5）交叉腹杆中间节点的两个角钢不宜断开。

（5）焊缝连接应符合下列要求：

1）整体热镀锌或喷涂锌的焊接结构所有连接焊缝必须封闭。手工焊接采用的焊条、自动和半自动焊接采用的焊丝、焊剂，应与被焊接主体构件钢材材质相匹配。

2）焊缝按下述原则选用质量等级：

a. 需要进行疲劳验算的对接焊缝质量，受拉强度应大于被焊接的母材强度，受压应不低于二级；

b. 强度充分利用的其他焊缝，质量等级不应低于二级；

c. 强度利用不足 70% 的焊缝，质量等级不应低于三级。

3）焊缝设计应防止应力集中的不利影响。寒冷地区或低温环境应针对防止脆断的材料性能和焊接工艺提出要求。

4）大于 6mm 钢板的对接焊缝必须打剖口，剖口的形式宜根据有关规定选用。单角钢对接的焊接接头可采用等强度的外包角（或搭接），其外包拼接角钢的长度可取被焊接角钢肢宽的 8 倍。

（6）螺栓连接应符合下列要求：

1）主要受力构件连接螺栓的直径不宜小于 16mm，主要承受反复剪切力的 C 级螺栓（4.6 级、4.8 级）、或对于整体结构变形量作为控制条件时，其螺孔直径不宜大于螺栓直径加 1.0mm，并宜采用钻成孔。主要承受沿螺栓杆轴方向拉力的螺栓，宜采用钻成孔高强螺栓（5.6 级、6.8 级、8.8 级），其螺孔直径可较螺栓直径加 2.0mm。

2）横梁和构架柱的连接应采用螺栓连接，安装螺栓孔可比螺栓直径大 1.5 ~ 2.0mm。法兰连接的螺孔直径可较螺栓直径大 2mm。

3）单角钢主材连接接头采用单面外包角钢螺栓连接时，其连接螺栓数量应比计算需要量增加 10%。

（7）格构式构架梁、柱节点构造要求。

1）主材尽可能使用多排（二排或三排）螺栓，斜材尽量直接与主材相连。

2）宜采用（6.8 级、8.8 级）螺栓，减少节点连接螺栓数。

3）为减少斜材长细比而增设的辅助材，两端的支撑位置应尽量减少偏心。

4）允许辅助材和次要材准线错开（较小距离），便于与主材相连。

5）节点板较大时，宜将节点板卷边（或增设夹劲板）增加刚度，不宜将节点板加至太厚。

6）传力主材尽可能做到双面传力，做不到时应采取加强措施。

（8）格构式构架梁、柱腹杆与主材连接节点板厚度一般可按表 8–5 采用卷边节点板或增设加劲板增加刚度时，节点板厚度不受表 8–5 中规定限制。

表 8–5　　构架梁、柱节点板厚度选用表

腹杆最大内力（kN）	节点板钢号					
		Q235	≤ 160	161 ~ 300	301 ~ 500	501 ~ 700
		Q345	≤ 240	241 ~ 360	361 ~ 570	571 ~ 780
中间节点板厚度（mm）			6	8	10	12
支座节点板厚度（mm）			8	10	12	14

（9）杆件与节点板的连接焊缝，一般宜采用两面侧焊，也可采用三面围焊，对角钢杆件可采用 L 型围焊，节点板焊在杆件上，一般采用三面围焊，所有焊缝的转角处必须连续施焊，其余的面应薄焊缝封焊，杆件与节点板的连接焊缝如图 8–10 所示。

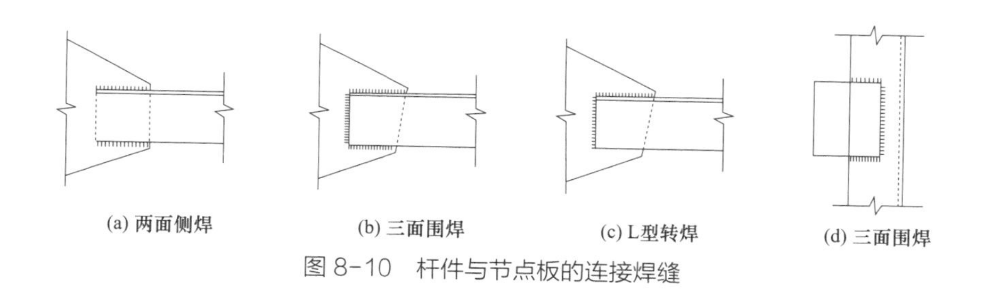

(a) 两面侧焊　(b) 三面围焊　(c) L型转焊　(d) 三面围焊

图 8–10　杆件与节点板的连接焊缝

（10）焊缝金属应与主体金属相适应。当不同强度的钢材连接时，可采用与低材料强度相适应的焊接材料。在设计中不得任意加大焊缝，避免焊缝立体交叉和在一处集中大量焊缝，同时焊缝的布置应尽可能对称于构件形心轴。焊件厚度大于 20mm 的角接接头焊缝，应采用收缩时不易引起层状撕裂的构造。

（11）角焊缝的尺寸应符合下列要求。

1）角焊缝的焊脚尺寸 h_f（mm）不得小于 $1.5\sqrt{t}$，t（mm）为较厚焊件厚度（当采用低氢型碱性焊条施焊时，t 可采用较薄焊件的厚度）。但对埋弧自动焊，最小焊脚尺寸可减小 1mm；对 T 型连接的单面角焊缝，应增加 1mm。当焊件厚度等于或小于 4mm 时，则最小焊脚尺寸应与焊件厚度相同。

2）角焊缝的焊脚尺寸不宜大于较薄焊件厚度的 1.2 倍（钢管结构除外），但板件（厚度为 t）边缘的角焊缝最大焊脚尺寸，尚应符合下列要求：当 $t \leqslant 6$mm 时，$h_f \leqslant t$；当 $t \geqslant 6$mm 时，$h_f \leqslant t-$（1–2）mm。圆孔或槽孔内的角焊缝焊脚尺寸尚不宜大于圆孔直径或槽孔短径的 1/3。

（12）连接承受压力的单角钢的节点板，如斜材的长细比小于 120，且斜材与主材在节点板不同侧，则钢板厚度宜比斜材角钢厚度大一级。

（13）用外包角钢单剪连接角钢时，包角钢的宽度较被连接角钢肢宽大一级。

（14）用于连接受力杆件的螺栓，其直径不宜小于 12mm。

（15）主材接头的螺栓每端不少于 6 个，斜材不少于 4 个，接头应靠近节点。

（16）钢管构架柱段与柱段之间及柱段与柱头之间的连接宜采用螺栓连接，当采取有效地防腐措施时，也可采用剖口对焊连接。采用剖口对焊连接时，焊缝质量等级不应低于二级，寒冷地区采用剖口对接焊缝的材料质量和构造要求应满足低温使用环境的要求。其他焊缝质量等级与母材等强对焊的质量等级，受拉时应不低于二级，受压时宜为二级。

（17）横梁和构件柱的连接宜采用螺栓连接，当梁柱铰接时，为便于安装和减少温度应力的影响，螺栓孔可采用椭圆孔。

（18）端撑与人字柱排架边柱的连接宜采用螺栓或稍钉连接。

（19）人字柱节点构造。

1）变电站构架人字柱柱头连接构造的设计必须保证有足够的刚度，尽量减少柱头连接的偏心。

2）钢管人字柱或钢管混凝土人字柱的柱头宜采用图 8–11 所示的连接方式，顶板、加劲板和剪力板的厚度不应小于表 8–6。

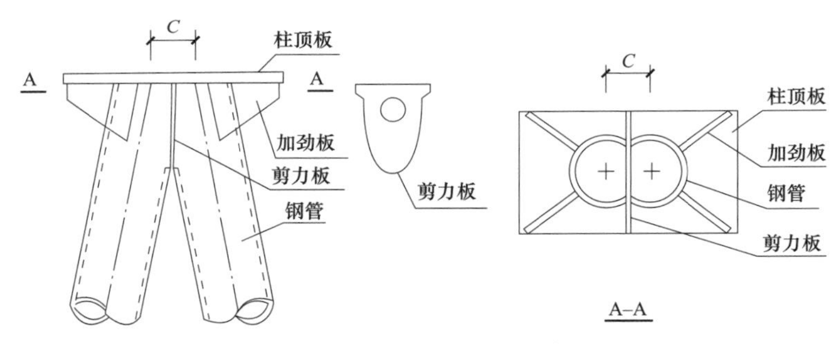

图 8–11　钢管构架人字柱柱头构造

表 8–6　　最小厚度规定

项次	名称	500kV	220kV	110kV
1	顶板	10	8	8
2	加劲板	8	6	6
3	剪力板	不小于主管厚度		

3）纯钢管构架梁、柱连接构造。钢管人字柱与钢管梁连接可采用焊接、也可采用螺栓连接，采用螺栓连接时可参考图 8–12。

（20）三角形断面钢管主材、角钢腹杆格构式梁节点构造如图 8–13 和图 8–14 所示。

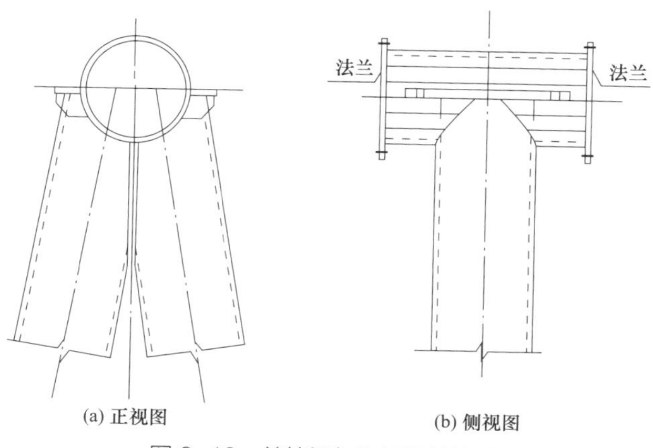

图 8-12　单管梁与构架固接构造

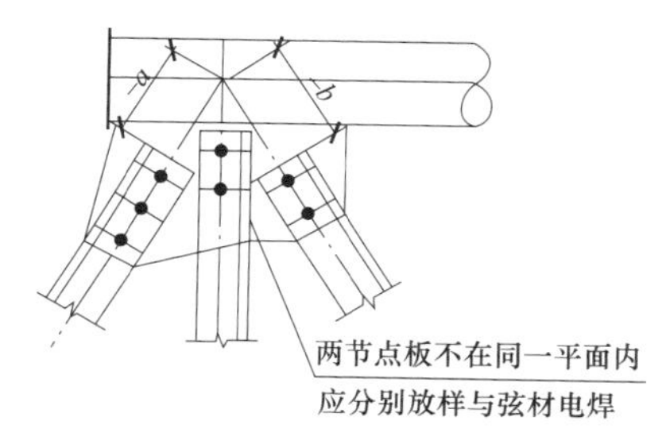

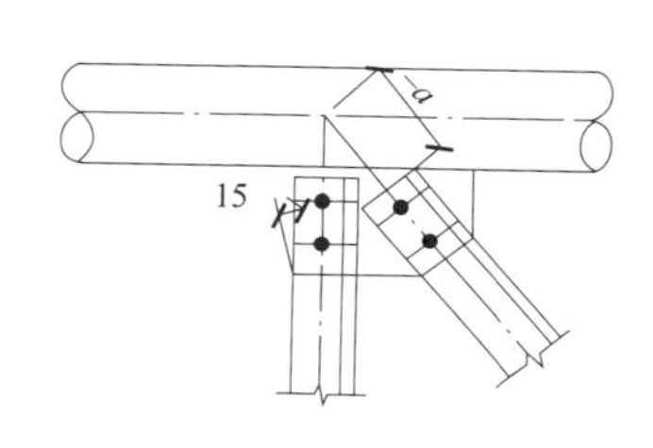

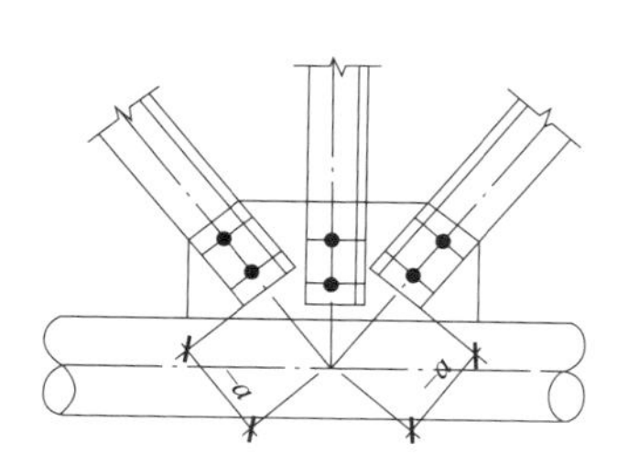

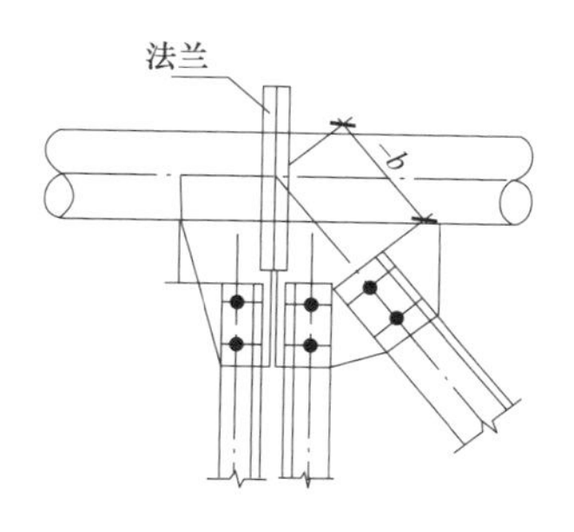

图 8-13　梁节点

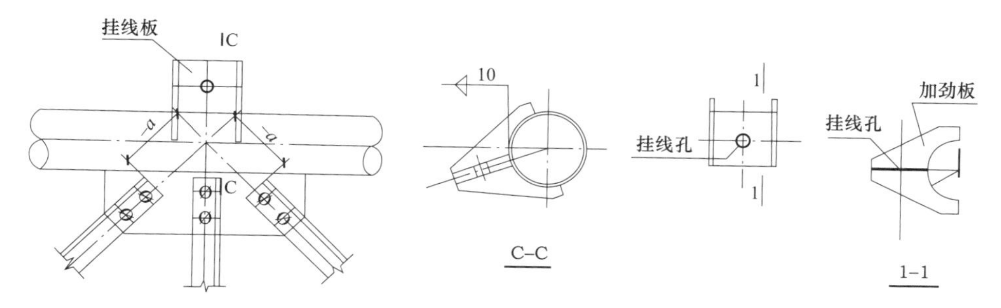

图 8-14　梁挂线板节点大样

8.3 环形截面钢筋混凝土及预应力混凝土构、支架

8.3.1 一般要求

（1）钢筋混凝土环形构件采用的混凝土强度标准值、设计值和弹性模量以及钢筋的强度标准值、设计值和弹性模量，应按《混凝土结构设计规范》（GB 50010—2010）的规定取用。对离心混凝土的弹性模量应乘以 1.2 的提高系数。

（2）离心钢筋混凝土环形构件的混凝土强度等级不宜低于 C40，预应力环形构件的混凝土强度等级不宜低于 C50。

（3）钢筋混凝土环形构件的纵向受力钢筋，对 ϕ300 等径杆不宜小于 12ϕ12，ϕ400 等径杆不少于 16ϕ12；对于杆段长度为 4.5m 及以下的设备支架，ϕ300 等径杆不少于 10ϕ10，ϕ400 等径杆不少于 16ϕ10。

（4）钢筋混凝土环形构件主筋直径不宜大于 ϕ16 和小于 ϕ10，纵向受力钢筋之间的净距不得小于 300mm 和大于 70mm。

（5）环形截面钢筋混凝土及预应力混凝土构件的纵向受力钢筋应沿截面周边均匀配置，钢筋根数不得小于 8 根，环形截面的内净距不得小于 30mm 和大于 70mm。

（6）预应力钢筋混凝土构件的主筋，其直径不宜大于 ϕ12，净距不得小于 30mm。

（7）部分预应力钢筋混凝土环形构件，预应力钢筋和非预应力钢筋主筋应间隔布置，预应力钢筋主筋直径不宜大于 ϕ12，非预应力钢筋主筋直径不宜小于 ϕ10 且不宜大于 ϕ16，净距不得小于 30mm。

（8）钢筋混凝土环形杆件，必须设置等间距的螺旋筋和内钢箍，螺旋筋的直径不宜小于 4mm，间距不宜小于 50mm 且不宜大于 100mm，杆段两端应加密到 50mm，加密区段长度为 500mm。内钢箍的直径不宜小于 ϕ6，间距不宜小于 500mm 且不宜大于 1000mm。

（9）钢筋混凝土环形杆的混凝土壁厚应满足基本构造要求。

（10）钢筋混凝土环形杆，杆端连接钢箍钢圈的高度及厚度不宜小于 140mm 及 8mm。

（11）钢筋混凝土环形杆件中的预留孔宜设置穿钉钢管。

（12）预应力钢筋混凝土环形杆件的顶端与末端，宜设置宽度为 70 ~ 100mm 的环形端板，板厚不宜小于 18mm。穿（挂）预应力筋的穿（挂）孔直径较主筋大 0.5mm。

（13）凡受力节点的连接件均应与杆段的连接钢圈或预埋钢圈（与主筋焊接）连接，当有困难时也可采用抱箍连接，但必须设置穿钉钢管或其他防止抱箍滑动的措施。

（14）在有侵蚀的地区，在使用钢筋混凝土环形杆件时，宜按有关规定作侵蚀分析并采取相应的防侵蚀措施。在多雨、严寒地区应采用排水防冻措施；室外混凝土构件必须用混凝土或钢板封顶，并宜在杆件底部（地面以上）预留排水孔。

8.3.2 节点连接构造

（1）钢筋混凝土环形杆柱段与柱段以及柱段与柱头之间的连接宜采用剖口对接焊。采用剖口对接焊均应焊透，其质量等级不应低于二级。

（2）钢筋混凝土环形杆组成人字柱的柱头连接，宜采用钢柱帽的连接方式，如图 8-15 所示，并应符合下列要求：

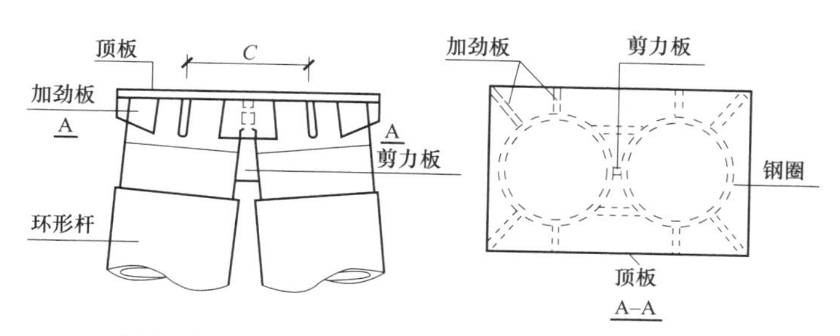

图 8-15 钢筋混凝土环形杆人字柱钢柱帽连接构造

1）顶板厚度不应小于 8mm。

2）加劲板厚度不应小于 6mm。

3）钢圈的高度不宜小于 200mm。

4）剪力板的厚度不应小于 10mm，并应深入至环形杆连接钢圈，与钢圈焊牢。

5）柱头连接偏心值 C 不应大于水泥杆杆段直径。

（3）端撑与柱帽连接宜采用螺栓或销钉连接。

8.4 钢管混凝土构架

8.4.1 一般规定

（1）钢管混凝土结构包括工厂预制的离心钢管混凝土结构和现场浇筑的实心钢管混凝土结构。

（2）钢管可采用焊接钢管或无缝钢管，钢材一般采用 Q235、Q345，有条件和需要时也可采用 Q390、Q420。

（3）钢管混凝土结构的混凝土强度等级，对实心钢管混凝土结构不应低于 C30，对离心钢管混凝土结构不应低于 C40，现浇混凝土强度等级的设计值和弹性模量按《混凝土结构设计规范》（GB 50010—2010）的规定采用。离心钢管混凝土强度等级的设计值和弹性模量应按表 8-7 采用。

表 8-7　离心钢管混凝土轴心抗压强度设计值 f_c 和弹性模量 E_c

项目	混凝土强度等级				
	C40	C45	C50	C55	C60
f_c（N/mm^2）	21.0	23.2	25.4	27.8	30.3
E_c（N/mm^2）	3.90	4.02	4.14	4.26	4.32

（4）钢管壁厚不应小于 3mm。实心钢管混凝土构件外径不宜小于 100mm，离心钢管混凝土构件的外径不应小于 168mm。对变截面构件的梢径不应小于 130mm。

钢管的外径 D 与壁厚 t 之比应符合下列要求。

1）轴心受压构件，有

$$\frac{D}{t}\leqslant 135\sqrt{\frac{235}{f_y}} \tag{8-15}$$

2）压弯构件，有

$$\frac{D}{t}\leqslant 150\sqrt{\frac{235}{f_y}} \tag{8-16}$$

3）受弯构件，有

$$\frac{D}{t}\leqslant 185\sqrt{\frac{235}{f_y}} \tag{8-17}$$

（5）离心钢管混凝土构件的混凝土壁厚应符合下列规定：

1）$D \leqslant 200$mm，$t \geqslant 20$mm。

2）200mm $< D \leqslant$ 300mm，$t \geqslant 25$mm。

3）300mm $< D \leqslant$ 600mm，$t \geqslant 30$mm。

4）600mm $< D \leqslant$ 800mm，$t \geqslant 35$mm。

5）800mm $< D \leqslant$ 1000mm，$t \geqslant 40$mm。

（6）构件应根据大气的腐蚀介质，采用喷涂锌或锌铝合金，也可采用热浸锌或锌铝合金等有效防腐措施。当有其他防腐要求时，可再做涂层的封闭处理。

8.4.2 节点连接及构造

（1）节点的构造设计应符合以下要求：

1）节点强度要大于母体强度并满足刚度要求。

2）节点构造力求简单、传力明确、整体性好，要使钢管和混凝土管能共同工作。

3）节点设计尽量减少连接偏心，避免应力集中和产生次应力。

4）力争节约材料，方便加工、施工和安装。

（2）钢管混凝土构件不宜在管内设置直通穿管或其他附件。

（3）所有焊在钢管上的连接件和一切金属附件，宜在防腐处理及离心成型之前完成。特殊情况下，也可在防腐处理或离心成型之后完成，但混凝土的强度必须达到28d标准强度的70%后方能进行焊接，焊接后的金属附件应重新进行防腐处理。

（4）当采用直焊缝钢管时，必须保证环向焊缝的质量，达到与母材等强。环向焊缝一般宜两面施焊或单向坡口处留足间隙，用二氧化碳气体保护焊打底，100%超声波的检验，应符合二级焊缝质量等级。当管壁厚度 $t \leqslant$ 8mm时，对接焊用超声波检验结果可靠性差，因此，当单面施焊时，对接处必须留足间隙并加短衬管（见图8-16），或连接两侧设置加强管（见图8-17）。短衬管或加强管的厚度不得小于主管厚度的30%，并不得小于3mm，深入主管的宽度每侧不宜小于50mm。

（5）离心钢管混凝土结构杆段之间的连接可采用焊接连接，法兰连接（内法兰或外法兰），也可采用套接连接（内套接或外套接），钢管混凝土构件连接接头处必须设置加强管（短衬管）。同时，在钢管混凝土端部应设置挡浆圈，厚度不宜小于5mm；当混凝土壁厚

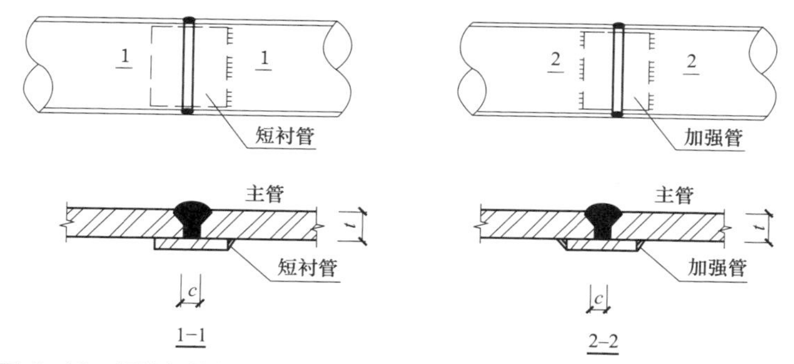

图 8–16　焊接钢管加短衬管构造图　图 8–17　焊接钢管设置加强管构造

$\delta \geqslant 50$mm 时，不宜小于 6mm。焊接连接和法兰连接应符合下列规定：

1）焊接接头采用图 8–18 所示的内加强管，也可采用图 8–19 所示的外加强管。加强管深入混凝土部分的长度应大于 2 倍混凝土管的壁厚，并不宜小于 100mm。

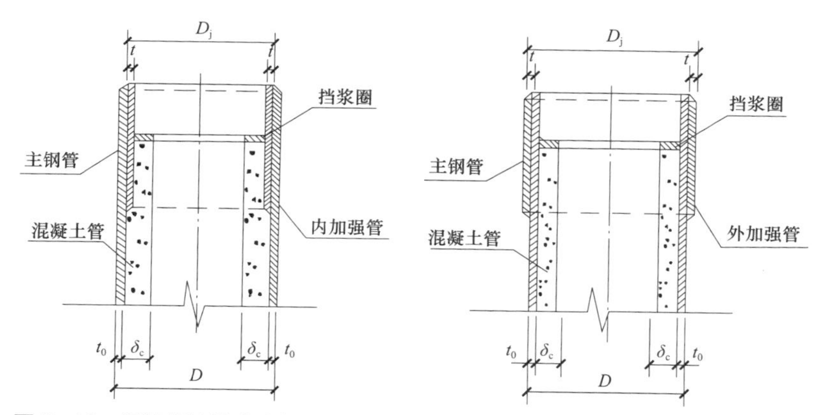

图 8–18　钢管焊接接头内加强管构造　图 8–19　钢管焊接接头外加强管构造

加强管的壁厚可按下列公式计算确定。

a. 满足轴心受压极限承载力的要求，有

$$t \geqslant \frac{1.5\delta_c f_{ck}}{\upsilon f_y}\frac{D_c}{D_s} \tag{8–18}$$

b. 满足抗弯极限承载力的要求，有

$$t \geqslant \frac{1.8M_u}{\gamma_s \beta_0 D_j^2 f} - t_0 \tag{8–19}$$

c. 满足抗弯刚度要求，有

$$t \geqslant \frac{\delta_c}{\alpha_E \beta_0}\left(\frac{D_c}{D_s}\right)^3 \qquad (8–20)$$

$$\delta_c = \frac{\upsilon D_0 - d}{2}$$

式中　M_u——离心钢管混凝土受弯构件极限承载力设计值；

D——圆截面钢管的外直径，或多边形截面两对应外边至外边的距离；

D_c——混凝土器的平均直径，$D_c=\dfrac{\upsilon D_0+d}{2}$；

D_0——圆截面钢管的内直径，或多边形截面两对应内边至内边的距离，$D_0=D-2t$；

D_j——加强管的外直径；

D_s——加强管的平均直径，$D_s=D_j-t$；

d——混凝土管的内直径；

δ_c——混凝土的等效厚度，$\delta_c=\dfrac{\upsilon D_0-d}{2}$；

t_0——离心钢管混凝土构件主钢管的厚度；

t——加强管的厚度；

α_E——钢材和混凝土弹性模量之比，$\alpha_E=\dfrac{E_s}{E_c}$；

υ——多边形截面的等效直径系数，见表 8–8；

β_0——多边形截面的截面模量及惯性矩等效系数，见表 8–8；

γ_s——钢管截面的塑性发展系数，见表 8–8；

f——加强管钢材的抗拉（压）强度设计值；

f_y——加强管钢材的抗拉（压）屈服强度值；

f_{ck}——混凝土抗压强度标准值。

表 8–8　　系数 υ、β_0 和 γ_s 值

系数	圆截面	多边形截面系数				
		16	12	8	6	4
υ	1.000	1.006	1.012	1.027	1.050	1.130
β_0	1.000	1.026	1.047	1.115	1.225	1.698
γ_s	1.15	1.15	1.15	1.10	1.10	1.05

2）法兰连接可分为外法兰连接和内法兰连接两种，其连接构造和计算应符合下列规定。

a. 外法兰的连接构造与计算。外法兰与主柱的连接可采用插入式（见图 8–20），也可采用平接式（见图 8–21）。可采用设置加劲板的刚性法兰，也可采用无加劲板的柔性法兰。

b. 内法兰的构造与计算。内法兰与主柱的连接构造如图 8–22 所示。

内法兰的螺栓有

$$N_{max}^{b}=\frac{8M}{3nd_0}\pm\frac{N}{n}\leqslant N_t^b \tag{8–21}$$

式中　M——兰盘所承受的弯矩设计值；

N——法兰盘所承受的轴拉（压）力，N 为压力时取负值；

n——法兰盘上螺栓的数量；

N_{max}^{b}——受力最大的一个螺栓的拉力设计值；

N_{t}^{b}——每个螺栓的受拉承载力设计值；

d_0——法兰盘螺栓中心线的直径。

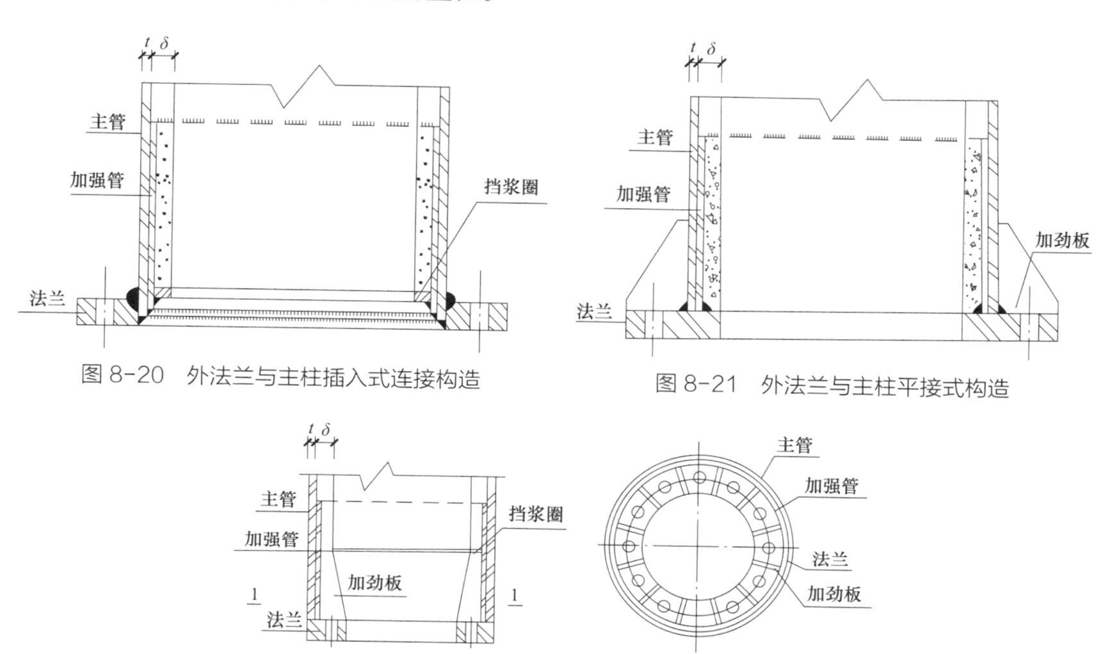

图 8-20 外法兰与主柱插入式连接构造

图 8-21 外法兰与主柱平接式构造

图 8-22 内法兰与主柱连接构造

3）套接连接可采用外套接连接（见图 8-23），也可采用内套接连接（见图 8-24）。套接连接仅适用于受弯和压弯构件，套接长度 l_t 不得小于 1.5D。套接连接应符合下列规定：

a. 外套接连接可以做成分离式的，也可以做成整体式的。

分离式接头可以单独加工一段加强套接钢管焊在离心钢管混凝土构件上（见图 8-25），其长度应为套接长度的 1.1 倍，其纵向焊缝必须 100% 焊透，应符合二级焊缝质量等级。

整体式接头将套接钢管插入钢管混凝土构件内离心成型（见图 8-26）。

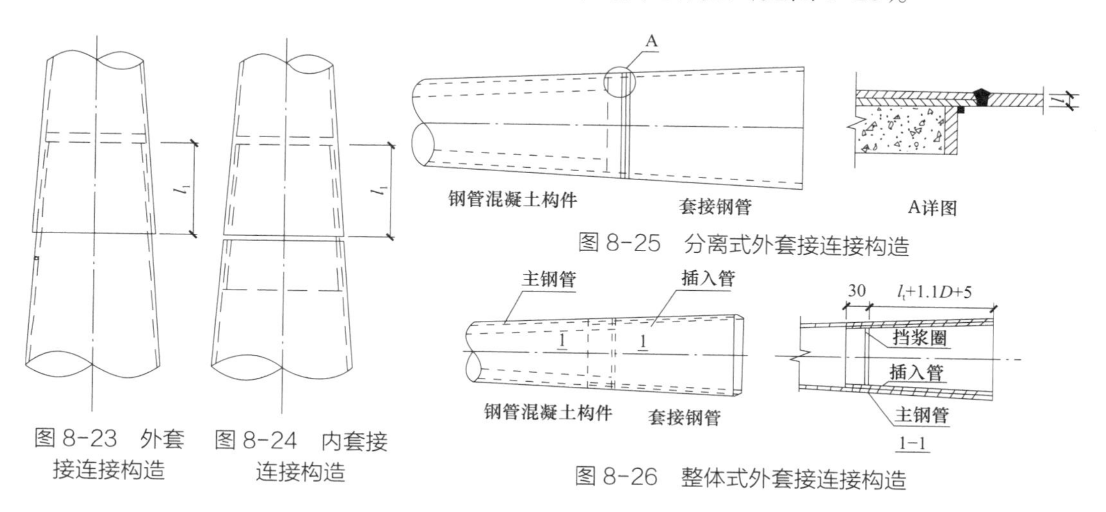

图 8-23 外套接连接构造

图 8-24 内套接连接构造

图 8-25 分离式外套接连接构造

图 8-26 整体式外套接连接构造

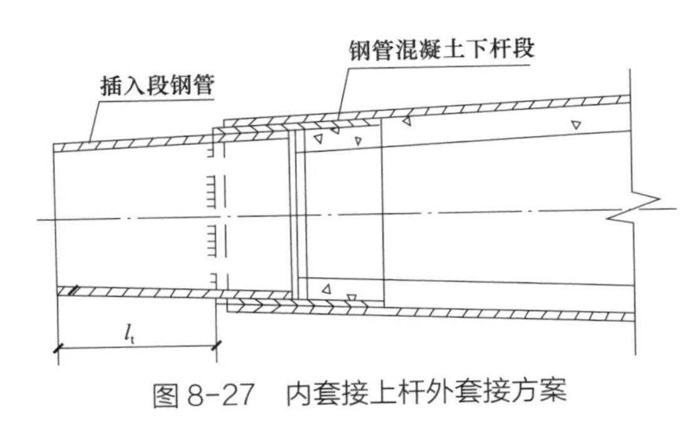

图 8-27　内套接上杆外套接方案

b. 内套接连接上杆段可采用外套接方案，下杆段可在离心钢管混凝土杆段上焊接一段插入钢管（见图 8-27）。

c. 圆截面钢管的套接应设置防转动装置，防止杆段受扭时发生转动。

d. 外套接钢管和插入钢管的壁厚为

$$t \geqslant \frac{1.8M_u}{\gamma_s \beta_0 D^2 f} \tag{8-22}$$

式中　M_u——套接端构件极限抗弯承载力设计值；

D——套接或插接管的最小外直径。

8.5　避雷针

8.5.1　一般规定

避雷针可采用格构式钢结构、钢管结构、钢管混凝土结构以及钢筋混凝土环形杆结构。位于建构筑物顶部高度大于 25m 的避雷针，不宜采用钢筋混凝土环形杆结构。

避雷针可采用独立基础，也可以附设在其他建构筑物的顶部，当避雷针布置其他建构筑物顶部时，应计算其对建构筑物的作用和进行连接设计计算。

避雷针针尖部分的管壁厚度不应小于 3mm，当针尖与支架部分的连接为螺栓连接时，应采用双螺帽。

构架避雷针、独立避雷针设计应进行构件及连接计算，其最大设计应力值不宜大于现行《钢结构设计标准》（GB 50017）规定的钢材强度设计值的 80%；当采用单钢管（含拔梢钢管）时，则不宜大于 70%；避雷针针尖部分的设计应力在标准荷载作用下不宜超过 80N/mm^2。

8.5.2　变形和裂缝控制

避雷针在正常使用状态下的形态，不宜超过表 8-9 规定的数值。

表 8-9　　避雷针支架的允许扰度值

项次	结构类别		允许挠度
1	针尖部分		不限
2	支架部分	格构式钢结构	$H/100$
		钢管结构、钢管混凝土结构、钢筋混凝土结构	$H/70$

注　H 为构架柱计算点高度，避雷针针尖部分长度不宜大于 5m；钢管支架的最小管径不宜小于 150mm。

在验算以承受风荷载为主的设备支架、避雷针及中间构架的柱顶变形时，可取最大风工况条件下的标注组合（其中风荷载乘以系数 0.5），作为正常使用极限状态变形验算的荷载条件。

正常使用极限状态钢筋混凝土构件的裂缝控制宽度不宜超过 0.2mm。

当按相对张力差计算中间柱时，在正常使用极限状态条件下，中间柱柱顶的水平位移，除满足规定的限制外，尚应满足带电导线最大允许驰度的要求。

8.6 构、支架防腐

变电站钢结构的防腐处理有其特殊性，因为变电站中的设备、导线往往带有高压电，维修困难。为了延长钢结构的围护周期，减少因停电维修带来的损失，往往采用较为可靠的防腐处理方式，如热浸镀锌、喷涂锌，镀铝、喷涂铝等，在腐蚀比较严重的地方，还在其表面增加封闭防腐涂料。

构件厚度小于 5mm 时，镀锌附着量不应低于 460g/m^2，即厚度应不低于 65μm；构件厚度大于或等于 5mm 时，镀锌附着量不应低于 610g/m^2，即厚度应不低于 86μm，附着的牢固程度应满足相应的规定要求见表 8-10。

表 8-10　几种典型腐蚀环境中推荐的最小涂层厚度　μm

	锌（Zn）	铝（Al）	含 5%Mg 的铝合金（Al-Mg5）	含 15%Al 的锌铝（Zn-Al15）
城市环境	50	100	100	50
工业环境	100	100	100	100
海洋大气	100	100	200	100

钢结构埋入地下部分，应以 C20 级混凝土包覆（厚度不应小于 50mm），并应高出地面 120 ~ 150mm。钢管内部的凝结水需要采取有效措施来排出，避免钢管内壁的腐蚀，特别是在寒冷地区，管内积水如排不出，可能会因受冻胀而对构架产生不利影响，常用的方式之一是在基础内预埋排水管，参考做法如图 8-28 所示；还有一种常见的方式是在浇灌孔处（在混凝土浇筑后）接排水管，做法如图 8-29 所示。

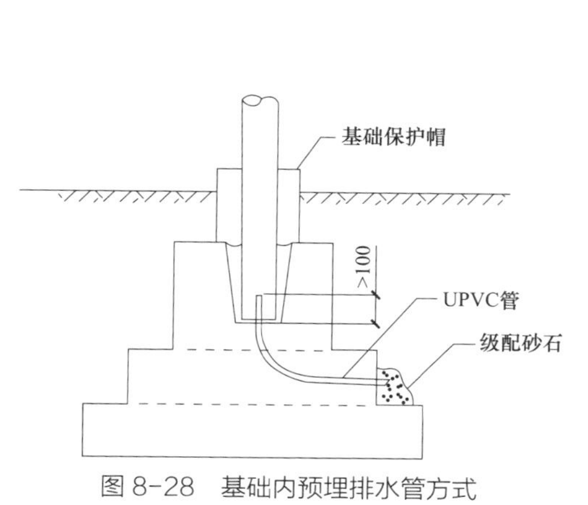

图 8-28　基础内预埋排水管方式

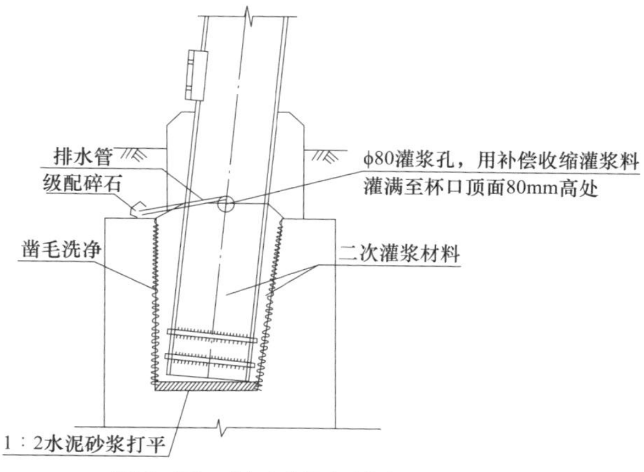

排水管
级配碎石
凿毛洗净
ϕ80灌浆孔，用补偿收缩灌浆料
灌满至杯口顶面80mm高处
二次灌浆材料
1：2水泥砂浆打平

图 8-29　基础内预埋排水管排水方式

8.7 构、支架基础

8.7.1 基础结构选型

装配式变电站构架、设备支架基础型式的选择，应根据工程地质条件、水文地质条件、作用在地基上荷载的大小和性质、当地的材料情况及施工条件、造价等因素综合确定。

构、支架基础宜优先采用刚性固定柱脚，刚性固定柱脚除了传递竖向和水平荷载外，还可传递弯矩。变电构架设计中，一般采用插入式柱脚，也可采用用锚入式柱脚。根据《国家电网公司输变电工程通用设计 35 ~ 110kV 智能变电站模块化建设施工图设计（2016 年版）》新一代智能化变电站构支架柱全部采用锚入式柱脚。

构、支架基础也可采用露出式柱脚，这种柱脚一般露出地面，采用螺栓连接（架空柱脚螺栓），构造简单，节省钢材，加快施工工期，但对施工精度要求较高，这种柱脚型式在格构式塔架柱中应与较多。

构架基础埋深除应满足地基强度、稳定、变形的要求外，还应满足基础自身抗拔、抗倾覆稳定要求。根据构架类基础的受力特点，除岩石地基外，构架基础埋深不宜小于 1.5m，支架基础埋深不宜小于 0.5m。对膨胀土、湿陷性黄土、冻胀土、岩溶、山区等特殊地质条件地区的构架基础，还要满足国家和地方的相应规程、规范规定的最小埋置深度要求。

基础宜埋置在地下水位以上，当需要在地下水位以下时，在技术文件上宜注明，要求施工单位在施工时采取措施使地基土不受水浸泡和施工扰动。当基础埋置在易风化的岩石上，施工时应在基坑开挖后立即铺筑垫层，相关要求也宜在技术文件中说明。

当有相邻建筑时，特别是在扩建工程中，新建构架基础埋深不宜大于原有基础，当埋深大于原有基础时，应离开原有基础一定距离或采用适当的措施以确保原有基础的安全。

变电站设备地基基础的变形计算值应满足其上部电气设备正常运行对位移的要求，一般不宜大于表 8-11 规定的允许值。

表 8-11　变电站设备地基基础变形控制表

	容许沉降量（mm）	容许沉降差或倾斜
GIS 等气、油管道连接的设备基础	200	$0.002l$
主变压器基础	—	$0.003l$
刚接构架基础	150	$0.003l$
铰接构架基础	200	—
支持式硬母线及隔离开关支架基础	—	$0.002l$

注　1. l 为基础对应方向的长度。
2. 本表所列的仅是一般情况，当设备有特别注明的要求时，应执行其所所规定的标注。

8.7.2 基础材料

变电站构架基础一般采用混凝土或钢筋混凝土类基础，基础材料的选择应考虑地下水和土壤的腐蚀性等环境因素的影响，必要时应采取有效的防护措施。

素混凝土基础的混凝土强度等级不应低于 C15，钢筋混凝土基础的混凝土强度等级不应低于 C20。直径大于 12mm 的受力钢筋宜采用 HRB400，其他钢筋可采用 HPB300。

8.7.3 基础设计

（1）构架、设备支架与基础之间宜采用地脚螺栓连接或杯口基础连接。

（2）地脚螺栓的直径与数量应按计算确定，但直径不得小于 20mm。螺栓锚固端为半弯钩时，其锚固长度不得小于 $30d$；当直径较大时，宜采用端部锚板，其锚固长度不得小于 $20d$，锚板对应的混凝土截面应进行局部受压强度验算。

（3）柱与杯口基础的连接，应符合下列要求。

1）受拉钢筋混凝土环形杆柱、钢管柱及钢管混凝土柱插入杯口基础的深度，有

$$H \geqslant \frac{N}{\pi D f_{cv}} \tag{8-23}$$

式中 N——受拉杆的轴力设计值；

D——受拉杆的外径；

f_{cv}——抗黏剪强度，当二次灌浆细石混凝土的强度等级为 C20 时，可取 $f_{cv}=0.5\text{N/mm}^2$。

2）受拉钢管埋入基础杯口部分应焊有不少于两道钢箍，此时，其剪切面可按杯口壁进行计算，其插入杯口的深度为

$$H \geqslant \frac{N}{\sum S_c f_{cv}} \tag{8-24}$$

式中 $\sum S_c$——杯口内壁平均周长。

3）构架及设备支架的柱插入基础杯口的深度除满足计算要求外，还应符合下列规定：

a. 设备支架不得小于 $1.0D$；

b. 钢筋混凝土环形杆不得小于 $1.25D$；

c. 钢管、钢管混凝土构架不得小于 $1.5D$；

d. 拔梢单管杆独立避雷针杆或构架不得小于 $1.5D$。

（4）构架基础的杯口，当杯壁厚度与杯壁高度之比大于或等于 0.50 时允许杯壁可不配置构造钢筋；支架基础的杯口，当杯壁厚度与杯壁高度之比大于或等于 0.40 时允许杯壁可不配置构造钢筋。

当基础为阶梯型且杯口深度大于第一台阶高度时，应取壁厚与第一台阶壁高之比。

杯壁和杯口底板厚度均不应小于 150mm。

（5）钢管、钢管混凝土、钢筋混凝土环形杆等管型构架及设备支架柱与杯口基础连接时，应采取可靠的防止管内积水的措施。

（6）钢管、钢管混凝土构架及设备支架的柱脚应采取防护措施，如浇筑混凝土保护帽，柱脚保护帽应高出地面不小于 150mm。

9 其他预制混凝土小件

9.1 预制式电缆沟压顶及盖板

9.1.1 压顶

电缆沟压顶是电缆沟与盖板之间的过渡构件，一般采用现浇和预制两种方式制造。现浇压顶需要现场绑扎钢筋、支模板等,压顶与沟侧壁粉刷层易开裂。预制压顶具有不易开裂、工厂化生产及安装方便等优点，不仅提高了电缆沟压顶混凝土面工艺，而且外表光洁美观、无需粉刷，彻底根治了粉刷层开裂、脱落等质量通病。

预制压顶采用 C30 混凝土，清水混凝土工艺制作，预制压顶每件长度 740mm，局部长度根据变形缝间距调整，压顶安装前用 M15 水泥砂浆找平，压顶之间的缝隙，采用硅酮耐候胶封堵。在压顶上方预留三个孔，用于安装柔性止声垫，防止盖板安装后发出声响。预制压顶如图 9-1 所示。

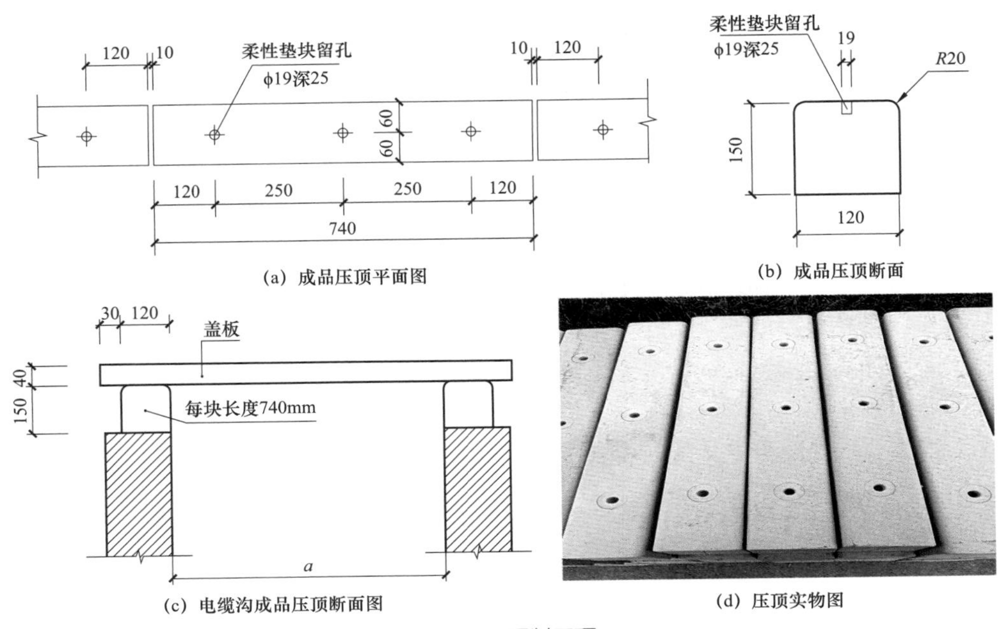

图 9-1 预制压顶

9.1.2 盖板

电缆沟根据不同情况和需要可采用预制钢筋混凝土盖板，钢丝网水泥盖板，钢盖板，铝合金盖板或其他新型、成熟的成品盖板。电缆沟盖板的使用和构造应符合下列规定。

（1）钢丝网水泥盖板，钢盖板，铝合金盖板不宜用于室外。

（2）预制钢筋混凝土盖板，钢丝网水泥盖板可在板四边侧预埋角钢。

（3）盖板可分为包钢和不包钢两种类型，根据盖板在沟壁支承处支撑形式又可分为嵌入式和搭盖式，当采用嵌入式时宜在沟壁槽口处预埋角钢以保证盖板搁置的平整和沟壁槽口的完整。

预制混凝土盖板采用清水混凝土工艺，C30细石混凝土工厂制作，施工简单，耐腐蚀能力强，承载能力要求达到4kN/m^2。预制电缆沟盖板如图9-2所示。

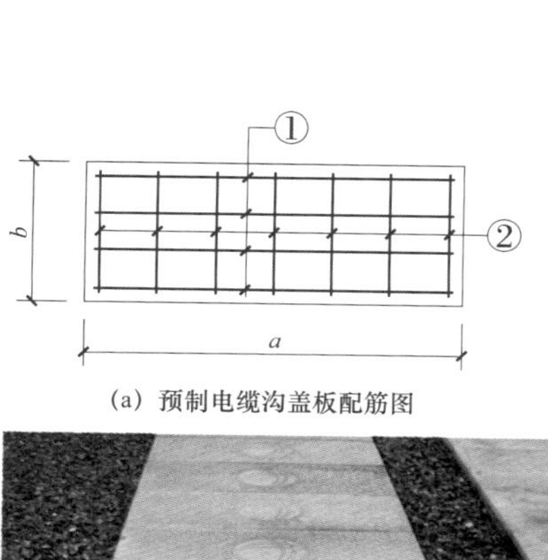

（a）预制电缆沟盖板配筋图

沟净宽B (mm)	规格尺寸（mm）			钢筋	
	a	*b*	*c*	①	②
600	900	495	30/35	4ϕ8	7ϕ6
800	1100	495	35/40	4ϕ8	8ϕ6
1000	1300	495	35/40	5ϕ8	9ϕ6
1200	1500	495	35/40	5ϕ10	10ϕ6

（b）预制电缆沟盖板明细表

（c）搭盖式

（d）嵌入式

图9-2 预制电缆沟盖板

9.2 预制式雨水口及集水井

（1）雨水口指的是管道排水系统汇集地表水的设施，由进水箅、井身及支管等组成。

（2）集水井，有时也称检查井，是在埋设地下管道时每隔一段距离，用砌块砌成上面加盖的圆形的井。便于平时管道检查和疏通。

（3）预制式雨水口及集水井是指井圈梁和盖板采用清水混凝土工艺，采用C30混凝土预制。盖板也可采用复合材料成品构件。在井圈外放置不锈钢网框。

（4）单孔预制雨水口净空尺寸为680mm×380mm（长 × 宽），井圈尺寸外围为980mm×680mm×100mm（长 × 宽 × 厚）。外侧采用倒20mm圆角工艺。预制式雨水口如图9-3所示。

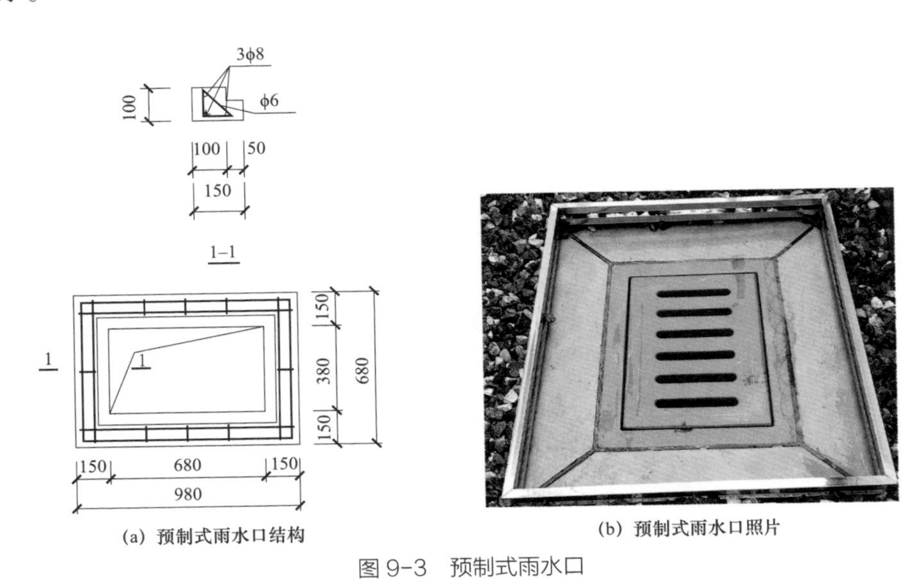

(a) 预制式雨水口结构　　(b) 预制式雨水口照片

图9-3　预制式雨水口

（5）预制集水井圈内径一般为 ϕ700，采用圆形设计，尺寸为 ϕ1000mm×100mm（直径 × 厚）。预制式集水井如图9-4所示。

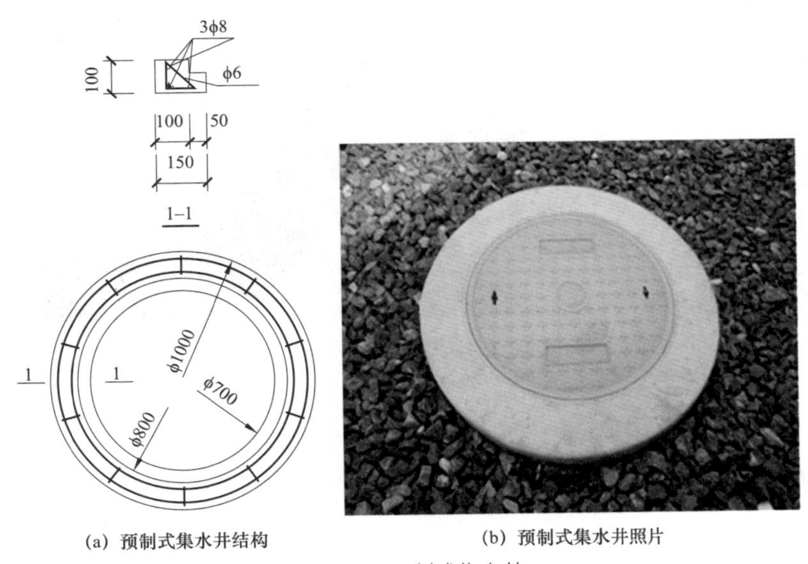

(a) 预制式集水井结构　　(b) 预制式集水井照片

图9-4　预制式集水井

井圈既可以做成一个整体，也可以分成多个部分进行预制，减轻了自重，方便运输和安装。在井圈上设置几道沉沙沟，当雨水夹带沙土经过时，沉沙沟可以起到沉淀的作用，有效防止沙土进入雨水口和集水井。预制分块式井圈如图9-5所示。

(a) 预制分块式集水井井圈

(b) 预制分块式雨水口井圈

图 9-5 井圈

9.3 预制式排水沟

预制式排水沟采用 U 型电缆沟，每段长 2m，用于站区及站外边坡（挡土墙）坡脚处排水。采用 C30 混凝土预制。预制式排水沟规格如表 9-1 所示。

表 9-1 预制式排水沟规格

沟宽（mm）	沟深（mm）	
300	300、400、500	
400	400、500、600	

9.4 预制式操作地坪及巡视小道

预制式操作地坪及巡视小道采用 400mm × 400mm × 60mm（或 350mm × 350mm × 60mm）C30 混凝土预制板进行拼装的方式，预制板面设防滑纹路。在预制板下设现浇混凝土垫层（在有绝缘要求时见单体工程设计要求）；拼装方式如图 9-6 所示。

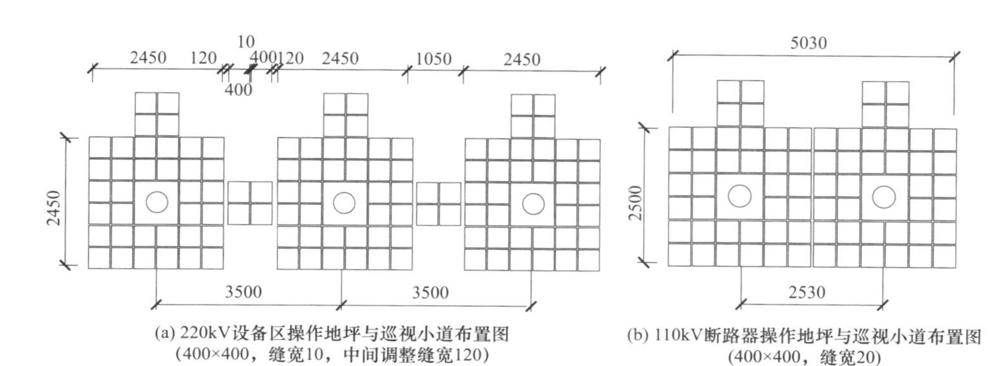

(a) 220kV设备区操作地坪与巡视小道布置图
(400×400，缝宽10，中间调整缝宽120)

(b) 110kV断路器操作地坪与巡视小道布置图
(400×400，缝宽20)

图 9-6 操作地坪及巡视小道（一）

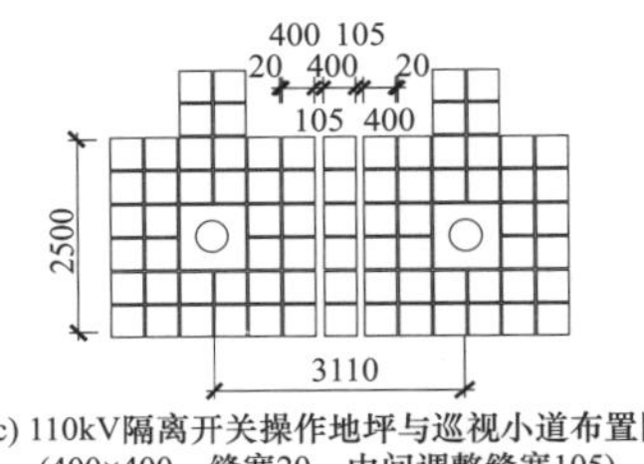

(c) 110kV隔离开关操作地坪与巡视小道布置图
(400×400，缝宽20，中间调整缝宽105)

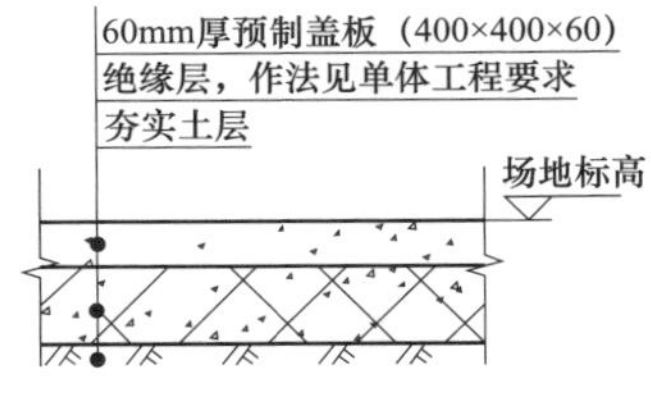

(d) 设备周边操作地坪及巡视小道做法
(有绝缘要求)

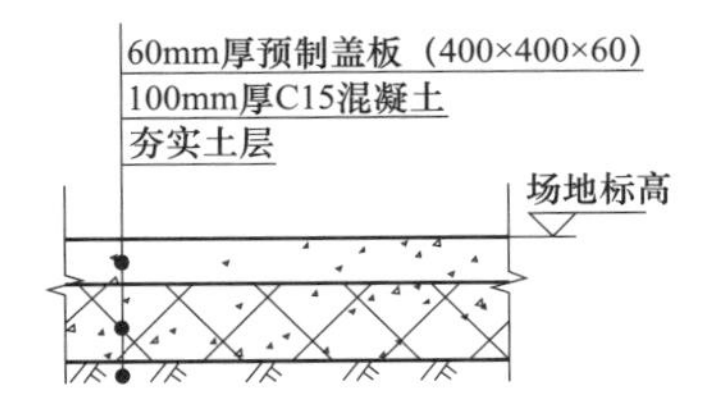

(e) 设备周边操作地坪及巡视小道做法
(无绝缘要求)

(f) 预制巡视小道

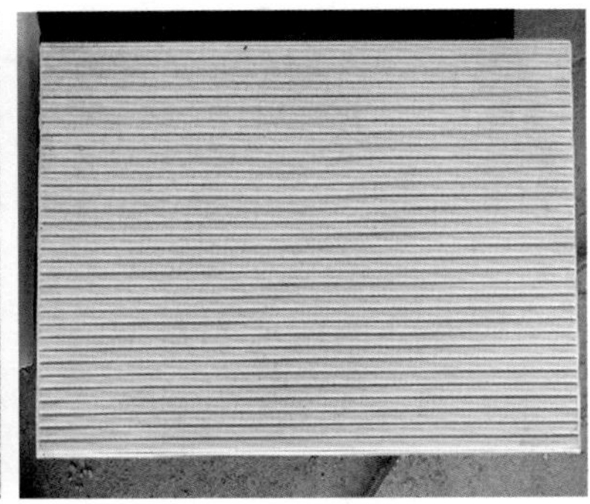
(g) 预制巡视小道单体

图 9-6 操作地坪及巡视小道（二）

9.5 预制式空调基础

预制式空调基础采用双墩式基础，基础间距根据空调规格确定，尺寸为 500mm × 150mm × 200mm（长 × 宽 × 高），采用 C30 混凝土预制，钢筋保护层厚度为 20mm，上表面两侧采用倒圆角 R=35mm，空调安装固定时可采用膨胀螺栓或预留安装孔方式，如图 9-7 所示。

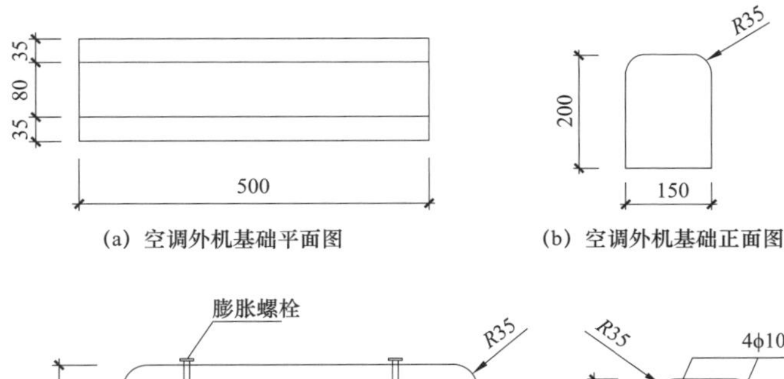

(a) 空调外机基础平面图

(b) 空调外机基础正面图

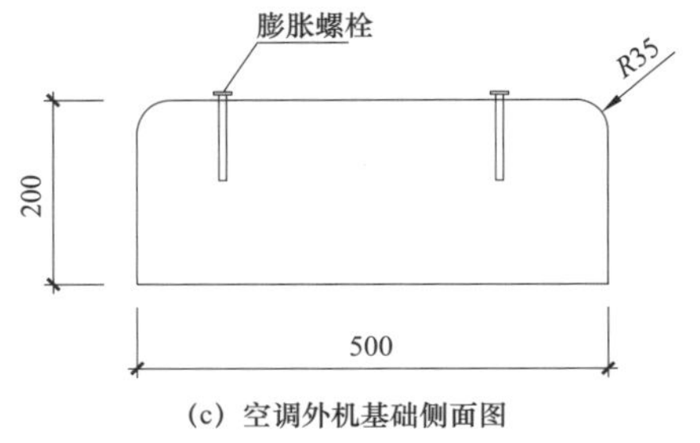

(c) 空调外机基础侧面图

R35
4ϕ10
ϕ6@120
200
150

(d) 空调外机基础配筋图

(e) 双墩式空调基础图

图 9-7 空调安装基础

9.6 预制式场地灯、视频监控基础

基础采用 C30 混凝土预制，上表面采用倒圆角 R=35mm。结构形式为独立基础，样式可做成圆形或者正方形。在基础中预留 UPVC50 线管以方便接线。场地灯和视屏监控在基础上部采用螺栓连接，螺栓孔间距尺寸由生产厂家提供，经复核后交预制件生产厂家生产。场地灯和视频监控基础如图 9-8 所示。

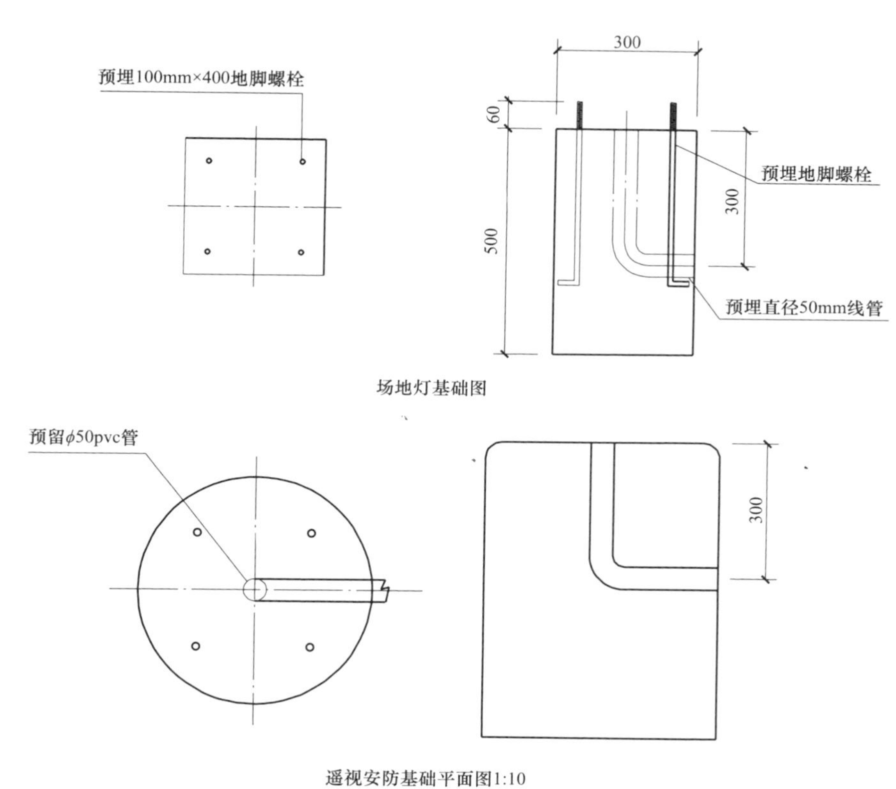

图 9-8 场地灯和视频监控基础图

9.7 预制式端子箱及电源检修箱基础

智能控制柜基础采用 C30 混凝土预制，尺寸为 900mm × 1000mm × 300mm（长 × 宽 × 高），基础高出地面 200mm。钢筋保护层厚度为 20mm。预制压顶安装时，基础顶面均匀摊铺 20mm 厚水泥砂浆找平。螺栓间距尺寸需和生产厂家资料一致。预制式智能控制柜基础如图 9-9 所示。

端子箱及电源检修箱基础采用 C30 混凝土预制，尺寸 880mm × 780mm × 200mm（长 × 宽 × 高），基础高出地面 200mm。钢筋保护层厚度为 20mm。预制压顶安装时，基础顶面均匀摊铺 20mm 厚水泥砂浆找平。预留钢板尺寸需和生产厂家资料一致。端子箱及电源箱基础如图 9-10 所示。

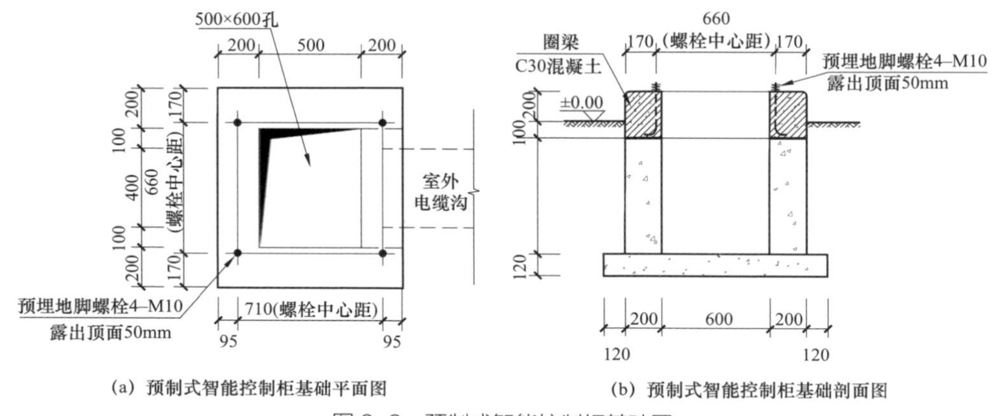

(a) 预制式智能控制柜基础平面图　　(b) 预制式智能控制柜基础剖面图

图 9-9　预制式智能控制柜基础图

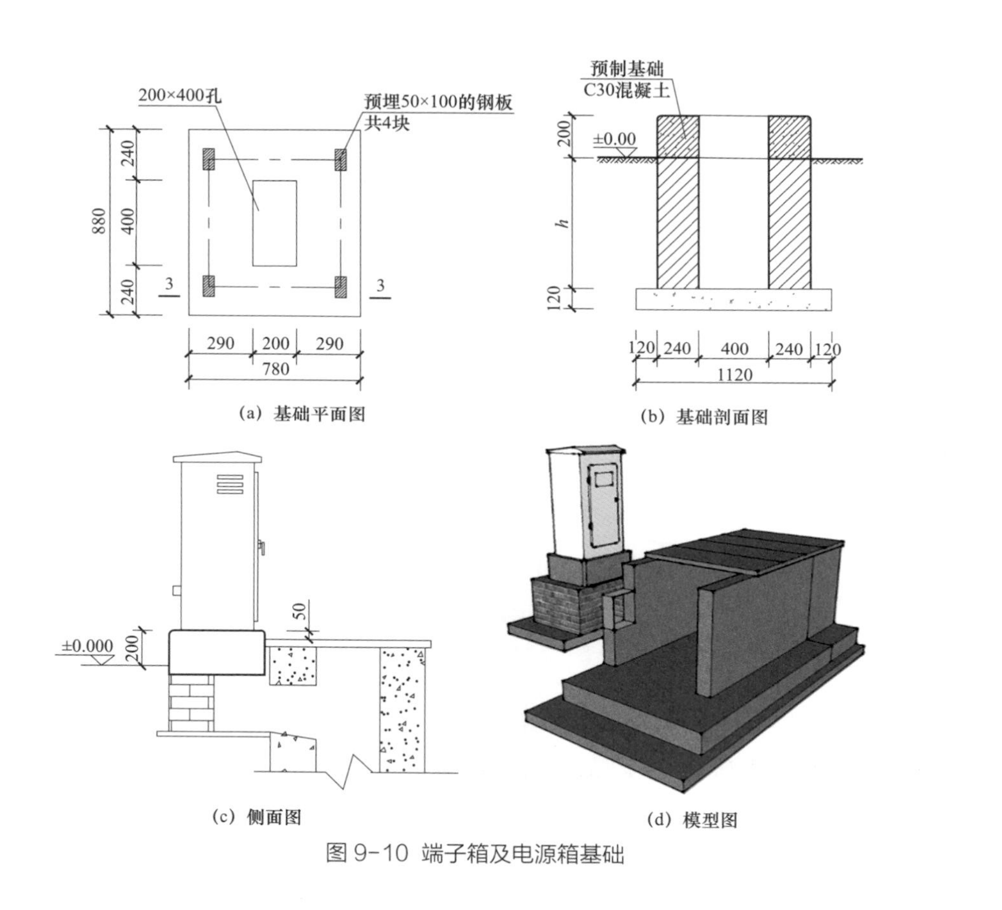

(a) 基础平面图　　(b) 基础剖面图

(c) 侧面图　　(d) 模型图

图 9-10 端子箱及电源箱基础

9.8 预制式主变压器油池压顶

压顶采用 C30 混凝土预制，清水混凝土工艺，压顶长度应以油池壁变形缝间距确定长度模数，要求均分且每块长度小于 1m，具体长度见个体工程设计（常规尺寸为

750mm × 250mm × 200mm），压顶对缝宽 10mm。为了美观和防止碰撞，压顶上表面两个侧边采用倒圆角 R=35mm。压顶对缝两侧黏美观纸后，采用硅酮耐候胶封堵。在油池四个转角处，采用 45° 切角处理。油池压顶如图 9-11 所示。

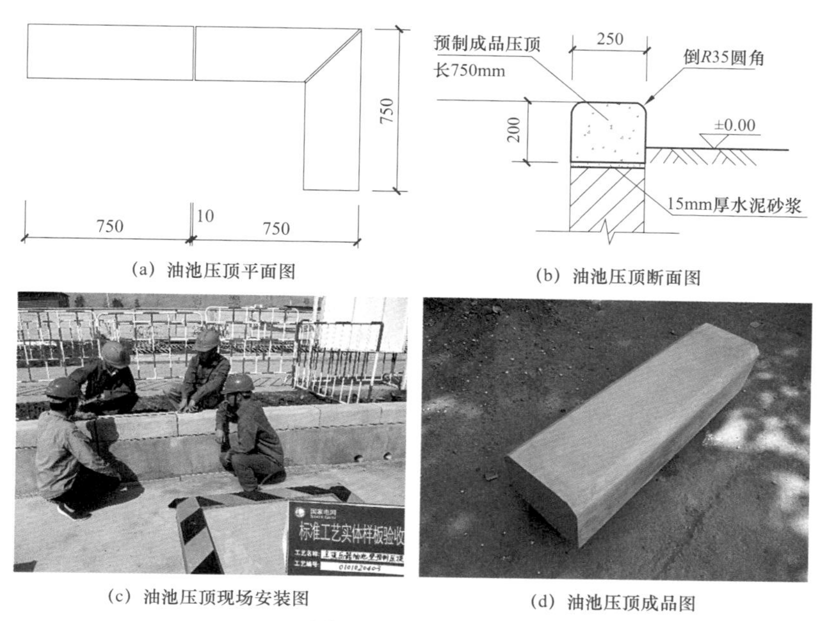

图 9-11 油池压顶

9.9 预制式散水

散水采用 C30 混凝土预制，清水混凝土工艺，尺寸为 800mm × 800mm，板内配置双向钢筋 ϕ@150。施工工序：①素土找坡，向外坡度 3% ~ 5%。② 60mm 厚 C15 混凝土垫层。③ 50mm 厚 1∶3 水泥砂浆干铺。④ 1 ∶ 1 素水泥浆铺贴预制散水，如图 9-12 所示。

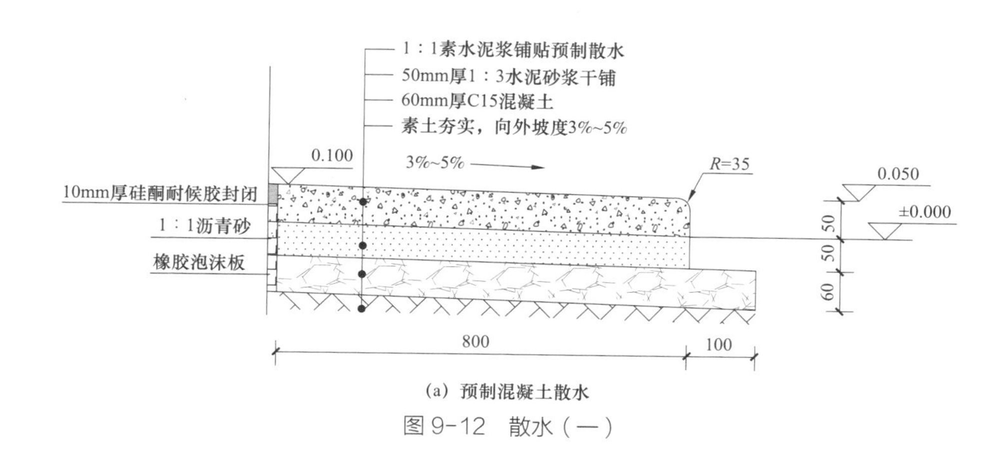

(a) 预制混凝土散水

图 9-12 散水（一）

(b) 直线段散水

(c) 转角处散水

图 9-12　散水（二）

9.10　生态挡土墙、装配式挡土墙

生态护坡，是综合工程力学、土壤学、生态学和植物学等学科的基本知识对斜坡或边坡进行支护，形成由植物或工程和植物组成的综合护坡系统的护坡技术。开挖边坡形成以后，通过种植植物，利用植物与岩、土体的相互作用（根系锚固作用）对边坡表层进行防护、加固，使之既能满足对边坡表层稳定的要求，又能恢复被破坏的自然生态环境的护坡方式，是一种有效的护坡、固坡手段。生态护坡如图 9-13 和图 9-14 所示。

(a) 整体图

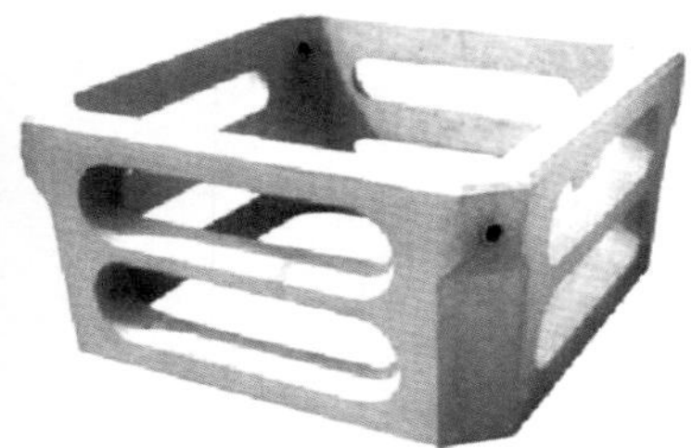

(b) 单体图

图 9-13　生态护坡一

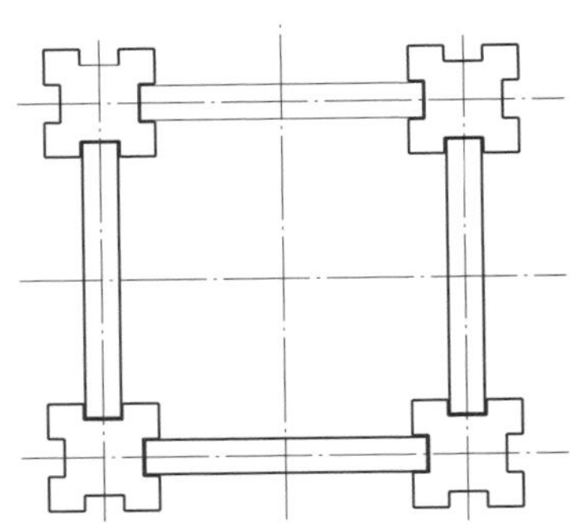

图 9-14　生态护坡二

装配式挡土墙分为悬臂式和扶壁式两种。悬臂式挡土墙立板和底板采用预制钢筋混凝土制造，采用螺栓连接，如图 9-15 所示。

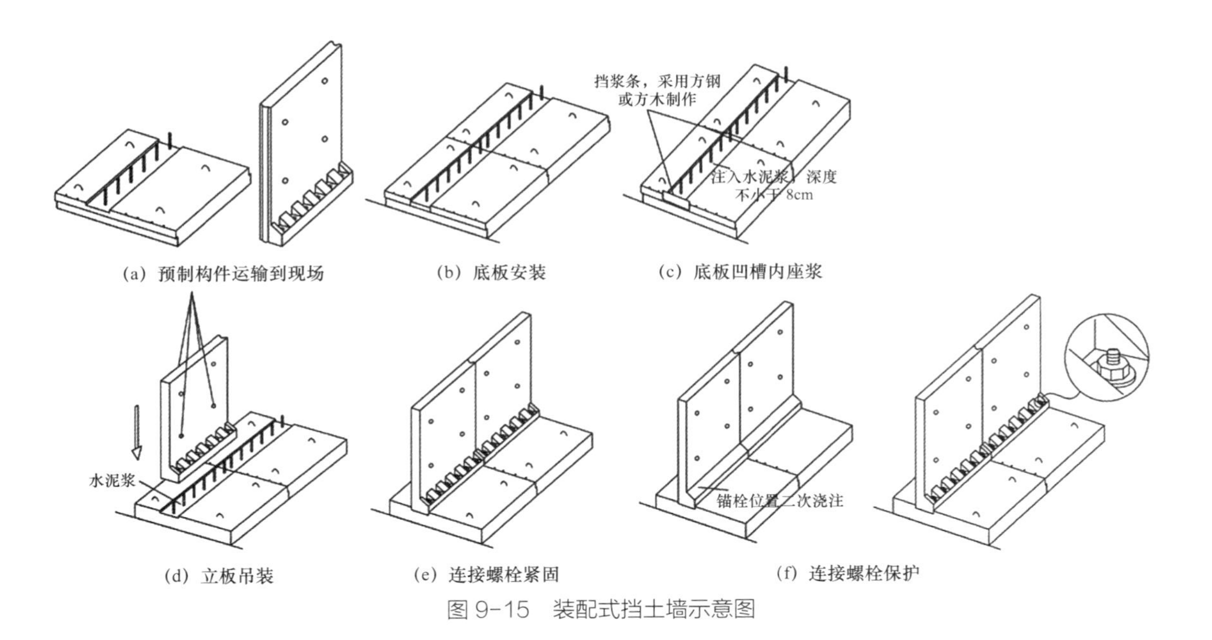

图 9-15 装配式挡土墙示意图